Java
程序设计

慕课版

明日科技·出品

◎ 龚炳江 文志诚 主编　◎ 高建国 副主编

人民邮电出版社

北　京

图书在版编目（CIP）数据

Java程序设计：慕课版 / 龚炳江，文志诚主编. --
北京：人民邮电出版社，2016.4（2018.3重印）
ISBN 978-7-115-41704-6

Ⅰ. ①J… Ⅱ. ①龚… ②文… Ⅲ. ①JAVA语言－程序
设计－高等学校－教材 Ⅳ. ①TP312

中国版本图书馆CIP数据核字(2016)第025651号

内 容 提 要

本书系统地介绍 Java 程序设计的基础知识、开发环境与开发工具。全书共分 16 章，内容包括
Java 程序设计语言概述、Java 语言的基本语法、运算符与流程控制、面向对象基础、继承与多态、
接口、异常处理、常用的实用类、集合、Java 输入与输出、Swing 程序设计、Swing 高级应用、多线
程、网络程序设计、JDBC 数据库编程、腾宇超市管理系统。本书所有知识都以结合具体实例的形式
进行介绍，力求详略得当，使读者快速掌握 Java 程序设计的方法。书后附有上机实验，供读者实践
练习。

本书为慕课版教材，各章节主要内容配备了以二维码为载体的微课，并在人邮学院
（www.rymooc.com）平台上提供了慕课。此外，本书还提供了课程资源包，资源包中提供有本书所
有实例、上机指导、综合案例和课程设计的源代码，制作精良的电子课件 PPT，自测试卷等内容。
资源包也可在人邮学院上下载。其中，源代码全部经过精心测试，能够在 Windows 7、Windows 8、
Windows 10 系统下编译和运行。

◆ 主　编　龚炳江　文志诚
　　副主编　高建国
　　责任编辑　刘　博
　　责任印制　沈　蓉　彭志环

◆ 人民邮电出版社出版发行　　北京市丰台区成寿寺路 11 号
　　邮编　100164　　电子邮件　315@ptpress.com.cn
　　网址　http://www.ptpress.com.cn
　　大厂聚鑫印刷有限责任公司印刷

◆ 开本：787×1092　1/16
　　印张：26.5　　　　　　　　　2016 年 4 月第 1 版
　　字数：792 千字　　　　　　　2018 年 3 月河北第 7 次印刷

定价：49.80 元

读者服务热线：(010)81055256　印装质量热线：(010)81055316
反盗版热线：(010)81055315

前言
Foreword

为了让读者能够快速且牢固地掌握Java开发技术，人民邮电出版社充分发挥在线教育方面的技术优势、内容优势、人才优势，潜心研究，为读者提供一种"纸质图书+在线课程"相配套，全方位学习Java开发的解决方案。读者可根据个人需求，利用图书和"人邮学院"平台上的在线课程进行系统化、移动化的学习，以便快速全面地掌握Java开发技术。

一、如何学习慕课版课程

本课程依托人民邮电出版社自主开发的在线教育慕课平台——人邮学院（www.rymooc.com），该平台为学习者提供优质、海量的课程，课程结构严谨，用户可以根据自身的学习程度，自主安排学习进度，并且平台具有完备的在线"学习、笔记、讨论、测验"功能。人邮学院为每一位学习者，提供完善的一站式学习服务（见图1）。

图1　人邮学院首页

为了使读者更好地完成慕课的学习，现将本课程的使用方法介绍如下。

1. 用户购买本书后，找到粘贴在书封底上的刮刮卡，刮开，获得激活码（见图2）。

2. 登录人邮学院网站（www.rymooc.com），或扫描封面上的二维码，使用手机号码完成网站注册。

图2　激活码

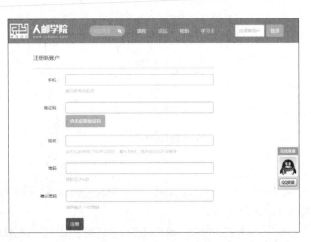

图3　注册人邮学院网站

3. 注册完成后，返回网站首页，单击页面右上角的"学习卡"选项（见图4），进入"学习卡"页面（见图5），输入激活码，即可获得该慕课课程的学习权限。

图4　单击"学习卡"选项

图5　在"学习卡"页面输入激活码

4. 输入激活码后，即可获得该课程的学习权限。可随时随地使用计算机、平板电脑、手机学习本课程的任意章节，根据自身情况自主安排学习进度（见图6）。

5. 在学习慕课课程的同时，阅读本书中相关章节的内容，巩固所学知识。本书既可与慕课课程配合使用，也可单独使用，书中主要章节均放置了二维码，用户扫描二维码即可在手机上观看相应章节的视频讲解。

6. 学完一章内容后，可通过精心设计的在线测试题，查看知识掌握程度（见图7）。

图6　课时列表　　　　　　　　　　　　　　图7　在线测试题

7. 如果对所学内容有疑问，还可到讨论区提问，除了有大牛导师答疑解惑以外，同学之间也可互相交流学习心得（见图8）。

8. 书中配套的PPT、源代码等教学资源，用户也可在该课程的首页找到相应的下载链接（见图9）。

最新问答	资料区			
Ainy:	文件名	描述	课时	时间
界面简洁	素材.rar		课时1	2015/1/26 0:00:00
	效果.rar		课时1	2015/1/26 0:00:00
	讲义.ppt		课时1	2015/1/26 0:00:00

图8　讨论区　　　　　　　　　　　　　图9　配套资源

关于人邮学院平台使用的任何疑问，可登录人邮学院咨询在线客服，或致电：010-81055236。

二、本书特点

Java是Sun公司推出的一种程序设计语言，拥有面向对象、便利、跨平台、分布性、高性能、可移植等优点和特性，是目前被广泛使用的编程语言之一。

Java主要有Java SE（Java标准版本）、Java EE（Java企业版本）和Java ME（Java移动电子设备版本）3个版本。其中，Java SE版本是Java语言的基准版，它包含Java基本语法、面向对象程序设计、多线程、数据集合、输入输出、AWT/Swing程序设计、Applet程序设计、网络编程、数据库操作等。

本书通过通俗易懂的语言和实用生动的例子，系统介绍了Java SE程序设计的基础知识、开发环境与开发工具，并且在每一章的后面提供了习题，方便读者及时考核学习效果。本书还专门以一个"腾宇超市管理系统"的设计开发作为全书贯穿始终的学习案例，生动形象地展现了如何运用Java语言和面向对象技术来解决实际系统开发中遇到的问题，使得理论知识讲解更加贴近实际应用需求。

本书的最后，编者根据课程实际设计了14个上机实验，实验内容由浅入深，包括验证型实验和设计型实验，供读者实践练习，真正提高实际的程序设计能力。

本书的课堂教学建议安排48~64学时，上机指导教学建议16~32学时。各章主要内容和学时建议分配如下，老师可以根据实际教学情况进行调整。

章	主要内容	课堂学时	上机指导
第1章	Java语言的历史、特性、现状，JDK下载及安装、Eclipse下载、安装，Java API		4
第2章	Java关键字和标识符、常量与变量、基本数据类型、数组	4	1
第3章	运算符、条件分支语句、循环语句、跳转语句	4	1
第4章	面向对象编程基本概念、类和对象的使用、参数传值、实例方法与类方法、this关键字、包、import语句	6	1
第5章	继承、多态、抽象类、final修饰符、内部类	4	1
第6章	接口的继承、实现、接口与抽象类、接口回调、接口参数	4	1
第7章	异常概述、异常处理、异常类、自定义异常	2	1
第8章	String类、时间日期类、数学运算类、数字格式化类、StringBuffer类、包装类	3	1
第9章	集合中主要接口、Collection接口、List集合、Set集合、Map集合	2	1
第10章	流概述、输入输出流、字节流、字符流、RandomAccessFile类、过滤器流、对象序列化	3	1

章	主要内容	课堂学时	上机指导
第11章	Swing概述、常用窗体、标签组件与图标、常用布局管理器、常用面板、常用组件、常用事件处理	3	1
第12章	表格、树、组件面板、菜单、工具栏、进度条	2	1
第13章	线程概述、线程创建、线程生命周期、线程优先级、线程的控制、线程的同步、线程通信	2	1
第14章	网络程序设计基础知识、IP地址封装、套接字、数据报、网络聊天程序开发	2	1
第15章	JDBC技术、JDBC常用类和接口、常见数据库连接	2	1
第12章	综合案例——腾宇超市管理系统，包括需求分析、总体设计、数据库设计、公共类设计、系统主要模块开发、运行项目、小结	4	

本书由明日科技出品，龚炳江、文志诚任主编，高建国任副主编。

编　者

2016年1月

目录
Contents

第1章
Java语言概述

本章要点

了解Java语言背景 ■
了解Java语言应用领域及版本 ■
了解Java语言特性 ■
掌握JDR安装及配置 ■
掌握Java程序开发流程 ■
掌握使用Eclipse进行Java开发 ■

■　Java是由Sun Microsystems公司开发的一种应用于分布式网络环境的程序设计语言。Java语言拥有跨平台的特性，它编译的程序能够运行在多种操作系统平台上，可以实现"一次编写，到处运行"。本章将介绍Java语言的背景、特点、开发环境、开发过程以及开发工具的使用。

1.1　Java语言诞生背景

Java语言诞生
背景

Java语言是Sun Microsystems公司于1990年开发的。当时Green项目小组的研究人员正在致力于为未来的智能设备开发出一种新的编程语言，由于该小组的成员James Gosling对C++执行过程中的表现非常不满，于是把自己封闭在办公室里编写了一种新的语言，并将其命名为Oak（Oak就是Java语言的前身，这个名称源于Gosling办公室的窗外正好有一棵橡树）。这时的Oak已经具备安全性、网络通信、面向对象、垃圾收集、多线程等特性，是一款相当优秀的程序语言。后来，由于去注册Oak商标时，发现它已经被另一家公司注册，所以不得不改名。要取什么名字呢？工程师们边喝咖啡边讨论着，看看手上的咖啡，再想到印度尼西亚有一个盛产咖啡的重要岛屿（中文名叫"爪哇"），于是将其改名为Java。

随着Internet的迅速发展，Web的应用日益广泛，Java语言也得到了迅速发展。1994年，Gosling用Java开发了一个实时性较高、可靠、安全、有交互功能的新型Web浏览器，它不依赖于任何硬件平台和软件平台。这种浏览器的名称为HotJava，并于1995年同Java语言一起正式在业界公布，引起了巨大的轰动，Java的地位随之得到肯定，此后的发展非常迅速。

1.2　Java 简介

Java简介

在了解Java语言的得名后，相信读者一定有对其深入了解的想法。正如认识一个新事物一样，学习一门语言应该是从整体到细节，再从细节回到整体的过程。学习Java语言，首先需要对其有一个整体的了解，然后再慢慢地学习具体内容，最后达到完全掌握Java语言的目的。现在，Java已经成为开发和部署企业应用程序的首选语言，它有3个独立的版本。

1. Java SE

Java SE是Java语言的标准版本，包含Java基础类库和语法。它用于开发具有丰富的GUI（图形用户界面）、复杂逻辑和高性能的桌面应用程序。

2. Java EE

Java EE用于编写企业级应用程序。它是一个标准的多层体系结构，可以将企业级应用程序划分为客户层、表示层、业务层和数据层，主要用于开发和部署分布式、基于组件、安全可靠、可伸缩和易于管理的企业级应用程序。

3. Java ME

Java ME主要用于开发具有有限的连接、内存和用户界面能力的设备应用程序，例如移动电话（手机）、PDA（电子商务）、能够接入电缆服务的机顶盒或者各种终端和其他消费电子产品。

1.3　Java语言的特点

Java语言具有简单、面向对象、可移植性、分布性、解释器通用性、稳健、安全、多线程和同步机制等语言特性。另外，Java语言还提供了丰富的类库，方便用户进行自定义操作。下面将对Java语言的特点进行具体介绍。

1. 简单

Java语言的语法规则和C++类似，它通过提供最基本的方法完成指定的任务。但Java语言对C++进行了简化和提高，如指针和多重继承通常使程序变得复杂，Java用接口取代了多重继承，并取消了指针。Java语言还通过实现自动垃圾收集，大大简化了程序设计人员的内存管理工作。

2. 面向对象

Java语言以面向对象为基础。在Java语言中，不能在类外面定义单独的数据和函数，所有对象都要派生于同一个基类，并共享它的所有功能。

3. 可移植性

Java语言的
特点

Java语言比较特殊，使用Java语言编写的程序需要经过编译，但编译的时候不会生成特定的平台机器码，而是生成一种与平台无关的字节码文件（也就是".class"文件）。这种字节码文件不面向任何具体平台，只面向JVM（也就是Java虚拟机）。不同平台上的JVM是不同的，但是它们都提供了相同的接口，这样就使得Java具有可移植性。同时，Java的类库中也实现了针对不同平台的接口，使这些类库可以移植。

> **说明** Java虚拟机（Java Virtual Machine，JVM）：可以理解成一个以字节码为机器指令的CPU。它负责读取并处理经过编译的、与平台无关的".class"文件（字节码文件），Java解释器再负责将Java虚拟机的代码在特定的平台上进行运行。

4. 分布性

Java语言从诞生就和网络紧密地联系在一起，在Java中还内置了TCP/IP、HTTP、FTP等协议类库。因此，Java应用程序可以通过URL地址访问网络上的对象，访问方式与访问本地文件系统几乎完全相同。

5. 解释器通用性

运行Java程序需要解释器，Java解释器能直接对Java字节码进行解释执行。字节码独立于机器，它本身携带了许多编译时的信息，使得连接过程更加简单，因此，可以在任何有Java解释器的机器上运行。

6. 稳健

Java能够检查程序在编译和运行时的错误，类型检查能帮助用户检查出许多在开发早期出现的错误。同时很多集成开发工具（IDE）的出现使编译和运行Java程序更加容易，并且很多集成开发工具（如Eclipse）都是免费的。

7. 安全

Java通常被应用在网络环境中，为此，它提供了一个安全机制以防止恶意代码攻击。当使用支持Java的浏览器上网时，可以放心地运行Java Applet程序，不必担心病毒的感染和恶意攻击。

8. 多线程和同步机制

多线程机制能够使应用程序并行执行多项任务，而同步机制保证了各线程对共享数据的正确操作。使用多线程，程序设计人员可以用不同的线程完成特定的行为，使程序具有更好的交互能力和实时运行能力。

1.4　Java的运行机制

Java编写的源程序（扩展名是".java"），需要通过Java的编译器进行编译，编译后生成与平台无关的字节码文件（扩展名是".class"），该字节码文件通过Java解析器解释执行后，转换为计算机可以识别的机器码，然后在计算机上运行。Java程序的运行原理如图1-1所示。

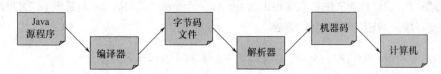

图1-1　Java程序的编译和执行过程

Java的字节码文件是通过JVM进行解释执行的，不同平台的JVM是不同的，但是它们都提供了相同的接口，因此，Java的字节码文件可以在任何安装了JVM的计算机和外部设备上运行。

1.5　JDK安装

在学习一门语言之前，首先需要把相应的开发环境搭建好。要编译和执行Java程序，Java开发包（Java SE Development Kit，JDK）是必备的，下面将具体介绍下载并安装JDK和配置环境变量的方法。

JDK安装

1.5.1　下载JDK

由于Sun Microsystems公司已经被Oracle收购，因此，JDK可以在Oracle公司的官方网站（http://www.oracle.com/index.html）下载。下面以目前最新版本的JDK 8 Update 40为例介绍下载JDK的方法。具体下载步骤如下。

（1）打开IE浏览器，在地址栏中输入URL地址"http://www.oracle.com/index.html"，并按<Enter>键，进入图1-2所示的Oracle官方网站页面。在Oracle主页中"Downloads"选项卡的"Popular Downloads"栏目中，单击"Java for Developers"超级链接，进入Java SE相关资源下载页面。

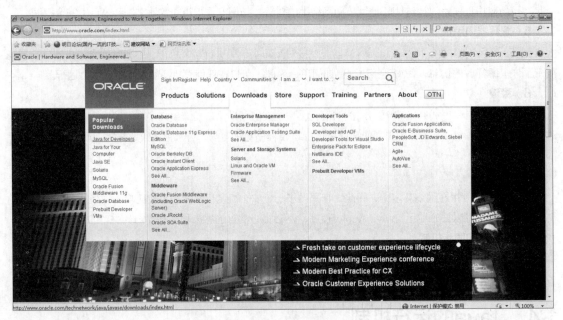

图1-2　Oracle主页面

（2）跳转到的新页面如图1-3所示，单击"JDK"下方的"DOWNLOAD"按钮。

 说明 在JDK中，已经包含了JRE（Java Runtime Environment，Java运行环境）。JDK用于开发Java程序，JRE用于运行Java程序。

（3）跳转到的新页面如图1-4所示，同意协议并选择适合当前系统版本的JDK下载。

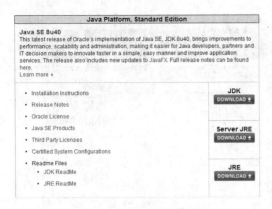

图1-3　JDK和JRE下载页面　　　　　　　　　　图1-4　JDK资源选择页面

1.5.2　安装JDK

JDK安装包（名称为"jdk-8u40-windows-i586.exe"）下载完毕后，就可以在需要编译和运行Java程序的机器中安装JDK了，其具体步骤如下。

在安装JDK 8之前，请确认系统中没有安装JDK的其他版本，否则，在进行配置时会有冲突。

（1）关闭所有正在运行的程序，双击"jdk-8u40-windows-i586.exe"文件开始安装，弹出图1-5所示的JDK安装向导窗体，单击"下一步"按钮。

（2）在图1-6中，选择安装全部的JDK功能，包括开发工具、源代码、公共JRE等。单击"更改"按钮，修改JDK的默认安装路径。

　　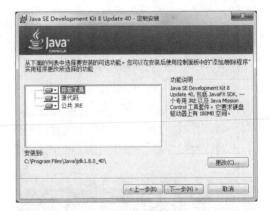

图1-5　JDK安装向导窗体　　　　　　　　　　图1-6　JDK安装功能及位置选择窗体

由于JDK只是Java程序的开发环境，所以在JDK的安装文件中还包含了一个Java运行环境（JRE），在默认情况下同JDK一起安装。

（3）在图1-7中，修改安装路径"C:\Program Files\Java\jdk1.8.0_40\"为"C:\Java\jdk1.8.0_40\"，单击"确定"按钮。

（4）在图1-8中，可以看到安装路径已经发生了变化，单击"下一步"按钮。

（5）在图1-9中，显示的是JDK的安装进度。

图1-7　修改JDK安装路径窗体

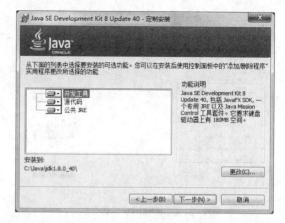

图1-8　修改完安装路径后的窗体

（6）在前面已经选择了安装公共JRE，图1-10中显示的是JRE安装路径选择窗体，单击"更改"按钮。

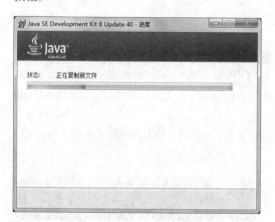

图1-9　JDK安装进度窗体

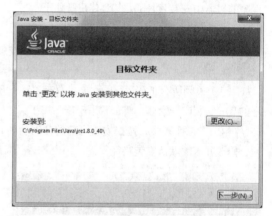

图1-10　JRE安装路径选择窗体

（7）在图1-11中，更改安装路径"C:\Program Files\Java\jre1.8.0_40\"为"C:\Java\jre1.8.0_40\"，单击"下一步"按钮。

（8）在图1-12中，显示的是JRE安装进度。

（9）在图1-13中，显示的是安装完成窗体。单击"关闭"按钮。

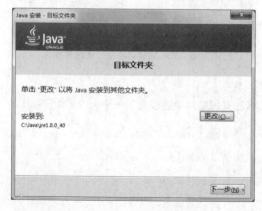

图1-11　修改JRE安装路径窗体

图1-12　JRE安装进度窗体

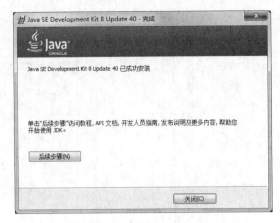

图1-13　安装完成窗体

1.5.3　Windows系统下配置和测试JDK

安装完JDK后，需要设置环境变量及测试JDK配置是否成功，具体步骤如下。

（1）在Windows 7系统中，同时按住<Win>键和<Pause>键打开系统属性窗体，如图1-14所示，选择"高级系统设置"。

图1-14　系统基本信息窗体

（2）在图1-15中，单击"环境变量"按钮。

（3）在图1-16中，单击"系统变量"框下方的"新建"按钮，新建系统变量。

（4）在"新建系统变量"对话框的"变量名"文本框中输入"JAVA_HOME"，在"变量值"文本框中输入JDK的安装路径"C:\Java\jdk1.8.0_40"，如图1-17所示。单击"确定"按钮，完成环境变量"JAVA_HOME"的配置。

（5）在系统变量中查找"Path"变量，如果不存在，则新建系统变量"Path"；否则选中该变量，单击"编辑"按钮，打开"编辑系统变量"对话框，如图1-18所示。

在该对话框的"变量值"文本框的起始位置添加以下内容：

```
;%JAVA_HOME%\bin;
```

图1-15　系统属性窗体

图1-16　环境变量窗体

图1-17　新建系统变量窗体

图1-18　编辑系统变量窗体

说明
不能把原来Path中的其他内容去掉或修改，只是在前面增加。在Windows系统中，环境变量需要使用英文的分号进行分隔；在Linux系统中，环境变量需要使用英文的冒号进行分隔。请注意全角和半角的区别。

（6）单击"确定"按钮，返回"环境变量"对话框。在"系统变量"列表框中查看"CLASSPATH"变量，如果不存在，则新建变量"CLASSPATH"，变量的值为：

.;%JAVA_HOME%\lib\dt.jar;%JAVA_HOME%\lib\tools.jar

（7）JDK程序的安装和配置完成后，可以测试JDK是否能够在机器上运行。

选择"开始"/"运行"命令，在打开的"运行"窗口中输入"cmd"命令，将进入DOS环境中。在命令提示符后面直接输入"java"，按<Enter>键，系统会输出java的帮助信息，如图1-19所示。这说明已经成功配置了JDK，否则需要仔细检查上面步骤的配置是否正确。

图1-19　测试JDK安装及配置是否成功

1.6　Java SE 8的新特性

Java SE 8的新
特性

最新版本的Java Standard Edition 8（Java SE 8）包括了许多新特性，如Collections、Lambda表达式、日期和时间API等。这些新特性使Java SE 8有希望成为跨平台Java桌面应用开发的一次革命。但是，在探索这些新特性之前，必须将基础打好。下面对Java SE 8的一些特性进行简单介绍。

1. Collections

（1）新的java.util.stream包提供了Stream API支持流元素上的功能性操作。Stream API继承到Collections API中，使用批量操作（如串行或并行map-reduce转换）。

（2）使用Key Collisions改进HashMap的性能。

2. Lambda表达式

Lambda表达式的引入为Java添加了函数式编程特性。Lambda表达式可以简化并减少创建特定结构所需的源代码量，也对Java库也产生了广泛的影响。例如，在Java库中，为了能够使用Lambda表达式，添加了新功能流API。

3. 日期和时间API

在Java开发中存在这样的问题，JDK所提供的时间、日期API一直未能给开发者提供良好的支持。为了解决这些问题，Java SE 8设计了新的时间、日期处理API。这个新的API由三个核心思路构成。

（1）不可改变的类：新的API保证所有核心类中的值是不可改变的，避免了并发情况下带来的不必要问题。

（2）领域驱动设计：新的API模型可以精确地表示出Date和Time的差异性。比如，解决了调用java.util.Date中的toString方法时产生的歧义问题。

（3）区域化时间体系：新的API允许人们在时区不同的时间体系下使用，为大多数开发者减少了很多额外的负担。

1.7　Java程序开发过程

Java程序开发
过程

在正式开发Java程序前，首先需要对Java程序的开发过程有所了解。开发Java程序总体上可以分为以下3个步骤。

（1）编写Java源文件。Java源文件是一种文本文件，其扩展名为".java"。例如，编写一个名称为"OneJavaApp.java"的Java源文件。

（2）编译Java源文件，也就是将Java源文件编译（Compile）成Java类文件（扩展名为".class"）。例如，将"OneJavaApp.java"文件编译成"OneJavaApp.class"类文件，要使用如下命令：

```
javac OneJavaApp.java
```

Java类文件由字节码构成，所以也可以称为字节码文件。字节码文件是与平台无关的二进制码，执行时由编译器（java.exe）解释成本地机器码。

（3）运行Java程序。Java程序可以分为Java Application（Java应用程序）和Java Applet（Java小应用程序）。其中，Java Application必须通过Java编译器（java.exe）来解释执行其字节码文件，Java Applet必须使用支持它的浏览器（如Netscape Navigator或IE等）运行。运行Java应用程序的命令如下：

```
java OneJavaApp
```

 应用程序名后面不带class后缀。

1.8　Java开发工具Eclipse

Eclipse是一个成熟的可扩展Java开发工具。它的平台体系结构是在插件概念的基础上构建的，插件是Eclipse平台最具特色的特征之一，也是区别于其他开发工具的特征之一。通过插件扩展，Eclipse可以实现Java Web开发、Java程序开发，甚至可以作为其他语言的开发工具，如PHP、C++等。

Java开发工具
Eclipse

1.8.1　Eclipse简介

Eclipse是一个基于Java的、开放源码的、可扩展的应用开发平台，它为编程人员提供了一流的Java集成开发环境（Integrated Development Environment，IDE）。它是一个可以用于构建集成Web和应用程序的开发平台，其本身并不提供大量的功能，而是通过插件来实现程序的快速开发功能。

Eclipse是一个成熟的可扩展体系结构，它的价值还体现在为创建可扩展的开发环境提供了一个开发源代码的平台。这个平台允许任何人构建与环境或其他工具无缝集成的工具，而工具与Eclipse无缝集成的关键是插件。Eclipse还包括插件开发环境（Plug-in Development Environment，PDE），PDE主要是针对那些希望扩展Eclipse的编程人员而设定的，这也正是Eclipse最具魅力的地方。通过不断地集成各种插件，Eclipse的功能也在不断地扩展，以便支持各种不同的应用。

虽然Eclipse是针对Java语言而设计开发的，但是通过安装不同的插件，Eclipse还可以支持诸如C/C++、PHP、COBOL等编程语言。

Eclipse是利用Java语言写成的，因此，Eclipse是可以支持跨平台操作的，但是需要SWT（Standard Widget Toolkit）的支持。不过这已经不是什么大问题了，因为SWT已经被移植到许多常见的平台上，如Windows、Linux、Solaris等多个操作系统，甚至可以应用到手机或者PDA程序的开发中。

 Java还有其他的开发工具，例如MyEclipse、NetBases等。

1.8.2　Eclipse的安装与启动

虽然Eclipse支持国际化，但是它默认的启动方式并不是本地化的应用环境，还需要进行相应的配置，如中文语言包、编译版本等。

1．安装Eclipse

安装Eclipse前需要先安装JDK，关于JDK的安装和配置参见1.5节中的内容。可以从Eclipse的官方网站（http://www.eclipse.org）下载最新版本的Eclipse。本书中使用的Eclipse版本为4.4。

Eclipse下载结束后，解压，即完成了Eclipse的安装。

2．配置Eclipse中文包

直接解压的Eclipse是英文版的，通过安装Eclipse的多国语言包，可以实现Eclipse的本地化，它可以自动根据操作系统的语言环境对Eclipse进行本地化。

读者可以到Eclipse的官方网站免费下载多国语言包，本书中使用的多国语言包为BabelLanguagePackeclipse-zh_4.4.0.v20141223043836.zip。

 注意

多国语言包的版本必须和Eclipse配套。

在完成下载后，将其解压到Eclipse文件夹中，即将Eclipse和Eclipse汉化的压缩包解压在同一个位置，这样就完成了汉化。

然后启动Eclipse，此时即可看到汉化的Eclipse。

3．启动Eclipse

在安装和配置完多国语言包后，就可以启动Eclipse了。Eclipse初次启动时，需要设置工作空间，本书中将Eclipse安装到D盘根目录下，将工作空间设置在"D:\eclipse\workspace"中，如图1-20所示。

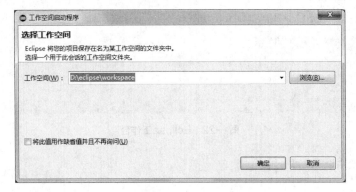

图1-20　设置工作空间

在每次启动Eclipse时，都会出现设置工作空间的对话框。如果不需要每次启动都出现该对话框，可以通过勾选"将此值用作缺省值并且不再询问"选项将该对话框屏蔽。

单击"确定"按钮，即可启动Eclipse，进入Eclipse的工作台。图1-21所示为Eclipse的欢迎界面。

图1-21　Eclipse的欢迎界面

如果正确地配置了Eclipse的中文包，那么在Eclipse启动之后，所有菜单、工具栏，甚至是欢迎界面中的概述、新增内容、教程等信息都是中文。

Eclipse工作台（WorkBench）是一个IDE开发环境。它可以通过创建、管理和导航工作空间资源提供公共范例来获得无缝工具集成。每个工作台窗口可以包括一个或多个透视图，透视图可以控制出现在某些菜单栏和工具栏中的内容。

工作台窗口的标题栏指示哪一个透视图是激活的。如图1-22所示，"Java透视图"正在使用，"包资源管理器"视图、"大纲"视图等随编辑器一起被打开。

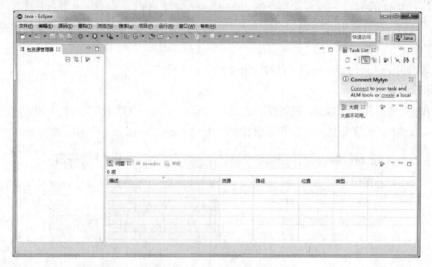

图1-22　Eclipse工作台

工作台窗口主要由以下几部分组成：

（1）标题栏；

（2）菜单栏；

（3）工具栏；

（4）透视图。

其中透视图包括视图和编辑器。

4. 使用JDK 8编译器

在使用Eclipse开发Java程序之前，必须确认Eclipse所使用的编译器版本，在默认情况下，Eclipse 4.4使用1.8版本的编译器。如果默认情况下使用的不是1.8版本的编译器，则修改步骤如下。

启动Eclipse以后，选择"窗口"/"首选项"菜单项，在弹出的"首选项"对话框中，依次选择"Java"/"编译器"节点，在右侧的"编译器一致性级别"下拉选择框中选择"1.8"，单击"确定"按钮。这样就完成了Eclipse编译器版本的修改。

1.8.3　Eclipse编写Java程序的流程

Eclipse编写Java程序的流程必须经过新建Java项目、新建Java类、编写Java代码和运行程序4个步骤，下面将分别介绍。

1. 新建Java项目

（1）在Eclipse中选择"文件"/"新建"/"Java项目"菜单项，打开如图1-23所示的"新建Java项目"对话框。

（2）设置项目名称为"SimpleExample"，然后单击"下一步"按钮，如图1-24所示。

（3）在Java项目构建对话框，配置Java的构建路径，如图1-25所示。

也可以直接单击"完成"按钮，跳过构建设置对话框，直接完成Java项目的创建。

完成新建Java项目后，在"包资源管理器"视图中将出现新创建的项目，如图1-26所示。

图1-23　"新建Java项目"对话框

图1-24　填写项目名称

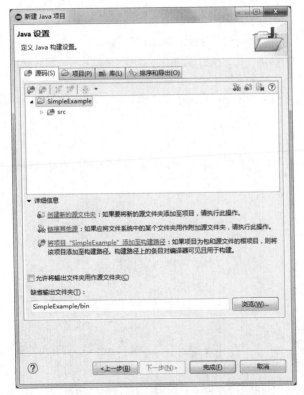

图1-25　项目创建向导——Java构建设置

图1-26　包资源管理器

2. 新建Java类

新建完Java项目以后，可以在项目中创建Java类，具体步骤如下。

（1）在包资源管理器中，在要创建Java类的项目上单击右键，从弹出的快捷菜单中选择"新建"/"类"菜单项。

（2）在弹出的"新建Java类"对话框中设置包名（这里为"com"）和要创建的Java类的名称（这里为"HelloWorld"），如图1-27所示。

① 源文件夹："源文件夹"文本框用于输入新类的源代码文件夹。

② 包："包"文本框中用于输入存放新类的包。

③ 外层类型：此项用以选择要在其中封装新类的类型。

④ 名称：在"名称"文本框中输入新建Java类的名称，默认值为空白。

⑤ 修饰符：为新类选择一个或多个访问修饰符。

⑥ 超类：输入或单击"浏览"按钮为该新类选择超类，默认值为java.lang.Object类型。

图1-27 "新建Java类"对话框

⑦ 接口：通过单击"添加"和"移除"按钮来编辑新类实现的接口，默认值为空白。

⑧ 想要创建哪些方法存根：选择要在此类中创建的方法存根。

- public static void main(String [] args)：将main方法存根添加到新类中。

- 来自超类的构建函数：从新类的超类复制构造函数，并将这些存根添加到新类中。

- 继承的抽象方法：添加到来自超类的任何抽象方法的存根，或者添加需要实现的接口方法。默认值为继承的抽象方法。

⑨ 要添加注释吗：当选择了此项时，Java类向导将对新类添加适当的注释。默认值为不添加注释。

（3）单击"完成"按钮，完成Java类的创建。

3. 编写Java代码

使用向导建立HelloWorld类之后，Eclipse会自动打开该类的源代码编辑器，在该编辑器中可以编写Java程序代码。编写HelloWorld类的代码如下：

```java
package com;
public class HelloWorld {
    public static void main(String[] args) {
        System.out.println("Hello World!");
    }
}
```

4. 运行程序

通过包资源管理器双击打开"HelloWorld.java"文件。然后单击 ▶️· 按钮右侧的小箭头，在弹出的下拉菜单中选"运行方式"/"Java应用程序"菜单项，如图1-28所示。

此时，程序开始运行，运行结束后，在控制台视图中将显示程序的运行结果，如图1-29所示。

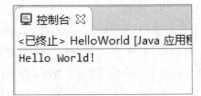

图1-28　运行Java程序　　　　　　　　　　　　图1-29　程序执行结果

 说明　要运行程序，还可以双击打开程序文件，在打开的程序文件上单击鼠标右键，选择"运行方式"，然后选择"Java应用程序"。运行Java程序有两种模式，一种是运行模式（Run As）；另一种是调试模式（Debug As）。使用运行模式就是直接把程序从头到尾运行一遍，运行完就结束，不会转到程序的源代码里面；而使用调试模式，可以在程序中设置断点。运行程序的时候会从断点处进入程序里，有助于在程序内追踪程序的运行。

1.9　编程风格

　　一门编程语言，如果没有自己的编程风格，那么编写的代码会变得难以阅读，给后期的维护带来很多影响。比如，一个程序员将许多行代码都写在了一行，尽管程序可以正确编译和运行，但是会对后期的修改带来很多不便，其他程序员也将无法读取这些代码。

编程风格

　　在编写Java程序时，很多时候都会涉及使用一对大括号，比如类的类体、方法的方法体、循环语句中的循环体等一些地方都会使用一对大括号括起若干代码，也就是"代码块"都是用一对大括号括起来的若干代码。"代码块"有两种流行的写法：一种是Allmans风格，另一种是Kernighan风格。下面分别介绍一下。

1. Allmans风格

Allmans风格也称作"独行"风格，即左、右大括号各自独占一行，代码如下：

```java
public class Allmans
{
    public static void main (String [] args)
    {
        System.out.println("Allmans风格");
    }
}
```

当代码量较少时，适合使用"独行"风格，代码布局清晰，可读性强。

2. Kernighan风格

Kernighan风格也称作"行尾"风格，即左大括号在上一行的行尾，右大括号独占一行，代码如下：

```java
public class Kernighan {
    public static void main (String [] args) {
        System.out.println("Kernighan风格");
    }
}
```

当代码量较大的时候，适合使用"行尾"风格，因为该风格能够提高代码的清晰度。

3. 注 释

为代码添加注释是一个良好的编程习惯，因为添加注释有利于代码的维护和阅读。Java中支持三种格式的注释：一种是单行注释，一种是多行注释，另一种是文档注释。

单行注释使用"//"表示注释的开始，也就是说该行中从"//"开始的内容均为注释部分。例如：

```
public class Demo //声明一个类，类的名字叫Demo
{//类体的左大括号
    public static void main (String [] args)
    {
        System.out.println("这是一个注释。");//输出这是一个注释。
    }
}//类体的右大括号
```

多行注释使用"/*"表示注释的开始，以"*/"表示注释的结束。例如：

```
public class Demo
{
/*以下是main方法，它是程序的入口，
程序的执行首先执行main方法
*/
    public static void main (String [] args){
    }
}
```

文档注释使用"/**"开头，并以"*/"结束。例如：

```
/**
这是一个奔跑的方法
*/
public void run(){
    System.out.println("一只狮子在奔跑");
}
```

1.10 Java API 简介

API（Application Programming Interface，应用程序编程接口）是一些预先定义的函数，目的是提供应用程序与开发人员基于某软件或硬件得以访问的一组例程能力。

当运行一个Java程序时，Java虚拟机装载程序的class文件所使用的Java API class文件。所有被装载的class文件和所有已经装载的动态库共同组成了Java虚拟机上运行的整个程序。在一个平台能够支持Java程序以前，必须在这个特定平台上明确地实现API功能。

Java API 简介

1.10.1 下载Java API

可以通过http://www.oracle.com/technetwork/java/index.html，进入官方网站查看Java API。

然后将鼠标指针放在"Downloads"上，单击左侧的"Java for Developers"，如图1-30所示。

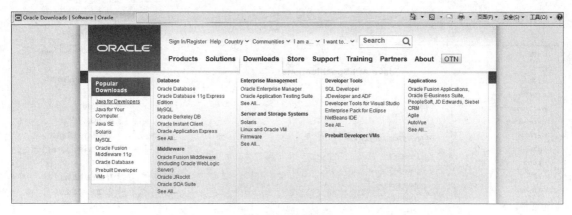

图1-30　查看API

页面跳转后，在当前页面的最下面找到图1-31所示的链接，单击"DOWNLOAD"。

图1-31　点击"DOWNLOAD"

单击之后会跳转到图1-32所示的界面，单击"Accept License Agreement"，然后单击"jdk-8u45-docs-all.zip"进行下载。

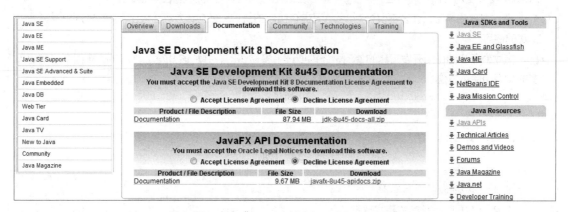

图1-32　点击"Accept License Agreement"

下载完之后，解压缩"jdk-8u45-docs-all.zip"，然后在"docs"文件夹下找到"api"文件夹，双击"api"文件夹之后，找到"index.html"，双击打开就可以查看API了。

1.10.2　在线查看API

还可以在线查看API，单击图1-32右侧的"Java Resources"下的"Java APIs"，这时会跳转到图

1-33所示的页面。

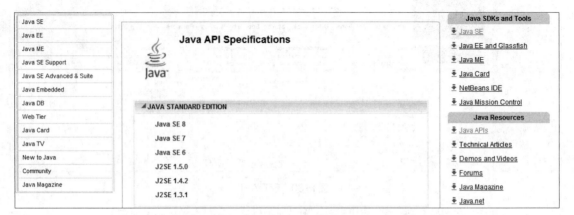

图1-33   "Java API Specifications"页面

点击"Java SE 8"就可以在线查看API了。

小 结

本章首先介绍了Java技术的相关概念、3个不同的版本以及Java语言的特点，使读者对Java语言有一个初步的认识。然后带领读者完成Java开发环境的搭建，其中包括JDK 8的下载和安装步骤。JDK 8是Java程序最新的开发环境，它同时捆绑了JRE，即Java运行环境。完成JDK 8的安装之后，本章又介绍了JDK 8相关环境变量的配置和JDK 8环境的测试方法。虽然新版本的环境安装之后，基本可以直接使用，但是读者仍然需要掌握环境变量的配置方法。最后，为使读者能够快速掌握Java语言程序设计的相关语法、技术以及其他知识点，本章介绍了目前流行的IDE集成开发工具Eclipse及其使用方法，同时还介绍了使用Eclipse开发Java程序的流程和编程风格。

通过本章的学习，读者不仅要对Java语言有初步的认识，还应该掌握Java环境的搭建以及开发工具的使用。

其中对于Eclipse开发工具的使用，还需要读者多做练习，并从该开发工具自带的教程中了解更多的知识和使用方法。

习 题

1-1   Java有哪3个版本？

1-2   简述Java程序的开发过程。

1-3   如何修改Eclipse默认的编译器版本？

1-4   简述Eclipse编写Java程序的流程。

1-5   Windows系统下安装JDK，需要配置哪些系统变量？

第2章
Java语言的基本语法

本章要点

了解Java中的标识符和关键字 ■
理解Java中的常量和变量 ■
了解Java中的数据类型 ■
掌握数组的创建和使用 ■

■ 任何知识都要从基础学起，同样，Java语言也要从基本语法学起。本章将详细介绍Java语言的基本语法，建议初学者不要急于求成，要认真学习本章的内容，以便为后面的学习打下坚实的基础。

2.1 关键字和标识符

2.1.1 Unicode字符集

Java语言使用Unicode标准字符集，该字符集由Unicode协会管理并接受其技术上的修改，它最多可以识别65536个字符。在Unicode字符集中，前128个字符刚好是ASCII码，但大部分国家的"字母表"中的字母都是Unicode字符集中的一个字母，因此，Java所使用的字母不仅包括通常的拉丁字母，还包括汉字、俄文、希腊字母等。

关键字和标识符

2.1.2 关键字

Java语言中还定义了一些专有词汇，统称为关键字，如public、class、int等，它们都具有特定的含义，只能用于特定的位置。表2-1中列出了Java语言的所有关键字。

表2-1　Java语言的所有关键字

abstract	const	finally	int	public	this
boolean	continue	float	interface	return	throw
break	default	for	long	short	throws
byte	do	goto	native	static	transient
case	double	if	new	strictfp	try
catch	else	implements	package	super	void
char	extends	import	private	switch	volatile
class	final	instanceof	protected	synchronized	while

2.1.3 标识符

Java语言中的类名、对象名、方法名、常量名和变量名统称为标识符。

为了提高程序的可读性，在定义标识符时，要尽量遵循"见其名知其意"的原则。Java标识符的具体命名规则如下：

（1）一个标识符可以由几个单词连接而成，以表明它的意思；

（2）标识符由一个或多个字母、数字、下划线（_）和美元符号（$）组成，没有长度限制；

（3）标识符中的第一个字符不能为数字；

（4）标识符不能是关键字；

（5）标识符不能是true、false和null；

（6）对于类名，每个单词的首字母都要大写，其他字母则小写，如RecordInfo；

（7）对于方法名和变量名，与类名有些相似，除了第一个单词的首字母小写外，其他单词的首字母都要大写，如getRecordName()、recordName；

（8）对于常量名，每个单词的每个字母都要大写，如果由多个单词组成，通常情况下单词之间用下划线（_）分隔，如MAX_VALUE；

（9）对于包名，每个单词的每个字母都要小写，如com.frame。

Java语言区分字母的大小写。

2.2 常量与变量

常量和变量在程序代码中随处可见，下面就来学习常量和变量的概念及使用要点，从而达到区别常量和变量的目的。

常量与变量

2.2.1 常量的概念及使用要点

所谓常量，就是值永远不允许被改变的量。如果要声明一个常量，就必须用关键字final修饰，声明常量的具体方式如下：

> final 常量类型 常量标识符;

例如：

> final int YOUTH_AGE;　　　　　　　　　　// 声明一个int型常量
>
> final float PIE;　　　　　　　　　　　　 // 声明一个float型常量

在定义常量标识符时，按照Java的命名规则，所有的字符都要大写，如果常量标识符由多个单词组成，则在各个单词之间用下划线（_）分隔，如"YOUTH_AGE"、"PIE"。

在声明常量时，通常情况下立即为其赋值，即立即对常量进行初始化。声明并初始化常量的具体方式如下：

> final 常量类型 常量标识符 = 常量值;

例如：

> final int YOUTH_AGE = 18;　　　　　　　// 声明一个int型常量，并初始化为18
>
> final float PIE = 3.14F;　　　　　　　 // 声明一个float型常量，并初始化为3.14

在为float型常量赋值时，需要在数值的后面加上一个字母"F"（或"f"），说明数值为float型。

如果需要声明多个同一类型的常量，也可以采用下面的形式：

> final 常量类型 常量标识符1, 常量标识符2, 常量标识符3;
>
> final 常量类型 常量标识符4 = 常量值4, 常量标识符5 = 常量值5, 常量标识符6 = 常量值6;

例如：

> final int A, B, C;　　　　　　　　　　　// 声明3个int型常量
>
> final int D = 4, E = 5, F = 6;　　　　 // 声明3个int型常量，并分别初始化为4、5、6

如果在声明常量时并没有对其进行初始化，也可以在需要时进行初始化，例如：

> final int YOUTH_AGE;　　　　　　　　　　// 声明一个int型常量
>
> final float PIE;　　　　　　　　　　　　 // 声明一个float型常量
>
> YOUTH_AGE = 18;　　　　　　　　　　　　 // 初始化常量YOUTH_AGE为18
>
> PIE = 3.14F;　　　　　　　　　　　　　　// 初始化常量PIE为3.14

但是，如果在声明常量时已经对其进行了初始化，常量的值则不允许再被修改。例如若尝试执行下面的

代码，将在控制台输出常量值不能被修改的错误提示。

```
final int YOUTH_AGE = 18;              // 声明一个int型常量，并初始化为18
YOUTH_AGE = 16;                        // 尝试修改已经被初始化的常量
```

2.2.2　变量的概念及使用要点

所谓变量，就是值可以被改变的量。如果要声明一个变量，并不需要使用任何关键字进行修饰，声明变量的具体方式如下：

变量类型 变量标识符；

例如：

```
String name;                           // 声明一个String型变量
int partyMemberAge;                    // 声明一个int型变量
```

在定义变量标识符时，按照Java的命名规则，第一个单词的首字母小写，其他单词的首字母大写，其他字母则一律小写，如"name" "partyMemberAge"。

在声明变量时，也可以立即为其赋值，即立即对变量进行初始化。声明并初始化变量的具体方式如下：

变量类型 变量标识符 = 变量值；

例如：

```
String name = "MWQ";             // 声明一个String型变量
int partyMemberAge = 26;              // 声明一个int型变量
Student s1=new Student();             // 声明一个Student型变量
```

如果需要声明多个同一类型的变量，也可以采用下面的形式：

变量类型 变量标识符1，变量标识符2，变量标识符3；

变量类型 变量标识符 4 = 变量值4，变量标识符5 = 变量值5，变量标识符6 = 变量值6；

例如：

```
int A, B, C;                          // 声明3个int型变量
int D = 4, E = 5, F = 6;              // 声明3个int型变量，并分别初始化为4、5、6
```

变量与常量的区别是，变量的值允许被改变。例如，下面的代码是正确的：

```
String name = "MWQ";            // 声明一个String型常量，并初始化为"MWQ"
name = "MaWenQiang";                  // 尝试修改已经被初始化的变量
```

关于变量的更多内容，本书第4章将进行详细讲解。

2.3　数据类型

Java是强类型的编程语言，Java语言中的数据类型分类情况如图2-1所示。

Java语言中的数据类型分为两大类，分别是基本数据类型和引用数据类型。其中基本数据类型由Java语言定义，其数据占用内存的大小固定，在内存中存入的是数值本身；而引用数据类型在内存中存入的是引用数据的存放地址，并不是数据本身。

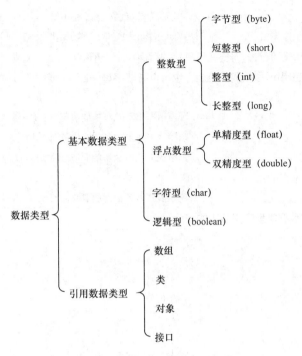

图2-1　Java中的数据类型分类情况

2.3.1　基本数据类型

基本数据类型分为整数型、浮点数型、字符型和逻辑型，分别用来存储整数、小数、字符和逻辑值。下面将依次讲解这4个基本数据类型的特征及使用方法。

整数型

1. 整数型

声明为整数型的常量或变量用来存储整数，整数型包括字节型（byte）、短整型（short）、整型（int）和长整型（long）4个基本数据类型。这4个数据类型的区别是它们在内存中所占用的字节数不同，因此，它们所能够存储的整数的取值范围也不同，如表2-2所示。

表2-2　整数型数据占用内存的字节数以及取值范围

数 据 类 型	关 键 字	占用内存字节数	取 值 范 围
字节型	byte	1个字节	−128~127
短整型	short	2个字节	−32 768~32 767
整型	int	4个字节	−2 147 483 648~2 147 483 647
长整型	long	8个字节	−9 223 372 036 854 775 808~9 223 372 036 854 775 807

在为这4个数据类型的常量或变量赋值时，所赋的值不能超出对应数据类型允许的取值范围。例如，在下面的代码中依次将byte、short和int型的变量赋值为9 412、794 125和9 876 543 210是不允许的，即下面的代码均是错误的：

```
byte b = 9412;                    // 声明一个byte型变量，并初始化为9412
```

```
short s = 794125;                          // 声明一个short型变量，并初始化为794125
int i = 9876543210;                        // 声明一个int型变量，并初始化为9876543210
```

在为long型常量或变量赋值时，需要在所赋值的后面加上一个字母"L"（或"l"），说明所赋的值为long型。如果所赋的值未超出int型的取值范围，也可以省略字母"L"（或"l"）。例如，下面的代码均是正确的：

```
long la = 9876543210L;                     // 所赋值超出了int型的取值范围，必须加上字母"L"
long lb = 987654321L;                      // 所赋值未超出int型的取值范围，可以加上字母"L"
long lc = 987654321;                       // 所赋值未超出int型的取值范围，也可以省略字母"L"
```

但是下面的代码就是错误的：

```
long l = 9876543210;                       // 所赋值超出了int型的取值范围，不加字母"L"是错误的
```

【例2-1】 使用基本数据类型定义员工的年龄。

```java
public class BasicMessage {
    private int id;
    private String name;
    private int age;//使用基本数据类型定义员工的年龄
    private int dept;
    private int headship;
    private String sex;
    …//省略部分代码
    public int getAge() {
        return age;
    }
    public void setAge(int age) {
        this.age = age;
    }
    public void setHeadship(int headship) {
        this.headship = headship;
    }
}
```

2. 浮点数型

声明为浮点数型的常量或变量用来存储小数（也可以存储整数）。浮点数型包括单精度型（float）和双精度型（double）2个基本数据类型。这2个数据类型的区别是它们在内存中所占用的字节数不同，因此，它们所能够存储的浮点数的取值范围也不同，如表2-3所示。

浮点数型

表2-3　浮点数型数据占用内存的字节数以及取值范围

数 据 类 型	关 键 字	占用内存字节数	取 值 范 围
单精度型	float	4个字节	1.4E-45~3.402 823 5E38
双精度型	double	8个字节	4.9E-324~1.797 693 134 862 315 7E308

在为float型常量或变量赋值时，需要在所赋值的后面加上一个字母"F"（或"f"），说明所赋的值为float型。如果所赋的值为整数，并且未超出int型的取值范围，也可以省略字母"F"（或"f"）。例

如，下面的代码均是正确的：

```
float fa = 9412.75F;          // 所赋值为小数，必须加上字母"F"
float fb = 9876543210F;       // 所赋值超出了int型的取值范围，必须加上字母"F"
float fc = 9412F;             // 所赋值未超出int型的取值范围，可以加上字母"F"
float fd = 9412;              // 所赋值未超出int型的取值范围，也可以省略字母"F"
```

但是下面的代码就是错误的：

```
float fa = 9412.75;           // 所赋值为小数，不加字母"F"是错误的
float fb = 9876543210;        // 所赋值超出了int型的取值范围，不加字母"F"是错误的
```

在为double型常量或变量赋值时，需要在所赋值的后面加上一个字母"D"（或"d"），说明所赋的值为double型。如果所赋的值为小数，或者所赋的值为整数并且未超出int型的取值范围，也可以省略字母"D"（或"d"）。例如，下面的代码均是正确的：

```
double da = 9412.75D;         // 所赋值为小数，可以加上字母"D"
double db = 9412.75;          // 所赋值为小数，也可以省略字母"D"
double dc = 9412D;            // 所赋值为整数，并且未超出int型的取值范围，可以加上字母"D"
double dd = 9412;             // 所赋值为整数，并且未超出int型的取值范围，也可以省略字母"D"
double de = 9876543210D;      // 所赋值为整数，并且超出了int型的取值范围，必须加上字母"D"
```

 说明 Java默认小数为double型，所以在将小数赋值给double型常量或变量时，可以不加上字母"D"（或"d"）。

但是下面的代码就是错误的：

```
double d = 9876543210;        // 所赋值为整数，并且超出了int型的取值范围，不加字母"D"是错误的
```

3. 字符型

声明为字符型的常量或变量用来存储单个字符，它占用内存的2个字节来存储，字符型利用关键字"char"进行声明。

因为计算机只能存储二进制数据，所以需要将字符通过一串二进制数据来表示，也就是通常所说的字符编码。Java采用Unicode字符编码，Unicode使用2个字节表示1个字符，并且Unicode字符集中的前128个字符与ASCII字符集兼容。例如，字符"a"的ASCII编码的二进制数据形式为01100001，Unicode字符编码的二进制数据形式为00000000 01100001，它们都表示十进制数97，因此，Java与C、C++一样，同样把字符作为整数对待。

字符型

 说明 ASCII是用来表示英文字符的一种编码，每个字符占用一个字节，所以最多可表示256个字符。但英文字符并没有那么多，ASCII使用前128个（字节中最高位为0）来存放包括控制符、数字、大小写英文字母和其他一些符号的字符。而字节的最高位为1的另外128个字符称为"扩展ASCII"，通常存放英文的制表符、部分音标字符等其他一些符号。使用ASCII编码无法表示多国语言文字。

Java中的字符通过Unicode字符编码，以二进制的形式存储到计算机中，计算机可通过数据类型判断要输出的是一个字符还是一个整数。Unicode编码采用无符号编码，一共可存储65 536个字符（0x0000~0xffff），所以Java中的字符几乎可以处理所有国家的语言文字。

在为char型常量或变量赋值时，如果所赋的值为一个英文字母、符号或汉字，必须将所赋的值放在英文

状态下的一对单引号中。例如，下面的代码分别将字母"M"、符号"*"和汉字"男"赋值给char型变量ca、cb和cc：

```
char ca = 'M';            // 将大写字母"M"赋值给char型变量
char cb = '*';            // 将符号"*"赋值给char型变量
char cc = '男';           // 将汉字"男"赋值给char型变量
```

 在为char型常量或变量赋值时，无论所赋的值为字母、符号还是汉字，都只能为一个字符。

因为Java把字符作为整数对待，并且可以存储65 536个字符，所以也可以将0~65 535的整数赋值给char型常量或变量，但是在输出时得到的并不是所赋的整数。例如，下面的代码将整数88赋值给char型变量c，在输出变量c时得到的是大写字母"X"：

```
char c = 88;              // 将整数88赋值给char型变量c
System.out.println(c);    // 输出char型变量c，将得到大写字母"X"
```

 代码"System.out.println();"用来将指定的内容输出到控制台，并且在输出后换行；代码"System.out.print();"用来将指定的内容输出到控制台，但是在输出后不换行。

也可以将数字0~9以字符的形式赋值给char型常量或变量，赋值方式为将数字0~9放在英文状态下的一对单引号中。例如，下面的代码将数字"6"赋值给char型变量c：

```
char c = '6';             // 将数字"6"赋值给char型变量
```

4．逻辑型

声明为逻辑型的常量或变量用来存储逻辑值，逻辑值只有true和false，分别用来代表逻辑判断中的"真"和"假"，逻辑型利用关键字"boolean"进行声明。

逻辑型

【例2-2】 为boolean型变量赋值并输出。

利用Eclipse编写本实例的具体步骤如下。

（1）新建Java项目。

① 在Eclipse中选择"文件"/"新建"/"项目"菜单项，打开"新建项目"对话框。

② 选择"Java项目"，单击"下一步"按钮，在弹出的对话框中设置项目名称为"SimpleExample"。

③ 单击"下一步"按钮，进入Java项目构建对话框，这里可以采用默认设置，直接单击"完成"按钮，完成Java项目的创建。

（2）新建Java类。

新建Java项目以后，可以在项目中创建Java类，具体步骤如下。

① 在包资源管理器中，在要创建Java类的项目上单击鼠标右键，从弹出的快捷菜单中选择"新建"/"类"菜单项。

② 在弹出的创建Java类对话框中设置包名（这里为"com"）和要创建的Java类的名称（这里为"Example"）。

③ 单击"完成"按钮，完成Java类的创建。

（3）编写Java代码。

使用向导建立Example类之后，Eclipse会自动打开该类的源代码编辑器，在该编辑器中可以编写Java程序代码。

可以将逻辑值true和false赋值给boolean型变量，例如下面的代码分别将逻辑值true和逻辑值false赋值给boolean型变量ba和bb：

```
package com;
public class Example {
    public static void main(String[] args) {
        boolean ba = true;                      // 将逻辑值true赋值给boolean型变量
        boolean bb = false;                     // 将逻辑值false赋值给boolean型变量
        System.out.println("ba is " + ba);      // 输出boolean型变量ba
        System.out.println("bb is " + bb);      // 输出boolean型变量bb
    }
}
```

执行上面的代码，在控制台将输出图2-2所示的内容。

也可以将逻辑表达式赋值给boolean型变量，例如下面的代码分别将逻辑表达式"6<8"和逻辑表达式"6 > 8"赋值给boolean型变量bc和bd：

```
package com;
public class Example {
    public static void main(String[] args) {
        boolean bc = 6 < 8;                     // 将逻辑表达式"6 < 8"赋值给boolean型变量
        boolean bd = 6 > 8;                     // 将逻辑表达式"6 > 8"赋值给boolean型变量
        System.out.println("6 < 8 is " + bc);   // 输出boolean型变量bc
        System.out.println("6 > 8 is " + bd);   // 输出boolean型变量bd
    }
}
```

执行上面的代码，在控制台将输出图2-3所示的内容。

图2-2 将逻辑值赋值给boolean型变量

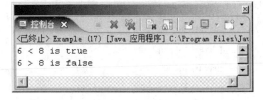

图2-3 将逻辑表达式赋值给boolean型变量

2.3.2 引用数据类型

引用数据类型包括类引用、接口引用和数组引用。下面的代码分别声明一个java.lang.Object类的引用、java.util.List接口的引用和一个int型数组的引用：

引用数据类型

```
Object object = null;                       // 声明一个java.lang.Object类的引用，并
                                            //   初始化为null

List list = null;                           // 声明一个java.util.List接口的引用，并
                                            //   初始化为null

int[] months = null;                        // 声明一个int型数组的引用，并初始化为
                                            //   null

System.out.println("object is " + object);  // 输出类引用object
```

```
    System.out.println("list is " + list);              // 输出接口引用list
    System.out.println("months is " + months);  // 输出数组引用months
```

 说明 当将引用数据类型的常量或变量初始化为null时，表示引用数据类型的常量或变量不引用任何对象。

执行上面的代码，在控制台将输出如下内容：

object is null

list is null

months is null

在具体初始化引用数据类型时需要注意的是，对接口引用的初始化需要通过接口的相应实现类实现。例如，下面的代码在具体初始化接口引用list时，是通过接口java.util.List的实现类java.util.ArrayList实现的：

```
Object object = new Object();                    // 声明并具体初始化一个java.lang.Object类的引用
List list = new ArrayList();                       // 声明并具体初始化一个java.util.List接口的引用
int[] months = new int[12];                       // 声明并具体初始化一个int型数组的引用
System.out.println("object is " + object);        // 输出类引用object
System.out.println("list is " + list);            // 输出接口引用list
System.out.println("months is " + months);       // 输出数组引用months
```

执行上面的代码，在控制台将输出如下内容：

object is java.lang.Object@de6ced

list is [ ]

months is [I@c17164

【例2-3】 使用引用类型定义员工的姓名。

```java
public class BasicMessage {
    private int id;
    private String name; //使用引用类型定义员工姓名
    private int age;
    private int dept;
    private int headship;
    private String sex;
    …//省略部分代码
    public String getName() {
        return name;
    }
    public void setName(String name) {
        this.name = name;
    }
    public void setHeadship(int headship) {
        this.headship = headship;
    }

}
```

2.3.3 基本类型与引用类型的区别

基本数据类型与引用数据类型的主要区别在以下两个方面：

（1）基本数据类型与引用数据类型的组成；

（2）Java虚拟机处理基本数据类型变量与引用数据类型变量的方式。

基本类型与引用
类型的区别

1. 组成

基本数据类型是一个单纯的数据类型，它表示的是一个具体的数字、字符或逻辑值，如68、'M'或true。对于引用数据类型，若一个变量引用的是一个复杂的数据结构的实例，则该变量的类型就属于引用数据类型。在引用数据类型变量所引用的实例中，不仅可以包含基本数据类型的变量，还可以包含对这些变量的具体操作行为，甚至是包含其他引用数据类型的变量。

【例2-4】基本数据类型与引用数据类型。

创建一个档案类Record，在该类中利用引用类型变量name存储姓名，利用char型变量sex存储性别，利用int型变量age存储年龄，利用boolean型变量married存储婚姻状况，并提供了一些操作这些变量的方法，Record类的具体代码如下：

```java
public class Record {
    String name;                                    // 姓名
    char sex;                                       // 性别
    int age;                                        // 年龄
    boolean married;                                // 婚姻状况
    public int getAge() {                           // 获得年龄
        return age;
    }
    public void setAge(int age) {                   // 设置年龄
        this.age = age;
    }
    public boolean isMarried() {                    // 获得婚姻状况
        return married;
    }
    public void setMarried(boolean married) {       // 设置婚姻状况
        this.married = married;
    }
    public String getName() {                       // 获得姓名
        return name;
    }
    public void setName(String name) {              // 设置姓名
        this.name = name;
    }
    public char getSex() {                          // 获得性别
        return sex;
    }
}
```

```
    public void setSex(char sex) {                              // 设置性别
        this.sex = sex;
    }
}
```

下面创建两个Record类的实例，并分别通过变量you和me进行引用，具体代码如下：

```
public class Example {
    public static void main(String[] args) {
        Record you = new Record();                              // 创建代表读者的对象
        Record me = new Record();                               // 创建代表作者的对象
    }
}
```

对于上面的变量you和me，就属于引用数据类型，并且引用的是类的实例，所以也是类引用类型。

下面继续在Example类的main()方法中编写如下代码，通过Record类中的相应方法，依次初始化代表读者和作者的变量you和me中的姓名、性别、年龄和婚姻状况：

```
you.setName("读者");                                             // 设置读者的姓名
you.setSex('女');                                               // 设置读者的性别
you.setAge(22);                                                 // 设置读者的年龄
you.setMarried(false);                                         // 设置读者的婚姻状况
me.setName("作者");                                             // 设置作者的姓名
me.setSex('男');                                                // 设置作者的性别
me.setAge(26);                                                  // 设置作者的年龄
me.setMarried(true);                                           // 设置作者的婚姻状况
```

下面继续在Example类的main()方法中编写如下代码，通过Record类中的相应方法，依次获得读者和作者的姓名、性别、年龄和婚姻状况，并将得到的信息输出到控制台：

```
System.out.print(you.getName() + "    ");                      // 获得并输出读者的姓名
System.out.print(you.getSex() + "    ");                       // 获得并输出读者的性别
System.out.print(you.getAge() + "    ");                       // 获得并输出读者的年龄
System.out.println(you.isMarried() + "    ");                  // 获得并输出读者的婚姻状况
System.out.print(me.getName() + "    ");                       // 获得并输出作者的姓名
System.out.print(me.getSex() + "    ");                        // 获得并输出作者的性别
System.out.print(me.getAge() + "    ");                        // 获得并输出作者的年龄
System.out.println(me.isMarried() + "    ");                   // 获得并输出作者的婚姻状况
```

执行上面的代码，在控制台将输出如图2-4所示信息。

2. Java虚拟机的处理方式

对于基本数据类型的变量，Java虚拟机会根据变量的实际类型为其分配实际的内存空间，例如，为int型变量分配一个4字节的内存空间来存储变量的值。而对于引用数据类型的变量，Java虚拟机同样要为其分配内存空间，但在内存空间中存放的并不是变量所引用的对象，而是对象在堆区存放的地址，所以引用变量最终只是指向被引用的对象，而不是存储了被引用的对象。因

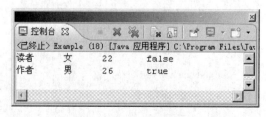

图2-4　例2-2的运行结果

此，两个引用变量之间的赋值，实际上就是将一个引用变量存储的地址复制给另一个引用变量，从而使两个变量指向同一个对象。

例如，创建一个图书类Book，具体代码如下：

```
public class Book {
    String isbn = "978-7-115-16451-3";
    String name = "Hibernate应用开发完全手册";
    String author = "明日科技";
    float price = 59.00F;
}
```

下面声明两个Book类的实例，分别通过变量book1和book2进行引用，对book1进行了具体的初始化，而将book2初始化为null，具体代码如下：

```
Book book1 = new Book();
Book book2 = null;
```

Java虚拟机为引用变量book1、book2及book1所引用对象的成员变量分配的内存空间如图2-5所示。

从图2-5可以看出，变量book1引用了Book类的实例，book2没有引用任何实例。下面对变量book2进行具体的初始化，将book1引用实例的地址复制给book2变量，即令book2与book1引用同一个Book类的实例，具体代码如下：

```
book2 = book1;
```

此时Java虚拟机的内存空间分配情况如图2-6所示。

图2-5　未具体初始化book2时的内存空间分配情况

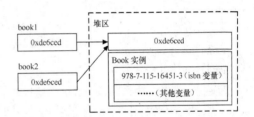

图2-6　具体初始化book2后的内存空间分配情况

2.3.4　数据类型之间的相互转换

所谓数据类型之间的相互转换，就是将变量从当前的数据类型转换为其他数据类型。在Java中，数据类型之间的相互转换可以分为以下3种情况：

（1）基本数据类型之间的相互转换；

（2）字符串与其他数据类型之间的相互转换；

（3）引用数据类型之间的相互转换。

在这里只介绍基本数据类型之间的相互转换，其他两种情况将在相关的章节中介绍。

数据类型之间的
相互转换

在对多个基本数据类型的数据进行混合运算时，如果这几个数据并不属于同一基本数据类型，例如在一个表达式中同时包含整数型、浮点型和字符型的数据，需要先将它们转换为统一的数据类型，然后才能进行计算。

基本数据类型之间的相互转换又分为两种情况，分别是自动类型转换和强制类型转换。

1. 自动类型转换

当需要从低级类型向高级类型转换时，编程人员无须进行任何操作，Java会自动完成从低级类型向级类型转换。低级类型是指取值范围相对较小的数据类型，高级类型则指取值范围相对较大的数据类型，如long型相对于float型是低级数据类型，但是相对于int型则是高级数据类型。在基本数据类型中，除了boolean型外均可参与算术运算，这些数据类型从低到高的排序如图2-7所示。

图2-7　数据类型从低到高的排序

在不同数据类型间的算术运算中，可以分为两种情况进行考虑，一种情况是在算术表达式中含有int、long、float或double型的数据，另一种情况是不含有上述4种类型的数据，即只含有byte、short或char型的数据。

（1）在算术表达式中含有int、long、float或double型的数据。

如果在算术表达式中含有int、long、float或double型的数据，Java首先会将所有数据类型相对较低的变量自动转换为表达式中数据类型最高的数据类型，然后再进行计算，并且计算结果的数据类型也为表达式中数据类型相对最高的数据类型。

例如在下面的代码中，Java首先会自动将表达式"b * c – i + l"中的变量b、c和i的数据类型转换为long型，然后再进行计算，并且计算结果的数据类型为long型。所以将表达式"b * c – i + l"直接赋值给数据类型相对小于long型（例如int型）的变量是不允许的，但是可以直接赋值给数据类型相对大于long型（例如float型）的变量。

```
byte b = 75;
char c = 'c';
int i = 794215;
long l = 9876543210L;
long result = b * c – i + l;
```

而在下面的代码中，Java首先会自动将表达式"b * c – i + d"中的变量b、c和i的数据类型转换为double型，然后再进行计算，并且计算结果的数据类型为double型。所以将表达式"b * c – i + d"直接赋值给数据类型相对小于double型（例如long型）的变量是不允许的。

```
byte b = 75;
char c = 'c';
int i = 794215;
double d = 11.17;
double result = b * c – i + d;
```

（2）在算术表达式中只含有byte、short或char型的数据。

如果在算术表达式中只含有byte、short或char型的数据，Java首先会将所有变量的类型自动转换为int型，然后再进行计算，并且计算结果的数据类型也为int型。

例如在下面的代码中，Java首先会自动将表达式"b + s * c"中的变量b、s和c的数据类型转换为int型，然后再进行计算，并且计算结果的数据类型为int型。所以将表达式"b + s * c"直接赋值给数据类型相对小于int型（例如char型）的变量是不允许的，但是可以直接赋值给数据类型相对大于int型（例如long型）的变量。

```
byte b = 75;
short s = 9412;
char c = 'c';
```

```
int result = b + s * c;
```

即使是在下面的代码中，Java首先也会自动将表达式"s1 * s2"中的变量s1和s2的数据类型转换为int型，然后再进行计算，并且计算结果的数据类型也为int型。

```
short s1 = 75;

short s2 = 9412;

int result = s1 * s2;
```

对于数据类型为byte、short、int、long、float和double的变量，可以将数据类型相对较小的数据或变量，直接赋值给数据类型相对较大的变量，例如可以将数据类型为short的变量直接赋值给数据类型为float的变量；但是不可以将数据类型相对较大的数据或变量，直接赋值给数据类型相对较小的变量，例如不可以将数据类型为float的变量直接赋值给数据类型为short的变量。

对于数据类型为char的变量，不可以将数据类型为byte或short的变量直接赋值给char型变量；但是可以将char型变量直接赋值给int、long、float或double的变量。

2. 强制类型转换

如果需要把数据类型相对较高的数据或变量赋值给数据类型相对较低的变量，就必须进行强制类型转换。例如，将Java默认为double型的数据"7.5"，赋值数据类型为int型变量的方式如下：

```
int i = (int) 7.5;
```

上面代码中，在数据"7.5"的前方添加了代码"(int)"，意思就是将数据"7.5"的类型强制转换为int型。

在执行强制类型转换时，可能会导致数据溢出或精度降低。例如，上面代码中最终变量i的值为7，导致数据精度降低。如果将Java默认为int型的数据"774"赋值给数据类型为byte型变量，方法如下：

```
byte b = (byte) 774;
```

最终变量b的值为6，导致数据溢出，原因是整数774超出了byte型的取值范围，在进行强制类型转换时，表示整数774的二进制数据流的前24位将被舍弃，所以最终赋值给变量b的数值是后8位的二进制数据流表示的数据，如图2-8所示。

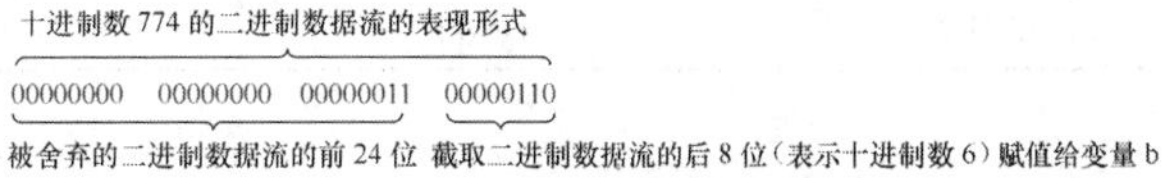

十进制数 774 的二进制数据流的表现形式

00000000　00000000　00000011　00000110

被舍弃的二进制数据流的前 24 位　截取二进制数据流的后 8 位（表示十进制数 6）赋值给变量 b

图2-8　将十进制数774强制类型转换为byte型

在编程的过程中，对可能导致数据溢出或精度降低的强制类型转换，建议读者要谨慎使用。

2.4 数 组

数组是一种最为常见的数据结构，通过数组可以保存一组相同数据类型的数据，数组一旦创建，它的长度就固定了。数组的类型可以为基本数据类型，也可以为引用数据类型，可以是一维数组、二维数组，甚至是多维数组。

2.4.1 声明数组

声明数组包括数组类型和数组标识符。
声明一维数组的方式如下：

数组

数组类型[] 数组标识符；

数组类型 数组标识符[]；

上面两种声明数组格式的作用是相同的，相比之下，前一种方式更符合规范要求，但是后一种方式更符合原始编程习惯。例如，分别声明一个int型和boolean型一维数组，具体代码如下：

int[] months;

boolean members[];

Java语言中的二维数组是一种特殊的一维数组，即数组的每个元素又是一个一维数组，Java语言并不直接支持二维数组。声明二维数组的方式如下：

数组类型[][] 数组标识符；

数组类型 数组标识符[][]；

例如，分别声明一个int型和boolean型二维数组，具体代码如下：

int[][] days;

boolean holidays[][]；

2.4.2 创 建 数 组

创建数组，实质上就是在内存中为数组分配相应的存储空间。

创建一维数组：

int[] months = new int[12];

创建二维数组：

int[][] days = new int[2][3];

可以将二维数组看成是一个表格，例如上面创建的数组days可以看成表2-4所示的表格。

表2-4 二维数组内部结构表

	列索引0	列索引1	列索引2
行索引0	days[0][0]	days[0][1]	days[0][2]
行索引1	days[1][0]	days[1][1]	days[1][2]

2.4.3 初始化数组

在声明数组的同时，也可以给数组元素一个初始值。一维数组初始化的代码如下：

int boy [] ={2,45,36,7,69}；

上述语句等价于：

int boy [] = new int [5]

二维数组初始化的代码如下：

boolean holidays[][] = { { true, false, true }, { false, true, false } };

2.4.4 数 组 长 度

数组元素的个数称作数组的长度。对于一维数组，"数组名.length"的值就是数组中元素的个数；对于二维数组，"数组名.length"的值是它含有的一维数组的个数。

```
int [] months = new int [12];                    //一维数组months
Boolean [] members = {false,true,true,false};    //一维数组members
int[][] days = new int[2][3];                     //二维数组days
```

```
boolean holidays[][] = { { true, false, true }, { false, true, false } };
                                          //二维数组holidays
```

如果需要获得一维数组的长度，可以通过下面的方式：

```
System.out.println(months.length);           // 输出值为12
System.out.println(members.length);          // 输出值为4
```

如果是通过下面的方式获得二维数组的长度，得到的是二维数组的行数：

```
System.out.println(days.length);             // 输出值为2
System.out.println(holidays.length);         // 输出值为2
```

如果需要获得二维数组的列数，可以通过下面的方式：

```
System.out.println(days[0].length);          // 输出值为3
System.out.println(holidays[0].length);      // 输出值为3
```

如果是通过"{}"创建的数组，数组中每一行的列数也可以不相同，例如：

```
boolean holidays[][] = {
        { true, false, true },               // 二维数组的第1行为3列
        { false, true },                     // 二维数组的第2行为2列
        { true, false, true, false } };      // 二维数组的第3行为4列
```

在这种情况下，通过下面的方式得到的只是第1行拥有的列数：

```
System.out.println(holidays[0].length);      // 输出值为3
```

如果需要获得二维数组中第2行和第3行拥有的列数，可以通过下面的方式：

```
System.out.println(holidays[1].length);      // 输出值为2
System.out.println(holidays[2].length);      // 输出值为4
```

2.4.5　使用数组元素

一维数组通过索引符来访问自己的元素，如months[0]、months[1]等。需要注意的是，索引是从0开始，而不是从1开始。如果数组中有4个元素，那么索引到3为止。

在访问数组中的元素时，需要同时指定数组标识符和元素在数组中的索引。例如，访问前面代码中创建的数组，输出索引位置为2的元素，具体代码如下：

```
System.out.println(months[2]);
System.out.println(members[2]);
```

二维数组也是通过索引符访问自己的元素，在访问数组中的元素时，需要同时指定数组标识符和元素在数组中的索引。例如，访问2.4.4节代码中创建的二维数组，输出位于第2行、第3列的元素，具体代码如下：

```
System.out.println(days[1][2]);
System.out.println(holidays[1][2]);
```

小 结

本章深入学习了Java语言的基础知识，其中主要包括关键字与标识符，常量和变量的区别；基本数据类型、引用数据类型、基本类型与引用类型的区别，以及不同数据类型之间相互转换的方法和需要注意的一些事项；最后还讲解了一维数组和二维数组的使用方法，尤其是对二维数组的操作。

习 题

2-1　简述常量和变量的区别。

2-2　编写一个程序，获得整数型的默认值。

2-3　请指出下面表达式中的错误，并说出错误的原因。

short s = '6';

char c = 168;

int i = (int) true;

long l = 0123;

float f = −68;

double d = 0x1234567;

2-4　请说出下面程序的运行结果，并编译执行，验证自己的结论是否正确。

```
public class Test {
    int i1 = 1;
    int i2;
    public static void main(String[] args) {
        int i = 3;
        Test test = new Test();
        System.out.println(i + test.i1 + test.i2);
    }
}
```

第3章
运算符与流程控制

本章要点

掌握Java运算符的使用方法 ■
掌握if语句使用方法 ■
掌握swith语句使用方法 ■
理解if语句和switch语句的区别 ■
掌握while、do...while和for语句的 ■
使用方法，理解三种语句的区别
理解跳转语句的使用 ■

■ 程序运行时通常是按由上至下的顺次执行的，但有时程序会根据不同的情况，选择不同的语句区块来运行，或是必须重复运行某一语句区块，或是跳转到某一语句区块继续运行。这些根据不同条件运行不同语句区块的方式被称为"程序流程控制"。Java语言中的流程控制语句有分支语句、循环语句和跳转语句3种。

3.1 运算符

在Java语言中，与类无关的运算符主要有赋值运算符、算术运算符、关系运算符、逻辑运算符和位运算符，下面将一一介绍各个运算符的使用方法。

赋值运算符

3.1.1 赋值运算符

赋值运算符的符号为"="，它的作用是将数据、变量或对象赋值给相应类型的变量或对象，例如下面的代码：

```
int i = 75;                              // 将数据赋值给变量
long l = i;                              // 将变量赋值给变量
Object object = new Object();            // 创建对象
```

赋值运算符的结合性为从右到左。例如，在下面的代码中，首先是计算表达式"9412 + 75"，然后将计算结果赋值给变量result：

```
int result = 9412 + 75;
```

如果两个变量的值相同，也可以采用下面的方式完成赋值操作，具体代码如下：

```
int x, y;                                // 声明两个int型变量
x = y = 0;                               // 为两个变量同时赋值
```

3.1.2 算术运算符

算术运算符支持整数型数据和浮点数型数据的运算，当整数型数据与浮点数型数据之间进行算术运算时，Java会自动完成数据类型的转换，并且计算结果为浮点数型。Java语言中算术运算符的功能及使用方法如表3-1所示。

算术运算符

表3-1　算术运算符

运 算 符	功 能	举 例	运 算 结 果	结 果 类 型
+	加法运算	10 + 7.5	17.5	double
–	减法运算	10 – 7.5F	2.5F	float
*	乘法运算	3 * 7	21	int
/	除法运算	21 / 3L	7L	long
%	求余运算	10 % 3	1	int

在进行算术运算时，有两种情况需要考虑，一种情况是没有小数参与运算，另一种情况则是有小数参与运算。

1. 没有小数参与运算

在对整数型数据或变量进行加法（＋）、减法（－）和乘法（＊）运算时，与数学中的运算方式完全相同，这里就不再介绍了。下面介绍在整数之间进行除法（/）和求余（％）运算时需要注意的问题。

（1）进行除法运算时需要注意的问题。

当在整数型数据和变量之间进行除法运算时，无论能否整除，运算结果都将是一个整数，并且并不是通过四舍五入得到的整数，而只是简单地去掉小数部分。例如，通过下面的代码分别计算10除以3和5除以2，最终输出的运算结果依次为3和2：

```
System.out.println(10 / 3);              // 最终输出的运算结果为3
System.out.println(5 / 2);              // 最终输出的运算结果为2
```

（2）进行求余运算时需要注意的问题。

当在整数型数据和变量之间进行求余运算时，运算结果为数学运算中的余数。例如，通过下面的代码分别计算10除以3求余数、10除以5求余数和10除以7求余数，最终输出的运算结果依次为1、0和3：

```
System.out.println(10 % 3);        // 最终输出的运算结果为1
System.out.println(10 % 5);        // 最终输出的运算结果为0
System.out.println(10 % 7);        // 最终输出的运算结果为3
```

（3）关于0的问题。

与数学运算一样，0可以做被除数，但是不可以做除数。当0做被除数时，无论是除法运算，还是求余运算，运算结果都为0。例如，通过下面的代码分别计算0除以6和0除以6求余数，最终输出的运算结果均为0：

```
System.out.println(0 / 6);         // 最终输出的运算结果为0
System.out.println(0 % 6);         // 最终输出的运算结果为0
```

如果0做除数，虽然可以编译成功，但是在运行时会抛出java.lang.ArithmeticException异常，即算术运算异常。

2. 有小数参与运算

在对浮点数型数据或变量进行算术运算时，如果在算术表达式中含有double型数据或变量，则运算结果为double型，否则运算结果为float型。

在对浮点数型数据或变量进行算术运算时，计算出的结果在小数点后可能会包含n位小数，这些小数在有些时候并不是精确的，计算出的结果反而会与数学运算中的结果存在一定的误差，只能是尽量接近数学运算中的结果。例如，在计算4.0减去2.1时，不同的数据类型会得到不同的计算结果，但是都是尽量接近或等于数学运算结果1.9，具体代码如下：

```
System.out.println(4.0F - 2.1F);   // 输出的运算结果为1.9000001
System.out.println(4.0 - 2.1F);    // 输出的运算结果为1.9000000953674316
System.out.println(4.0F - 2.1);    // 输出的运算结果为1.9
System.out.println(4.0 - 2.1);     // 输出的运算结果为1.9
```

如果被除数为浮点数型数据或变量，无论是除法运算，还是求余运算，0都可以做除数。如果是除法运算，当被除数是正数时，运算结果为Infinity，表示无穷大，当被除数是负数时，运算结果为-Infinity，表示无穷小；如果是求余运算，运算结果为NaN，例如下面的代码：

```
System.out.println(7.5 / 0);       // 输出的运算结果为Infinity
System.out.println(-7.5 / 0);      // 输出的运算结果为-Infinity
System.out.println(7.5 % 0);       // 输出的运算结果为NaN
System.out.println(-7.5 % 0);      // 输出的运算结果为NaN
```

3.1.3　关系运算符

关系运算符用于比较大小，运算结果为boolean型。当关系表达式成立时，运算结果为true；当关系表达式不成立时，运算结果为false。Java中的关系运算符如表3-2所示。

关系运算符

表3-2　关系运算符

运 算 符	功 能	举 例	运算结果	可运算数据类型
>	大于	'a' > 'b'	false	整数型、浮点数型、字符型
<	小于	2 < 3.0	true	整数型、浮点数型、字符型

续表

运 算 符	功 能	举 例	运算结果	可运算数据类型
==	等于	'X' == 88	true	所有数据类型
!=	不等于	true != true	false	所有数据类型
>=	大于或等于	6.6 >= 8.8	false	整数型、浮点数型、字符型
<=	小于或等于	'M' <= 88	true	整数型、浮点数型、字符型

从表3-2中可以看出，所有关系运算符均可用于整数型、浮点数型和字符型，其中"=="和"!="还可用于boolean型和引用数据类型，即可用于所有的数据类型。

 要注意关系运算符"=="和赋值运算符"="的区别！

3.1.4 逻辑运算符

逻辑运算符用于对boolean型数据进行运算，运算结果仍为boolean型。Java中的逻辑运算符有"！（取反）""^（异或）""&（非简洁与）""|（非简洁或）""&&（简洁与）"和"||（简洁或）"，下面将依次介绍各个运算符的用法和特点。

逻辑运算符

1. 运算符"！"

运算符"！"用于对逻辑值进行取反运算。当逻辑值为true时，经过取反运算后运算结果为false；当逻辑值为false时，经过取反运算后运算结果则为true，例如下面的代码：

```
System.out.println(!true);                   // 输出的运算结果为false
System.out.println(!false);                  // 输出的运算结果为true
```

2. 运算符"^"

运算符"^"用于对逻辑值进行异或运算。当运算符的两侧同时为true或false时，运算结果为false，否则运算结果为true，例如下面的代码：

```
System.out.println(true ^ true);             // 输出的运算结果为false
System.out.println(true ^ false);            // 输出的运算结果为true
System.out.println(false ^ true);            // 输出的运算结果为true
System.out.println(false ^ false);           // 输出的运算结果为false
```

3. 运算符"&&"和"&"

运算符"&&"和"&"均用于逻辑与运算。当运算符的两侧同时为true时，运算结果为true，否则运算结果均为false，例如下面的代码：

```
System.out.println(true & true);             // 输出的运算结果为true
System.out.println(true & false);            // 输出的运算结果为false
System.out.println(false & true);            // 输出的运算结果为false
System.out.println(false & false);           // 输出的运算结果为false
System.out.println(true && true);            // 输出的运算结果为true
System.out.println(true && false);           // 输出的运算结果为false
System.out.println(false && true);           // 输出的运算结果为false
```

```
System.out.println(false && false);                    // 输出的运算结果为false
```

运算符 "&&" 为简洁与运算符，运算符 "&" 为非简洁与运算符，它们的区别如下：

（1）运算符 "&&" 只有在其左侧为true时，才运算其右侧的逻辑表达式，否则直接返回运算结果false；

（2）运算符 "&" 无论其左侧为true或false，都要运算其右侧的逻辑表达式，最后才返回运算结果。

下面首先声明两个int型变量x和y，并分别初始化为7和5，然后运算表达式 "(x < y) && (x++ == y--)"，并输出表达式的运算结果。在这个表达式中，如果运算符 "&&" 右侧的表达式 "(x++ == y--)" 被执行，变量x和y的值将分别变为8和4，最后输出变量x和y的值，具体代码如下：

```
int x = 7, y = 5;
System.out.println((x < y) && (x++ == y--));           // 输出的运算结果为false
System.out.println("x=" + x);                          // 输出x的值为7
System.out.println("y=" + y);                          // 输出y的值为5
```

执行上面的代码，输出表达式的运算结果为false，输出变量x和y的值分别为7和5，说明当运算符 "&&" 的左侧为false时，并不执行右侧的表达式。下面将运算符 "&&" 修改为 "&"，具体代码如下：

```
int x = 7, y = 5;
System.out.println((x < y) & (x++ == y--));            // 输出的运算结果为false
System.out.println("x=" + x);                          // 输出x的值为8
System.out.println("y=" + y);                          // 输出y的值为4
```

执行上面的代码，输出表达式的运算结果为false，输出变量x和y的值分别为8和4，说明当运算符 "&" 的左侧为false时，也要执行右侧的表达式。

4. 运算符 "||" 和 "|"

运算符 "||" 和 "|" 均用于逻辑或运算。当运算符的两侧同时为false时，运算结果为false，否则运算结果均为true，例如下面的代码：

```
System.out.println(true | true);                       // 输出的运算结果为true
System.out.println(true | false);                      // 输出的运算结果为true
System.out.println(false | true);                      // 输出的运算结果为true
System.out.println(false | false);                     // 输出的运算结果为false
System.out.println(true || true);                      // 输出的运算结果为true
System.out.println(true || false);                     // 输出的运算结果为true
System.out.println(false || true);                     // 输出的运算结果为true
System.out.println(false || false);                    // 输出的运算结果为false
```

运算符 "||" 为简洁或运算符，运算符 "|" 为非简洁或运算符，它们的区别如下：

（1）运算符 "||" 只有在其左侧为false时，才运算其右侧的逻辑表达式，否则直接返回运算结果true；

（2）运算符 "|" 无论其左侧为true或false，都要运算其右侧的逻辑表达式，最后才返回运算结果。

下面首先声明两个int型变量x和y，并分别初始化为7和5，然后运算表达式 "(x > y) || (x++ == y--)"，并输出表达式的运算结果。在这个表达式中，如果运算符 "||" 右侧的表达式 "(x++ == y--)" 被执行，变量x和y的值将分别变为8和4，最后输出变量x和y的值，具体代码如下：

```
int x = 7, y = 5;
System.out.println((x > y) || (x++ == y--));           // 输出的运算结果为true
System.out.println("x=" + x);                          // 输出x的值为7
```

```
System.out.println("y=" + y);                    // 输出y的值为5
```

执行上面的代码，输出表达式的运算结果为true，输出变量x和y的值分别为7和5，说明当运算符"||"的左侧为true时，并不执行右侧的表达。下面将运算符"||"修改为"|"，具体代码如下：

```
int x = 7, y = 5;
System.out.println((x > y) | (x++ == y--));      // 输出的运算结果为true
System.out.println("x=" + x);                    // 输出x的值8
System.out.println("y=" + y);                    // 输出y的值为4
```

执行上面的代码，输出表达式的运算结果为true，输出变量x和y的值分别为8和4，说明当运算符"|"的左侧为true时，也要执行右侧的表达式。

3.1.5 位 运 算 符

位运算是对操作数以二进制位为单位进行的操作和运算，运算结果均为整数型。位运算符又分为逻辑位运算符和移位运算符。

位运算符

1. 逻辑位运算符

逻辑位运算符有"~（按位取反）"、"&（按位与）"、"|（按位或）"和"^（按位异或）"，用来对操作数进行按位运算，它们的运算规则如表3-3所示。

表3-3　逻辑位运算符的运算规则

操作数x	操作数y	~ x	x & y	x | y	x ^ y
0	0	1	0	0	0
0	1	1	0	1	1
1	0	0	0	1	1
1	1	0	1	1	0

按位取反运算是将二进制位中的0修改为1，1修改为0；在进行按位与运算时，只当两个二进制位都为1时，结果才为1；在进行按位或运算，只要有一个二进制位为1，结果就为1；在进行按位异或运算时，当两个二进制位同时为0或1时，结果为0，否则结果为1。

【例3-1】逻辑位运算符的运算规则。

下面是几个用来理解各个逻辑位运算符运算规则的例子，具体代码如下：

```
public class Example {
    public static void main(String[] args) {
        int a = 5 & -4;          // 运算结果为4
        int b = 3 | 6;           // 运算结果为7
        int c = 10 ^ 3;          // 运算结果为9
        int d = ~(-14);          // 运算结果为13
    }
}
```

上面代码中各表达式的运算过程分别如图3-1~图3-4所示。

2. 移位运算符

移位运算符有"<<（左移，低位添0补齐）"、">>（右移，高位添符号位）"和">>>（右移，高位添0补齐）"，用来对操作数进行移位运算。

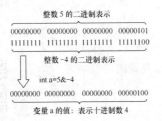

图3-1　表达式"5 & -4"的运算过程

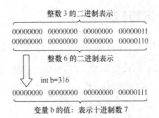

图3-2　表达式"3 | 6"的运算过程

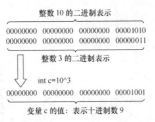

图3-3　表达式"10 ^ 3"的运算过程

图3-4　表达式"~ (-14)"的运算过程

【例3-2】移位运算符的运算规则。

下面是几个用来理解各个移位运算符运算规则的例子，具体代码如下：

```java
public class Example {
    public static void main(String[] args) {
        int a = -2 << 3;          // 运算结果为-16，运算过程如图3-5所示
        int c = 15 >> 2;          // 运算结果为3，运算过程如图3-6所示
        int e = 4 >>> 2;          // 运算结果为1，运算过程如图3-7所示
        int f = -5 >>> 1;         // 运算结果为2147483645，运算过程如图3-8所示
    }
}
```

上面代码中各表达式的运算过程分别如图3-5～图3-8所示。

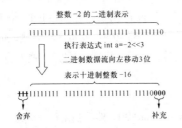

图3-5　表达式"-2 << 3"的运算过程

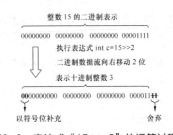

图3-6　表达式"15 >> 2"的运算过程

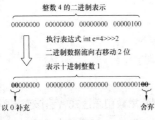

图3-7　表达式"4 >>> 2"的运算过程

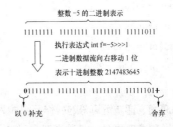

图3-8　表达式"-5 >>> 1"的运算过程

3.1.6 对象运算符

对象运算符（Instanceof）用来判断对象是否为某一类型，运算结果为boolean型，如果是则返回true，否则返回false。对象运算符的关键字为"instanceof"，它的用法为：

对象标识符 instanceof 类型标识符

例如：

```
java.util.Date date = new java.util.Date();
System.out.println(date instanceof java.util.Date);      // 运算结果为true
System.out.println(date instanceof java.sql.Date);       // 运算结果为false
```

对象运算符

3.1.7 其他运算符

除了前面介绍的几类运算符外，Java中还有一些不属于上述类别的运算符，如表3-4所示。

其他运算符

表3-4 其他运算符的运算规则

运算符	说 明	运算结果类型
++	一元运算符，自动递增	与操作元的类型相同
--	一元运算符，自动递减	与操作元的类型相同
?:	三元运算符，根据"?"左侧的逻辑值，决定返回"："两侧中的一个值，类似"if…else"流程控制语句	与返回值的类型相同
[]	用于声明、建立或访问数组的元素	若用于创建数组对象，则类型为数组；若用于访问数组元素，则类型为该数组的类型
.	用来访问类的成员或对象的实例成员	若访问的是成员变量，则类型与该变量相同；若访问的是方法，则类型与该方法的返回值相同

1. 自动递增、递减运算符

与C、C++相同，Java语言也提供了自动递增与递减运算符，其作用是自动将变量值加1或减1。它们既可以放在操作元的前面，也可以放在操作元的后面，根据运算符位置的不同，最终得到的结果也是不同的：放在操作元前面的自动递增、递减运算符，会先将变量的值加1，然后再使该变量参与表达式的运算；放在操作元后面的递增、递减运算符，会先使变量参与表达式的运算，然后再将该变量加1。例如：

```
int num1=3;
int num2=3;
int a=2+(++num1);                    //先将变量num1加1，然后再执行"2+4"
int b=2+(num2++);                    //先执行"2+3"，然后再将变量num2加1
System.out.println(a);               //输出结果为：6
System.out.println(b);               //输出结果为：5
System.out.println(num1);            //输出结果为：4
System.out.println(num2);            //输出结果为：4
```

自动递增、递减运算符的操作元只能为变量，不能为字面常数和表达式，且该变量类型必须为整数型、浮点型或Java包装类型。例如，"++1""(num+2)++"都是不合法的。

2. 三元运算符"?:"

三元运算符"?:"的应用形式如下:

逻辑表达式 ? 表达式1 : 表达式2

三元运算符"?:"的运算规则为:若逻辑表达式的值为true,则整个表达式的值为表达式1的值,否则为表达式2的值。例如:

```
int store=12;
System.out.println(store<=5?"库存不足! ":"库存量: "+store);    //输出结果为"库存量: 12"
```

以上代码等价于如下的"if...else"语句:

```
int store = 12;
if (store <= 5)
    System.out.println("库存不足! ");
else
    System.out.println("库存: " + store);
```

应该注意的是,对于三元运算符"?:"中的表达式1和表达式2,只有其中的一个会被执行,例如:

```
int x = 7, y = 5;
System.out.println(x > y ? x++ : y++);      // 输出结果为7
System.out.println("x=" + x);               // x的值为8
System.out.println("y=" + y);               // y的值为5
```

3.1.8 运算符的优先级别及结合性

当在一个表达式中存在多个运算符进行混合运算时,会根据运算符的优先级别来决定执行顺序。运算符优先级的顺序,如表3-5所示。

运算符的优先级
别及结合性

表3-5 Java语言中运算符的优先级

优 先 级	说 明	运 算 符			
最高	括号	()			
	后置运算符	[]	.		
	正负号	+	−		
	一元运算符	++	−−	!	~
	乘除运算	*	/	%	
	加减运算	+	−		
	移位运算	<<	>>	>>>	
	比较大小	<	>	<=	>=
	比较是否相等	==	!=		
	按位与运算	&			
	按位异或运算	^			
	按位或运算	|			
	逻辑与运算	&&			
	逻辑或运算	||			
	三元运算符	?:			
最低	赋值及复合赋值	= *= /= %= += − = >>= >>>= <<<= &= ^ = | =			

表3-5所列运算符的优先级，由上而下逐渐降低。其中，优先级最高的是之前未提及的括号"()"，它的使用与数学运算中的括号一样，只是用来指定括号内的表达式要优先处理，括号内的多个运算符，仍然要依照表3-5的优先级顺序进行运算。

对于处在同一层级的运算符，则按照它们的结合性，即"先左后右"还是"先右后左"的顺序来执行。Java中除赋值运算符的结合性为"先右后左"外，其他所有运算符的结合性都是"先左后右"。

3.2 if 语 句

If语句也称条件语句，就是对语句中不同条件的值进行判断，从而根据不同的条件执行不同的语句。

3.2.1 简单的if条件语句

条件语句可分为以下3种形式：

（1）简单的if条件语句；

（2）if...else条件语句；

（3）if...else if多分支条件语句。

简单的if条件语句就是对某种条件进行相应的处理。通常表现为"如果满足某种情况，那么就进行某种处理"。它的一般形式为：

简单的if条件语句

```
if(表达式){
语句序列
}
```

例如：如果今天下雨，我们就不出去玩。

条件语句为：

```
if(今天下雨){
    我们就不出去玩
}
```

表达式：必要参数。其值可以由多个表达式组成，但是最后结果一定是boolean类型，也就是结果只能是true或false。

语句序列：可选参数。一条或多条语句，当表达式的值为true时执行这些语句。当该语句序列省略时，可以保留大括号，也可以去掉大括号，然后在if语句的末尾添加分号"；"。如果该语句只有一条语句，大括号也可以省略不写。但为了增强程序的可读性，最好不省略。下面的代码都是正确的：

```
if(今天下雨);
if(今天下雨)
    我们就不出去玩
```

简单if语句的执行过程如图3-9所示。

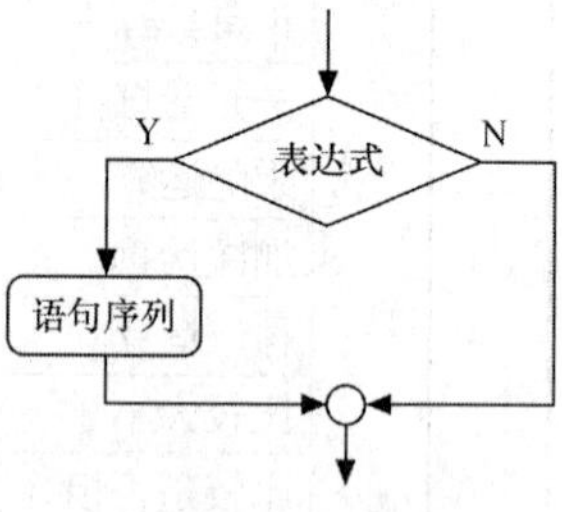

图3-9 简单if语句流程图

【例3-3】使用if语句求出c的最终结果。

```
public class Example1{
    public static void main(String  args[]){
        int a = 3,b = 4,c = 0;
        if(a<b){                          //比较a和b
          c = a;                          //a的值赋值给c
        }
```

```
    if(a>b){                                          //比较a和b
        c = b;                                        //b值赋值给c
    }
    System.out.println("c的最终结果为："+c);          //输出c值
    }
}
```

程序运行结果如图3-10所示。

图3-10　例3-3的运行结果

【例3-4】在腾宇超市管理系统中判断用户添加的信息是否完整。

```
if((oId.equals(""))||(wname.equals("")) ||(wDate.equals("")) ||
        (count.equals("")) || (money.equals("")))){    //判断用户添加的信息是否完整
            JOptionPane.showMessageDialog(getContentPane(),"请将带星号的内容填写完整！","信息提示框",
JOptionPane.INFORMATION_MESSAGE);                       //给出提示信息
        return;                                         //退出程序
    }
```

程序运行结果如图3-11所示。

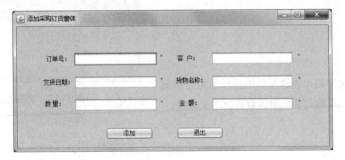

图3-11　例3-4的运行结果

3.2.2 "if...else" 条件语句

"if...else" 条件语句也是条件语句的一种最通用形式。else是可选的，通常表现为 "如果满足某种条件，就进行某种处理，否则进行另一种处理"。它的一般形式为：

"if...else"
条件语句

```
if(表达式){
    语句序列1
}else{
    语句序列2
}
```

例如：如果指定年为闰年，二月份为29天，否则二月份为28天。

条件语句为：

```
if(指定年为闰年){
    二月份为29天
}else{
    二月份为28天
}
```

表达式：必要参数。其值可以由多个表达式组成，但是最后结果一定是boolean类型，也就是结果只能是true或false。

语句序列1：可选参数。一条或多条语句，当表达式的值为true时执行这些语句。

语句序列2：可选参数。一条或多条语句，当表达式的值为false时执行这些语句。

"if...else"条件语句的执行过程如图3-12所示。

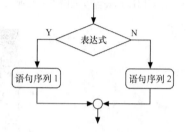

图3-12　"if...else"条件语句流程图

【例3-5】 用"if...else"语句判断69与29的大小。

```
public class Example2{
    public static void main(String args[]){
        int a = 69,b = 29;
        if(a>b){                    //判断a与b的大小
            System.out.println(a+"大于"+b);
        }else{
            System.out.println(a+"小于"+b);
        }
    }
}
```

程序运行结果如图3-13所示。

【例3-6】 在腾宇超市管理系统的显示采购订货窗体中，将用户选择的采购订货信息保存在文本文件中。

图3-13　例3-5的运行结果

```
        if (row < 0) {
            JOptionPane.showMessageDialog(getParent(),"没有选择要修改的数据！",
            "信息提示框", JOptionPane.INFORMATION_MESSAGE);
            return;
        } else {
            File file = new File("filedd.txt");            //创建文件对象
            try {
                String column = dm.getValueAt(row, 1).toString();
                                            //获取表格中的数据
                file.createNewFile();                       //新建文件
                FileOutputStream out = new FileOutputStream(file);
                out.write((Integer.parseInt(column)));       //将数据写入文件中
                UpdateStockFrame frame = new UpdateStockFrame();
```

```
                                        //创建修改信息窗体
        frame.setVisible(true);
        out.close();                              //将流关闭
        repaint();
    } catch (Exception ee) {
        ee.printStackTrace();
    }
}
```

程序运行结果如图3-14所示。

图3-14　例3-6的运行结果

3.2.3 "if...else if" 多分支语句

"if...else if"多分支语句用于针对某一事件的多种情况进行处理。通常表现为"如果满足某种条件,就进行某种处理,否则如果满足另一种条件才执行另一种处理"。它的一般形式为:

"if...else if"
多分支语句

```
if(表达式1){
    语句序列1
}else if(表达式2){
    语句序列2
}else{
    语句序列n
}
```

例如:如果今天是星期一,上数学课;如果今天是星期二,上语文课;否则上自习。

条件语句为:

```
if(今天是星期一){
    上数学课
}else if(今天是星期二){
    上语文课
}else{
    上自习
}
```

表达式1和表达式2:必要参数。其值可以由多个表达式组成,但是最后结果一定是boolean类型,也就是结果只能是true或false。

语句序列1:可选参数。一条或多条语句,当表达式1的值为true时执行这些语句。

语句序列2：可选参数。一条或多条语句，当表达式1的值为false，表达式2的值为true时执行这些语句。

语句序列*n*：可选参数。一条或多条语句，当表达式1的值为false，表达式2的值也为false时执行这些语句。

"if...else if"多分支语句的执行过程如图3-15所示。

图3-15 "if...else if"多分支语句流程图

3.2.4 if语句的嵌套

if语句的嵌套就是在if语句中又包含一个或多个if语句。这样的语句一般都用在比较复杂的分支语句中，它的一般形式为：

if语句的嵌套

```
if(表达式1){
    if(表达式2){
        语句序列1
    }else{
        语句序列2
    }
}else{
    if(表达式3){
        语句序列3
    }else{
        语句序列4
    }
}
```

表达式1、表达式2和表达式3：必要参数。其值可以由多个表达式组成，但是最后结果一定是boolean类型，也就是结果只能是true或false。

语句序列1：可选参数。一条或多条语句，当表达式1和表达式2的值都为true时执行这些语句。

语句序列2：可选参数。一条或多条语句，当表达式1值为ture，而表达式2的值为false时执行这些语句。

语句序列3：可选参数。一条或多条语句，当表达式1的值为false，而表达式的值3为ture时执行这些语句。

语句序列4：可选参数。一条或多条语句，当表达式1的值为false，且表达式3的值也为false时执行这些语句。

【例3-7】 用"if...else"嵌套实现：判断英语成绩得78分是处在什么阶段。条件为：成绩大于或等于90分为优，成绩在75～90分为良，成绩在60～75分为及格，成绩小于60分为不及格。

```
public class Example3 {
    public static void main(String args[]){
        int English = 78;
        if(English> = 75){            //判断English分数是否大于等于75
            if(English> = 90){        //判断English分数是否大于等于90
                System.out.println("英语成绩为"+English+"分：");
```

```
            System.out.println("英语是优");
        }else{
            System.out.println("英语成绩为"+English+"分：");
            System.out.println("英语是良");
        }
    }else{
        if(English>=60){                //判断English分数是否大于等于60
            System.out.println("英语成绩为"+English+"分：");
            System.out.println("英语及格了");
        }else{
            System.out.println("英语成绩为"+English+"分：");
             System.out.println("英语不及格");
        }
    }
}
}
```

在嵌套的语句中最好不要省略大括号，以免造成视觉的错误与程序的混乱。

程序运行结果如图3-16所示。

例如：

```
if(result> = 0)
    if(result>0)
        System.out.println("yes");
    else
        System.out.println("no");
```

图3-16 例3-7的运行结果

这样即使result等于0，也会输出no，因此，很难判断
else语句与哪个if配对。为了避免这种情况，最好加上大括号为代码划分界限。代码如下：

```
if(result> = 0){
    if(result>0){
        System.out.println("yes");
    }
}else{
    System.out.println("no");
}
```

3.3 switch多分支语句

switch语句是多分支的开关语句。根据表达式的值来执行输出的语句，这样
的语句一般用于多条件多值的分支语句中。它的一般形式为：

```
switch(表达式){
    case 常量表达式1: 语句序列1
        [break;]
    case 常量表达式2: 语句序列2
```

switch多分支
语句

```
                    [break;]
       ...
       case 常量表达式n: 语句序列n
              [break;]
       default: 语句序列n+1
              [break;]
   }
```

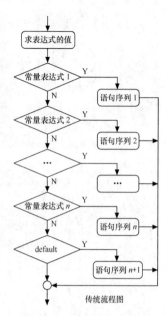

图3-17 switch多分支语句
流程图

表达式：switch语句中表达式的值必须是整数型或字符型，即int、short、byte和char型。

常量表达式1：常量表达式1的值也必须是整数型或字符型，与表达式数据类型相兼容的值。

常量表达式*n*：与常量表达式1的值类似。

语句序列1：一条或多条语句。当常量表达式1的值与表达式的值相同时，则执行该语句序列。如果不同则继续判断，直到执行表达式*n*。

语句序列*n*：一条或多条语句。当表达式的值与常量表达式*n*的值相同时，则执行该语句序列。如果不同则执行default语句。

default：可选参数，如果没有该参数，并且所有常量值与表达式的值不匹配，那么switch语句就不会进行任何操作。

break：主要用于跳转语句。

switch多分支语句执行过程如图3-17所示。

【例3-8】 用switch语句判断：在10、20、30之间是否有符合5乘以7的结果。

```java
public class Example4{
    public static void main(String  args[]){
        int x=5,y=7;
        switch(x*y){                              //x乘以y作为判断条件
            case 10 :                             //当x乘以y为10时
                System.out.println("10");
                break;
            case 20 :                             //当x乘以y为20时
                System.out.println("20");
                break;
            case 30:                              //当x乘以y为30时
                System.out.println("30");
                break;
            default :
                System.out.println("以上没有匹配的");
        }
    }
}
```

程序运行结果如图3-18所示。

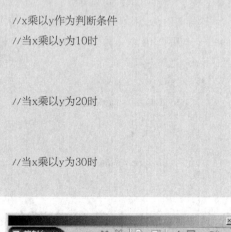

图3-18 例3-8的运行结果

3.4　if语句和switch语句的区别

if语句和switch语句可以从使用的效率上来进行区别，也可以从实用性角度去区分。如果从使用的效率上进行区分，在对同一个变量的不同值进行条件判断时，可以用switch语句与if语句。使用switch语句的效率相对更高一些，尤其是判断的分支越多效果越明显。

如果从语句的实用性角度去区分，switch语句肯定不如if语句。if语句是应用最广泛和最实用的语句。

if语句和switch
语句的区别

 在程序开发的过程中，具体如何使用if和switch语句，要根据实际的情况而定。尽量做到物尽其用，不要因为switch语句的效率高就一味使用它，也不要因为if语句常用就不应用switch语句。要根据实际的情况，具体问题具体分析，使用最适合的条件语句。一般情况下，对于判断条件较少的可以使用if语句，在实现一些多条件的判断中，就应该使用switch语句。

3.5　循环语句

循环语句就是重复执行某段程序代码，直到满足特定条件为止。在Java语言中，循环语句有以下3种形式：

（1）while循环语句；

（2）do...while循环语句；

（3）for循环语句；

（4）for-each风格的for循环。

3.5.1　while循环语句

while语句是用一个表达式来控制循环的语句。它的一般形式为：

```
while(表达式){
    语句序列
}
```

while循环语句

表达式：用于判断是否执行循环，它的值必须是boolean型的，也就是结果只能是true或false。当循环开始时，首先会执行表达式，如果表达式的值为true，则会执行语句序列，也就是循环体。当到达循环体的末尾时，会再次执行表达式，直到表达式的值为false，开始执行循环语句后面的语句。

while语句的执行过程如图3-19所示。

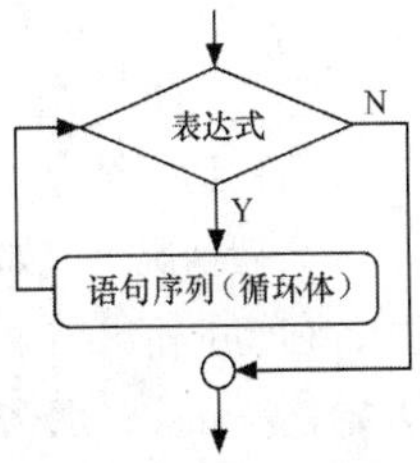

【例3-9】 计算1～99的整数和。

```
public class Example6{
    public static void main(String args[]){
        int sum=0;
        int i = 1;
        while(i<100){                //当i小于100
            sum+=i;                  //累加i的值
```

图3-19　while循环
语句执行流程图

```
            i++;
        }
        System.out.println("从1到99的整数和为："+sum);
    }
}
```

程序运行结果如图3-20所示。

图3-20　例3-9的运行结果

一定要保证程序正常结束，否则会造成死循环。

例如：在这里0永远都小于100，运行后程序将不停地输出0。

```
int i=0;
while(i<100){
    System.out.println(i);
}
```

3.5.2　"do...while"循环语句

"do...while"循环语句被称为后测试循环语句，它利用一个条件来控制是否要继续重复执行这个语句。它的一般形式为：

```
do{
    语句序列
}while(表达式);
```

"do...while"
循环语句

"do...while"循环语句的执行过程与while循环语句有所区别。"do...while"循环至少被执行一次，它先执行循环体的语句序列，然后再判断是否继续执行。

"do...while"循环语句的执行过程如图3-21所示。

【例3-10】计算1~100的整数和。

```
public class Example7{
    public static void main(String args[]){
        int sum = 0,i = 0;
        do{
        sum+=i;                    //累加i的值
        i++;
        }while(i<=100);            //当i小于等于100
        system.out.println("从1到100的整数和为："+sum);
    }
}
```

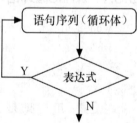

图3-21　"do...while"循
环语句执行流程图

程序运行结果如图3-22所示。

一般情况下，如果while和"do...while"语句的循环体相同，它们的输出结果就相同。但是如果while后面的表达式一开始就是false，那么它们的结果就不同。

例如，在while和"do...while"循环语句的循环体相同，而且表达式的值为false 的情况下：

图3-22　例3-10的运行结果

```
public class Example8{
    public static void main(String args[]){
        int i = 10;
        int sum = i;
        System.out.println("********当i的值为"+i+"时********");
        System.out.println("通过do...while语句实现：");
        do{
            System.out.println(i);                      //输出i的值
            i++;
            sum+ = i;                                    //累加i的值
        } while (sum<10);                                //当累加和小于10时
        i = 10;
        sum = i;
        System.out.println("通过while语句实现：");
        while(sum<10){                                   //当累加和小于10时
            System.out.println(i);                       //输出i的值
            i++;
            sum+ = i;                                     //累加i的值
        }
    }
}
```

程序运行结果如图3-23所示。

图3-23　"do...while"和while语句的运行结果

在使用"do...while"循环语句时，一定要保证循环能正常结束，否则会造成死循环。

例如，因为0永远都小于100，下面这种情况就是死循环：

```
int i=0;
do{
    System.out.println(i);
}while(i<100);
```

3.5.3　for循环语句

for语句是最常用的循环语句，一般用在循环次数已知的情况下。它的一般形式为：

```
for（初始化语句;循环条件;迭代语句）{
    语句序列
}
```

for循环语句

初始化语句：初始化循环体变量。

循环条件：起决定作用，用于判断是否继续执行循环体。其值是boolean型的表达式，即结果只能是true或false。

迭代语句：用于改变循环条件的语句。

语句序列：该语句序列被称为循环体，循环条件的结果为true时，重复执行。

for循环语句的流程：首先执行初始化语句，然后判断循环条件，当循环条件为true时，就执行一次循环体，最后执行迭代语句，改变循环变量的值，这样就结束了一轮的循环。接下来进行下一次循环，直到循环条件的值为false时，才结束循环。

for循环语句的执行过程如图3-24所示。

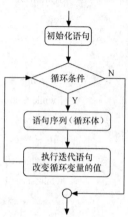

图3-24　for循环语句执行流程图

【例3-11】用for循环语句实现打印1～10的所有整数。

```java
public class Example5{
    public static void main (String args[]){
        System.out.println("10以内的所有整数为： ");
        for(int i = 1;i<=10;i++){
            System.out.println(i);
        }
    }
}
```

程序运行结果如图3-25所示。

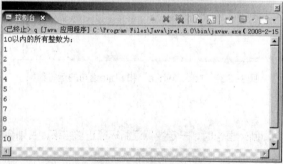

图3-25　例3-11的运行结果

千万不要让程序无止境地执行，否则会造成死循环。

例如：每执行一次"i++"，i就会加1，永远满足循环条件。这个循环永远不会终止。

```java
for(int i=0;i>=0;i++){
    System.out.println(i);
}
```

【例3-12】在腾宇超市管理系统的人员管理窗体中，调用查询所有部门信息的方法，并将查询出的结果显示在窗体中。

```
List list = dao.selectDept();                    //调用查询所有部门信息方法
String dName[] = new String[list.size() + 1];    //根据查询结果创建字符串数组对象
dName[0] = "";
for (int i = 0; i < list.size(); i++) {          //循环遍历查询结果集
    Dept dept = (Dept) list.get(i);
    dName[i + 1] = dept.getdName();              //获取查询结果中部门名称
}
```

程序运行结果如图3-26所示。

3.5.4 for-each风格的for循环

for-each循环在数组中用得比较多。它的一般形式为：

```
for (类型 变量名：要遍历的数组){
    语句序列
}
```

例如，遍历数组num：

```
public class Demo {
    public static void main(String[] args) {
        int [] num={1,2,3,4,5};
        for(int a :num){
            System.out.println(a);
        }
    }
}
```

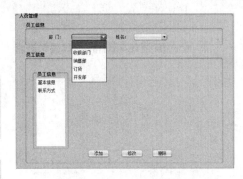

图3-26　例3-12的运行结果

3.5.5 循环的嵌套

循环的嵌套就是在一个循环体内又包含另一个完整的循环结构，而在这个完整的循环体内还可以嵌套其他的循环结构。循环嵌套很复杂，在for语句、while语句和"do...while"语句中都可以嵌套，并且在它们之间也可以相互嵌套。下面是几种嵌套的形式。

循环的嵌套

1. for循环语句的嵌套

一般形式为：

```
for(; ;){
    for(; ;){
        语句序列
    }
}
```

2. while循环语句嵌套

一般形式为：

```
while(条件表达式1){
```

```
        while(条件表达式2){
            语句序列
        }
    }
```

3. "do…while" 循环语句嵌套

一般形式为：

```
do{
    do{
        语句序列
    }while(条件表达式1);
}while(条件表达式2);
```

4. for循环语句与while循环语句嵌套

一般形式为：

```
for(; ;){
    while(条件表达式){
        语句序列
    }
}
```

5. while循环语句与for循环语句嵌套

一般形式为：

```
while(条件表达式){
    for(; ;){
        语句序列
    }
}
```

6. "do…while" 循环语句与for循环语句嵌套

一般形式为：

```
do{
    for(; ;){
        语句序列
    }
}while(条件表达式);
```

为了使读者更好地理解循环语句的嵌套，下面将举两个实例。

【例3-13】打印九九乘法表。

```java
public class Example9{
    public static void main(String args[]){
        for(int i = 1;i< = 9;i++){
            for(int j=1;j< = i;j++){
                System.out.print(i+"*"+j+"="+i*j+"\t");
            }
            System.out.print("\r\n");                    //输出一个回车换行符
```

```
        }
    }
}
```

程序运行结果如图3-27所示。

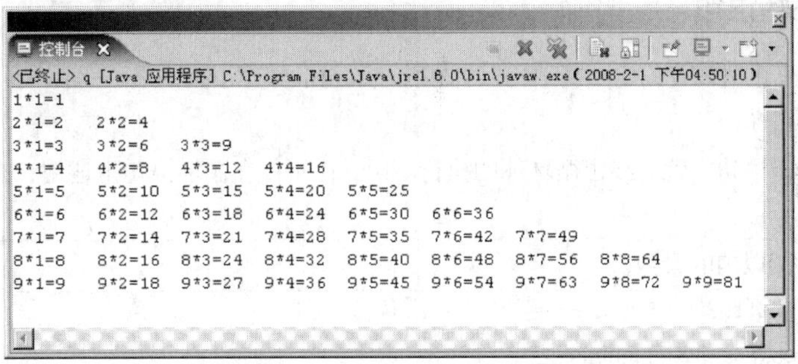

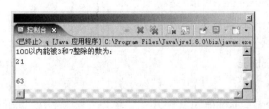

图3-27　例3-13的运行结果

【例3-14】 求100以内能被3和7整除的数。

```java
public class Example10{
    public static void main(String[] args){
        int i = 1,num,num1;
        System.out.println("100以内能被3和7整除的数为：");
        while(i< = 100){
            for(i = 1;i< = 100;i++){
                num = i%3;
                num1 = i%7;
                if(num == 0){                          //判断是否被3整除
                    if(num1 == 0){                      //判断是否被7整除
                        System.out.println(i);
                        System.out.println();
                    }
                }
            }
            i++;
        }
    }
}
```

程序运行结果如图3-28所示。

图3-28　例3-14的运行结果

3.6 跳转语句

Java语言中支持多种跳转语句，如break跳转语句、continue跳转语句和return跳转语句。

3.6.1 break跳转语句

break语句可以终止循环或其他控制结构。它在for、while或"do…while"循环中，用于强行终止循环。

只要执行到break语句，就会终止循环体的执行。break不仅在循环语句里适用，在switch多分支语句里也适用。

【例3-15】 求10以内的素数。

```java
public class Example11{
    public static void main(String[] args) {
        System.out.println("10以内的素数为：");
        int i,j,sum = 0;
        for(i = 1;i< = 10;i++){
            for(j = 2;j< = i/2;j++){
                if(i%j == 0)
                    break;
            }
            if(j>i/2)
                System.out.print(i);
        }
    }
}
```

程序运行结果如图3-29所示。

图3-29 例3-15的运行结果

3.6.2 continue跳转语句

continue语句应用在for、while和"do…while"等循环语句中，如果在某次循环体的执行中执行了continue语句，那么本次循环就结束，即不再执行本次循环中continue语句后面的语句，而进行下一次循环。

【例3-16】 求100以内能被9整除的数。

```java
public class Example12{
    public static void main(String args[]){
        int t=1;
        System.out.println("100以内能被9整除的数为：");
        for(int i=1;i<100;i++){
            if(i%9!=0){                          //当i的值不能被9整除时
                continue;
            }
            System.out.print(i+"\t");             //输出i的值
```

```
        if(t%9==0){
            System.out.print("\r\n");                    //输出一个回车换行符
        }
        t++;
    }
}
```

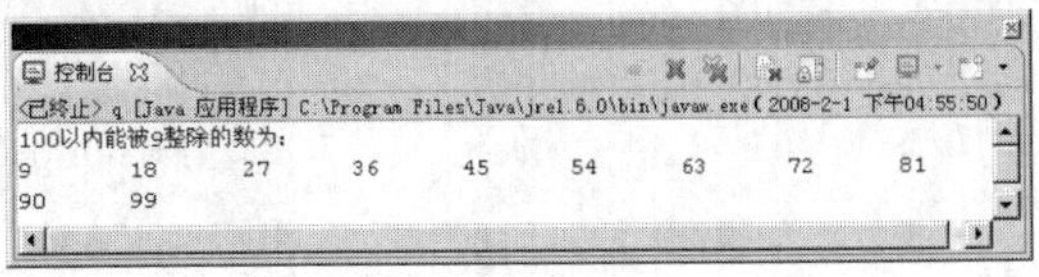

图3-30　例3-16的运行结果

程序运行结果如图3-30所示。

3.6.3　return跳转语句

return语句可以实现从一个方法返回，并把控制权交给调用它的语句。return语句通常被放在方法的最后，用于退出当前方法并返回一个值。它的语法格式为：

return [表达式];

表达式：可选参数，表示要返回的值，它的数据类型必须同方法声明中的返回值类型一致。例如，编写返回a和b两数相加之和的方法可以使用如下代码：

```
public int set(int a,int b){
    return sum = a+b;
}
```

如果方法没有返回值，可以省略return关键字的表达式，使方法结束。代码如下：

```
public void set(int a,int b){
    sum = a+b;
    return;
}
```

【例3-17】 定义查询指定部门中所有员工信息的方法，该方法将查询结果以List形式返回。

```
public List selectBasicMessageByDept(int dept) {
    conn = connection.getCon();                    //获取数据库连接
    List list = new ArrayList<String>();           //定义保存查询结果的集合对象
    try {
        Statement statement = conn.createStatement();            //实例化Statement对象
        String sql = "select name from tb_basicMessage where dept = " + dept +"";     //定义按照部门
名称查询员工信息方法
        ResultSet rest = statement.executeQuery(sql);     //执行查询语句获取查询结果集
        while (rest.next()) {                    //循环遍历查询结果集
            list.add(rest.getString(1));         //将查询信息保存到集合中
        }
    } catch (SQLException e) {
        e.printStackTrace();
    }
    return list;                    //返回查询集合
}
```

程序运行结果如图3-31所示。

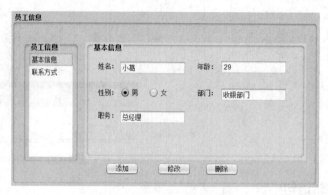

图3-31　例3-17的运行结果

小　结

　　本章介绍了有关运算符的分类和各种运算符的使用方法，以及运算符之间的优先级；流程控制的语句，主要包括分支语句、循环语句和跳转语句，这些流程控制语句是Java语言程序设计的关键基础。灵活使用流程控制语句，能够实现并提高程序的交互性，增加程序的可读性，使开发的程序更容易操作。

　　通过对本章的学习，读者应该掌握如何使用分支语句控制程序的流程。一个完善的Java程序，特别是面向对象的程序设计，必须能够对任何可能发生的情况进行判断，并进行相应的业务处理。使用循环语句可以提高程序的性能和可读性。对于批量的数据操作，在很多情况下使用循环语句可以大大精简程序的编码工作，提高工作效率，并且能够减轻计算机的工作量，提高程序运行的速度。本章最后讲解的跳转语句主要用于提高循环语句的灵活性，在其他代码位置也可以灵活使用，这也是本章需要掌握的重点。

习　题

　　3-1　求从1加到100的和。

　　3-2　求从1加到100的奇数和。

　　3-3　求从1到10的阶乘和。

　　3-4　用循环语句输出"*"字符，运行效果如图3-32所示。

```
        *
        *       *
        *       *       *
        *       *       *       *
        *       *       *       *       *
```

图3-32　习题3-4的运行效果图

　　3-5　求100以内的素数。

　　3-6　求1000以内能被7和9整除的数。

　　3-7　求表达式"1+1/2+1/3+1/4+1/5"的结果。

第4章
面向对象基础

■ 面向对象是一种思想，它最初起源于20世纪60年代中期的仿真程序设计语言Simula I。面向对象思想将客观世界中的事物描述为对象，并通过抽象思维方法将需要解决的实际问题分解成人们易于理解的对象模型，然后通过这些对象模型来构建应用程序的功能。它的目标是开发出能够反映现实世界某个特定片段的软件。本章将介绍Java语言面向对象程序设计的基础。

4.1 面向对象程序设计

面向对象是新一代的程序开发模式，它模拟现实世界的事物，把软件系统抽象成各种对象的集合，以对象为最小系统单位，这更接近于人类的自然思维，给程序开发人员更灵活的思维空间。

4.1.1 面向对象程序设计概述

传统的程序采用结构化的设计方法，即面向过程。针对某一需求，自顶向下，逐步细化，将需求通过模块的形式实现，然后对模块中的问题进行结构化编码。可以说，这种方式是针对问题求解。随着用户需求的不断增加，软件规模越来越大，传统的面向过程开发方式暴露出许多缺点，如软件开发周期长、工程难于维护等。20世纪80年代后期，人们提出了面向对象（Object Oriented Programming，OOP）的程序设计方式。在面向对象程序设计里，将数据和处理数据的方法紧密地结合在一起，形成类，再将类实例化，就形成了对象。在面向对象的世界中，不再需要考虑数据结构和功能函数，只要关注对象就可以了。

对象就是客观世界中存在的人、事、物体等实体。在现实世界中，对象随处可见，例如，路边生长的树、天上飞的鸟、水里游的鱼、路上跑的车等。不过这里说的树、鸟、鱼、车都是对同一类事物的总称，这就是面向对象中的类（Class）。这时读者可能要问，那么对象和类之间的关系是什么呢？对象就是符合某种类定义所产生出来的实例（Instance），虽然在日常生活中，我们习惯用类名称呼这些对象，但是实际上看到的还是对象的实例，而不是一个类。例如，你看见树上站着一只鸟，这里的"鸟"虽然是一个类名，但实际上你看见的是鸟类的一个实例对象，而不是鸟类。由此可见，类只是个抽象的称呼，而对象则是与现实生活中的事物相对应的实体。类与对象的关系如图4-1所示。

在现实生活中，只是使用类或对象并不能很好地描述一个事物。例如，聪聪对妈妈说他今天放学看见一只鸟，这时妈妈就不会知道聪聪说的鸟是什么样子的。但是如果聪聪说看见一只绿色的会说话的鸟，这时妈妈就可以想象到这只鸟是什么样的。这里说的绿色是指对象的属性，而会说话则是指对象的方法。由此可见，对象还具有属性和方法。在面向对象程序设计中，使用属性来描述对象的状态，使用方法来处理对象的行为。

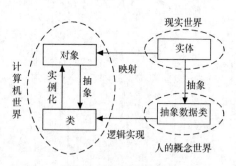

图4-1 类与对象的关系

4.1.2 面向对象程序设计的特点

面向对象编程更加符合人的思维模式，编写的程序更加强大。更重要的是，面向对象编程更有利于系统开发时责任的分工，能有效地组织和管理一些比较复杂应用程序的开发。面向对象程序设计的特点主要有封装性、继承性和多态性。

1. 封装性

面向对象编程的核心思想之一就是将对象的属性和方法封装起来，使用户知道并使用对象提供的属性和方法即可，而不需要知道对象的具体实现。例如，一部手机就是一个封装的对象，当使用手机拨打电话时，只需要使用它提供的键盘输入电话号码，并按下拨号键即可，而不需要知道手机内部是如何工作的。

采用封装的原则可以使对象以外的部分不能随意存取对象内部的数据，从而有效地避免了外部错误对内部数据的影响，实现错误局部化，大大降低了查找错误和解决错误的难度。此外，采用封装的原则，也可以提高程序的可维护性，因为当一个对象的内部结构或实现方法改变时，只要对象的接口没有改变，就不用改变其他部分的处理。

2. 继承性

面向对象程序设计中，允许通过继承原有类的某些特性或全部特性而产生新的类，这时，原有的类被称为父类（或超类），产生的新类被称为子类（或派生类）。子类不仅可以直接继承父类的共性，而且也可以创建它特有的个性。例如，已经存在一个手机类，该类中包括两个方法，分别是接听电话的方法receive()和拨打电话的方法send()，这两个方法对于任何手机都适用。现在要定义一个时尚手机类，该类中除了要包括普通手机类包括的receive()和send()方法外，还需要包括拍照方法photograph()、视频摄录的方法kinescope()和播放MP4的方法playmp4()。这时就可以通过先让时尚手机类继承手机类，然后再添加新的方法完成时尚手机类的创建，如图4-2所示。由此可见，继承性简化了对新类的设计。

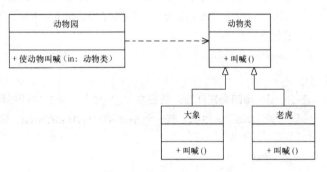

图4-2　手机与时尚手机的类图

3. 多态性

多态是面向对象程序设计的又一重要特征。它是指在父类中定义的属性和方法被子类继承之后，可以具有不同的数据类型或表现出不同的行为。这使得同一个属性或方法在父类及其各个子类中具有不同的语义。例如，定义一个动物类，该类中存在一个指定动物行为"叫喊()"。再定义两个动物类的子类：大象和老虎，这两个类都重写了父类的"叫喊()"方法，实现了自己的叫喊行为，并且都进行了相应的处理（例如不同的声音），如图4-3所示。

图4-3　动物类之间的继承关系

这时，在动物类中执行使动物"叫喊()"方法时，如果参数为动物类的实现，会使动物发出叫声。例如，参数为大象，则会输出"大象的吼叫声！"如果参数为老虎，则会输出"老虎的吼叫声！"由此可见，动物类在执行使动物"叫喊()"方法时，根本不用判断应该去执行哪个类的"叫喊()"方法，因为Java编译器会自动根据所传递的参数进行判断，根据运行时对象的类型不同而执行不同的操作。

多态性丰富了对象的内容，扩大了对象的适应性，改变了对象单一继承的关系。

4.2　类

Java语言与其他面向对象语言一样，引入了类和对象的概念，类是用来创建对象的模板，它包含被创建对象的属性和方法的定义。因此，要学习Java编程就必须学会怎样去编写类，即怎样用Java的语法去描述一类事物共有的属性和行为。

4.2.1　定义类

在Java语言中，类是基本的构成要素，是对象的模板，Java程序中所有的对象都是由类创建的。

定义类

1. 什么是类

类是同一事物的统称，它是一个抽象的概念，比如鸟类、人类、手机类、车类等。

由于Java是面向对象的程序设计语言，而类是面向对象的核心机制，我们在类中编写属性和方法，然后通过对象来实现类的行为。

2. 类的声明

在类声明中，需要定义类的名称、对该类的访问权限、该类与其他类的关系等。类声明的格式如下：

[修饰符] class <类名> [extends 父类名] [implements 接口列表]{ }

修饰符：可选，用于指定类的访问权限，可选值为public、abstract和final。

类名：必选，用于指定类的名称，类名必须是合法的Java标识符。一般情况下，要求首字母大写。

extends 父类名：可选，用于指定要定义的类继承于哪个父类。当使用extends关键字时，父类名为必选参数。

implements 接口列表：可选，用于指定该类实现的是哪些接口。当使用implements关键字时，接口列表为必选参数。

一个类被声明为public，就表明该类可以被所有其他的类访问和引用，也就是说程序的其他部分可以创建这个类的对象，访问这个类内部可见的成员变量和调用它的可见方法。

例如，定义一个Apple类，该类拥有public访问权限，即该类可以被它所在包之外的其他类访问或引用。具体代码如下：

```
public class Apple { }
```

Java的类文件的扩展名为".java"，类文件的名称必须与类名相同，即类文件的名称为"类名.java"。例如，有一个Java类文件Apple.java，则其类名为Apple。

3. 类体

类声明部分大括号中的内容为类体。类体主要由以下两部分构成：

（1）成员变量的定义；

（2）成员方法的定义。

稍后将会详细介绍成员变量和成员方法。

在程序设计过程中，编写一个能完全描述客观事物的类是不现实的。比如，构建一个Apple类，该类可以拥有很多很多的属性（即成员变量），在定义该类时，选取程序需要的必要属性和行为就可以了。Apple类的成员变量列表如下：

属性（成员变量）：颜色（color）、产地（address）、单价（price）、单位（unit）

这个Apple类只包含了苹果的部分属性和行为，但是它已经能够满足程序的需要。该类的实现代码如下：

```
class Apple {
    String color;               // 定义颜色成员变量
    String address;             // 定义产地成员变量
    String price;               // 定义单价成员变量
    String unit;                // 定义单位成员变量
}
```

4.2.2　成员变量和局部变量

在类体中变量定义部分所声明的变量为类的成员变量，而在方法体中声明的变量和方法的参数则被称为局部变量。成员变量又可细分为实例变量和类变量。在声明成员变量时，用关键字static修饰的称为类变量（也可称作static变量或静态变量），否则称为实例变量。

成员变量和局部变量

1. 声明成员变量

Java用成员变量来表示类的状态和属性，声明成员变量的基本语法格式如下：

[修饰符] [static] [final] <变量类型> <变量名>；

修饰符：可选参数，用于指定变量的被访问权限，可选值为public、protected和private。

static：可选，用于指定该成员变量为静态变量，可以直接通过类名访问。如果省略该关键字，则表示该成员变量为实例变量。

final：可选，用于指定该成员变量为取值不会改变的常量。

变量类型：必选，用于指定变量的数据类型，其值可以为Java中的任何一种数据类型。

变量名：必选，用于指定成员变量的名称，变量名必须是合法的Java标识符。

例如，在类中声明3个成员变量。

```java
public class Apple {
    public String color;                            //声明公共变量color
    public static int count;                        //声明静态变量count
    public final boolean MATURE=true;               //声明常量MATURE并赋值
    public static void main(String[] args) {
        System.out.println(Apple.count);
        Apple apple=new Apple();
        System.out.println(apple.color);
        System.out.println(apple.MATURE);
    }
}
```

类变量与实例变量的区别：在运行时，Java虚拟机只为类变量分配一次内存，在加载类的过程中完成类变量的内存分配，可以直接通过类名访问类变量。而实例变量则不同，每创建一个实例，就会为该实例的变量分配一次内存。

2. 声明局部变量

定义局部变量的基本语法格式同定义成员变量类似，所不同的是不能使用public、protected、private和static关键字对局部变量进行修饰，但可以使用final关键字：

[final] <变量类型> <变量名>；

final：可选，用于指定该局部变量为常量。

变量类型：必选，用于指定变量的数据类型，其值可以为Java中的任何一种数据类型。

变量名：必选，用于指定局部变量的名称，变量名必须是合法的Java标识符。

例如，在成员方法grow()中声明两个局部变量。

```java
public void grow(){
    final boolean STATE;                            //声明常量STATE
    int age;                                        //声明局部变量age
}
```

3．变量的有效范围

变量的有效范围是指该变量在程序代码中的作用区域，在该区域外不能直接访问变量。有效范围决定了变量的生命周期，变量的生命周期是指从声明一个变量并分配内存空间、使用变量，然后释放该变量并清除所占用内存空间的一个过程。进行变量声明的位置决定了变量的有效范围，根据有效范围的不同，可将变量分为以下两种。

（1）成员变量：在类中声明，整个类中有效。

（2）局部变量：在方法内或方法内的复合代码块（就是方法内部，"{"与"}"之间的代码）中声明的变量。在复合代码块声明的变量，只在当前复合代码块中有效；在复合代码块外、方法内声明的变量在整个方法内都有效。以下是一个实例：

```java
public class Olympics {
    private int medal_All=800;                //成员变量
    public void China(){
        int medal_CN=100;                     //方法的局部变量
        if(medal_CN<1000){                    //代码块
            int gold=50;                      //代码块的局部变量
            medal_CN+=50;                     //允许访问
            medal_All-=150;                   //允许访问
        }
    }
}
```

Java语言中各种类型变量的初值如表4-1所示。

表4-1　Java变量的初始值

类　型	初　值
byte	0
short	0
int	0
float	0.0F
long	0L
double	0.0D
char	'\u0000'
boolean	false
引用类型	null

4.2.3　成员方法

Java中类的行为由类的成员方法来实现。类的成员方法由以下两部分组成：

（1）方法的声明；

（2）方法体。

其一般格式如下：

```
[修饰符] <方法返回值的类型> <方法名>( [参数列表]) {
    [方法体]
}
```

成员方法

修饰符：可选，用于指定方法的被访问权限，可选值为public、protected和private。

方法返回值的类型：必选，用于指定方法的返回值类型，如果该方法没有返回值，可以使用关键字void进行标识。方法返回值的类型可以是任何Java数据类型。

方法名：必选，用于指定成员方法的名称，方法名必须是合法的Java标识符。

参数列表：可选，用于指定方法中所需的参数。当存在多个参数时，各参数之间应使用逗号分隔。方法的参数可以是任何Java数据类型。

方法体：可选，是方法的实现部分。在方法体中可以完成指定的工作，可以只打印一句话，也可以省略方法体，使方法什么都不做。需要注意的是，当省略方法体时，其外面的大括号一定不能省略。

【例4-1】实现两数相加。

```java
public class Count {
    public int add(int src,int des){
        int sum=src+des;                              // 将方法的两个参数相加
        return sum;                                   // 返回运算结果
    }
    public static void main(String[] args){
        Count count=new Count();                      // 创建类本身的对象
        int apple1=30;                                // 定义变量apple1
        int apple2=20;                                // 定义变量apple2
        int num=count.add(apple1,apple2);             // 调用add()方法
        System.out.println("苹果总数是："+num+"箱。")   // 输出运算结果
    }
}
```

程序运行结果如图4-4所示。

在上面的代码中包含add()方法和main()方法。在add()方法的定义中，首先定义整数类型的变量sum，该变量是add()方法参数列表中的两个参数之和。然后使用return关键字将变量sum的值返回给调用该方法的语句。main()方法是类的主方法，是程序执行的入口，该方法创建了本类自身的对象count，然后调用count对象的add()成员方法计算苹果数量的总和，并输出到控制台中。

图4-4　例4-1的运行结果

　在同一个类中，不能定义参数与方法名都和已有方法相同的方法。

【例4-2】按部门名称查询部门编号。

```java
public Dept selectDeptByName(String name) {
    conn = connection.getCon();                       //获取数据库连接
    Dept dept = null;
    try {
        Statement statement = conn.createStatement();         //实例化Statement对象
        String sql = "select * from tb_dept where dName = ' " + name +" ' ";
                                //定义按部门名称查询部门信息SQL语句
```

```
            ResultSet rest = statement.executeQuery(sql);//执行查询语句获取查询结果集
            while (rest.next()) {                        //循环遍历查询结果集
                dept = new Dept();                       //定义与部门表对应的JavaBean对象
                dept.setId(rest.getInt(1));              //应用查询结果设置对象属性
                dept.setdName(rest.getString(2));
                dept.setPrincipal(rest.getString(3));
                dept.setBewrite(rest.getString(4));
            }
        } catch (SQLException e) {
            e.printStackTrace();
        }
        return dept;                                     //返回JavaBean对象
}
```

程序运行结果如图4-5所示。

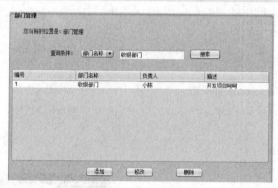

图4-5　例4-2运行结果

4.2.4　注意事项

注意事项

　　上面说过，类体是由成员变量和成员方法组成。而对成员变量的操作只能放在方法中，方法使用各种语句对成员变量和方法体中声明的局部变量进行操作，声明成员变量是可以赋初值。

　　例如：

```
public class A {
    int a = 12;  // 声明变量的时候同时赋予初始值
}
```

但是不能这样：

```
public class A {
    int a ;
    a = 12;  // 这样是非法的，此操作只能出现在方法体中
}
```

4.2.5　类的UML图

　　UML（Unified Modeling Language，UML），它是一个结构图，用来描述一个系统的静态结构。一个

UML中通常包含类（Class）的UML图、接口（Interface）的UML图以及泛化关系（Generalizaiton）的UML图、关联关系（Association）的UML图、依赖关系（Dependency）的UML图和实现关系（Realization）的UML图。

类的UML图

在UML图中，使用一个长方形描述一个类的主要构成，将长方形垂直地分为三层。

第一层是名字层，如果类的名字是常规字形，表明该类是具体类；如果类的名字是斜体字形，表明该类是抽象类（后续会讲到抽象类）。

第二层是变量层，也称属性层，列出类的成员变量及类型。格式是"变量名：类型"。

第三层是方法层，列出类中的方法。格式是"方法名字：类型"。图4-6就是一个Tiger类的UML图。

Tiger
name:String
age:int
run():void

图4-6　Tiger类的UML图

4.3　构造方法与对象

构造方法用于对对象中的所有成员变量进行初始化。对象的属性通过变量来定义，也就是类的成员变量，而对象的行为通过方法来体现，也就是类的成员方法。方法可以操作属性形成一定的算法来实现一个具体的功能。类把属性和方法封装成一个整体。

4.3.1　构造方法的概念及用途

构造方法的概念
及用途

构造方法是一种特殊的方法，它的名字必须与它所在类的名字完全相同，并且没有返回值，也不需要使用关键字void进行标识。

```java
public class Apple {
    public Apple() {                              // 默认的构造方法
    }
}
```

构造方法用于对对象中的所有成员变量进行初始化，在创建对象时立即被调用。

1. 默认构造方法和自定义构造方法

如果类例定义了一个或多个构造方法，那么Java中不提供默认的构造方法。

【例4-3】定义Apple类，在该类的构造方法中初始化成员变量。

```java
public class Apple {
    int num;                                      // 声明成员变量
    float price;
    Apple apple;
    public Apple() {                              // 声明构造方法
        num=10;                                   // 初始化成员变量
        price=8.34f;
    }
    public static void main(String[] args) {
        Apple apple=new Apple();                  // 创建Apple的实例对象
        System.out.println("苹果数量: "+apple.num);   // 输出成员变量值
        System.out.println("苹果单价: "+apple.price);
```

```
        System.out.println("成员变量apple="+apple.apple);
    }
}
```

程序运行结果如图4-7所示。

在Java中可以自定义无参数的构造函数和有参数的构造
函数，例如：

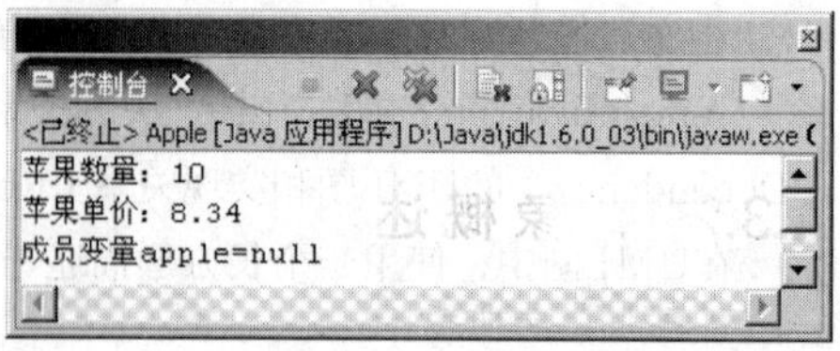

图4-7　例4-3的运行结果

```
public class Apple {
    int num=10;
    public Apple(){
    num=19;
}
    public Apple(int i){
    num=i;
}
    public static void main(String[] args) {
        Apple apple=new Apple();                    // 创建Apple的实例对象
        System.out.println("苹果数量： "+apple.num);   // 输出成员变量值
        Apple app=new Apple(8);
        System.out.println("苹果数量"+apple.num);
    }
}
```

 说明　构造函数中有无参数的区别是，有参数的构造函数可以在new的时候，同时给创建的对象中的数据赋值。

2．构造方法没有类型

需要注意，构造方法没有类型。

```
public class Apple{
 int a,b;
 Apple(){   //是构造方法
  a = 1;
  b = 2;
}
void  Apple(int x,int y){ //不是构造方法，该方法的返回值类型是void
 a = x;
 b = y;
 }
int Apple(){   //不是构造方法，该方法的返回值类型是int
 return 5;
 }
}
```

需要注意的是，如果用户没有定义构造方法，Java会自动提供一个默认的构造方法，用来实现成员变量的初始化。

对象概述

4.3.2 对象概述

在面向对象语言中，对象是对类的一个具体描述，是一个客观存在的实体。万物皆对象，也就是说任何事物都可看作对象，如一个人、一个动物，或者没有生命体的轮船、汽车、飞机，甚至概念性的抽象，如公司业绩等。

一个对象在Java语言中的生命周期包括创建、使用和销毁3个阶段。

1．对象的创建

对象是类的实例。Java定义任何变量都需要指定变量类型，因此，在创建对象之前，一定要先声明该对象。

（1）对象的声明。

声明对象的一般格式如下：

类名 对象名;

类名：必选，用于指定一个已经定义的类。

对象名：必选，用于指定对象名称，对象名必须是合法的Java标识符。

声明Apple类的一个对象redApple的代码如下：

Apple redApple;

（2）实例化对象。

在声明对象时，只是在内存中为其建立一个引用，并置初值为null，表示不指向任何内存空间。

声明对象以后，需要为对象分配内存，这个过程也称为实例化对象。在Java中使用关键字new来实例化对象，具体语法格式如下：

对象名=**new** 构造方法名([参数列表]);

对象名：必选，用于指定已经声明的对象名。

构造方法名：必选，用于指定构造方法名，即类名，因为构造方法与类名相同。

参数列表：可选参数，用于指定构造方法的入口参数。如果构造方法无参数，则可以省略。

在声明Apple类的一个对象redApple后，可以通过以下代码为对象redApple分配内存（即创建该对象）：

redApple=**new** Apple();//由于Apple类的构造方法无入口参数，所以省略了参数列表

在声明对象时，也可以直接实例化该对象：

Apple redApple=**new** Apple();

这相当于同时执行了对象声明和创建对象：

Apple redApple;

redApple=**new** Apple();

2．对象的使用

创建对象后，就可以访问对象的成员变量，并改变成员变量的值了，而且还可以调用对象的成员方法。通过使用运算符"."实现对成员变量的访问和成员方法的调用。

语法格式为：

对象.成员变量

对象.成员方法0

【例4-4】定义一个类，创建该类的对象，同时改变对象的成员变量的值，并调用该对象的成员方法。

创建一个名称为Round的类，在该类中定义一个常量PI、一个成员变量r、一个不带参数的方法getArea()和一个带参数的方法getCircumference()，具体代码如下：

```
public class Round {
    final float PI = 3.14159f;                         //定义一个用于表示圆周率的常量PI
    public float r = 0.0f;
    public float getArea() {                           //定义计算圆面积的方法
        float area = PI*r*r;                           //计算圆面积并赋值给变量area
        return area;                                   //返回计算后的圆面积
    }
    public float getCircumference(float r) {           //定义计算圆周长的方法
        float circumference = 2*PI*r;                  //计算圆周长并赋值给变量circumference
        return circumference;                          //返回计算后的圆周长
    }
    public static void main(String[] args) {
        Round round = new Round();                     //创建Round类的对象round
        round.r = 20;                                  //改变成员变量的值
        float r = 20;
        float area = round.getArea();                  //调用成员方法
        System.out.println("圆的面积为："+area);
        float circumference = round.getCircumference(r); //调用带参数的成员方法
        System.out.println("圆的周长为：
"+circumference);
    }
}
```

程序运行结果如图4-8所示。

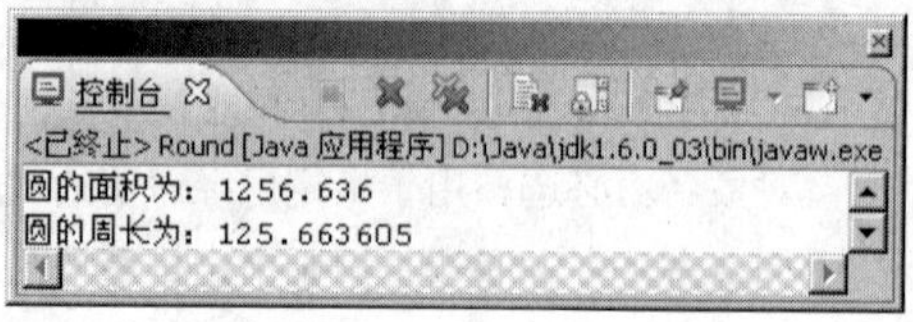

图4-8　例4-4的运行结果

【例4-5】创建User对象，并为该对象赋值。

```
public User getUser(String userName,String passWord){
    User user = new User();                            //创建JavaBean对象
    conn = connection.getCon();                        //获取数据库连接
    try {
        String sql = "select * from tb_users where userName = ? and passWord = ?";
//定义查询预处理语句
        PreparedStatement statement = conn.prepareStatement(sql);   //实例化PreparedStatement对象
        statement.setString(1, userName);             //设置预处理语句参数
        statement.setString(2, passWord);
        ResultSet rest = statement.executeQuery();    //执行预处理语句
        while(rest.next()){
            user.setId(rest.getInt(1));               //应用查询结果设置对象属性
            user.setUserName(rest.getString(2));
```

```
            user.setPassWord(rest.getString(3));
        }
    } catch (SQLException e) {
        e.printStackTrace();
    }

    return user;                          //返回查询结果
}
```

3. 对象的销毁

在许多程序设计语言中，需要手动释放对象所占用的内存，但是在Java中则不需要手动完成这项工作。Java提供的垃圾回收机制可以自动判断对象是否还在使用，并能够自动销毁不再使用的对象，收回对象所占用的资源。

Java提供了一个名为finalize()的方法，用于在对象被垃圾回收机制销毁之前执行一些资源回收工作，由垃圾回收系统调用。但是垃圾回收系统的运行是不可预测的。finalize()方法没有任何参数和返回值，每个类有且只有一个finalize()方法。

4.4　类与程序的结构关系

类与程序的结构
关系

一个Java应用程序是由若干个类组成，这些类可以在一个源文件中，也可以分布在若干个源文件中，如图4-9所示。

在Java应用程序中有一个主类，即含有main方法的类，main方法是程序执行的入口，也就是说想要执行一个Java应用程序必须从main方法开始执行。在编写一个Java应用程序时，可以编写若干个Java源文件，每个源文件编译后产生若干个类的字节码文件。

当解释器运行一个Java应用程序时，Java虚拟机将Java应用程序的字节码文件加载到内存中，然后再由Java的虚拟机解释执行。

Java程序以类为"基本单位"，从编译的角度看，每个源文件都是一个独立编译单位，当程序需要修改某个类时，只需要重新编译该类所在的源文件即可，不必重新编译其他类所在的源文件，这样非常有利系统的维护。从软件设计角度看，Java语言中的类是可复用的，编写具有一定功能的可复用代码在软件设计中非常重要。

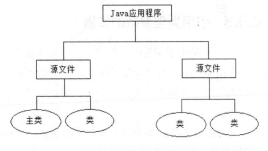

图4-9　Java应用程序结构

4.5　参 数 传 值

参数传值

在Java程序中，如果声明方法时包含了形参声明，则调用方法时必须给这些形参指定参数值，调用方法时实际传递给形参的参数值被称为实参。

4.5.1　传 值 机 制

Java方法中的参数传递方式只有一种，也就是值传递。所谓的值传递，就是将实际参数的副本传递到方法内，而参数本身不受任何影响。例如，去银行开户需要身份证原件和复印件，原件和复印件上的内容完全相同，当复印件上的内容改变的时候，原件上的内容不会受到影响。也就是说，方法中参数变量的值是调用者指定值的拷贝。

4.5.2　基本数据类型的参数传值

对于基本数据类型的参数，向该参数传递值的级别不能高于该参数的级别。比如，不能向int型参数传递一个float值，但可以向double型参数传递一个float值。

【例4-6】在Point类中定义一个add方法，然后在Example类的main方法中创建Point类的对象，再调用该对象的add(int x,int y)方法，当调用add方法的时候，必须向add方法传递两个参数。

```
public class Point{
  int add (int x, int y){
  return x+y;
  }
}


public class Example {
  public static void main (String [] args){
    Point ap = new Point ();
    int a = 15;
    int b = 32;
    int sum = ap.add(a,b);
    System.out.println(sum);
  }
}
```

4.5.3　引用类型参数的传值

当参数是引用类型时，传递的值是变量中存放的"引用"，而不是变量所引用的实体。当两个相同类型的引用型变量，如果具有同样的引用，就会用同样的实体，因此，如果改变参数变量所引用的实体，就会导致原变量的实体发生同样的变化；但是，改变参数中存放的"引用"不会影响向其传值的变量中存放的"引用"。

【例4-7】Car类为汽车类，负责创建一个汽车类的对象；fuelTank类是一个油箱类，负责创建油箱的对象。Car类创建的对象调用run(fuelTank ft)方法时，需要将fuelTank类创建的油箱对象ft传递给run(fuelTank ft)。（该方法消耗汽油，油箱中的油也会减少）

```
fuelTank类：
public class fuelTank { //定义一个油箱类
    int gas; //定义汽油
    fuelTank (int x){
    gas = x;
  }
}
Car类：
public class Car { //定义一个汽车类
```

```
        void run(fuelTank ft){
        ft.gas = ft.gas - 5;  //消耗汽油
        }
}


public class Example2{
    public static void main (String [] args) {
        fuelTank ft = new fuelTank(100);  //  创建油箱对象，然后给油箱加满油
        System.out.println("当前油箱的油量是: "+ ft.gas);//  显示当前油箱的油量
        Car car = new Car ();  //  创建汽车对象
        System.out.println("下面开始启动汽车");
        Car.run(ft);  //启动汽车
        System.out.println("当前汽车油箱的油量是: "+ ft.gas);
    }
}
```

 说明 按值传递意味着当将一个参数传递给一个函数时，函数接收的是原始值的一个副本。因此，如果函数修改了该参数，仅仅改变的是副本，而原始值保持不变。按引用传递意味着两个变量指向的是同一个对象的引用地址，这两个变量操作的是同一个对象。因此，如果函数修改了该参数，调用代码中的原始值也会随之改变。

4.6 对象的组合

如果一个类把某个对象作为自己的一个成员变量，使用这样的类创建对象后，该对象中就会有其他对象，也就是该类对象将其他对象作为自己的一部分。

对象的组合

4.6.1 组合与复用

如果一个对象a组合了另一个对象b，那么对象a就可以委托对象b调用其方法，即对象a以组合的方式复用对象b的方法。

【例4-8】计算圆锥的体积。

Circle类：
```
public class Circle {
    double r;// 定义圆的半径
    double area; // 定义圆的面积
    Circle ( double R ) {
        r = R;
    }
    void setR (double R) {
        r = R;
    }
    double getR (){
```

```
        return r;
      }
    double getArea (){
      area = 3.14 * r * r;
      return area;
    }
  }
```

Circular类：

```
public class Circular {
    Circle bottom; // 定义圆锥的底
    double height; // 定义高
    Circular (Circle c, double h) {
      bottom = c;
      height = h;
    }
    double getVolme() {
      return bottom.getArea()* height/3;
      }
    }
  }
```

```
public class Example3 {
  public static void main (String [] args){
   Circle c = new Circle(6);
   System.out.println("半径是： "+c.getRs());
   Circular circular = new Circular (c,20);
   System.out.println("圆锥体积是： "+circular.getVolme());
    }
  }
```

4.6.2 类的关联关系和依赖关系的UML图

1. 关联关系

如果A类中成员变量是用B类声明的对象，那么A和B的关联是关联关系，称A类的对象关联于B类的对象或A类的对象组合了B类的对象。如果A关联于B，那么可以通过一条实线连接A和B的UML图，实线的起始端是A的UML图，终点端是B的UML图，但终点端使用一个指向B的UML图的方向箭头表示实线的结束，如图4-10所示。

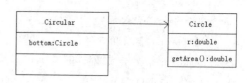

图4-10　关联关系UML图

2. 依赖关系

如果A类中某个方法的参数是用B类声明的对象或某个方法返回的数据类型是B类对象，那么A和B的关系是依赖关系，称A依赖于B。如果A依赖于B，那么可以通过一个虚线连接A和B的UML图，虚线的起始端是A的UML图，终点端是B的UML图，但终点端使用一个指向B的UML图的方向箭头表示虚线的结束，如图

4-11所示。

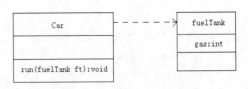

图4-11 依赖关系的UML图

4.7 实例方法与类方法

在4.2.3节大家已经对方法有所了解。在类中定义的方法可分为实例方法和类方法。

4.7.1 实例方法与类方法的定义

声明方法时，方法类型前面不使用static修饰的是实例方法，使用static修饰的是类方法，也称作静态方法。

例如：

实例方法与类方法

```
class Student {
  int sum (int a, int b){//实例方法
  return a + b;
  }
  static void run(){ //类方法
    …
  }
}
```

在Student类中包含两个方法，其中sum方法是实例方法，run方法是类方法，也称静态方法。在声明类方法时，需要将static修饰符放在方法类型的前面。

4.7.2 实例方法和类方法的区别

1. 使用对象调用实例方法

当字节码文件被分配到内存时，实例方法不会被分配入口地址，只有当该类创建对象后，类中的实例方法才会分配入口地址，这时实例方法才可被类创建的对象调用。

2. 使用类名调用类方法

类中定义的方法，在该类被加载到内存时，就分配了相应的入口地址，这样类方法不仅可以被类创建的任何对象调用执行，也可以直接通过类名调用。类方法的入口地址直到程序退出时才被取消。但是需要注意，类方法不能直接操作实例变量，因为在类创建对象之前，实例成员变量还没有分配内存。实例方法只能使用对象调用，不能通过类名调用。

4.8 this关键字

this关键字表示某个对象，this关键字可以出现在实例方法和构造方法中，但不可以出现在类方法中。当局部变量和成员变量的名字相同时，成员变量就会被隐藏，这时如果想在成员方法中使用成员变量，则必须使用关键字this。

语法格式为：

this.成员变量名
this.成员方法名()

this关键字

【例4-9】创建一个类文件，该类中定义了setName()，并将方法的参数值赋予类中的成员变量。

```
class A {
    private void setName(String name){              //定义一个setName()方法
        this.name=name;                             //将参数值赋予类中的成员变量
    }
}
```

在上述代码中可以看到，成员变量与在setName()方法中的形式参数的名称相同，都为name，那么该如何在类中区分使用的是哪一个变量呢？Java语言中规定使用this关键字来代表本类对象的引用，this关键字被隐式地用于引用对象的成员变量和方法。如在上述代码中，"this.name"指的就是Book类中的name成员变量，而"this.name=name"语句中的第二个name则指的是形参name。实质上，setName()方法实现的功能就是将形参name的值赋予成员变量name。

在这里读者明白了，this可以调用成员变量和成员方法，但Java语言中最常规的调用方式是使用"对象.成员变量"或"对象.成员方法"进行调用（关于使用对象调用成员变量和方法的问题，将在后续章节中进行讲述）。

既然this关键字和对象都可以调用成员变量和成员方法，那么this关键字与对象之间具有怎样的关系呢？

事实上，this引用的就是本类的一个对象，在局部变量或方法参数覆盖了成员变量时，如上面代码的情况，就要添加this关键字明确引用的是类成员还是局部变量或方法参数。

如果省略this关键字直接写成"name = name"，那只是把参数name赋值给参数变量本身而已，成员变量name的值没有改变，因为参数name在方法的作用域中覆盖了成员变量name。

其实，this除了可以调用成员变量或成员方法之外，还可以作为方法的返回值。

【例4-10】 在项目中创建一个类文件，在该类中定义Book类型的方法，并通过this关键字返回。

```
public Book getBook(){
    return this;                                    //返回Book类引用
}
```

在getBook()方法中，方法的返回值为Book类，所以方法体中使用"return this"这种形式将Book类的对象进行返回。

【例4-11】 在Fruit类中定义一个成员变量color，并且在该类的成员方法中又定义了一个局部变量color。这时，如果想在成员方法中使用成员变量color，则需要使用this关键字。

```
public class Fruit {
    public String color="绿色";                      //定义颜色成员变量
    //定义收获的方法
    public void harvest(){
        String color="红色";                         //定义颜色局部变量
        System.out.println("水果是："+color+"的！");      //此处输出的是局部变量color
        System.out.println("水果已经收获……");
        System.out.println("水果原来是："+this.color+"的！");   //此处输出的是成员变量color
    }
    public static void main(String[] args) {
        Fruit obj=new Fruit();
        obj.harvest();
    }
```

```
}
```

程序运行结果如图4-12所示。

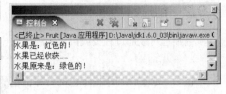

图4-12 例4-11的运行结果

【例4-12】使用this关键字为User类的属性赋值。

```java
public class User {
    private int id;                             //定义映射主键的属性
    private String userName;                    //定义映射用户名的属性
    private String passWord;                    //定义映射密码的属性
    public int getId() {                        //id属性的getXXX()方法
        return id;
    }
    public void setId(int id) {                 //id属性的setXXX()方法
        this.id = id;
    }
    public String getUserName() {
        return userName;
    }
    public void setUserName(String userName) {
        this.userName = userName;
    }
    public String getPassWord() {
        return passWord;
    }
    public void setPassWord(String passWord) {
        this.passWord = passWord;
    }
}
```

4.9 包

Java要求文件名和类名相同，所以如果将多个类放在一起时，很可能出现文件名冲突的情况，这时Java提供了一种解决该问题的方法，那就是使用包将类进行分组。下面将对Java中的包进行详细介绍。

4.9.1 包的概念

包

包（package）是Java提供的一种区别类的命名空间的机制，是类的组织方式，是一组相关类和接口（将在第6章为大家详细介绍接口）的集合，它提供了访问权限和命名的管理机制。Java中提供的包主要有以下3种用途。

（1）将功能相近的类放在同一个包中，可以方便查找与使用。

（2）由于在不同包中可以存在同名类，所以使用包在一定程度上可以避免命名冲突。

（3）在Java中，某些访问权限是以包为单位的。

4.9.2　创建包

创建包可以通过在类或接口的源文件中使用package语句实现，package语句的语法格式如下：

package 包名;

包名：必选，用于指定包的名称，包的名称必须为合法的Java标识符。当包中还有包时，可以使用"包1.包2.….包n"进行指定，其中，包1为最外层的包，而包n则为最内层的包。

package语句位于类或接口源文件的第一行。例如，定义一个类Round，将其放入com.lzw包中的代码如下：

```java
package com.lzw;
public class Round {
    final float PI=3.14159f;                //定义一个用于表示圆周率的常量PI
    public void paint(){                    //定义一个绘图的方法
        System.out.println("画一个圆形！");
    }
}
```

 说明　Java中提供的包，相当于系统中的文件夹。例如，上面代码中的Round类如果保存到C盘根目录下，那么它的实际路径应该为"C:\com\lzw\Round.java"。

【例4-13】创建包。

package com.mingrisoft.bean;

程序运行结果如图4-13所示。

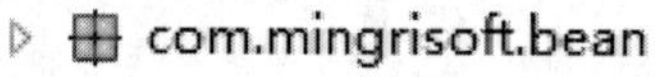

▷ 🔡 com.mingrisoft.bean

图4-13　创建包

4.9.3　使用包中的类

类可以访问其所在包中的所有类，还可以使用其他包中的所有public类。访问其他包中的public类有以下两种方法。

（1）使用长名引用包中的类。

使用长名引用包中的类比较简单，只需要在每个类名前面加上完整的包名即可。例如，创建Round类（保存在com.lzw包中）的对象并实例化该对象的代码如下：

com.lzw.Round round = new com.lzw.Round();

（2）使用import语句引入包中的类。

由于采用使用长名引用包中的类的方法比较烦琐，所以Java提供了import语句来引入包中的类。import语句的基本语法格式如下：

import 包名1[.包名2.…].类名|*;

当存在多个包名时，各个包名之间使用"."分隔，同时包名与类名之间也使用"."分隔。

*：表示包中所有的类。

例如，引入com.lzw包中的Round类的代码如下：

import com.lzw.Round;

如果com.lzw包中包含多个类，也可以使用以下语句引入该包下的全部类：

import com.lzw.*;

4.10 import 语句

import语句

import关键字用于加载已定义好的类或包，被加载的类可供本类调用其方法和属性。

4.10.1 类的两种访问方法

类可以访问其所在包中的所有类，还可以使用其他包中的所有public类。访问其他包中的public类有以下两种方法。

（1）使用长名引用包中的类。

使用长名引用包中的类比较简单，只需要在每个类名前面加上完整的包名即可。例如，创建Round类（保存在com.lzw包中）的对象并实例化该对象的代码如下：

com.lzw.Round round=**new** com.lzw.Round();

（2）使用import语句引入包中的类。

由于采用使用长名引用包中的类的方法比较烦琐，所以Java提供了import语句来引入包中的类。下面我们着重介绍使用import导入类。

4.10.2 引入类库中的类

import语句的基本语法格式如下：

import 包名1[.包名2…].类名|*;

当存在多个包名时，各个包名之间使用"."分隔，同时包名与类名之间也使用"."分隔。

*：表示包中所有的类。

一个Java源程序中可以有多个import语句，它们必须写在package语句和源文件中类的定义之间。下面列举部分Java类库中的包：

java.lang：包含所有的基本语言类；

javax.swing：包含抽象窗口工具几种的图形、文本、窗口GUI类；

java.io：包含所有的输入输出类；

java.util：包含实用类；

java.sql：包含操作数据库的类。

例如引入util包中的全部类：

import java.util.*;

如果想要引入包中具体的类：

import java.util.Date;//引入util包中的Date类

【例4-14】在腾宇超市管理系统上显示时钟。

```
public static String getDateTime(){                    //该方法返回值为String类型
    SimpleDateFormat format;
                              //simpleDateFormat类可以选择任何用户定义的日期−时间格式的模式
    Date date = null;
    Calendar myDate = Calendar.getInstance();
                              //Calendar的方法getInstance()，以获得此类型的一个通用的对象
    myDate.setTime(new java.util.Date());
                              //使用给定的Date设置此Calendar的时间
```

```
        date = myDate.getTime();
                        //返回一个表示此Calendar时间值（从历元至现在的毫秒偏移量）的Date对象
        format = new SimpleDateFormat("yyyy-MM-dd HH:mm:ss");
                        //编写格式化时间为"年-月-日 时：分：秒"
        String strRtn = format.format(date);
                        //将给定的Date格式化为日期/时间字符串，并将结果赋值给给定的String
        return strRtn;              //返回保存返回值变量
    }
```

程序运行结果如图4-14所示。

4.11 访问权限

访问权限由访问修饰符进行限制，访问修饰符有private、protected、public，它们都是Java中的关键字。

1. 什么是访问权限

访问权限是指对象是否能够通过"."运算符操作自己的变量或通过"."运算符调用类中的方法。

图4-14　例4-14的运行结果

在编写类的时候，类中的实例方法总是可以操作该类中的实例变量和类变量；类方法总是可以操作该类中的类变量，与访问限制符没有关系。

2. 私有变量和私有方法

使用private修饰的成员变量和方法被称为私有变量和私有方法。例如：

访问权限

```
public class A {
  private int a;  // 变量a 是私有的变量
  private int sum (int m, int n) {  // 方法sum是私有方法
    return m − n;
  }
}
```

假如现在有个B类，在B类中创建一个A类的对象后，该对象不能访问自己的私有变量和方法。例如：

```
public  class B {
  public static void main (String [] args) {
    A ca = new A ();
    ca.a = 18; // 编译错误，访问不到私有的变量a
  }
}
```

如果一个类中的某个成员是私有类变量，那么在另一个类中，不能通过类名来操作这个私有类变量。如果一个类中的某个方法是私有的类方法，那么在另外一个类中，也不能通过类名来调用这个私有的类方法。

3. 公有变量和公有方法

使用public修饰的变量和方法被称为公有变量和公有方法。例如：

```
public class A {
  public int a;  // 变量a 是公有的变量
  public int sum (int m, int n) {  // 方法sum是公有方法
    return m − n;
```

```
    }
  }
```

使用public访问修饰符修饰的变量和方法，在任何一个类中创建对象后都会访问到。例如：

```
public  class B {
 public static void main (String [] args) {
   A ca = new A ();
   ca.a = 18; // 可以访问，编译通过
  }
}
```

4. 友好变量和友好方法

不使用private、public、protected修饰符修饰的成员变量和方法被称为友好变量和友好方法，如：

```
public class A {
 int a;  // 变量a 是友好的变量
 int sum (int m,int n) {  // 方法sum是友好方法
   return m − n;
  }
}
```

同一包中的两个类，如果在一个类中创建了另外一个类的对象后，该对象能访问自己的友好变量和友好方法，例如：

```
public  class B {
 public static void main (String [] args) {
   A ca = new A ();
   ca.a = 18; // 可以访问，编译通过
  }
}
```

 说明 如果源文件使用import语句引入了另外一个包中的类，并用该类创建了一个对象，那么该类的这个对象将不能访问自己的友好变量和友好方法。

5. 受保护的成员变量和方法

用protected访问修饰符修饰的成员变量和方法被称为受保护的成员变量和受保护的方法，如：

```
public class A {
 protected int a;  // 变量a 是受保护的变量
 protected int sum (int m,int n) {  // 方法sum是受保护的方法
   return m − n;
  }
}
```

同一个包中的两个类，一个类在另一个类创建对象后，可以通过该对象访问自己的受保护的变量和方法。

```
public  class B {
  public static void main (String [] args) {
```

```
    A ca = new A ();
    ca.a = 18; // 可以访问，编译通过
  }
}
```

6. public类与友好类

在声明类的时候，如果在关键字class前面加上public关键字，那么这样的类就是公有的类。例如：

```
public class A {
  …
}
```

可以在任何另外一个类中，使用public类创建对象。如果一个类不加public修饰，例如：

```
class A {
  …
}
```

这个没有被public修饰的类就被称为友好类，那么另外一个类中使用友好类创建对象时，必须保证它们是在同一个包中。

小 结

　　本章主要讲解了有关面向对象的知识和Java语言中对面向对象的实现方法，包括面向对象的程序设计、类与对象、构造方法和对象、类与程序的基本结构、参数传值、对象的组合、实例方法与类方法、this关键字、包、import语句和访问权限。

　　通过学习本章，读者首先应该认真了解面向对象的含义，并掌握Java语言中类和对象、构造方法与对象、参数传值以及包的使用，然后理解this关键字、import语句和访问权限。

习 题

　　4-1　构造方法是否有类型的限制？

　　4-2　什么是形参？什么是实参？分别举例说明。

　　4-3　下面的类定义有什么问题？请修改错误，使程序运行时不会出问题。

```
class Avg {
    public static void main(String[] args) {
        double a = 5.1;
        double b = 20.32;
        double c = 32.921;
        System.out.println(findAvg(a, b, c));
    }
    double findAvg(double a, double b, double c) {
        return (a + b + c) / 3.0;
    }
}
```

4-4　有一个com.lzw.utilities包，怎样导入这个包中名为Calculator的类？包含Calculator类的目录和子目录，其结构是什么样的？

4-5　下面的类定义有哪些问题？

```
import java.util.*;

package myClass;

public class lzw{
    public double avg(double a,double b){
        return (a+b)/2;
    }
}
```

第5章
继承与多态

本章要点

掌握类的继承 ■
掌握多态 ■
理解抽象类 ■
掌握使用final关键字 ■
理解内部类 ■

■ Java语言是纯粹的面向对象的程序设计语言，而继承与多态是它的另外两大特性。继承是面向对象实现软件复用的重要手段，多态是子类对象可以直接赋给父类变量，但运行时依然表现出子类的行为特征。Java语言支持利用继承和多态的基本概念来设计程序，从现实世界中客观存在的事物出发来构造软件系统。

5.1 继 承 简 介

在面向对象程序设计中，继承是不可或缺的一部分。通过继承可以实现代码的重用，提高程序的可维护性。

继承简介

5.1.1 继承的概念

继承一般是指晚辈从父辈那里继承财产，也可以说是子女拥有父母所给予他们的东西。在面向对象程序设计中，继承的含义与此类似，所不同的是，这里继承的实体是类。也就是说继承是子类拥有父类的成员。

在动物园中有许多动物，而这些动物又具有相同的属性和行为，这时就可以编写一个动物类Animal（该类中包括所有动物均具有的属性和行为），即父类。但是不同类的动物又具有它自己特有的属性和行为。例如，鸟类具有飞的行为，这时就可以编写一个鸟类Bird。由于鸟类也属于动物类，所以它也具有动物类所共同拥有的属性和行为。因此，在编写鸟类时，就可以使Bird类继承于父类Animal。这样不但可以节省程序的开发时间，而且也提高了代码的可重用性。Bird类与Animal类的继承关系如图5-1所示。

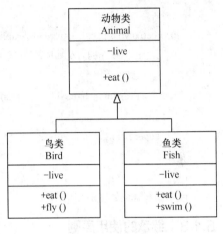

图5-1 动物类继承关系图

5.1.2 子类的设计

在类的声明中，可以通过使用关键字extends来显式地指明其父类。

语法格式为：

[修饰符] class 子类名 extends 父类名

修饰符：可选，用于指定类的访问权限，可选值为public、abstract和final。

class子类名：必选，用于指定子类的名称，类名必须是合法的Java标识符。一般情况下，要求首字母大写。

extends 父类名：必选，用于指定要定义的子类继承于哪个父类。

例如，定义一个Cattle类，该类继承于父类Animal，即Cattle类是Animal类的子类：

```
abstract class Cattle extends Animal {
    //此处省略了类体的代码
}
```

【例5-1】在腾宇超市系统中实现带有背景的窗体。

```
public class BackgroundPanel extends JPanel {
    private Image image;// 背景图片
    public BackgroundPanel() {
        setOpaque(false);
        setLayout(null);// 使用绝对定位布局控件
    }
    /**
    * 设置背景图片对象的方法
```

```
        *
        * @param image
        */
       public void setImage(Image image) {
           this.image = image;
       }
       /**
        * 画出背景
        */
       protected void paintComponent(Graphics g) {
           if (image != null) {// 如果图片已经初始化
               // 画出图片
               g.drawImage(image, 0, 0, this);
           }
           super.paintComponent(g);
       }
   }
```

程序运行结果如图5-2所示。

5.1.3 继承的使用原则

子类可以继承父类中所有可被子类访问的成员变量和成员方法，但必须遵循以下原则：

（1）子类能够继承父类中被声明为public和protected的成员变量和成员方法，但不能继承被声明为private的成员变量和成员方法；

（2）子类能够继承在同一个包中的由默认修饰符修饰的成员变量和成员方法；

（3）如果子类声明了一个与父类的成员变量同名的成员变量，则子类不能继承父类的成员变量，此时称子类的成员变量隐藏了父类的成员变量；

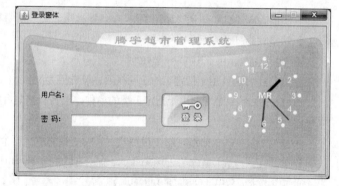

图5-2　例5-1的运行结果

（4）如果子类声明了一个与父类的成员方法同名的成员方法，则子类不能继承父类的成员方法，此时称子类的成员方法覆盖了父类的成员方法。

【例5-2】定义一个动物类Animal及它的子类Bird。

（1）创建一个名称为Animal的类，在该类中声明一个成员变量live和两个成员方法，分别为eat()和move()，具体代码如下：

```
public class Animal {
    public boolean live=true;                        //定义一个成员变量
    public String skin="";
```

```
    public void eat(){                                          //定义一个成员方法
        System.out.println("动物需要吃食物");
    }
    public void move(){                                         //定义一个成员方法
        System.out.println("动物会运动");
    }
}
```

（2）创建一个Animal类的子类Bird类，在该类中隐藏了父类的成员变量skin，并且覆盖了成员方法move()，具体代码如下：

```
public class Bird extends Animal {
    public String skin="羽毛";
    public void move(){
        System.out.println("鸟会飞翔");
    }
}
```

（3）创建一个名称为Zoo的类，在该类的main()方法中创建子类Bird的对象，并为该对象分配内存，然后对象调用该类的成员方法及成员变量，具体代码如下：

```
public class Zoo {
    public static void main(String[] args) {
        Bird bird=new Bird();
        bird.eat();
        bird.move();
        System.out.println("鸟有："+bird.skin);
    }
}
```

eat()方法是从父类Animal继承下来的方法，move()方法是Bird子类覆盖父类的成员方法，skin变量为子类的成员变量。

程序运行结果如图5-3所示。

图5-3 例5-2的运行结果

5.1.4 使用super关键字

子类可以继承父类的非私有成员变量和成员方法（不是以private关键字修饰的），但是，如果子类中声明的成员变量与父类的成员变量同名，那么父类的成员变量将被隐藏。如果子类中声明的成员方法与父类的成员方法同名，并且参数个数、类型和顺序也相同，那么称子类的成员方法覆盖了父类的成员方法。这时，如果想在子类中访问父类中被子类隐藏的成员方法或变量时，就可以使用super关键字。

super关键字主要有以下两种用途。

（1）调用父类的构造方法。

子类可以调用父类的构造方法，但是必须在子类的构造方法中使用super关键字来调用。其具体的语法格式如下：

```
super([参数列表]);
```

如果父类的构造方法中包括参数，则参数列表为必选项，用于指定父类构造方法的入口参数。

例如，下面的代码在Animal类中添加一个默认的构造方法和一个带有参数的构造方法：

```
public Animal(){

}
public Animal(String strSkin){
    skin=strSkin;

}
```

这时，如果想在子类Bird中使用父类带有参数的构造方法，则需要在子类Bird的构造方法中通过以下代码进行调用：

```
public Bird(){
    super("羽毛");

}
```

（2）操作被隐藏的成员变量和被覆盖的成员方法。

如果想在子类中操作父类中被隐藏的成员变量和被覆盖的成员方法，也可以使用super关键字。

语法格式为：

```
super.成员变量名
super.成员方法名([参数列表])
```

如果想在子类Bird的方法中改变父类Animal的成员变量skin的值，可以使用以下代码：

```
super.skin="羽毛";
```

如果想在子类Bird的方法中使用父类Animal的成员方法move()可以使用以下代码：

```
super.move();
```

5.2 子类的继承

子类中的一部分成员是子类自己声明、创建的，另一部分是通过它的父类继承的。在Java中，Object类是所有类的祖先类，也就是说任何类都继承自Object类。除了Object类以外的每个类，有且仅有一个父类，一个类可以有零个或多个子类。

子类的继承

1. 同一包中的子类与父类

如果子类与父类都在同一包中，那么子类继承父类中非private修饰的成员变量和方法。

【例5-3】有三个类，People类是父类，Student类是继承父类的子类，Teacher类也是继承父类的子类，Example类是测试类。

```
public class People { // 定义人类，它是一个父类
    String name = "小红";

    int age =16;

    protected void Say(){
        System.out.println("大家好，我叫"+name+"，今年"+age+"岁");

    }

}
public class Student extends People { // 定义学生类继承人类
    int number=40326;
```

```
    }
public class Teacher extends People{  // 定义老师类继承人类
    protected void Say(){
        System.out.println("大家好，我叫"+name+"，今年"
                +age+"岁,我是一名老师");
    }
}
public class Example {
  public static void main (String [] args){
    Student stu = new Student ();
        stu.Say();
        stu.age=19;
        stu.name="张三";
        stu.Say();
        System.out.print("我的学号是："+stu.number);
    Teacher te = new Teacher ();
        te.name="赵冬";
        te.age=38;
        te.Say();
    }
}
```

2. 非同一包中的子类与父类

当子类与父类不在同一包中，父类中使用private修饰符修饰的成员变量和友好的成员变量不会被继承，也就是子类只能继承父类中使用public和protected访问修饰符修饰的成员变量作为子类的成员变量。同样，子类也只能继承父类中使用public和protected访问修饰符修饰的方法作为子类的方法。

3. 继承关系的UML图

当一个类是另一个类的子类时，可以通过UML图使用实线连接两个类来表示二者之间的继承关系。实线的起始端是子类的UML图，终止端是父类的UML图。在实线的终止端使用一个空心三角形表示实线的结束。

图5-4表示的就是子类与父类间的继承关系。

4. 继承中的protected

在一个类A中，它所定义的成员变量和方法都被protected所修饰，类A被类B、类C继承，那么在类B与类C中都继承了类A的成员变量和方法。这时，如果在类C中创建一个自身的对象，那么该对象可以访问父类的和自身定义并被protected修饰的变量和方法。但是在其他类中，比如Student类，对于子类C自己声明的protected成员变量和方法，只要Student类与C类在同一包中，创建的对象就可以访问这些成员变量和方法。对于子类C从父类中继承的protected成员变量和方法，只要Student类与C类的父类在同一包中，创建的对象就能够访问继承的成员变量和方法。

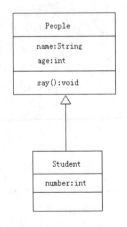

图5-4　继承关系的
UML图

5.3 多 态

多态

多态是面向对象程序设计的重要部分，是面向对象的3个基本特性之一。在
Java语言中，通常使用方法的重载（Overloading）和覆盖（Overriding）实现类
的多态性。

5.3.1 方法的重载

方法的重载是指在一个类中，出现多个方法名相同，但参数个数或参数类
型不同的方法。Java在执行具有重载关系的方法时，将根据调用参数的个数和类型区分具体执行的是哪个
方法。

【例5-4】定义一个名称为Calculate的类，在该类中定义两个名称为getArea()的方法（参数个数不
同）和两个名称为draw()的方法（参数类型不同）。

具体代码如下：

```java
public class Calculate {
    final float PI=3.14159f;                    //定义一个用于表示圆周率的常量PI
    //求圆形的面积
    public float getArea(float r){              //定义一个用于计算面积的方法getArea()
        float area=PI*r*r;
        return area;
    }
    //求矩形的面积
    public float getArea(float l,float w){      //重载getArea()方法
        float area=l*w;
        return area;
    }
    //画任意形状的图形
    public void draw(int num){                   //定义一个用于画图的方法draw()
        System.out.println("画"+num+"个任意形状的图形");
    }
    //画指定形状的图形
    public void draw(String shape){              //重载draw()方法
        System.out.println("画一个"+shape);
    }
    public static void main(String[] args) {
        Calculate calculate=new Calculate();//创建Calculate类的对象并为其分配内存
        float l=20;
        float w=30;
        float areaRectangle=calculate.getArea(l, w);
        System.out.println("求长为"+l+" 宽为"+w+"的矩形的面积是: "+areaRectangle);
        float r=7;
        float areaCirc=calculate.getArea(r);
```

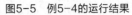
```
        System.out.println("求半径为"+r+"的圆的面积是："+areaCirc);
        int num=7;
        calculate.draw(num);
        calculate.draw("三角形");
    }
}
```

程序运行结果如图5-5所示。

重载的方法之间并不一定必须有联系，但是为了提高程序
的可读性，一般只重载功能相似的方法。

图5-5　例5-4的运行结果

在方法重载时，方法返回值的类型不能作为区分方法重载的标志。

5.3.2　避免重载出现的歧义

方法重载之间必须保证参数不同，但是需要注意，重载方法在被调用时可能出现调用歧义。例如下面Student类中的speak方法就很容易引发歧义。

```
public class Student {
  static void speak (double a ,int b) {
      System.out.println("我很高兴");
  }
  static void speak (int a,double b) {
      System.out.println("I am so Happy");
  }
}
```

对于上面的Student类，当代码为："Student.speak(5.5,5);"，控制台输出"我很高兴"。当代码为："Student.speak(5,5.5)"，控制台输出"I am so Happy"。当代码为："Student.speak(5,5)"时，就会出现无法解析的编译问题（提示：方法speak(double, int)对类型Student有歧义），因为Student.speak(5,5)不清楚应该执行重载方法中的哪一个。

5.3.3　方法的覆盖

当子类继承父类中所有可能被子类访问的成员方法时，如果子类的方法名与父类的方法名相同，那么子类就不能继承父类的方法，此时，称子类的方法覆盖了父类的方法。覆盖体现了子类补充或者改变父类方法的能力，通过覆盖，可以使一个方法在不同的子类中表现出不同的行为。

【例5-5】定义动物类Animal及它的子类，然后在Zoo类中分别创建各个子类对象，并调用子类覆盖父类的cry()方法。

（1）创建一个名称为Animal的类，在该类中声明一个成员方法cry()：

```
public class Animal {
    public Animal(){

    }
    public void cry(){
        System.out.println("动物发出叫声！");
```

```
        }
    }
```

（2）创建一个Animal类的子类Dog类，在该类中覆盖父类的成员方法cry()：

```java
public class Dog extends Animal {
    public Dog(){
    }
    public void cry(){
        System.out.println("狗发出"汪汪……"声！");
    }
}
```

（3）再创建一个Animal类的子类Cat类，在该类中覆盖了父类的成员方法cry()：

```java
public class Cat extends Animal{
    public Cat(){
    }
    public void cry(){
        System.out.println("猫发出"喵喵……"声！");
    }
}
```

（4）再创建一个Animal类的子类Cattle类，在该类中不定义任何方法：

```java
public class Cattle extends Animal {
}
```

（5）创建Zoo类，在该类的main()方法中分别创建子类Dog、Cat和Cattle的对象，并调用它们的cry()成员方法：

```java
public class Zoo {
    public static void main(String[] args) {
        Dog dog=new Dog();                          //创建Dog类的对象并为其分配内存
        System.out.println("执行dog.cry();语句时的输出结果：");
        dog.cry();
        Cat cat=new Cat();                          //创建Cat类的对象并为其分配内存
        System.out.println("执行cat.cry();语句时的输出结果：");
        cat.cry();
        Cattle cattle=new Cattle();                 //创建Cattle类的对象并为其分配内存
        System.out.println("执行cattle.cry();语句时的输出结果：");
        cattle.cry();
    }
}
```

程序运行结果如图5-6所示。

从上面的运行结果中可以看出，由于Dog类和Cat类都重载了父类的方法cry()，所以执行的是子类中的cry()方法，但是Cattle类没有重载父类的方法，所以执行的是父类中的cry()方法。

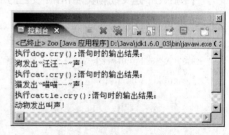

图5-6 例5-5的运行结果

在进行方法覆盖时，需要注意以下几点：

（1）子类不能覆盖父类中声明为final或者static的方法。

（2）子类必须覆盖父类中声明为abstract的方法，或者子类也将该方法声明为abstract。

（3）子类覆盖父类中的同名方法时，子类中方法的声明也必须和父类中被覆盖的方法的声明一样。

5.3.4 向上转型

一个对象可以看作本类类型，也可以看作它的超类类型。取得一个对象的引用并将它看作超类的对象，称为向上转型。

【例5-6】创建抽象的动物类，在该类中定义一个move()移动方法，并创建两个子类：鹦鹉和乌龟。在Zoo类中定义free()放生方法，该方法接收动物类作为方法的参数，并调用参数的move()方法使动物获得自由。

```java
abstract class Animal {
    public abstract void move();          // 移动方法
}
class Parrot extends Animal {
    public void move() {                  // 鹦鹉的移动方法
        System.out.println("鹦鹉正在飞行……");
    }
}
class Tortoise extends Animal {
    public void move() {                  // 乌龟的移动方法
        System.out.println("乌龟正在爬行……");
    }
}
public class Zoo {
    public void free(Animal animal) {     // 放生方法
        animal.move();
    }
    public static void main(String[] args) {
        Zoo zoo = new Zoo();                        // 动物园
        Parrot parrot = new Parrot();               // 鹦鹉
        Tortoise tortoise = new Tortoise();         // 乌龟
        zoo.free(parrot);                           // 放生鹦鹉
        zoo.free(tortoise);                         // 放生乌龟
    }
}
```

程序运行结果如图5-7所示。

图5-7　例5-6的运行结果

因为向下转型可能会出现问题，所以我们不讲解这部分知识。

5.4　抽象类

通常可以说四边形具有4条边，或者更具体一点，平行四边形是具有对边平行且相等特性的特殊四边形，等腰三角形是腰相等的三角形。这些描述都是合乎情理的，但对于图形对象却不能使用具体的语言进行描述。它有几条边，究竟是什么图形，没有人能说清楚，这种类在Java中被定义为抽象类。

抽象类

5.4.1　抽象类和抽象方法

所谓抽象类就是只声明方法的存在而不去具体实现它的类。抽象类不能被实例化，也就是不能创建其对象。在定义抽象类时，要在关键字class前面加上关键字abstract。

语法格式为：

```
abstract class 类名{
类体
}
```

例如，定义一个名称为Fruit的抽象类可以使用如下代码：

```
abstract class Fruit {              //定义抽象类
    public String color;            //定义颜色成员变量
    //定义构造方法
    public Fruit(){
        color="绿色";               //对变量color进行初始化
    }
}
```

在抽象类中创建的、没有实现的、必须要子类重写的方法称为抽象方法。抽象方法只有方法的声明，而没有方法的实现，用关键字abstract进行修饰。

语法格式如下：

```
abstract <方法返回值类型> 方法名(参数列表);
```

方法返回值类型：必选，用于指定方法的返回值类型。如果该方法没有返回值，可以使用关键字void进行标识。方法返回值的类型可以是任何Java数据类型。

方法名：必选，用于指定抽象方法的名称，方法名必须是合法的Java标识符。

参数列表：可选，用于指定方法中所需的参数。当存在多个参数时，各参数之间应使用逗号分隔。方法的参数可以是任何Java数据类型。

在上面定义的抽象类中添加一个抽象方法，可使用如下代码：

```
//定义抽象方法
public abstract void harvest();     //收获的方法
```

抽象方法不能使用private或static关键字进行修饰。

包含一个或多个抽象方法的类必须被声明为抽象类。这是因为抽象方法没有定义方法的实现部分，如果不声明为抽象类，这个类将可以生成对象，这时当用户调用抽象方法时，程序就不知道如何处理了。

> 【例5-7】 定义一个水果类Fruit，该类为水果的抽象类，并在该类中定义一个抽象方法，同时在其子类中实现该抽象方法。

（1）创建Fruit类，在该类中定义相应的变量和方法：

```java
abstract class Fruit {                              //定义抽象类
    public String color;                           //定义颜色成员变量
    //定义构造方法
    public Fruit(){
        color="绿色";                               //对变量color进行初始化
    }
    //定义抽象方法
    public abstract void harvest();                 //收获的方法
}
```

（2）创建Fruit类的子类Apple，在该类中实现其父类的抽象方法harvest()：

```java
class Apple extends Fruit {
    public void harvest() {
        System.out.println("苹果已经收获！");          //输出字符串"苹果已经收获！"
    }
}
```

（3）再创建一个Fruit类的子类Orange，同样实现父类的抽象方法harvest()：

```java
class Orange extends Fruit {
    public void harvest() {
        System.out.println("橘子已经收获！");          //输出字符串"橘子已经收获！"
    }
}
```

（4）创建Farm类，在该类中执行Fruit类的两个子类的harvest()方法：

```java
public class Farm {
    public static void main(String[] args) {
        System.out.println("调用Apple类的harvest()方法的结果：");
        Apple apple=new Apple();            //声明Apple类的一个对象apple，并为其分配内存
        apple.harvest();                    //调用Apple类的harvest()方法
        System.out.println("调用Orange类的harvest()方法的结果：");
        Orange orange=new Orange();         //声明Orange类的一个对象orange，并为其分配内存
        orange.harvest();                   //调用Orange类的harvest()方法
    }
}
```

程序运行结果如图5-8所示。

5.4.2 抽象类和抽象方法的规则

综上所述，抽象类和抽象方法的规则总结如下：

图5-8 例5-7的运行结果

（1）抽象类必须使用abstract修饰符来修饰，抽象方法也必须使用abstract修饰符来修饰。

（2）抽象类不能被实例化，无法使用new关键字来调用抽象类的构造器创建抽象类的实例，即使抽象类里不包含抽象方法，这个抽象类也不能创建实例。

（3）抽象类可以包含属性、方法（普通方法和抽象方法）、构造器、初始化块、内部类、枚举类。抽象类的构造器不能用于创建实例，主要是用于被其子类调用。

（4）含有抽象方法的类［包括直接定义了一个抽象方法；继承了一个抽象父类，但没有完全实现父类包含的抽象方法；以及实现了一个接口（本书第6章详细介绍），但没有完全实现接口包含的抽象方法三种情况］只能被定义成抽象类。

5.4.3　抽象类的作用

抽象类不能被创建实例，只能被继承。从语义角度上看，抽象类是从多个具体类中抽象出来的父类，它具有更高层次的抽象。从多个具有相同特征的类中抽象出一个抽象类，以这个抽象类为模板，从而避免子类的随意设计。

抽象类体现的就是这种模板模式的设计，抽象类作为多个子类的模板，子类在抽象类的基础上进行扩展，但是子类大致保留抽象类的行为。

5.5　final修饰符

final关键字用来修饰类、变量和方法，用于表示它修饰的类、方法和变量不可改变。

final修饰符

5.5.1　final变量

当final修饰变量的时候，表示该变量一旦获得初始值之后就不可以被改变。Final既可以修饰成员变量，也可以修饰局部变量、形参。

1. final修饰成员变量

成员变量是随着类初始化或对象初始化而初始化的。当类初始化时，系统会为该类的类属性分配内存，并分配默认值；当创建对象时，系统会为该对象的实例属性分配内存，并分配默认值。

对于final修饰的成员变量，如果既没有在定义成员变量时指定初始值，也没有在初始化块、构造器中为成员变量指定初始值，那么这些成员变量的值将一直是"0""\u0000""false"或"null"，这些成员变量也就失去了意义。

因此，当定义final变量时，要么指定初值，要么在初始化块、构造器中初始化成员变量。当给成员变量指定默认值之后，则不能在初始化块、构造器中为该属性重新赋值。

2. final修饰局部变量

使用final修饰符修饰的局部变量，如果在定义的时候没有指定初始值，则可以在后面的代码中对该final局部变量赋值，但是只能赋一次值，不能重复赋值。如果final修饰的局部变量在定义时已经指定默认值，则后面代码中不能再对该变量赋值。

3. final修饰基本类型和引用类型变量的区别

当使用final修饰基本类型变量时，不能对基本类型变量重新赋值，因此，基本类型变量不能被修改。但是对于引用类型的变量，它保存的仅仅是一个引用，final只保证这个引用所引用的地址不会改变，即一直引用同一对象，这个对象是可以发生改变的。

5.5.2 final 类

使用关键字final修饰的类被称为final类，该类不能被继承，即不能有子类。有时为了程序的安全性，可以将一些重要的类声明为final类。例如，Java语言提供的System类和String类都是final类。

语法格式为：

```
final class 类名{
    类体
}
```

【例5-8】创建一个名称为FinalDemo的final类，可以使用如下代码：

```
public final class FinalDemo {
    private String message="这是一个Final类";
    private String enable="它不能被继承，所以不可能有子类。";
    public static void main(String[] args) {
        FinalDemo demo=new FinalDemo();
        System.out.println(demo.message);
        System.out.println(demo.enable);
    }
}
```

5.5.3 final 方法

使用final修饰符修饰的方法是不可以被重写的。如果想要不允许子类重写父类的某个方法，可以使用final修饰符修饰该方法。

例如：

```
public class Father {
  public final void say (){}
}
public class Son extends Father {
  public final void say (){} // 编译错误，不允许重写final方法
}
```

5.6 内 部 类

Java语言允许在类中定义内部类，内部类就是在其他类内部定义的子类。

一般格式为：

```
public class Zoo{
    ...
    class Wolf{                            // 内部类Wolf
    }
}
```

内部类

内部类有以下4种形式：

（1）成员内部类；

（2）局部内部类；

（3）静态内部类；

（4）匿名内部类。

本节将分别介绍这4种内部类的使用。

5.6.1 成员内部类

成员内部类和成员变量一样，属于类的全局成员。

一般格式为：

```
public class Sample {
    public int id;                          // 成员变量
    class Inner{                            // 成员内部类

    }

}
```

成员变量id定义为公有属性public，但是内部类Inner不可以使用public修饰符，因为公共类的名称必须与类文件同名，所以，每个Java类文件中只允许存在一个public公共类。

Inner内部类和变量id都被定义为Sample类的成员，但是Inner成员内部类的使用要比id成员变量复杂一些。

一般格式为：

```
Sample sample = new Sample();
Sample.Inner inner = sample.new Inner();
```

只有创建了成员内部类的实例，才能使用成员内部类的变量和方法。

【例5-9】创建成员内部类的实例对象，并调用该对象的print()方法。

（1）创建Sample类，在该类中定义成员内部类Inner。

```
public class Sample {
    public int id;                          // 成员变量
    private String name;                    // 私有成员变量
    static String type;                     // 静态成员变量
    public Sample() {
        id=9527;
        name="苹果";
        type="水果";

    }

    class Inner{                            // 成员内部类
        private String message="成员内部类的创建者包含以下属性：";
        public void print(){
            System.out.println(message);
            System.out.println("编号："+id);        // 访问公有成员
            System.out.println("名称："+name);      // 访问私有成员
            System.out.println("类别："+type);      // 访问静态成员

        }
```

```
        }
    }
```

（2）创建测试成员内部类的Test类。

```
public class Test {
    public static void main(String[] args) {
        Sample sample = new Sample();                    // 创建Sample类的对象
        Sample.Inner inner = sample.new Inner();         // 创建成员内部类的对象
        inner.print();                                   // 调用成员内部类的print()方法
    }
}
```

程序运行结果如图5-9所示。

5.6.2 局部内部类

局部内部类和局部变量一样，都是在方法内定义的，其有效范
围只在方法内部有效。

图5-9　例5-9的运行结果

一般格式为：

```
public void sell() {
    class Apple {                    // 局部内部类
    }
}
```

局部内部类可以访问它的创建类中的所有成员变量和成员方法，包括私有方法。

【例5-10】在sell()方法中创建Apple局部内部类，然后创建该内部类的实例，并调用其定义的
price()方法输出单价信息。

```
public class Sample {
    private String name;             // 私有成员变量
    public Sample() {
        name = "苹果";
    }
    public void sell(int price) {
        class Apple {                    // 局部内部类
            int innerPrice = 0;
            public Apple(int price) {
                innerPrice = price;
            }
            public void price() {
                System.out.println("现在开始销售"+name);
                System.out.println("单价为： " + innerPrice + "元");
            }
        }
        Apple apple = new Apple(price);
        apple.price();
```

```
    }
    public static void main(String[] args) {
        Sample sample = new Sample();
        sample.sell(100);
    }
}
```

程序运行结果如图5-10所示。

5.6.3 静态内部类

静态内部类和静态变量类似，它都使用static关键字修饰。
所以，在学习静态内部类之前，必须熟悉静态变量的使用。
一般格式为：

图5-10 例5-10的运行结果

```
public class Sample {
    static class Apple {                        // 静态内部类
    }
}
```

静态内部类可以在不创建Sample类的情况下直接使用。

【例5-11】 在Sample类中创建Apple静态内部类，然后在创建Sample类的实例对象之前和之后，分别创建Apple内部类的实例对象，并执行它们的introduction()方法。

```
public class Sample {
    private static String name;                 // 私有成员变量
    public Sample() {
        name = "苹果";
    }
    static class Apple {                         // 静态内部类
        int innerPrice = 0;
        public Apple(int price) {
            innerPrice = price;
        }
        public void introduction() {            // 介绍苹果的方法
            System.out.println("这是一个" + name);
            System.out.println("它的零售单价为：" + innerPrice + "元");
        }
    }
    public static void main(String[] args) {
        Sample.Apple apple = new Sample.Apple(8);   // 第一次创建Apple对象
        apple.introduction();                       // 第一次执行Apple对象的介绍方法
        Sample sample=new Sample();                 // 创建Sample类的对象
        Sample.Apple apple2 = new Sample.Apple(10); // 第二次创建Apple对象
        apple2.introduction();                      // 第二次执行Apple对象的介绍方法
    }
}
```

程序运行结果如图5-11所示。

从该实例中可以发现，在Sample类被实例化之前，name成
员变量的值是null（即没有赋值），所以，第一次创建的Apple对
象没有名字。而第二次创建Apple对象之前，程序已经创建了一个
Sample类的对象，这样就导致Sample的静态成员变量被初始化，因
为这个静态成员变量被整个Sample类所共享，所以，第二次创建的
Apple对象也就共享了name变量，从而输出了"这是一个苹果"的信息。

图5-11　例5-11的运行结果

5.6.4　匿名内部类

匿名内部类就是没有名称的内部类，它经常被应用于Swing程序设计中的事件监听处理。

匿名内部类有以下特点。

（1）匿名类可以继承父类的方法，也可以重写父类的方法。

（2）匿名类可以访问外嵌类中的成员变量和方法，在匿名类中不能声明静态变量和静态方法。

（3）使用匿名类时，必须在某个类中直接使用匿名类创建对象。

（4）在使用匿名类创建对象时，要直接使用父类的构造方法。

匿名类的一般格式为：

```
new ClassName(){
    ...
}
```

例如，创建一个匿名的Apple类，可以使用如下代码：

```
public class Sample {
    public static void main(String[] args) {
        new Apple() {
            public void introduction() {
                System.out.println("这是一个匿名类，但是谁也无法使用它。");
            }
        };
    }
}
```

虽然成功创建了一个Apple匿名类，但是正如它的introduction()方法所描述的那样，谁也无法使用它，
这是因为没有一个对该类的引用。

匿名类经常用来创建接口的唯一实现类，或者创建某个类的唯一子类。

【例5-12】创建Apple接口和Sample类，在Sample类中编写print()方法，该方法接收一个实现
Apple接口的对象作为参数，并执行该参数的say()方法打印一条信息。

```
interface Apple{                              // 定义Apple接口
    public void say();                        // 定义say()方法
}
public class Sample {                         // 创建Sample类
    public static void print(Apple apple){    // 创建print()方法
        apple.say();
    }
```

```
        public static void main(String[] args) {
            Sample.print(new Apple() {                           // 为print()方法传递
                public void say() {                               // 实现Apple接口的
                    System.out.println("这是一箱子的苹果。");      // 匿名类作为参数
                }
            });
        }
    }
```

程序运行结果如图5-12所示。

图5-12　例5-12的运行结果

小　结

　　本章主要讲解了Java语言面向对象的特性，包括继承简介、子类的继承、多态、抽象类、final修饰符、内部类。

　　通过对本章的学习，读者应该熟练掌握Java语言中继承和多态的操作；重点理解super关键字和final修饰符。另外，需要掌握抽象类和抽象方法的规则，通过程序更好理解抽象类的使用。

习　题

　　5-1　创建如下类：Point类（点）、Circle类（圆形）和Square类（正方形）。Point根据（x,y）坐标定位。Circle除了一个（x,y）坐标点之外，还有半径属性。Square除了一个（x,y）坐标点之外，还有边长。请问：这些类中哪些是超类，哪些是子类？

　　5-2　关键字组合问题。

　　（1）abstract方法能否是final类型的？

　　（2）abstract方法能否是static类型的？

　　（3）能否定义一个私有静态（private static）方法？

　　5-3　简单说明方法重载与方法覆盖的区别。

　　5-4　列举出面向对象的三大特性。

第6章

接 口

本章要点
掌握接口的使用 ■
理解接口与抽象类的区别 ■
理解接口与多态 ■
掌握面向接口编程 ■

■ Java只支持单重继承，不支持多重继承，即一个类只能有一个父类。但是在实际应用中，又经常需要使用多重继承来解决问题。为了解决该问题，Java提供了接口来实现类的多重继承功能。

6.1 接口简介

读者可能听说过接口，在实际生活中充满了接口。比如，USB接口的电子设备，而手机充电头、U盘、鼠标都是USB接口的实现类。对于不用设备而言，它们各自的USB接口都遵循一个规范，遵守这个规范就可以保证插入USB接口的设备之间进行正常的通信。

Java中的接口是一个特殊的抽象类，接口中的所有方法都没有方法体。比如，定义一个人类，人类可以为老师，可以为学生，所以，人这个类就可以定义成抽象类，还可以定义几个抽象的方法，比如讲课、看书等，这样就形成了一个接口。如果你想要一个老师，那么就可以实现人类这个接口，同样可以实现人类接口中的方法，当然，也可以存在老师特有的方法。就像USB接口一样，只需把USB接到接口上，就能实现你想要的功能。

接口简介

6.2 定义接口

Java语言使用关键字interface来定义一个接口。接口定义与类的定义类似，（也是分为接口的声明的接口体），其中接口体由常量定义和方法定义两部分组成。

语法格式如下：

```
[修饰符] interface 接口名 [extends 父接口名列表]{
    [public] [static] [final] 常量;
    [public] [abstract] 方法;
}
```

定义接口

修饰符：可选，用于指定接口的访问权限，可选值为public。如果省略则使用默认的访问权限。

接口名：必选，用于指定接口的名称，接口名必须是合法的Java标识符。一般情况下，要求首字母大写。

extends 父接口名列表：可选，用于指定要定义的接口继承于哪个父接口。当使用extends关键字时，父接口名为必选参数。

方法：接口中的方法只有定义而没有被实现。

【例6-1】定义一个Calculate接口，在该接口中定义一个常量PI和两个方法。

```
public interface Calculate {
    final float PI=3.14159f;                  //定义用于表示圆周率的常量PI
    float getArea(float r);                   //定义一个用于计算面积的方法getArea()
    float getCircumference(float r);          //定义一个用于计算周长的方法getCircumference()
}
```

注

Java接口文件的文件名必须与接口名相同。

6.3 接口的继承

接口是可以被继承的。但是接口的继承与类的继承不太一样，接口可以实现多继承，也就是说接口可以有多个直接父接口。和类的继承相似，当子类继承父类接口时，子类会获得父类接口中定义的所有抽象方法、常量属性等。

接口的继承

当一个接口继承多个父类接口时，多个父类接口排列在extends关键字之后，各个父类接口之间使用英文逗号（,）隔开。例如：

```java
public interface interfaceA {
    int one =1；
    void sayA()；
}
public interface interfaceB {
    int two =2；
    void sayB()；
}
public interface interfaceC extends interfaceA,interfaceB{
    int three =3；
    void sayC()；
}

public class app {
    public static void main(String[] args) {
        System.out.println(interfaceC.one) ；
        System.out.println(interfaceC.two) ；
        System.out.println(interfaceC.three) ；
    }
}
```

6.4 接口的实现

接口可以被类实现，也可以被其他接口继承。在类中实现接口，可以使用关键字implements。

语法格式为：

[修饰符] class <类名> [extends 父类名] [implements 接口列表]{

}

接口的实现

修饰符：可选，用于指定类的访问权限，可选值为public、final和abstract。

类名：必选，用于指定类的名称，类名必须是合法的Java标识符。一般情况下，要求首字母大写。

extends 父类名：可选，用于指定要定义的类继承于哪个父类。当使用extends关键字时，父类名为必选参数。

implements 接口列表：可选，用于指定该类实现哪些接口。当使用implements关键字时，接口列表为必选参数。当接口列表中存在多个接口名时，各个接口名之间使用逗号分隔。

在类实现接口时，方法的名字、返回值类型、参数的个数及类型必须与接口中的完全一致，并且必须实现接口中的所有方法。

例如，创建实现了Calculate接口的Circle类，可以使用如下代码：

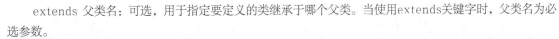

public class Cire **implements Calculate** {

```
        //实现计算圆面积的方法
        public float getArea(float r) {
            float area=PI*r*r;                          //计算圆面积并赋值给变量area
            return area;                                //返回计算后的圆面积
        }
        //实现计算圆周长的方法
        public float getCircumference(float r) {
            float circumference=2*PI*r;                 //计算圆周长并赋值给变量circumference
            return circumference;                       //返回计算后的圆周长
        }
    }
```

　　每个类只能实现单重继承，而实现接口时，一次则可以实现多个接口，每个接口间使用逗号"，"分隔。这时就可能出现常量或方法名冲突的情况，解决该问题时，如果常量冲突，则需要明确指定常量的接口，这可以通过"接口名.常量"实现；如果出现方法冲突时，则只要实现一个方法就可以了。

┌───┐
│ 【例6-2】定义两个接口，并且在这两个接口中声明一个同名的常量和一个同名的方法，然后再定义│
│ 一个同时实现这两个接口的类。   │
└───┘

　　（1）创建Calculate的接口，在该接口中声明一个常量和两个方法。

```
public interface Calculate {
    final float PI=3.14159f;                           //定义一个用于表示圆周率的常量PI
    float getArea(float r);                            //定义一个用于计算面积的方法getArea()
    float getCircumference(float r);                   //定义一个用于计算周长的方法getCircumference()
}
```

　　（2）创建GeometryShape的接口，在该接口中声明一个常量和三个方法。

```
public interface GeometryShape {
    final float PI=3.14159f;                           //定义一个用于表示圆周率的常量PI
    float getArea(float r);                            //定义一个用于计算面积的方法getArea()
    float getCircumference(float r);                   //定义一个用于计算周长的方法getCircumference()
    void draw();                                       //定义一个绘图方法
}
```

　　（3）创建Circ的类，该类实现Calculate接口和GeometryShape接口。

```
public class Circ implements Calculate,GeometryShape {
    //定义计算圆面积的方法
    public float getArea(float r) {
        float area=Calculate.PI*r*r;                   //计算圆面积并赋值给变量area
        return area;                                   //返回计算后的圆面积
    }
    //定义计算圆周长的方法
    public float getCircumference(float r) {
        float circumference=2*Calculate.PI*r;          //计算圆周长并赋值给变量circumference
        return circumference;                          //返回计算后的圆周长
    }
```

```
//定义一个绘图的方法
public void draw(){
    System.out.println("画一个圆形！");
}
//定义主方法测试程序
public static void main(String[] args) {
    Circ circ=new Circ();
    float r=7;
    float area=circ.getArea(r);
    System.out.println("圆的面积为："+area);
    float circumference=circ.getCircumference(r);
    System.out.println("圆的周长为："+circumference);
    circ.draw();
}
}
```

程序运行结果如图6-1所示。

图6-1 例6-2的运行结果

【例6-3】在窗体中实现滚动微调处理器。

```
private class ScrollButtonShowListener extends ComponentAdapter implements
        Serializable {
    private static final long serialVersionUID = 814596372430146361L;
    @Override
    public void componentResized(ComponentEvent e) {
        // 获取横向滚动条
        JScrollBar scrollBar = alphaScrollPane.getHorizontalScrollBar();
        // 获取范围限制参数
        int scrollWidth = scrollBar.getMaximum();
        int paneWidth = alphaScrollPane.getWidth();
        // 在容器大于包含内容的时候隐藏左右微调按钮
        if (paneWidth >= scrollWidth) {
            getLeftScrollButton().setVisible(false);
            getRightScrollButton().setVisible(false);
        }
        // 在容器小于包含内容的时候显示左右微调按钮
```

```
            if (paneWidth < scrollWidth) {
                getLeftScrollButton().setVisible(true);
                getRightScrollButton().setVisible(true);
            }
        }
    }
```

图6-2　例6-3的运行结果

程序运行结果如图6-2所示。

6.5　接口与抽象类

接口与抽象类的共同点如下：

（1）接口与抽象类都不能被实例化，能被其他类实现和继承。

（2）接口和抽象类中都可以包含抽象方法，实现接口或继承抽象类的普通子类都必须实现这些抽象方法。

接口与抽象类

接口和抽象类之间还存在非常大的差别。接口指定了系统各模块间遵循的标准，体现的是一种规范，因此，接口一旦被定义之后不应该经常改变，一旦改变会对整个系统造成影响。对于接口的实现者而言，接口规定了实现者必须向外提供哪些服务；对于接口的调用者而言，接口规定了调用者可以调用哪些服务。当多个应用程序之间使用接口时，接口是多个程序之间的通信标准。

而抽象类作为多个子类的父类，它体现的是一种模板式设计。这个抽象父类可以被当成是中间产品，但是不是最终产品，需要进一步完善。

接口与抽象类的用法差别如下：

（1）接口中只能包含抽象方法，不能包含普通方法；抽象类中可以包含普通方法。

（2）接口中不能定义静态方法；抽象类中可以定义静态方法。

（3）接口中只能定义静态常量属性，不能定义普通属性；抽象类里可以定义静态常量属性，也可以定义普通属性。

（4）接口不能包含构造器；抽象类可以包含构造器，抽象类里的构造器是为了让其子类调用并完成初始化操作。

（5）接口中不能包含初始化块，但抽象类可以包含初始化块。

（6）一个类最多只能有一个直接父类，包括抽象类；但是一个类可以实现多个接口。

6.6　接口的UML图

将一个长方形垂直地分成三层来表示一个接口。

顶部第1层是名字层，接口的名字必须是斜体字形，而且需要用<<interface>>修饰，并且该修饰和名字分布在两行。

接口的UML图

中部第2层是常量层，列出接口中的常量及类型，格式是"常量名字：类型"。

底部第3层是方法层，也称操作层，列出接口中的方法及返回类型，格式是"方法名字（参数列表）：类型"。

当一个类实现了一个接口，那么这个类和这个接口之间的关系是实现关系，称为类实现了接口。UML通过使用虚线连接类和它所实现接口，虚线的起始端是类，终止端是它所实现的接口，在终止端使用一个空心的三角形表示虚线的结束。图6-4是Circ类实现了Caculate接口的UML图。

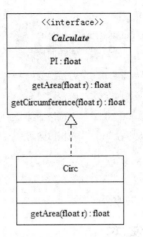

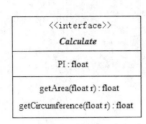

| 图6-3　接口UML图 | 图6-4　实现关系的UML图 |

6.7　接口回调

接口也是Java中的一种数据类型，使用接口声明的变量被称作接口变量。接口变量属于引用型变量，接口变量中可以存放实现该接口的类的实例的引用，即存放对象的引用。例如，假设Peo是一个接口，可以使用Peo声明一个变量：

```
Peo pe;
```

此时这个接口是一个空接口，还没有向这个接口中存入实现该接口的类的实例对象的引用。假设Stu类是实现Peo接口的类，用Stu创建名字为object的对象，那么object对象不仅可以调用Stu类中原有的方法，还可以调用Stu类实现接口的方法。

```
Stu object = new Stu();
```

Java中的接口回调指的是：把实现某一接口的类所创建的对象的引用赋值给该接口声明的接口变量，那么该接口变量就可以调用被类实现的接口方法。实际上，当接口变量调用被类实现的接口方法时，就是通知相应的对象调用这个方法。

【例6-4】使用接口回调技术。

```
public interface People { //定义一个接口
    void Say(String s);
}

public class Teacher implements People{ // Teacher实现接口
    public void Say(String s){
        System.out.println(s);
    }
}

public class Student implements People{ // Student实现接口
    public void Say(String s){
        System.out.print(s);
    }
}
```

```java
public class app {
    public static void main(String[] args) {
        People tea                    //声明接口变量
        tea = new Teacher();          //接口变量中存放对象的引用
        tea.Say("我是老师");          //接口回调
        tea = new Student();          //接口变量中存放对象的引用
        tea.Say("我是学生");          //接口回调
    }
}
```

程序运行结果如图6-5所示。

我是老师
我是学生

图6-5　例6-4的运行结果

6.8　接口与多态

由接口实现的多态就是指不同的类在实现同一个接口的时候可能具有不同的表现方式。

【例6-5】使用Dog类和Cat类都实现了接口Animals接口。

接口与多态

```java
public interface Animals {
    void Eat(String s);
}
public class Dog implements Animals{
    public void Eat(String s){
        System.out.println("我是小狗嘎逗，我爱吃"+s);
    }
}
public class Cat implements Animals{
    public void Eat(String s){
        System.out.println("我是小猫咪咪，我爱吃"+s);
    }
}
public class Example {
    public static void main(String[] args) {
        Animals ani;
        ani = new Dog();
        ani.Eat("骨头");
        ani= new Cat();
        ani.Eat("鱼");
    }
}
```

程序运行结果如图6-6所示。

我是小狗嘎逗，我爱吃骨头
我是小猫咪咪，我爱吃鱼

图6-6　例6-5的运行结果

6.9　接口参数

如果一个方法的参数是接口类型的参数，我们就可以将任何实现该接口的类的实例的引用传递给该接口参数，那么接口参数就可以回调类实现的接口方法。

接口参数

【例6-6】实现接口的回调参数。

```java
public interface Eatfood {
    void Eatfood();
}
public class Chinese implements Eatfood{
    public void Eatfood(){
        System.out.println("中国人习惯使用筷子吃饭。");
    }
}
public class America implements Eatfood{
    public void Eatfood(){
        System.out.println("美国人习惯使用刀叉吃饭。");
    }
}
public class EatMethods {
    public void lookEatMethods (Eatfood eat){  // 定义接口类型的参数
        eat.Eatfood();        // 接口回调
    }
}
public class Example2 {
    public static void main(String[] args) {
        EatMethods em = new EatMethods();
        em.lookEatMethods(new Chinese());
        em.lookEatMethods(new America());
    }
}
```

程序运行结果如图6-7所示。

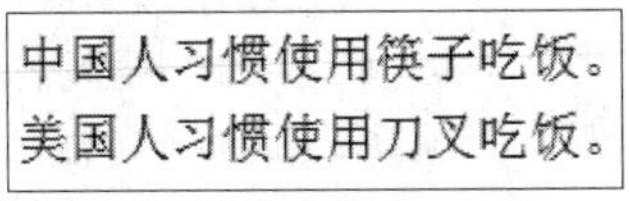

中国人习惯使用筷子吃饭。
美国人习惯使用刀叉吃饭。

图6-7　例6-6的运行结果

6.10　面向接口编程

面向接口编程是对多态特性的一种体现，面向接口编程是使用接口来约束类的行为，并为类和类之间的通信建立实施标准。使用面向接口编程，增加了程序的可维护性和可扩展性。可维护性体现在：当子类的功能被修改时，只要接口不发生改变，系统其他代码就不需要改动。可维护性体现在：当增加一个子类时，测试类和其他代码都不需要改动，如果子类增加其他功能，只需要子类实现其他接口即可。使用接口可以实现程序设计的"开—闭原则"，即对扩展开放，对修改关闭。如图6-8所示，当多个类实现接口，接口变量variable所在的类不需要进行任何修改，就可以回调类重写的接口方法。

面向接口编程

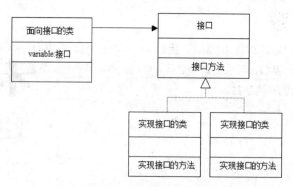

图6-8　实现接口的UML图

小 结

　　本章主要讲解了接口，包括接口的简介、定义接口、接口的继承、接口的实现、接口与抽象类、接口的UML图、接口的回调、接口与多态、接口参数以及面向接口编程。

　　通过对本章的学习，读者应该熟练掌握定义接口、接口的继承与实现、接口与抽象类、接口与多态和面向接口编程，这些是本章的重点内容。本章通过列举生活中的实例，让读者知道什么是生活中的接口。在讲解每一个知识点时，都给出一个例子，通过这些例子让读者更好构建接口的编程思想。

习 题

6-1　定义接口有什么好处？

6-2　接口是否可以被继承？

6-3　接口与抽象类有哪些共同点？

6-4　接口与抽象类有哪些差别？

6-5　创建一个汽车接口，接口中要定义汽车应有的属性和行为，然后编写多个汽车接口的实现类，再创建一个主类，在主类中创建sell()销售方法，该方法中包含汽车接口类型的参数。当执行该方法时，应该输出传递给sell()方法的各种汽车对象的价格、颜色、型号等信息。

PART07

第7章
异常处理

本章要点

理解异常的概念 ■
掌握异常处理的方法 ■
了解异常类 ■
掌握自定义异常的方法 ■
了解异常的使用原则 ■

■ 在程序设计和运行的过程中，发生错误是在所难免的。尽管Java语言的设计从根本上提供了便于写出整洁、安全的代码的方法，并且程序员也尽量地减少错误，但使程序被迫停止的错误的存在仍然不可避免。为此，Java提供了异常处理机制来帮助程序员检查可能出现的错误，保证了程序的可读性和可维护性。Java中将异常封装到一个类中，出现错误时，就会抛出异常。本章将介绍异常类与异常处理的知识。

7.1 异　常

异常是指程序在运行时产生的错误。例如，在进行除法运算时，若除数为0，则运行时Java会自动抛出算术异常；若对一个值为null的引用变量进行操作，则会抛出空指针异常；若访问一个大小为2的一维数组中的第3个元素，则会抛出数组下标越界异常等。

异常

Java语言中的异常也是通过一个对象来表示的，程序运行时抛出的异常，实际上就是一个异常对象。该对象中不仅封装了错误信息，还提供了一些处理方法，如getMessage()方法获取异常信息，printStackTrace()方法输出对异常的详细描述信息等。

对于可能出现的异常，都需要预先进行处理，保证程序的有效运行，否则程序会出错。

在Java语言中已经提供了一些异常用来描述经常发生的错误。对于这些异常，有的需要程序员进行捕获处理或声明抛出，称为"受检查异常"；有的是由Java虚拟机自动进行捕获处理，称为"运行时异常"或"不受检异常"。

Java语言中常见的异常类如表7-1所示。

表7-1　常见异常类列表

异常类名称	异常类含义
ArithmeticException	算术异常类
ArrayIndexOutOfBoundsException	数组下标越界异常类
ArrayStoreException	将与数组类型不兼容的值赋值给数组元素时抛出的异常
ClassCastException	类型强制转换异常类
ClassNotFoundException	为找到相应类异常
EOFException	文件已结束异常类
FileNotFoundException	文件未找到异常类
IllegalAccessException	访问某类被拒绝时抛出的异常
InstantiationException	试图通过newInstance()方法创建一个抽象类或抽象接口的实例时抛出的异常
IOException	输入输出异常类
NegativeArraySizeException	建立元素个数为负数的数组异常类
NullPointerException	空指针异常类
NumberFormatException	字符串转换为数字异常类
NoSuchFieldException	字段未找到异常类
NoSuchMethodException	方法未找到异常类
SecurityException	小应用程序（Applet）执行浏览器的安全设置禁止的动作时抛出的异常
SQLException	操作数据库异常类
StringIndexOutOfBoundsException	字符串索引超出范围异常

7.2 异常处理

异常产生后，若不进行任何处理，则程序就会被终止，为了保证程序有效地执行，就需要对产生的异常进行相应处理。在Java语言中，若某个方法抛出异常，既可以在当前方法中进行捕获，然后处理该异常，也可以将异常向上抛出，由方法的调用者来处理。

7.2.1 使用"try...catch"语句

在Java语言中，对容易发生异常的代码，可通过"try...catch"语句捕获。在try语句块中编写可能发生异常的代码，然后在catch语句块中捕获执行这些代码时可能发生的异常。

一般格式为：

```
try{
    可能产生异常的代码
}catch(异常类 异常对象){
    异常处理代码
}
```

使用"try...catch"语句

try语句块中的代码可能同时存在多种异常，那么到底捕获的是哪一种类型的异常，是由catch语句中的"异常类"参数来指定的。catch语句类似于方法的声明，包括一个异常类型和该类的一个对象，异常类必须是Throwable类的子类，用来指定了catch语句要捕获的异常。异常类对象可在catch语句块中被调用，如调用对象的getMessage()方法获取对异常的描述信息。

将一个字符串转换为整型，可通过Integer类的parseInt()方法来实现。当该方法的字符串参数包含非数字字符时，parseInt()方法会抛出异常。Integer类的parseInt()方法的声明如下：

```
public static int parseInt(String s) throws NumberFormatException{…}
```

代码中通过throws语句抛出了NumberFormatException异常，所以，在应用parseInt()方法时可通过"try...catch"语句来捕获该异常，从而进行相应的异常处理。

例如，将字符串"24L"转换为integer类型，并捕获转换中产生的数字格式异常，可以使用如下代码：

```
try{
    int age=Integer.parseInt("24L");                    //抛出NumberFormatException异常
     System.out.println("打印1");
}catch(NumberFormatException e){                    //捕获NumberFormatException异常
    System.out.println("年龄请输入整数！");
    System.out.println("错误："+e.getMessage());
}
System.out.println("打印2");
```

因为程序执行到"Integer.parseInt（"24L"）"时抛出异常，直接被catch语句捕获，程序流程跳转到catch语句块内继续执行，所以"System.out.println("打印1")"代码行不会被执行；而异常处理结束后，会继续执行"try...catch"语句后面的代码。

若不知代码抛出的是哪种异常，可指定它们的父类Throwable或Exception。

在"try...catch"语句中，可以同时存在多个catch语句块。

一般格式为：

```
try{
可能产生异常的代码
}catch(异常类1 异常对象){
    异常1处理代码
```

```
}catch(异常类2 异常对象){

    异常2处理代码

}

…//其他catch语句块
```

代码中的每个catch语句块都用来捕获一种类型的异常。若try语句块中的代码发生异常，则会由上而下依次来查找能够捕获该异常的catch语句块，并执行该catch语句块中的代码。

在使用多个catch语句捕获try语句块中的代码抛出的异常时，需要注意catch语句的顺序。若多个catch语句所要捕获的异常类之间具有继承关系，则用来捕获子类的catch语句要放在捕获父类的catch语句的前面。否则，异常抛出后，先由捕获父类异常的catch语句捕获，而捕获子类异常的catch语句将成为执行不到的代码，在编译时会出错。

```
try{
    int age=Integer.parseInt("24L");                    //抛出NumberFormatException异常
}catch(Exception e){                                    //先来捕获Exception异常
    System.out.println(e.getMessage());
}catch(NumberFormatException e){                        //捕获异常类Exception的子类异常
    System.out.println(e.getMessage());
}
```

代码中第二个catch语句捕获的NumberFormatException异常是Exception异常类的子类，所以try语句块中的代码抛出异常后，先由第一个catch语句块捕获，其后的catch语句块成为执行不到的代码，编译时发生如下异常：

执行不到的 NumberFormatException 的 catch 块。它已由 Exception 的 catch 块处理

【例7-1】 创建修改采购订货信息方法。

```
public void updateStock(Stock stock) {
    conn = connection.getCon();                         //获取数据库连接
    try {
        String sql = "update tb_stock set sName=?,orderId=?,consignmentDate=?," +
                "baleName=?,count=?,money=? where id =?";
                                                        //定义修改数据表方法
        PreparedStatement statement = conn.prepareStatement(sql);
                                                        //获取PreparedStatement对象
        statement.setString(1, stock.getsName());       //设置预处理语句参数值
        statement.setString(2, stock.getOrderId());
        statement.setString(3, stock.getConsignmentDate());
        statement.setString(4, stock.getBaleName());
        statement.setString(5, stock.getCount());
        statement.setFloat(6, stock.getMoney());
        statement.setInt(7, stock.getId());
        statement.executeUpdate();                      //执行更新语句
    } catch (SQLException e) {
            e.printStackTrace();
    }
```

```
    }
```

程序运行结果如图7-1所示。

图7-1　例7-1的运行结果

7.2.2　finally子句的用法

finally子句需要与"try...catch"语句一同使用，不管程序中有无异常发生，并且不管之前的"try...catch"是否顺利被执行完毕，最终都会执行finally语句块中的代码。这使得一些不管在任何情况下都必须被执行的步骤被执行，从而保证了程序的健壮性。

finally子句
的用法

【例7-2】下面这段代码虽然发生了异常，但是finally子句中的代码依然执行。

```java
public class Demo {
    public static void main(String[] args) {
        try {
            int age = Integer.parseInt("24L"); // 抛出NumberFormatException异常
            System.out.println("打印1");
        } catch (NumberFormatException e) {// 捕获NumberFormatException异常
            int b = 8 / 0;                      // 编译出错，抛出ArithmeticException异常
            System.out.println("年龄请输入整数！");
            System.out.println("错误：" + e.getMessage());
        } finally {                            // 无论结果怎样，都会执行finally语句块
            System.out.println("打印2");
        }
        System.out.println("打印3");
    }
}
System.out.println("打印3");
```

程序运行结果如图7-2所示。

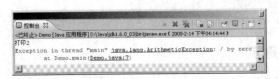

图7-2　例7-2的运行结果

7.2.3 使用throws关键字抛出异常

使用throws关
键字抛出异常

若某个方法可能会发生异常，但不想在当前方法中来处理这个异常，那么可以将该异常抛出，然后在调用该方法的代码中捕获该异常并进行处理。

将异常抛出，可通过throws关键字来实现。throws关键字通常被应用在声明方法时，用来指定方法可能抛出的异常，多个异常可用逗号分隔。

> 【例7-3】下面这段代码的dofile()方法声明抛出一个IOException异常，所以在该方法的调用者main()方法中需要捕获该异常并进行处理。

```java
import java.io.File;
import java.io.FileWriter;
import java.io.IOException;
public class Demo {
    public static void main(String[] args){
        try{
            dofile("C:/mytxt.txt");
        }catch(IOException e){
            System.out.println("调用dofile()方法出错！");
            System.out.println("错误："+e.getMessage());
        }
    }
    public static void dofile(String name) throws IOException{
        File file=new File(name);                    //创建文件
        FileWriter fileOut=new FileWriter(file);
        fileOut.write("Hello!world!");               //向文件中写入数据
        fileOut.close();                             //关闭输出流
        fileOut.write("爱护地球！");                   //运行出错，抛出异常
    }
}
```

程序运行结果如图7-3所示。

对一个产生异常的方法，如果不使用"try…catch"语句捕获并处理异常，那么必须使用throws关键字指出该方法可能会抛出的异常。但如果异常类型是Error、RuntimeException或它们的子类，那么可以不使用throws关键字来声明要抛出的异常。例如，NumberFormatException或ArithmeticException异常，Java虚拟机会捕获此类异常。

将异常通过throws关键字抛给上一级后，如果仍不想处理该异常，可以继续向上抛出，但最终要有能够处理该异常的代码。

图7-3 例7-3的运行结果

7.2.4 使用throw关键字

使用throw关键字也可以抛出异常。与throws不同的是，throw用于方法体内，并且抛出一个异常类对

象，而throws用在方法声明中，来指明方法可能抛出的多个异常。

通过throw抛出异常后，如果想由上一级代码来捕获并处理异常，则同样需要使用throws关键字在方法的声明中指明要抛出的异常；如果想在当前的方法中捕获并处理throw抛出的异常，则必须使用"try...catch"语句。上述两种情况，若throw抛出的异常是Error、RuntimeException或它们的子类，则无须使用throws关键字或"try...catch"语句。

当输入的年龄为负数时，Java虚拟机当然不会认为这是一个错误，但实际上年龄是不能为负数的，可通过异常的方式来处理这种情况。

【例7-4】创建People类，该类中的check()方法首先将传递进来的String型参数转换为int型，然后判断该int型整数是否为负数，若为负数则抛出异常；然后在该类的main()方法中捕获异常并处理。

```java
public class People {
    public static int check(String strage) throws Exception{
        int age = Integer.parseInt(strage);          //转换字符串为int型
        if(age<0)                                     //如果age小于0
            throw new Exception("年龄不能为负数！");    //抛出一个Exception异常对象
        return age;
    }
    public static void main(String[] args) {
        try{
            int myage = check("-101");                //调用check()方法
            System.out.println(myage);
        }catch(Exception e){                          //捕获Exception异常
            System.out.println("数据逻辑错误！");
            System.out.println("原因："+e.getMessage());
        }
    }
}
```

程序运行结果如图7-4所示。

在check()方法中将异常抛给了调用者（main()方法）进行处理。check()方法可能会抛出两种异常：

（1）数字格式的字符串转换为int型时抛出的NumberFormatException异常；

（2）当年龄小于0时抛出的Exception异常。

图7-4 例7-4的运行结果

7.2.5 使用异常处理语句的注意事项

通过前面的介绍可知，进行异常处理时主要涉及try、catch、finally、throw和throws关键字。在使用它们时，要注意以下几点。

（1）不能单独使用try、catch或finally语句块，否则编译出错。例如，以下代码在编译时会出错：

```java
File file=new File("D:/myfile.txt");

try {
    FileOutputStream out=new FileOutputStream(file);
```

```
        out.write("Hello!".getBytes());

    }
```

（2）try语句块后既可以只使用catch语句块，也可以只使用finally语句块。当与catch语句块一起使用时，可存在多个catch语句块，而只能存在一个finally语句块。当catch与finally同时存在时，finally必须放在catch之后。

（3）try只与finally语句块使用时，可以使程序在发生异常后抛出异常，并继续执行方法中的其他代码。例如：

```
public static void doFile() throws IOException{          //通过throws将异常向上抛出

    File file=new File("D:\yfile.txt");

    try{

        FileOutputStream out=new FileOutputStream(file);

        out.write("start".getBytes());                   //向"myfile.txt"文件中写入数据

        out.close();                                     //关闭输出流

        out.write("end".getBytes());                     //抛出IOException异常

    }finally{

        System.out.println("上一行代码：out.write(null)");   //执行该行代码

    }

}
```

（4）try只与catch语句块使用时，可以使用多个catch语句块来捕获try语句块中可能发生的多种异常。异常发生后，Java虚拟机会由上而下来检测当前catch语句块所捕获的异常是否与try语句块中发生的异常匹配，若匹配，则不再执行其他的catch语句块。如果多个catch语句块捕获的是同种类型的异常，则捕获子类异常的catch语句块要放在捕获父类异常的catch语句块前面。

例如，下面代码错误放置了捕获子类与父类的catch语句块的位置，最终导致编译错误。

```
File file=new File("D:\myfile.txt");

try{

    FileOutputStream out=new FileOutputStream(file);

    out.write("start".getBytes());

    out.close();

    out.write("end".getBytes());                         //抛出IOException异常

}catch(Exception e){

    System.out.println("捕获到父类Exception异常");

}catch(IOException e){                                    //编译出错

    System.out.println("捕获到Exception的子类IOException异常");

}
```

（5）在try语句块中声明的变量是局部变量，只在当前try语句块中有效，在其后的catch、finally语句块或其他位置都不能访问该变量。但在try、catch或finally语句块之外声明的变量，可在try、catch或finally语句块中访问。例如：

```
int age1=0;

try{

    age1=Integer.valueOf("20L");                         //抛出NumberFormatException异常

    int age2=Integer.valueOf("24L");                     //抛出NumberFormatException异常
```

```
}catch(ArithmeticException e){
    age1=-1;                                //编译成功
    age2=0;                                 //编译出错，无法解析age2
}finally{
    System.out.println(age1);               //编译成功
    System.out.println(age2);               //编译出错，无法解析age2
}
```

（6）对于发生的异常，必须使用"try…catch"语句捕获，或通过throws向上抛出，否则编译出错。

（7）在使用throw语句抛出一个异常对象时，该语句后面的代码将不会被执行，例如：

```
File file=new File("D:\myfile.txt");
try{
    FileOutputStream out=new FileOutputStream(file);
    out.write("start".getBytes());          //向"myfile.txt"文件中写入数据
    out.close();                            //关闭输出流
    out.write("end".getBytes());            //抛出IOException异常
}catch(IOException e){
    throw e;
    System.out.println("throw e");          //编译出错，永远执行不到的代码
}
```

7.3 异常类

Java语言中提供了一些内置的异常类来描述经常较容易发生的错误，这些类都继承自java.lang.Throwable类。Throwable类有两个子类：Error和Exception，它们分别表示两种异常类型。

Java语言中内置异常类的结构如图7-5所示。

异常类

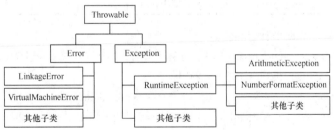

图7-5　Java语言中内置异常类结构图

7.3.1 Error类

Error类及其子类通常用来描述Java运行系统中的内部错误以及资源耗尽的错误。Error表示的异常是比较严重的，仅靠修改程序本身是不能恢复执行的，被称为致命异常类。举一个现实中的例子，如因施工时偷工减料，导致学校教学楼坍塌，此时就相当于发生了一个Error异常。在大多数情况下，发生该异常时，建议终止程序。

7.3.2 Exception类

Exception类可称为非致命异常类，它代表了另一种异常。发生该异常的程序，通过捕获处理后可正常运行，保持程序的可读性及可靠性。在开发Java程序过程中进行的异常处理，主要就是针对该类及其子类的异常处理。对程序中可能发生的该类异常，应该尽可能进行处理，以保证程序在运行时能够顺利被执行，而不应该在异常发生后终止程序。

Exception类又分为两种异常类型：RuntimeException异常和RuntimeException之外的异常。

1. RuntimeException异常

RuntimeException是运行时异常，也被称为不检查异常（Unchecked Exception），是程序员编写的程序中的错误导致的，修改了该错误后，程序就可继续执行。例如，学校制定校规，若有学生违反了校规，就相当发生了一个RuntimeException异常。在程序中发生该异常的情况包括除数为0的运算，数组下标越界，对没有初始化的对象进行操作等。当RuntimeExeption类或其子类所描述的异常发生后，可以不通过"try...catch"、throws捕获或抛出，在编译时是可以通过的，只是在运行时由Java虚拟机来抛出。

Java语言中提供的常见RuntimeException异常如表7-2所示，这些异常类都是Runtime Exception的子类。

表7-2 RuntimeException异常类列表

异常类名称	异常类含义
ArithmeticException	算术异常类
ArrayIndexOutOfBoundsException	数组下标越界异常类
ArrayStoreException	将与数组类型不兼容的值赋值给数组元素时抛出的异常
ClassCastException	类型强制转换异常类
IndexOutOfBoundsException	当某对象（如数组或字符串）的索引超出范围时抛出该异常
NegativeArraySizeException	建立元素个数为负数的数组异常类
NullPointerException	空指针异常类
NumberFormatException	字符串转换为数字异常类
SecurityException	小应用程序（Applet）执行浏览器的安全设置禁止的动作时抛出的异常
StringIndexOutOfBoundsException	字符串索引超出范围异常

下面简要介绍一些常见的运行时异常。

（1）ArithmeticException类：该类用来描述算术异常，如在除法或求余运算中规定，除数不能为0。所以，当除数为0时，Java虚拟机抛出该异常。例如：

```
int num=9%0;                          //除数为0，抛出ArithmeticException异常
```

（2）NullPointerException类：用来描述空指针异常，当引用变量值为null时，试图通过"."操作符对其进行访问，将抛出该异常。例如：

```
Date now=null;                        //声明一个Date型变量now，但不引用任何对象
String today=now.toString();          //抛出NullPointerException异常
```

（3）NumberFormatException类：用来描述字符串转换为数字时的异常。当字符串不是数字格式时，若将其转换为数字，则抛出该异常。例如：

```
String strage="24L";
int age=Integer.parseInt(strage);     //抛出NumberFormatException异常
```

（4）IndexOutOfBoundsException类：该类用来描述某对象的索引超出范围时的异常，其中ArrayIndexOutOfBoundsException类与StringIndexOutOfBoundsException类都继承自该类，它们分别用

来描述数组下标越界异常和字符串索引超出范围异常。

① 抛出ArrayIndexOutOfBoundsException异常的情况：

```
int[] a=new int[3];                //定义一个数组，有三个元素a[0]、a[1]和a[2]
a[3]=9;                            //试图对a[3]元素赋值，抛出ArrayIndexOutOfBoundsException异常
```

② 抛出StringIndexOutOfBoundsException异常的情况：

```
String name="MingRi";
char c=name.charAt(name.length());  //抛出StringIndexOutOfBoundsException异常
```

（5）ArrayStoreException类：该类用来描述数组试图存储类型不兼容的值。

例如，对于一个Integer型数组，试图存储一个字符串，将抛出该异常：

```
Object[] num=new Integer[3];       //引用变量num引用Integer型数组对象
num[0]="MR";                       //试图存储字符串值，抛出ArrayStoreException异常
```

（6）ClassCastException类：该类用来描述强制类型转换时的异常。

例如，强制转换String型为Integer型，将抛出该异常：

```
Object obj=new String("100");      //引用变量obj引用String型对象
Integer num=(Integer)obj;          //抛出ClassCastException异常
```

2．检查异常

如果一个记者根据上级指定的地址去采访一个重要人物，这可能会遇到异常，如到指定地址没有找到被采访的人或采访被拒绝。该类异常被称为检查异常（Check Exception），要求必须通过"try...catch"捕获或由throws抛出，否则编译出错。

Java语言中常见的检查异常如表7-3所示，每一个类都表示了一种检查异常。

表7-3　常见检查异常类列表

异常类名称	异常类含义
ClassNotFoundException	未找到相应类异常
EOFException	文件已结束异常类
FileNotFoundException	文件未找到异常类
IllegalAccessException	访问某类被拒绝时抛出的异常
InstantiationException	试图通过newInstance()方法创建一个抽象类或抽象接口的实例时抛出该异常
IOException	输入输出异常类
NoSuchFieldException	字段未找到异常
NoSuchMethodException	方法未找到异常
SQLException	操作数据库异常类

7.4　自定义异常

通常使用Java内置的异常类就可以描述在编写程序时出现的大部分异常情况，但根据需要，有时要创建自己的异常类，并将它们用于程序中来描述Java内置异常类所不能描述的一些特殊情况。下面就来介绍如何创建和使用自定义异常。

自定义的异常类必须继承自Throwable类，才能被视为异常类，通常是继承Throwable的子类Exception或Exception类的子孙类。除此之外，与创建一个普通类的语法相同。

自定义异常

创建自定义异常类并在程序中使用，大体可分为以下几个步骤。

（1）创建自定义异常类。

（2）在方法中通过throw抛出异常对象。

（3）若在当前抛出异常的方法中处理异常，可使用"try...catch"语句捕获并处理；否则在方法的声明处通过throws指明要抛出给方法调用者的异常，继续进行下一步操作。

（4）在出现异常的方法调用代码中捕获并处理异常。

如果自定义的异常类继承自RuntimeExeption异常类，在步骤（3）中，可以不通过throws指明要抛出的异常。

下面通过一个实例来讲解自定义异常类的创建及使用。

【例7-5】在编写程序过程中，如果希望一个字符串的内容全部是英文字母，若其中包含其他的字符，则抛出一个异常。因为在Java内置的异常类中不存在描述该情况的异常，所以需要自定义该异常类。

（1）创建MyException异常类，它必须继承Exception类。其代码如下：

```
public class MyException extends Exception {          //继承Exception类
    private String content;
    public MyException(String content){               //构造方法
        this.content=content;
    }
    public String getContent() {                      //获取描述信息
        return this.content;
    }
}
```

（2）创建Example类，在Example类中创建一个带有String型参数的方法check()，该方法用来检查参数中是否包含英文字母以外的字符。若包含，则通过throw抛出一个MyException异常对象给check()方法的调用者main()方法。

```
public class Example {
    public static void check(String str) throws MyException{    //指明要抛出的异常
        char a[] = str.toCharArray();                           //将字符串转换为字符数组
        int I = a.length;
        for(int k = 0;k<i-1;k++){                                //检查字符数组中的每个元素
            //如果当前元素是英文字母以外的字符
            if(!((a[k]> = 65&&a[k]< = 90)||(a[k]> = 97&&a[k]< = 122))){
                //抛出MyException异常类对象
                throw new MyException("字符串\""+str+"\"中含有非法字符！");
            }
        }
    }
    public static void main(String[] args) {
        String str1 = "HellWorld";
        String str2 = "Hell!MR!";
        try{
            check(str1);                                        //调用check()方法
```

```
            check(str2);`                        //执行该行代码时，抛出异常
        }catch(MyException e){                    //捕获MyException异常
            System.out.println(e.getContent());  //输出异常描述信息
        }
    }
}
```

程序运行结果如图7-6所示。

图7-6　例7-5的运行结果

7.5　异常的使用原则

Java异常强制用户去考虑程序的健壮性和安全性。异常处理不应用来控制程序的正常流程，其主要作用是捕获程序在运行时发生的异常并进行相应的处理。编写代码时处理某个方法可能出现的异常，可遵循以下几条原则：

（1）在当前方法声明中使用"try…catch"语句捕获异常。

（2）一个方法被覆盖时，覆盖它的方法必须抛出相同的异常或异常的子类。

（3）如果父类抛出多个异常，则覆盖方法必须抛出那些异常的一个子集，不能抛出新异常。

异常的使用原则

小　结

本章主要介绍了异常处理技术，包括异常的捕获、抛出，以及使用异常处理技术时应该注意的事项。

异常处理技术是Java语言必须掌握的核心技术，读者应该熟练掌握并灵活运用。异常处理技术可以提前分析程序可能出现的不同状况，避免程序因某些不必要的错误而终止运行。

习　题

7-1　编写一个异常类MyException，再编写一个类Student，该类有一个产生异常的方法speak(int m)。要求参数m的值大于1000时，方法抛出一个MyException对象。最后编写主类，在主方法中创建Student对象，让该对象调用speak()方法。

7-2　创建类Number，通过类中的方法count可得到任意两个数相乘的结果，并在调用该方法的主方法中使用"try…catch"语句捕捉可能发生的异常。

7-3　创建类Computer，该类中有一个计算两个数的最大公约数的方法，如果向该方法传递负整数，该方法就会抛出自定义异常。

7-4　如何捕获异常？

7-5　简述异常处理的注意事项。

第8章
常用的实用类

本章要点

掌握字符串的各种操作 ■
掌握日期类的各种操作 ■
掌握Number、Character、 ■
Bookan等各种包装类所提供的方法

■ 字符串是Java程序中经常处理的对象，如果字符串运用得不好，将影响到程序运行的效率。在Java中，字符串作为String类的实例来处理。以对象的方式处理字符串，将使字符串更加灵活、方便。Java中不能定义基本类型对象，为了能将基本类型视为对象进行处理，并能连接相关的方法，Java为每个基本类型都提供了包装类。需要说明的是，Java是可以直接处理基本类型的，但在有些情况下需要将其作为对象来处理，这时就需要将其转换为包装类了。

8.1 String类

在Java语言中，提供了一个专门用来操作字符串的类java.lang.String，本节将学习该类的使用方法。

8.1.1 创建字符串对象

在使用字符串对象之前，可以先通过下面的方式声明一个字符串：

String 字符串标识符;

但是字符串对象需要被初始化才能使用，声明并初始化字符串的常用方式如下：

String 字符串标识符 = 字符串;

创建字符串对象

在初始化字符串对象时，可以将字符串对象初始化为空值，也可以初始化为具体的字符串，例如下面的代码：

```
String aStr = null;                 // 初始化为空值
String bStr = "";                   // 初始化为空字符串
String cStr = "MWQ";                // 初始化为"MWQ"
```

在创建字符串对象时，可以通过双引号初始化字符串对象，也可以通过构造方法创建并初始化对象，其语法格式如下：

String varname=new String（"theString"）;

varname：字符串对象的变量名，名称自定。

theString：自定义的字符串，内容自定。

例如，下面的代码均用来创建一个内容为"MWQ"的字符串对象：

```
String aStr = "MWQ";                // 创建一个内容为"MWQ"的字符串对象
String bStr = new String("MWQ");    // 创建一个内容为"MWQ"的字符串对象
```

下面的代码均用来创建一个空字符串对象：

```
String aStr = "";                   // 创建一个空字符串对象
String bStr = new String();         // 创建一个空字符串对象
String cStr = new String("");       // 创建一个空字符串对象
```

一个空字符串并不是说它的值等于null（空值），空字符串和null（空值）是两个概念。空字符串是由空的"""符号定义的，它是实例化之后的字符串对象，但是不包含任何字符。

8.1.2 连接字符串

连接字符串可以通过运算符"+"实现，但此时与用在算术运算中的意义是不同的，用在这里的意思是将多个字符串合并到一起生成一个新的字符串。

对于"+"运算符，如果有一个操作元为String类型，则为字符串连接运算符。字符串可与任意类型的数据进行字符串连接的操作，若该数据为基本类型，则会自动转换为字符串；若为引用类型，则会自动调用所引用对象的toString()方法获得一个字符串，然后进行字符串连接的操作。

连接字符串

【例8-1】通过运算符"+"连接字符串。

```
public class Example {
```

```java
public static void main(String[] args) {
    System.out.println("MWQ" + 9412);                    // 与int型连接
    System.out.println("10" + 7.5F);                     // 与float型连接
    System.out.println("This is " + true);               // 与boolean型连接
    System.out.println("MR" + "MWQ");                    // 字符串间连接
    System.out.println("路径: " +
        (new java.io.File("C:\text.txt")));              // 与引用类型连接
    }
}
```

运行上面的代码，在控制台将输出如图8-1所示信息。

若表达式中包含了多个"+"运算符，并且存在各种数据类型参与运算，则按照"+"运算符从左到右地进行运算，Java会根据"+"运算符两边的操作元类型来决定是进行算术运算还是字符串连接的运算。例如：

```java
System.out.println(100 + 6.4 + "MR");
System.out.println("MR" + 100 + 6.4);
```

对于第一行代码，按照"+"运算符先左后右的结合性，先来计算"100+6.4"，结果为106.4，然后计算"106.4+"MR""结果为"106.4MR"；对于第二行代码，先来计算""MR"+100"，结果为"MR100"，然后计算""MR100"+6.4"，结果为"MR1006.4"，运算结果如图8-2所示。

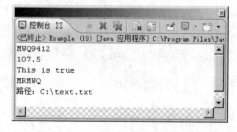

图8-1　将字符串与其他数据连接

图8-2　测试运算顺序

【例8-2】通过运算符"+"连接查询字符串。

```java
public List selectStockBySName(String sName) {
    List list = new ArrayList<Stock>();                  // 定义保存查询结果的List对象
    conn = connection.getCon();                          // 获取数据库连接
    int id = 0;
    try {
        Statement statement = conn.createStatement();    //实例化Statement对象
        ResultSet rest = statement.executeQuery("select * from tb_stock where sName = '"+sName+"' ");
                                                         //定义查询语句，获取查询结果集
        while (rest.next()) {                            //循环遍历查询结果集
            Stock stock = new Stock();                   //定义与数据表对象的JavaBean对象
            stock.setId(rest.getInt(1));                 //应用查询结果设置JavaBean属性
            stock.setsName(rest.getString(2));
            stock.setOrderId(rest.getString(3));
            stock.setConsignmentDate(rest.getString(4));
```

```
            stock.setBaleName(rest.getString(5));
            stock.setCount(rest.getString(6));
            stock.setMoney(rest.getFloat(7));
            list.add(stock);                        //将JavaBean对象添加到集合
        }
    } catch (SQLException e) {
        e.printStackTrace();
    }
    return list;                                    //返回查询集合
}
```

8.1.3 字符串操作

在使用字符串时，经常需要对字符串进行处理，以满足一定的要求。例如，
从现有字符串中截取新的字符串，替换字符串中的部分字符，以及去掉字符串中的
首尾空格等。

比较字符串

1. 比较字符串

String类中包含几个用于比较字符串的方法，下面分别对它们进行介绍。

（1）equals()方法：

String类的equals()方法用于比较两个字符串是否相等。由于字符串是对象类
型，所以不能简单地用"==（双等号）"判断两个字符串是否相等，equals()方法的定义如下：

```
public boolean equals(String str)
```

equals()方法的入口参数为欲比较的字符串对象，该方法的返回值为boolean型，如果两个字符串相等则
返回true，否则返回false。例如，下面的代码用来比较字符串"A"和字符串"a"是否相等：

```
String str = "A";
boolean b = str.equals("a");
```

上面代码的比较结果为false，即b为false，这是因为equals()方法在比较两个字符串时区分字母大
小写。

> equals()方法比较的是字符串对象的内容，而操作符"=="比较的是两个对象的内存地址（即使
> 内容相同，不同对象的内存地址也不相同），所以，在比较两个字符串是否相等时，不能使用操
> 作符号"=="。

（2）equalsIgnoreCase()方法：

equalsIgnoreCase()方法也用来比较两个字符串，不过它与equals()方法是有区别的，
equalsIgnoreCase()方法在比较两个字符串时不区分大小写。equalsIgnoreCase()方法的定义如下：

```
public boolean equalsIgnoreCase(String str)
```

下面用equalsIgnoreCase()方法比较字符串"A"和字符串"a"是否相等：

```
String str = "A";
boolean b = str. equalsIgnoreCase("a");
```

上面代码的比较结果为true，即b为true，这是因为equalsIgnoreCase()方法在比较两个字符串时不区分
字母大小写。

（慕课版）

（3）startsWith()方法和endsWith()方法：

startsWith()方法和endsWith()方法依次用来判断字符串是否以指定的字符串开始或结束，它们的定义如下：

```
public boolean startsWith(String prefix)
public boolean endsWith(String suffix)
```

这两个方法的入口参数为欲比较的字符串对象，该方法的返回值为boolean型，如果是以指定的字符串开始或结束则返回true，否则返回false。例如，下面的代码分别判断字符串"ABCDE"是否以字符串"a"开始以及以字符串"DE"结束：

```
String str = "ABCDE";
boolean bs = str.startsWith("a");
boolean be = str.endsWith("DE");
```

上面代码的比较结果是bs为false，be为true，即字符串"ABCDE"不是以字符串"a"开始，是以字符串"DE"结束。

方法startsWith()还有一个重载方法，用来判断字符串从指定索引位置开始是否为指定的字符串，重载方法定义如下：

```
public boolean startsWith(String prefix, int toffset)
```

方法"startsWith(String prefix, int toffset)"的第二个入口参数为开始的索引位置。例如，下面的代码可以判断字符串"ABCDE"从索引位置2开始是否为字符串"CD"：

```
String str = "ABCDE";
boolean b = str.startsWith("CD", 2);
```

上面代码的判断结果为true，即字符串"ABCDE"从索引位置2开始是字符串"CD"。

注意 字符串的索引位置从0开始。例如，字符串"ABCDE"，字母A的索引为0，字母C的索引2，依此类推。

（4）compareTo()方法。

该方法用于判断一个字符串是大于、等于还是小于另一个字符串，判断字符串大小的依据是它们在字典中的顺序，compareTo()方法的定义如下：

```
public int compareTo(String str)
```

compareTo()方法的入口参数为被比较的字符串对象，该方法的返回值为int型。如果两个字符串相等，则返回0；如果大于字符串str，则返回一个正数；如果小于字符串str，则返回一个负数。例如，下面的代码依次比较字符串"A"、"B"和"D"之间的大小。

```
String aStr = "A";
String bStr = "B";
String dStr = "D";
String b2Str = "B";
System.out.println(bStr.compareTo(aStr));        // 字符串"B"与"A"的比较结果为1
System.out.println(bStr.compareTo(b2Str));       // 字符串"B"与"B"的比较结果为0
System.out.println(bStr.compareTo(dStr));        // 字符串"B"与"D"的比较结果为-2
```

2. 获取字符串的长度

字符串是一个对象，在这个对象中包含length属性，它是该字符串的长度，使用String类中的length()方法可以获取该属性值。例如，获取字符串"MingRiSoft"长度的代码如下：

```
String nameStr = "MingRiSoft";

int i = nameStr.length();                      // 获得字符串的长度为10
```

获取字符串的长度

3. 字符串的大小写转换

String类中提供了两个用来实现字母大小写转换的方法，即toLowerCase()和toUpperCase()，它们的返回值均为转换后的字符串。其中，方法toLowerCase()用来将字符串中的所有大写字母改为小写字母，方法toUpperCase()用来将字符串中的小写字母改为大写字母。例如，将字符串"AbCDefGh"分别转换为大写和小写，具体代码如下：

```
String str = "AbCDefGh";

String lStr = str.toLowerCase();    // 转换为小写后得到的字符串为"abcdefgh"

String uStr = str.toUpperCase();    // 转换为大写后得到的字符串为"ABCDEFGH"
```

字符串的大小写
转换

4. 查找字符串

String类提供了两种查找字符串的方法，它们允许在字符串中搜索指定的字符或字符串。其中，indexOf()方法用于搜索字符或字符串首次出现的位置，lastIndexOf()方法用于搜索字符或字符串最后一次出现的位置。这两种方法均有多个重载方法，它们的返回值均为字符或字符串被发现的索引位置。如果未搜索到，则返回-1。

查找字符串

（1）indexOf(int ch)：用于获取指定字符在原字符串中第一次出现的索引。

（2）lastIndexOf (int ch)：用于获取指定字符在原字符串中最后一次出现的索引。

（3）indexOf(String str)：用于获取指定字符串在原字符串中第一次出现的索引。

（4）lastIndexOf(String str)：用于获取指定字符在原字符串中最后一次出现的索引。

（5）indexOf(int ch, int startIndex)：用于获取指定字符在原字符串中指定索引位置开始第一次出现的索引。

（6）lastIndexOf (int ch, int startIndex)：用于获取指定字符在原字符串中指定索引位置开始最后一次出现的索引。

（7）indexOf(String str, int startIndex)：用于获取指定字符串在原字符串中指定索引位置开始第一次出现的索引。

（8）lastIndexOf(String str, int startIndex)：用于获取指定字符在原字符串中指定索引位置开始最后一次出现的索引。

例如下面的代码：

```
String str = "mingrikeji";

int i = str.indexOf('i');

System.out.println("字符i第一次出现在索引：" + i);           // 索引值是1

i = str.lastIndexOf('i');

System.out.println("字符i最后一次出现在索引：" + i);         // 索引值是9
```

```
i = str.lastIndexOf("ri");
System.out.println("字符串ing第一次出现在索引: " + i);              // 索引值是4
i = str.lastIndexOf("ri");
System.out.println("字符串ing最后一次出现在索引: " + i);            // 索引值是4
i = str.lastIndexOf('i', 4);
System.out.println("从第5个字符开始，字符i第一次出现在索引: " + i);   // 索引值是1
```

5. 从现有字符串中截取子字符串

通过String类的substring()方法，可以从现有字符串中截取子字符串。有两个重载方法，具体定义如下：

```
public String substring(int beginIndex)
public String substring(int beginIndex, int endIndex)
```

从现有字符串中
截取子字符串

方法substring(int beginIndex)用来截取从指定索引位置到最后的子字符串，截取得到的字符串包含指定索引位置的字符。例如，下面的代码可以截取字符串"ABCDEF"从索引位置3到最后得到的子串为"DEF"，在子串"DEF"中包含字符串"ABCDEF"中索引为3的字符"D"：

```
String str = "ABCDEF";
System.out.println(str.substring(3));                    // 截取得到的子串为"DEF"
```

方法substring(int beginIndex, int endIndex)用来截取从起始索引位置beginIndex到终止索引位置endIndex的子字符串，截取得到的字符串包含起始索引位置beginIndex对应的字符，但是不包含终止索引位置endIndex对应的字符。例如，下面的代码可以截取字符串"ABCDEF"从起始索引位置2到终止索引位置4得到的子串为"CD"，子串"CD"中包含字符串"ABCDEF"中索引为2的字符"C"，但是不包含字符串"ABCDEF"中索引为4的字符"E"：

```
String str = "ABCDEF";
System.out.println(str.substring(2, 4));                 // 截取得到的子串为"CD"
```

6. 去掉字符串的首尾空格

通过String类的trim()方法，可以去掉字符串的首尾空格后得到一个新的字符串，该方法的具体定义如下：

```
public String trim()
```

去掉字符串的首
尾空格

例如，通过去掉字符串" ABC "中的首尾空格将得到一个新的字符串"ABC"。例如下面的代码分别输出字符串的长度为5和3：

```
String str = " ABC ";                    // 定义一个字符串，首尾均有空格
System.out.println(str.length());        // 输出字符串的长度为5
String str2 = str.trim();                // 去掉字符串的首尾空格
System.out.println(str2.length());       // 输出字符串的长度为3
```

7. 替换字符串中的字符或子串

通过String类的replace()方法，可以将原字符串中的某个字符替换为指定的字符，并得到一个新的字符串，该方法的具体定义如下：

```
public String replace(char oldChar, char newChar)
```

替换字符串中的
字符或子串

例如，将字符串"NBA_NBA_NBA"中的字符"N"替换为字符"M"，将得到一个新的字符串"MBA_MBA_MBA"，具体代码如下：

```
String str = "NBA_NBA_NBA";
```

System.out.println(str.**replace**(' N ', ' M ')); // 输出的新字符串为"MBA_MBA_MBA"

如果想替换掉原字符串中的指定子串，可以通过String类的replaceAll()方法，该方法的具体定义如下：

public String replaceAll(String regex, String replacement)

例如，将字符串"NBA_NBA_NBA"中的子串"NB"替换为字符串"AA"，将得到一个新的字符串"AAA_AAA_AAA"，具体代码如下：

String str = "NBA_NBA_NBA";

System.out.println(str.**replaceAll**("NB", "AA")); // 输出的新字符串为"AAA_AAA_AAA"

从上面的代码可以看出，方法replaceAll()是替换原字符串中的所有子串。如果只需要替换原字符串中的第一个子串，可以通过String类的replaceFirst()方法，该方法的具体定义如下：

public String replaceFirst(String regex, String replacement)

例如，将字符串"NBA_NBA_NBA"中的第一个子串"NB"替换为字符串"AA"，将得到一个新的字符串"AAA_NBA_NBA"，具体代码如下：

String str = "NBA_NBA_NBA";

System.out.println(str.**replaceFirst**("NB", "AA")); // 输出的新字符串为AAA_NBA_NBA

8. 分割字符串

String类中提供了两个重载的split()方法，用来将字符串按照指定的规则进行分割，并以String型数组的方式返回，分割得到的子串在数组中的顺序按照它们在字符串中的顺序排列。重载方法split(String regex, int limit)的具体定义如下：

分割字符串

public String[] split(String regex, int limit)

split(String regex, int limit)方法的第一个入口参数regex为分割规则，第二个入口参数limit用来设置分割规则的应用次数，所以，将影响返回的结果数组的长度。如果limit大于0，则分割规则最多将被应用（limit-1）次，数组的长度也不会大于limit，并且数组的最后一项将包含超出最后匹配的所有字符；如果limit为非正整数，则分割规则将被应用尽可能多的次数，并且数组可以是任意长度。需要注意的是，如果limit为0，数组中位于最后的所有空字符串元素将被丢弃。

下面将字符串"boo:and:foo"分别按照不同的规则和限制进行分割，具体代码如下：

String str = "boo:and:foo";

String[] a = str.split(":", 2);

String[] b = str.split(":", 5);

String[] c = str.split(":", -2);

String[] d = str.split("o", 5);

String[] e = str.split("o", -2);

String[] f = str.split("o", 0);

String[] g = str.split("m", 0);

上面代码得到的7个数组的相关信息如表8-1所示。

表8-1 7个数组的相关信息

数　组	分　割　符	限　定　数	得到的数组
a	:	2	String[] a = { "boo", "and:foo" };
b	:	5	String[] b = { "boo", "and", "foo" };
c	:	-2	String[] c = { "boo", "and", "foo" };

数　组	分　割　符	限　定　数	得到的数组
d	o	5	String[] d = { "b", "", ":and:f", "", "" };
e	o	−2	String[] e = { "b", "", ":and:f", "", "" };
f	o	0	String[] f = { "b", "", ":and:f" };
g	m	0	String[] g = { "boo:and:foo" };

如果是将参数limit设置为0，也可以采用重载方法split(String regex)。该方法将调用方法split(String regex, int limit)，并默认参数limit为0。split(String regex)方法的具体定义如下：

```
public String[] split(String regex) {
    return split(regex, 0);
}
```

8.1.4　格式化字符串

通过String类的format()方法，可以得到经过格式化的字符串对象，最常用的是对日期和时间的格式化。String类中的format()方法有两种重载形式，它们的具体定义如下：

```
public static String format(String format, Object obj)
public static String format(Locale locale, String format, Object obj)
```

格式化字符串

参数format为要获取字符串的格式；参数obj为要进行格式化的对象；参数locale为格式化字符串时依据的语言环境，对于方法format(String format, Object obj)，则依据本地的语言环境进行格式化。

在定义格式化字符串采用的格式时，需要利用固定的转换符号，固定转换符的具体信息如表8-2所示。

表8-2　格式化字符串的转换符

转　换　符	功　能　说　明
%s	格式化成字符串表示
%c	格式化成字符型表示
%b	格式化成逻辑型表示
%d	格式化成十进制整型数表示
%x	格式化成十六进制整型数表示
%o	格式化成八进制整型数表示
%f	格式化成十进制浮点数型数表示
%a	格式化成十六进制浮点数型数表示
%e	格式化成指数形式表示
%g	格式化成通用浮点数型数表示（f和e类型中较短的）
%h	格式化成散列码形式表示
%%	格式化成百分比形式表示
%n	换行符
%tx	格式化成日期和时间形式表示（其中x代表不同的日期与时间转换符）

下面是3个获取格式化字符串的例子，分别为获得字符"A"的散列码，将"68"格式化为百分比形式和将"16.8"格式化为指数形式，代码如下：

```
String code = String.format("%h", ' A ');          // 格式化后得到的字符串为41
String percent = String.format("%d%%", 68);        // 格式化后得到的字符串为68%
String exponent = String.format("%e", 16.8);       // 格式化后得到的字符串为1.680000e+01
```

8.1.5　对象的字符串表示

我们知道所有的类都默认继承自Object类，Object类在java.lang包中。在Object类中有一个public String toString()方法，这个方法用于获得该对象的字符串表示。

一个对象调用toString()方法返回的字符串的一般形式为：

包名.类名@内存的引用地址

例如：

```
public class app {
    public static void main(String[] args) {
        Object obj = new Object ();
        System.out.print(obj.toString());
    }
}
```

程序运行结果如图8-3所示。

java.lang.Object@19e0bfd

图8-3　运行结果

【例8-3】继承Object类的子类重写toString()方法。

```
public class Student {
    String name;
    public Student(String s){
        name=s;
    }
    public String toString(){
        return super.toString()+name+"是三好学生。";
    }
}
public class Example {
 public static void main (String [] args){
    Student stu = new Student ("小明");
    System.out.print(stu.toString());
    }
}
```

程序运行结果如图8-4所示。

com.Student@19e0bfd小明是三好学生。

图8-4　例8-3的运行结果

8.2　日期的格式化

在程序设计中经常会遇到日期、时间等数据，需要将这些数据以相应的形式显示。

日期的格式化

8.2.1　Date类

1. 无参数构造方法

Data类的无参构造函数所创建的对象可以获取本机当前时间，例如：

```
Date date = new Date ();          //Data类在java.util包中
System.out.println(date);         //输出当前时间
```

执行上面这两行代码之后，控制台输出的就是本机创建Date对象的时间，如图8-5所示。

Fri Apr 03 14:22:43 CST 2015

图8-5　创建Date对象的时间

Date对象表示时间的默认顺序是：星期、月、日、小时、分、秒、年。

2. 有参数构造方法

计算机系统自身时间是1970年1月1日0时，也就是格林威治时间，可以根据这个时间使用Date有参数的构造方法创建一个Date对象。例如：

```
Date date1 = new Date (1000);
Date date2 = new Date (-1000);
```

在上面的两行代码中，参数取正数表示公元后的时间，参数取负数表示公元前的时间。参数1000表示1000毫秒，也就是1秒。由于本地时区是北京时区，与格林威治时间相差8小时，所以，上面两行代码的运行结果如图8-6和图8-7所示。

Thu Jan 01 08:00:01 CST 1970　　　　Thu Jan 01 07:59:59 CST 1970

图8-6　公元后时间　　　　　　　　　图8-7　公元前时间

8.2.2　格式化日期和时间

在使用日期和时间时，经常需要对其进行处理，以满足一定的要求。例如，将日期格式化为"2012-01-27"形式，将时间格式化为"03:06:52 下午"形式，或者是获得4位的年（例如"2012"）或24小时制的小时（例如"21"）。本小节将深入讲解格式化日期和时间的方法。

1. 常用日期和时间的格式化

格式化日期与时间的转换符定义了各种格式化日期和时间字符串的方式，其中最常用的日期和时间的组合格式如表8-3所示。

表8-3　常用日期和时间的格式化转换符

转 换 符	格 式 说 明	格 式 示 例
F	格式化为形如 "YYYY-MM-DD" 的格式	2012-01-26
D	格式化为形如 "MM/DD/YY" 的格式	01/26/12
r	格式化为形如 "HH:MM:SS AM" 的格式（12小时制）	03:06:52 下午
T	格式化为形如 "HH:MM:SS" 的格式（24小时制）	15:06:52
R	格式化为形如 "HH:MM" 的格式（24小时制）	15:06

下面是对当前日期和时间进行格式化的具体代码：

```
String a = String.format("%tF", today);    // 格式化后的字符串为：2012-01-26
String b = String.format("%tD", today);    // 格式化后的字符串为：01/26/12
String c = String.format("%tr", today);    // 格式化后的字符串为：03:06:52 下午
String d = String.format("%tT", today);    // 格式化后的字符串为：15:06:52
String e = String.format("%tR", today);    // 格式化后的字符串为：15:06
```

2. 对日期的格式化

定义日期格式的转换符可以使日期通过指定的转换符生成新字符串，日期的格式化转换符如表8-4所示。

表8-4 日期的格式化转换符

转换符	格式说明	格式示例
b或h	获取月份的简称	中：一月 英：Jan
B	获取月份的全称	中：一月 英：January
a	获取星期的简称	中：星期六 英：Sat
A	获取星期的全称	中：星期六 英：Saturday
Y	获取年（不足4位前面补0）	2008
y	获取年的后两位（不足2位前面补0）	08
C	获取年的前两位（不足2位前面补0）	20
m	获取月（不足2位前面补0）	01
d	获取日（不足2位前面补0）	06
e	获取日（不足2位前面补0）	6
j	获取是一年的第多少天	006

下面是对当前日期进行格式化的具体代码：

```
Date today = new Date();
String a = String.format(Locale.US, "%tb", today);    // 格式化后的字符串为：Jan
String b = String.format(Locale.US, "%tB", today);    // 格式化后的字符串为：January
String c = String.format("%ta", today);    // 格式化后的字符串为：星期六
String d = String.format("%tA", today);    // 格式化后的字符串为：星期六
String e = String.format("%tY", today);    // 格式化后的字符串为：2008
String f = String.format("%ty", today);    // 格式化后的字符串为：08
String g = String.format("%tm", today);    // 格式化后的字符串为：01
String h = String.format("%td", today);    // 格式化后的字符串为：06
String i = String.format("%te", today);    // 格式化后的字符串为：6
String j = String.format("%tj", today);    // 格式化后的字符串为：006
```

3. 对时间的格式化

和日期格式转换符相比，时间格式的转换符要更多、更精确。它可以将时间格式化成时、分、秒，甚至是毫秒等单位。格式化时间字符串的转换符如表8-5所示。

表8-5　时间的格式化转换符

转换符	格式说明	格式示例
H	获取24小时制的小时（不足2位前面补0）	15
k	获取24小时制的小时（不足2位前面不补0）	15
I	获取12小时制的小时（不足2位前面补0）	03
l	获取12小时制的小时（不足2位前面不补0）	3
M	获取分钟（不足2位前面补0）	06
S	获取秒（不足2位前面补0）	09
L	获取3位的毫秒（不足3位前面补0）	015
N	获取9位的毫秒（不足9位前面补0）	056200000
p	显示上下午标记	中：下午　英：pm

下面是对当前时间进行格式化的具体代码：

```
Date today = new Date();
String a = String.format("%tH", today);                 // 格式化后的字符串为：16
String b = String.format("%tk", today);                 // 格式化后的字符串为：16
String c = String.format("%tI", today);                 // 格式化后的字符串为：04
String d = String.format("%tl", today);                 // 格式化后的字符串为：4
String e = String.format("%tM", today);                 // 格式化后的字符串为：14
String f = String.format("%tS", today);                 // 格式化后的字符串为：33
String g = String.format("%tp", today);                 // 格式化后的字符串为：下午
String h = String.format(Locale.US, "%tp", today);      // 格式化后的字符串为：pm
```

8.3　Scanner类

Scanner是java.util包中的类。该类用来实现用户的输入，是一种只要有控制台就能实现输入操作的类。创建Scanner类的常见方法有两种。

（1）Scanner(InputStream in)：

语法如下：

```
new Scanner(in);
```

Scanner类

（2）Scanner(File file)：

语法如下：

```
new Scanner(file);
```

通过控制台进行输入，首先要创建一个Scanner对象。例如：

```
Scanner sc=new Scanner(System.in);
sc.next();
sc.close();
```

【例8-4】实现在控制台上输入姓名、年龄、地址。

```
import java.util.Scanner;
public class Example2 {
    public static void main(String s[]){
        String name;
```

```
        int age;
        String address;
        //创建Scanner对象
        Scanner sc = new Scanner(System.in);
        System.out.println("请输入姓名：");          //输入字符
        name = sc.nextLine();
        System.out.println("年龄：");               //输入整数型数据
        age = sc.nextInt();
        System.out.println("地址：");
        address=sc.next();
        System.out.println("姓名：  "+name);
        System.out.println("年龄："+age);
        System.out.println("地址："+address);
    }
}
```

程序运行结果如图8-8所示。

图8-8　例8-4的运行结果

8.4　Math和Random类

1. Math类

Math类位于java.lang包中，包含许多用来进行科学计算的类方法，这些方法可以直接通过类名进行调用。Math类中存在两个静态的常量，其中之一就是常量E，它的值是2.7182828284590452354；另一个是常量PI，它的值是3.14159265358979323846。

Math和
Random类

Math类的常用方法如下：

public static long abs (double a)：返回a的绝对值；

public static double max (double a,double b)：返回a、b的最大值；

public static double min (double a,double b)：返回a、b的最小值；

public static double pow (double a,double b)：返回a的b次幂；

public static double sqrt (double a)：返回a的平方根；

public static double log (double a)：返回a的对数；

public static double sin (double a)：返回a的正弦值；

public static double asin (double a)：返回a的反正弦值；

public static double random()：产生一个0到1之间的随机数，这个随机数不包括0和1。

2. Random类

虽然Math类的方法中包括获取随机数的方法random()，但是Java中提供了更为灵活的能够获取随机数的Random类。Random类位于java.util包中，构造方法如下：

public Random ();

public Random (long seed);

有参数的构造方法，使用参数seed创建一个Random对象，例如：

```
Random rd = new Random ();
rd.nextInt ();
```

如果想获取指定范围的随机数，可以使用nextInt(int m)方法。该方法返回一个0到m之间并且包括0不包括m的随机数。但是需要注意下，参数m必须取正整数值。

如果想要获取一个随机的boolean值，可以使用nextBoolean()方法，例如：

```
Random rd = new Random ();
rd.nextBoolean ();
```

8.5 数字格式化

数字格式化指的就是按照指定格式得到一个字符串。例如，对小数26.3526335进行保留两位小数操作，得到的字符串是26.35。

数字格式化

8.5.1 Formatter类

1. 格式化模式

格式化模式是format方法中的一个使用双引号括起来的字符序列，该字符序列由格式符和普通字符构成。关于格式化模式，在8.1.4节有过相关介绍，这里不再赘述。

2. 值列表

值列表是使用逗号分隔的变量、常量或表达。但是，要保证format方法"格式化模式"中格式符的个数与"值列表"中列出的值的个数相同。例如：

```
String m = String.format("%d元%.1f箱%d斤",78,8.0,125);
```

输出结果是：

```
78元8.0箱125斤
```

8.5.2 格式化整数

1. "%d" "%o" "%x" "%X"

"%d" "%o" "%x" 和 "%X" 格式符可格式化byte、Byte、short、Short、int、Integer、long和Long型数据。

%d将值格式化为十进制整数。

%o将值格式化为八进制整数。

%x将值格式化为小写的十六进制整数。

%X将值格式化为大写的十六进制整数。

例如：

```
String m = String.format("%d, %o,%x,%X",56321,56321,56321,56321);
```

输出结果是：

```
56321,156001,dc01,DC01
```

2. 修饰符

"+"修饰符：格式化正整数时，强制添加上正号，例如，"%+d"将12格式化为"+12"。

","修饰符：格式化整数时，按"千"分组，例如：

```
String m = String.format("按千分组：%,d。按千分组带正号%+, d",123456,7890);
```

输出结果是：

按千分组：123,456。按千分组带正号+7,890

3. 数据的宽度

数据的宽度就是format方法返回的字符串的长度。数据宽度的一般格式为："%md"，其效果是在数字的左面增加空格；或"%-md"，其效果是在数字的右面增加空格。例如，将数字63格式化为宽度为6的字符串：

String m = String.format("%6d",63);

输出结果是：

63

字符串的长度为6，在63的左面添加了4个空格。

String m = String.format("%-6d",63);

输出结果是：

63

字符串的长度为6，在63的右面添加了4个空格。

可以在宽度的前面增加前缀0，表示用数字0来填充宽度左面的部分。

String m = String.format("%6d",28);

输出结果是：

000028

8.5.3 格式化浮点数

1. float、Float、double和Double

"%f" "%e(%E)" "%g(%G)"和"%a(%A)"格式符可格式化float、Float、double和Double。

2. 修饰符

"+"修饰符：格式化正数时，强制添加上正号，例如，"%+E"将48.75格式化为"+4.875000E+01"。

","修饰符：格式化浮点数时，将整数部分按"千"分组。例如：

String m = String.format("%+,f",1234560.789);

输出结果是：

整数部分按千分组：+1,234,560.789000

3. 限制小数位数的"宽度"

"%.nf"可以限制小数的位数，其中n是保留的小数位数，例如"%.3f"将3.1415926格式化为"3.142"（结果保留3位小数）。

宽度的一般格式为"%mf"（在数字的左面增加空格），或"%-mf"（在数字的右面增加空格）。例如，将数字86.99格式化为宽度为15的字符串：

String m = String.format("%15f",86.99);

输出结果是：

86.990000

在86.990000左面添加了6个空格字符。

String m = String.format("%-15f",86.99);

输出结果是：

86.990000

在86.990000右面添加了6个空格字符。

在指定宽度的同时，也可以限制小数位数（%m.nf），对于：

String m = String.format("%15.2f",86.99);

输出结果是：

86.99

在86.99左面加了10个空格字符。

在宽度的前面可以添加前缀0：

String m = String.format("%015",86.99);

输出结果是：

00000086.990000

 如果实际数字的宽度大于格式中指定的宽度，就按数字的实际宽度进行格式化。

8.6 StringBuffer类

8.6.1 StringBuffer对象的创建

StringBuffer类

StringBuffer类和String类都是用来代表字符串的，但是它们的内部实现方式不同。String类创建的字符串对象是不可修改的，也就是说，String字符串不能修改、删除或替换字符串中的某个字符。而StringBuffer类创建的字符串对象是可以修改的。

1. StringBuffer对象的初始化

StringBuffer对象的初始化与String类的初始化相同，通常情况下使用构造方法进行初始化。

StringBuffer s = new StringBuffer();   //初始化的StringBuffer对象是一个空对象

如果想要创建一个有参数的StringBuffer对象，可以使用下面的方法：

StringBuffer s = new StringBuffer（"123"）;   //初始化有参数的StringBuffer对象

 String和StringBuffer属于不同的类型，不能直接进行强制类型转换。

2. StringBuffer的构造方法

StringBuffer类中有三个构造方法，分别如下：

StringBuffer()

StringBuffer(int size)

StringBuffer(String s)

使用第一个无参的构造方法创建StringBuffer对象后，分配给该对象的初始容量可以容纳16个字符。当该对象的实体存放的字符序列的长度大于16时，实体的容量自动增加，以便存放所有增加的字符。StringBuffer对象可以通过length()方法获取实体中存放的字符序列的长度，通过capacity()方法获取当前实体的实际容量。

使用第二个带有int参数的构造方法创建StringBuffer对象后，分配给该对象的初始容量是由参数size指定。当该对象的实体存放的字符序列的长度大于size时，实体的容量自动增加，以便存放所有增加的字符。

使用第三个带有String参数的构造方法创建StringBuffer对象后，分配给该对象的初始容量为参数字符串s的长度以及额外再增加的16个字符。

8.6.2 StringBuffer类的常用方法

1. append方法

使用append方法可以将其他Java类型数据转化为字符串后，再追加到StringBuffer对象中。

StringBuffer append(String s)：将一个字符串对象追加到当前StringBuffer对象中，并返回当前StringBuffer对象的引用。

StringBuffer append(int n)：将一个int型数据转化为字符串对象后再追加到当前StringBuffer对象中，并返回当前StringBuffer对象的引用。

StringBuffer append(Object o)：将一个Object对象o的字符串表示追加到当前StringBuffer对象中，并返回当前StringBuffer对象的引用。

类似的方法还有：

StringBuffer append(boolean b)、StringBuffer append(char c)、StringBuffer append(long n)、StringBuffer append(float f)、StringBuffer append(double d)。

2. "public char charAt(int n)"和"public void setCharAt(int n,char ch)"

charAt(int n)方法用来获取参数n指定位置上的单个字符。字符串序列从0开始，即当前对象实体中n的值必须是非负的，并且小于当前对象实体中字符串的序列长度。

setCharAt(int n,char ch)方法用来将当前StringBuffer对象实体中的字符对象位置n处的字符用参数ch指定的字符替换。n的值必须是非负的，并且小于当前对象实体中字符串序列的长度。

3. StringBuffer insert(int index,String str)

StringBuffer对象使用insert(int index,String str)方法将参数str指定的字符串插入到参数index的位置，并返回当前对象的引用。

4. public StringBuffer reverse()

StringBuffer对象使用reverse()方法将该对象实体中的字符翻转，并返回当前对象的引用。

5. "StringBuffer delete(int startIndex,int endIndex)"和"deleteCharAt(int index)"

delete(int startIndex,int endIndex)方法用于删除子字符串。参数startIndex指定需删除的第一个字符的下标，而endIndex指定了需删除的最后一个字符的下一个字符的下标。因此，要删除的子字符串是从startIndex位置开始到endIndex-1的位置结束。deleteCharAt(int index)方法用于删除当前StringBuffer对象实体的字符串中在index位置的字符。

6. StringBuffer replace(int startIndex,int endIndex,String str)

replace(int startIndex,int endIndex,String str)方法将当前StringBuffer对象实体中字符串的一个子字符串用参数str指定的字符串替换。被替换的子字符串由下标startIndex和endIndex指定，即从startIndex到endIndex-1的字符串被替换。该方法返回当前StringBuffer对象的引用。

例如：

```
public class Example {
    public static void main (String [] args){
        StringBuffer str = new StringBuffer();
        str.append("随风潜入夜，");
        System.out.println("str="+str);
        str.setCharAt(0, '润');
```

```
        System.out.println(str);
        str.insert(6,"润物细无声。");
        System.out.println(str);
        str.reverse();
        System.out.println(str);
        int index = str.indexOf("细");
        str.replace(0, 5, "润物细无声。");
        System.out.println(str);
    }
}
```

8.7 包装类

8.7.1 Integer

Integer

java.lang包中的Integer类、Long类和Short类，分别将基本类型int、long和short封装成一个类。由于这些类都是Number的子类，区别就是封装不同的数据类型，其包含的方法基本相同，所以，本节以Integer类为例介绍整数包装类。

Integer类在对象中包装了一个基本类型int的值，该类的对象包含一个int类型的字段。此外，该类提供了多个方法，能在int类型和String类型之间互相转换，同时还提供了处理int类型时非常有用的其他一些常量和方法。

1. 构造方法

Integer类有以下两种构造方法：

（1）Integer（int number）：

该方法以一个int型变量作为参数来获取Integer对象。

【例8-5】以int型变量作为参数创建Integer对象，实例代码如下：

```
Integer number = new Integer(7);
```

（2）Integer（String str）：

该方法以一个String型变量作为参数来获取Integer对象。

【例8-6】以String型变量作为参数创建Integer对象，实例代码如下：

```
Integer number = new Integer("45");
```

要用数值型String变量作为参数，如"123"，否则将会抛出NumberFormatException异常。

2. 常用方法

Integer类的常用方法如表8-6所示。

表8-6　Integer类的常用方法

返回值	方　法	功能描述
byte	byteValue()	以byte类型返回该Integer的值
int	compareTo(Integer anotherInteger)	在数字上比较两个Integer对象。如果这两个值相等，则返回0；如果调用对象的数值小于anotherInteger的数值，则返回负值；如果调用对象的数值大于anotherInteger的数值，则返回正值

续表

返回值	方　法	功能描述
boolean	equals(Object Inte-gerObj)	比较此对象与指定的对象是否相等
int	intValue()	以int型返回此Integer对象
short	shortValue()	以short型返回此Integer对象
String	toString()	返回一个表示该Integer值的String对象
Integer	valueOf(String str)	返回保存指定的String值的Integer对象
int	parseInt(String str)	返回包含在由str指定的字符串中的数字的等价整数值

Integer类中的parseInt()方法返回与调用该方法的数值字符串相应的整型（int）值。下面通过一个实例来说明parseInt()方法的应用。

【例8-7】在项目中创建类Summation，在主方法中定义String数组，实现将String类型数组中的元素转换成int型，并将各元素相加。

```
public class Summation {                              //创建类Summation
    public static void main(String args[]) {          //主方法
        String str[] = { "89", "12", "10", "18", "35" };   //定义String数组
        int sum = 0;                                  //定义int型变量sum
        for (int i = 0; i < str.length; i++) {        //循环遍历数组
            int myint=Integer.parseInt(str[i]);       //将数组中的每个元素都转换为int型
            sum = sum + myint;                        //将数组中的各元素相加
        }
        System.out.println("数组中的各元素之和是：" + sum);   //将计算后结果输出
    }
}
```

运行结果如图8-9所示。

图8-9　实例8-7的运行结果

Integer类的toString()方法可将Integer对象转换为十进制字符串表示。toBinaryString()、toHexString()和toOctalString()方法分别将值转换成二进制、十六进制和八进制字符串。实例8.8介绍了这3种方法的用法。

【例8-8】在项目中创建类Charac，在主方法中创建String变量，实现将字符变量以二进制、十六进制和八进制形式输出。

```
public class Charac {                              //创建类Charac
    public static void main(String args[]) {       //主方法
        String str = Integer.toString(456);        //获取数字的十进制表示
        String str2 = Integer.toBinaryString(456); //获取数字的二进制表示
```

```
        String str3 = Integer.toHexString(456);              //获取数字的十六进制表示
        String str4 = Integer.toOctalString(456);            //获取数字的八进制表示
        System.out.println("' 456' 的十进制表示为： " + str);
        System.out.println("' 456' 的二进制表示为： " + str2);
        System.out.println("' 456' 的十六进制表示为： " + str3);
        System.out.println("' 456' 的八进制表示为： " + str4);
    }
}
```

运行结果如图8-10所示。

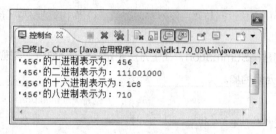

图8-10　实例8-8的运行结果

3. 常量

Integer类提供了以下4个常量。

（1）MAX_VALUE：表示int类型可取的最大值，即$2^{31}-1$。

（2）MIN_VALUE：表示int类型可取的最小值，即-2^{31}。

（3）SIZE：用来以二进制补码形式表示int值的位数。

（4）TYPE：表示基本类型int的Class实例。

可以通过程序来验证Integer类的常量。

【例8-9】 在项目中创建类GetCon，在主方法中实现将Integer类的常量值输出。

```
public class GetCon {                                        //创建类GetCon
    public static void main(String args[]) {                 //主方法
        int maxint = Integer.MAX_VALUE;                      //获取Integer类的常量值
        int minint = Integer.MIN_VALUE;
        int intsize = Integer.SIZE;
        System.out.println("int类型可取的最大值是： " + maxint);     //将常量值输出
        System.out.println("int类型可取的最小值是： " + minint);
        System.out.println("int类型的二进制位数是： " + intsize);
    }
}
```

程序运行结果如图8-11所示。

图8-11　实例8-9的运行结果

8.7.2 Boolean

Boolean

Boolean类将基本类型为boolean的值包装在一个对象中，一个Boolean类型的对象只包含一个类型为boolean的字段。此外，此类还为boolean和String的相互转换提供了许多方法，并提供了处理boolean时非常有用的其他一些常量和方法。

1. 构造方法

（1）Boolean(boolean value)：

该方法创建一个表示value参数的Boolean对象。

【例8-10】创建一个表示value参数的Boolean对象，实例代码如下：

```
Boolean b = new Boolean(true);
```

（2）Boolean(String str)：

该方法以String变量作为参数创建Boolean对象。如果String参数不为null且在忽略大小写时等于true，则分配一个表示true值的Boolean对象，否则获得一个false值的Boolean对象。

【例8-11】以String变量作为参数，创建Boolean对象。实例代码如下：

```
Boolean bool = new Boolean("ok");
```

2. 常用方法

Boolean类的常用方法如表8-7所示。

表8-7　Boolean类的常用方法

返回值	方　法	功能描述
boolean	booleanValue()	将Boolean对象的值以对应的boolean值返回
boolean	equals(Object obj)	判断调用该方法的对象与obj是否相等。当且仅当参数不是null，而且与调用该方法的对象一样都表示同一个Boolean值的boolean对象时，才返回true
boolean	parseBoolean(String s)	将字符串参数解析为boolean值
String	toString()	返回表示该布尔值的String对象
Boolean	valueOf(String s)	返回一个用指定的字符串表示值的boolean值

【例8-12】在项目中创建类GetBoolean，在主方法中以不同的构造方法创建Boolean对象，并调用booleanValue()方法将创建的对象重新转换为boolean数据输出。

```
public class GetBoolean {                        //创建类GetBoolean
    public static void main(String args[]) {     //主方法
        Boolean b1 = new Boolean(true);          //创建Boolean对象
        Boolean b2 = new Boolean("ok");          //创建Boolean对象
        System.out.println("b1: " + b1.booleanValue());
        System.out.println("b2: " + b2.booleanValue());
    }
}
```

```
📺 控制台 ⊠   ■ ✖ ✖ | ⬡ ⬡ ⬡ | ⬡ ⬡ ▾ ⬡ ▾ ⬡ ▾
<已终止> GetBoolean [Java 应用程序] C:\Java\jdk1.7.0_03\bin\javaw.
b1: true
b2: false
```

图8-12　实例8-12的运行结果

运行结果如图8-12所示。

3. 常量

Boolean提供了以下3个常量。

（1）TRUE：对应基值true的Boolean对象。

（2）FALSE：对应基值false的Boolean对象。

（3）TYPE：基本类型boolean的Class对象。

8.7.3 Byte

Byte类将基本类型为byte的值包装在一个对象中，一个Byte类型的对象只包含一个类型为byte的字段。此外，该类还为byte和String的相互转换提供了方法，并提供了处理byte时非常有用的其他一些常量和方法。

1. 构造方法

Byte类提供了以下两种构造方法的重载形式来创建Byte类对象：

（1）Byte(byte value)：

通过这种方法创建的Byte对象，可表示指定的byte值。

【例8-13】以byte型变量作为参数，创建Byte对象。实例代码如下：

```
byte mybyte = 45;
Byte b = new Byte(mybyte);
```

（2）Byte(String str)：

通过这种方法创建的Byte对象，可表示String参数所指示的byte值。

【例8-14】以String型变量作为参数，创建Byte对象。实例代码如下：

```
Byte mybyte = new Byte("12");
```

要用数值型String变量作为参数，如"123"，否则将会抛出NumberFormatException异常。

2. 常用方法

Byte类的常用方法如表8-8所示。

表8-8　Byte类的常用方法

返回值	方　法	功能描述
byte	byteValue()	以一个byte值返回Byte对象
int	compareTo(Byte anotherByte)	在数字上比较两个Byte对象
double	doubleValue()	以一个double值返回此Byte的值
Int	intValue()	以一个int值返回此Byte的值
byte	parseByte(String s)	将String型参数解析成等价的字节（byte）形式
String	toString()	返回表示此Byte的值的String对象
Byte	valueOf(String str)	返回一个保持指定String所给出的值的Byte对象
boolean	equals(Object obj)	将此对象与指定对象比较，如果调用该方法的对象与obj相等，则返回true，否则返回false

3. 常量

Byte类中提供了如下4个常量。

（1）MIN_VALUE：byte类型可取的最小值。

（2）MAX_VALUE：byte类型可取的最大值。

（3）SIZE：用于以二进制补码形式表示byte值的位数。

（4）TYPE：表示基本类型byte的Class实例。

8.7.4 Character

Character类在对象中包装一个基本类型为char的值，一个Character类型的对象包含类型为char的单个字段。该类提供了几种方法，以确定字符的类别（小写字母、数字等），并将字符从大写转换成小写，反之亦然。

Character

1. 构造方法

Character类的构造方法的语法如下：

Character(char value)

该类的构造函数必须是一个char类型的数据。通过该构造函数创建的Character类对象包含由char类型参数提供的值。一旦Character类被创建，它包含的数值就不能改变了。

【例8-15】以char型变量作为参数，创建Character对象。实例代码如下：

Character mychar = new Character('s');

2. 常用方法

Character类提供了很多方法来完成对字符的操作，常用的方法如表8-9所示。

表8-9　Character类的常用方法

返回值	方　　法	功能描述
char	charvalue()	返回此Character对象的值
int	compareTo(Character anotherCharacter)	根据数字比较两个Character对象，若这两个对象相等则返回0
Boolean	equals(Object obj)	将调用该方法的对象与指定的对象相比较
char	toUpperCase(char ch)	将字符参数转换为大写
char	toLowerCase(char ch)	将字符参数转换为小写
String	toString()	返回一个表示指定char值的String对象
char	charValue()	返回此Character对象的值
boolean	isUpperCase(char ch)	判断指定字符是否是大写字符
boolean	isLowerCase(char ch)	判断指定字符是否是小写字符

下面通过实例来介绍Character对象某些方法的使用。

【例8-16】在项目中创建类UpperOrLower，在主方法中创建Character类的对象，并判断字符的大小写状态。

```
public class UpperOrLower {                           //创建类UpperOrLower
    public static void main(String args[]) {          //主方法
        Character mychar1 = new Character('A');        //声明Character对象
        Character mychar2 = new Character('a');        //声明Character对象
        System.out.println(mychar1 + "是大写字母吗? "
                + Character.isUpperCase(mychar1));
        System.out.println(mychar2 + "是小写字母吗? "
                + Character.isLowerCase(mychar2));
    }
}
```

运行结果如图8-13所示。

图8-13 实例8-16的运行结果

3. 常量

Character类提供了大量表示特定字符的常量。例如：

（1）CONNECTOR_PUNCTUATION：返回byte型值，表示Unicode规范中的常规类别"Pc"。

（2）UNASSIGNED：返回byte型值，表示Unicode规范中的常规类别"Cn"。

（3）TITLECASE_LETTER：返回byte型值，表示Unicode规范中的常规类别"Lt"。

8.7.5 Double

Double和Float包装类是对double、float基本类型的封装，它们都是Number类的子类，又都是对小数进行操作，所以，常用方法基本相同，本节将以Double类进行介绍。对于Float类可以参考本节的相关介绍。

Double

Double类在对象中包装一个基本类型为double的值，每个Double类的对象都包含一个double类型的字段。此外，该类还提供多个方法，可以将double转换为String，将String转换为double，也提供了其他一些处理double时有用的常量和方法。

1. 构造方法

Double类提供了以下两种构造方法来获得Double类对象。

（1）Double(double value)：基于double参数创建Double类对象。

（2）Double(String str)：构造一个新分配的Double对象，表示用字符串表示的double类型的浮点值。

 如果不是以数值类型的字符串作为参数，则将会抛出NumberFormatException异常。

2. 常用方法

Double类的常用方法如表8-10所示。

表8-10 Double类的常用方法

返回值	方 法	功能描述
byte	byteValue()	以byte形式返回Double对象值（通过强制转换）
int	compareTo(Double d)	对两个Double对象进行数值比较。如果两个值相等，则返回0；如果调用对象的数值小于d的数值，则返回负值；如果调用对象的数值大于d的值，则返回正值
boolean	equals(Object obj)	将此对象与指定的对象相比较
int	intValue()	以int形式返回double值
boolean	isNaN()	如果此double值是非数字（NaN）值，则返回true；否则返回false
String	toString()	返回此Double对象的字符串表示形式

续表

返回值	方 法	功能描述
Double	valueOf(String str)	返回保存用参数字符串str表示的double值的Double对象
double	doubleValue()	以double形式返回此Double对象
long	longValue()	以long形式返回此double的值（通过强制转换为long类型）

3. 常量

Double类提供了一些有用的常量。例如：

（1）MAX_EXPONENT：返回int值，表示有限double变量可能具有的最大指数。

（2）MIN_EXPONENT：返回int值，表示标准化double变量可能具有的最小指数。

（3）NEGATIVE_INFINITY：返回double值，表示保存double类型的负无穷大值的常量。

（4）POSITIVE_INFINITY：返回double值，表示保存double类型的正无穷大值的常量。

8.7.6 Number

抽象类Number是BigDecimal、BigInteger、Byte、Double、Float、Integer、Long和Short类的父类，Number的子类必须提供将表示的数值转换为byte、double、float、int、long和short的方法。例如，doubleValue()方法返回双精度值，floatValue()方法返回浮点值。这些方法如表8-11所示。

Number

表8-11　Number类的方法

返回值	方 法	功能描述
byte	byteValue()	以byte形式返回指定的数值
int	intValue()	以int形式返回指定的数值
float	floatValue()	以float形式返回指定的数值
short	shortValue()	以short形式返回指定的数值
long	longValue()	以long形式返回指定的数值
double	doubleValue()	以double形式返回指定的数值

Number类的方法分别被Number的各子类所实现，也就是说，在Number类的所有子类中都包含以上这几种方法。

小 结

本章主要介绍了字符串的创建和连接方式，以及获取字符串信息、常用的字符串操作等。这些对字符串的常规操作在实际编程中经常会遇到，因此，应该熟练掌握。本章还介绍了Java中表示数字、字符、布尔值的包装类，其中Number是所有数字类的父类，其子类包括Integer、Float等；Character类是字符的包装类，该类提供了对字符的各种处理方法；Boolean类是布尔类型值的包装类。

通过学习本章内容，读者应该熟练掌握各种字符串和包装类所提供的方法，在实际开发中要灵活运用。

习 题

8-1　使用String类的toUpperCase()方法和toLowerCase()方法来实现大小写的转换。

8-2　分别截取字符串str1和字符串str2的部分内容，如果截取后的两个子串相同（不区分大小写）会输出"两个子串相同"，否则输出"两个子串并不相同"。

8-3　创建Integer类对象，并以int类型将Integer的值返回。

8-4　创建两个Character对象，通过equals()比较它们是否相等；之后将这两个对象分别转换成小写形式，再通过equals()方法比较两个Character对象是否相等。

8-5　编写程序，实现通过字符型变量创建boolean值，再将其转换成字符串输出，观察输出后的字符串与创建Boolean对象时给定的参数是否相同。

第9章

集 合

本章要点

掌握Collection接口的常用方法 ■
掌握List集合的常用方法 ■
掌握Set集合的常用方法 ■
掌握Map集合的常用方法 ■

■ 学习Java语言，就必须学习如何使用Java的集合。Java的集合就像一个容器，用来存放Java类的对象。有些存放的东西在容器内部是不可操作的，如水桶里面装的水，除了将其装入和倒出之外，就不能再进行别的操作了，但是很容易装入和倒出；而有些存放的东西在容器内部则是可操作的，如衣柜里面摆放的衣服，不仅可以将衣服存放到衣柜中，还可以将衣服有序地摆放，以便在使用时快速地查找，但是却不容易取出，如存放在柜子底部的衣服。Java的集合也是如此，有些是方便存入和取出的，而有些则是方便查找的。

9.1 集合中主要接口的概述

在java.util包中提供了一些集合，常用的有List、Set和Map，其中List和Set实现了Collection接口。这些集合又被称为容器，它们与数组不同。数组的长度是固定的，集合的长度是可变的；数组用来存放基本类型的数据，集合用来存放类对象的引用。

List接口、Set接口、Map接口和Collection接口的主要特征如下：

（1）Collection接口是List接口和Set接口的父接口，通常情况下不能被直接使用；

（2）List接口实现了Collection接口，List接口允许存放重复的对象，按照对象的插入顺序排列；

（3）Set接口实现了Collection接口，Set接口不允许存放重复的对象，按照自身内部的排序规则排列；

（4）Map接口以键值对（key-value）的形式存放对象，其中键（key）对象不可以重复，值（value）对象可以重复，按照自身内部的排序规则排列。

上述集合的继承关系如图9-1所示。

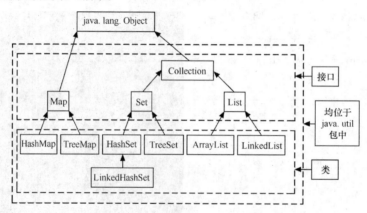

图9-1　常用集合的继承关系

9.2 Collection接口

Collection接口是List接口和Set接口的父接口，通常情况下不被直接使用。不过Collection接口定义了一些通用的方法，通过这些方法可以实现对集合的基本操作，因为List接口和Set接口实现了Collection接口，所以这些方法对List集合和Set集合是通用的。Collection接口定义的常用方法及功能如表9-1所示。

Collection接口

表9-1　Collection接口定义的常用方法及功能

方法名称	功能简介
add(E obj)	将指定的对象添加到该集合中
addAll(Collection<? extends E> col)	将指定集合中的所有对象添加到该集合中
remove(Object obj)	将指定的对象从该集合中移除。返回值为boolean型，如果存在指定的对象则返回true，否则返回false
removeAll(Collection<?> col)	从该集合中移除同时包含在指定集合中的对象，与retainAll()方法正好相反。返回值为boolean型，如果存在符合移除条件的对象则返回true，否则返回false
retainAll(Collection<?> col)	仅保留该集合中同时包含在指定集合中的对象，与removeAll()方法正好相反。返回值为boolean型，如果存在符合移除条件的对象则返回true，否则返回false

续表

方法名称	功能简介
contains(Object obj)	用来查看在该集合中是否存在指定的对象。返回值为boolean型，如果存在则返回true，否则返回false
containsAll(Collection<?> col)	用来查看在该集合中是否存在指定集合中的所有对象。返回值为boolean型，如果存在则返回true，否则返回false
isEmpty()	用来查看该集合是否为空。返回值为boolean型，如果在集合中未存放任何对象则返回true，否则返回false
size()	用来获得该集合中存放对象的个数。返回值为int型，为集合中存放对象的个数
clear()	移除该集合中的所有对象，清空该集合
iterator()	用来序列化该集合中的所有对象。返回值为Iterator<E>型，通过返回的Iterator<E>型实例可以遍历集合中的对象
toArray()	用来获得一个包含所有对象的Object型数组
toArray(T[] t)	用来获得一个包含所有对象的指定类型的数组
equals(Object obj)	用来查看指定的对象与该对象是否为同一个对象。返回值为boolean型，如果为同一个对象则返回true，否则返回false

说明　表9-1中的方法是从JDK 5.0中提出的，因为从JDK 5.0开始强化了泛化功能，所以，部分方法要求入口参数符合泛化类型。在下文中用到泛化功能的地方，将对使用泛化功能的优点进行详细讲解。

9.2.1　addAll()方法

addAll(Collection<? extends E> col)方法用来将指定集合中的所有对象添加到该集合中。如果对该集合进行了泛化，则要求指定集合中的所有对象都符合泛化类型，否则在编译程序时将抛出异常，入口参数中的"<? extends E>"就说明了这个问题，其中的E为用来泛化的类型。

【例9-1】使用addAll()方法向集合中添加对象。

```
public static void main(String[] args) {
    String a = "A";
    String b = "B";
    String c = "C";
    Collection<String> list = new ArrayList<String>();
    list.add(a);            // 通过add(E obj)方法添加指定对象到集合中
    list.add(b);
    Collection<String> list2 = new ArrayList<String>();
    // 通过addAll(Collection<? extends E> col)方法添加指定集合中的所有对象到该集合中
    list2.addAll(list);
    list2.add(c);
    Iterator<String> it = list2.iterator();      // 通过iterator()方法序列化集合中的所有对象
    while (it.hasNext()) {
```

```
        String str = it.next();        // 因为对实例it进行了泛化，所以不需要进行强制类型转换
        System.out.println(str);
    }
}
```

上面的代码首先通过add(E obj)方法添加两个对象到list集合中，分别为a和b；然后依次通过addAll(Collection<? extends E> col)方法和add(E obj)方法将集合list中的所有对象和对象c添加到list2集合中；紧接着通过iterator()方法序列化集合list2，获得一个Iterator型实例it，因为集合list和list2中的所有对象均为String型，所以，将实例it也泛化成String型；最后利用while循环遍历通过序列化集合list2得到的实例it，因为将实例it泛化成了String型，所以，可以将通过next()方法得到的对象直接赋值给String型对象str，否则需要先执行强制类型转换。执行上面的代码，在控制台将输出图9-2所示的信息。

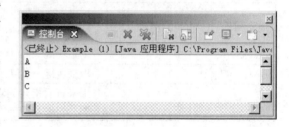

图9-2 例9-1的运行结果

9.2.2 removeAll()方法

removeAll(Collection<?> col)方法用来从该集合中移除同时包含在指定集合中的对象，与retainAll()方法正好相反。返回值为boolean型，如果存在符合移除条件的对象则返回true，否则返回false。

【例9-2】使用removeAll()方法从集合中移除对象。

```
public static void main(String[] args) {
    String a = "A", b = "B", c = "C";
    Collection<String> list = new ArrayList<String>();
    list.add(a);
    list.add(b);
    Collection<String> list2 = new ArrayList<String>();
    list2.add(b);            // 注释该行，再次运行
    list2.add(c);
    // 通过removeAll()方法从该集合中移除同时包含在指定集合中的对象，并获得返回信息
    boolean isContains = list.removeAll(list2);
    System.out.println(isContains);
    Iterator<String> it = list.iterator();
    while (it.hasNext()) {
        String str = it.next();
        System.out.println(str);
    }
}
```

上面的代码首先分别创建了集合list和list2，在集合list中包含对象a和b，在集合list2中包含对象b和c；然后从集合list中移除同时包含在集合list2中的对象，获得返回信息并输出；最后遍历集合list，在控制台将输出图9-3所示的信息，输出true说明存在符合移除条件的对象，符合移除条件的对象为b，此时list集合中只存在对象a。在创建集合list2时如果只添加对象c，再次运行代码，在控制台将输出图9-4所示的信息，输出false说明不存在符合移除条件的对象，此时list集合中依然存在对象a和b。

图9-3 移除了对象

图9-4 未移除对象

9.2.3 retainAll()方法

retainAll(Collection<?> col)方法仅保留该集合中同时包含在指定集合中的对象，其他的全部移除，与removeAll()方法正好相反。返回值为boolean型，如果存在符合移除条件的对象则返回true，否则返回false。

【例9-3】使用retainAll ()方法，仅保留list集合中同时包含在list2集合中的对象，其他的全部移除。

```java
public static void main(String[] args) {
    String a = "A", b = "B", c = "C";
    Collection<String> list = new ArrayList<String>();
    list.add(a);            // 注释该行，再次运行
    list.add(b);
    Collection<String> list2 = new ArrayList<String>();
    list2.add(b);
    list2.add(c);
    // 通过retainAll()方法仅保留该集合中同时包含在指定集合中的对象，并获得返回信息
    boolean isContains = list.retainAll(list2);
    System.out.println(isContains);
    Iterator<String> it = list.iterator();
    while (it.hasNext()) {
        String str = it.next();
        System.out.println(str);
    }
}
```

执行上面的代码，在控制台将输出图9-5所示的信息，输出true说明存在符合移除条件的对象，符合移除条件的对象为a，此时list集合中只存在对象b。在创建集合list时如果只添加对象b，再次运行代码，在控制台将输出图9-6所示的信息，输出false说明不存在符合移除条件的对象，此时list集合中依然存在对象b。

图9-5　移除了对象

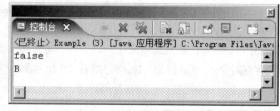

图9-6　未移除对象

9.2.4　containsAll()方法

containsAll(Collection<?> col)方法用来查看在该集合中是否存在指定集合中的所有对象。返回值为boolean型，如果存在则返回true，否则返回false。

【例9-4】使用containsAll ()方法查看在集合list中是否包含集合list2中的所有对象。

```java
public static void main(String[] args) {
    String a = "A", b = "B", c = "C";
    Collection<String> list = new ArrayList<String>();
    list.add(a);
    list.add(b);
    Collection<String> list2 = new ArrayList<String>();
    list2.add(b);
    list2.add(c);            // 注释该行，再次运行
    // 通过containsAll()方法查看在该集合中是否存在指定集合中的所有对象，并获得返回信息
    boolean isContains = list.containsAll(list2);
    System.out.println(isContains);
}
```

执行上面的代码，在控制台将输出false，说明在集合list(a,b)中不包含集合list2(b,c)中的所有对象。在创建集合list2时如果只添加对象b，再次运行代码，在控制台将输出true，说明在集合list(a,b)中包含集合list2(b)中的所有对象。

9.2.5　toArray()方法

toArray(T[] t)方法用来获得一个包含所有对象的指定类型的数组。toArray(T[] t)方法的入口参数必须为数组类型的实例，并且必须已经被初始化，它用来指定欲获得数组的类型，如果对调用toArray(T[] t)方法的实例进行了泛化，还要求入口参数的类型必须符合泛化类型。

【例9-5】使用toArray ()方法获得一个包含所有对象的指定类型的数组。

```java
public static void main(String[] args) {
    String a = "A", b = "B", c = "C";
    Collection<String> list = new ArrayList<String>();
    list.add(a);
    list.add(b);
    list.add(c);
    String strs[] = new String[1];  // 创建一个String型数组
```

```
String strs2[] = list.toArray(strs);  // 获得一个包含所
                                          有对象的指定类
                                          型的数组

for (int i = 0; i < strs2.length; i++) {
    System.out.println(strs2[i]);
}
}
```

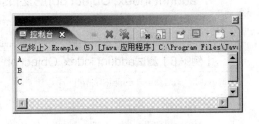

图9-7　例9-5的运行结果

执行上面的代码，在控制台将输出图9-7所示的信息。

9.3　List集合

List集合为列表类型，列表的主要特征是以线性方式存储对象。

9.3.1　List的用法

List包括List接口以及List接口的所有实现类。因为List接口实现了Collection接口，所以，List接口拥有Collection接口提供的所有常用方法；又因为List是列表类型，所以，List接口还提供了一些适合于自身的常用方法，如表9-2所示。

List的用法

表9-2　List接口定义的常用方法及功能

方法名称	功能简介
add(int index, Object obj)	用来向集合的指定索引位置添加对象，其他对象的索引位置相对后移一位。索引位置从0开始
addAll(int, Collection coll)	用来向集合的指定索引位置添加指定集合中的所有对象
remove(int index)	用来清除集合中指定索引位置的对象
set(int index, Object obj)	用来将集合中指定索引位置的对象修改为指定的对象
get(int index)	用来获得指定索引位置的对象
indexOf(Object obj)	用来获得指定对象的索引位置。当存在多个时，返回第一个的索引位置；当不存在时，返回-1
lastIndexOf(Object obj)	用来获得指定对象的索引位置。当存在多个时，返回最后一个的索引位置；当不存在时，返回-1
listIterator()	用来获得一个包含所有对象的ListIterator型实例
listIterator(int index)	用来获得一个包含从指定索引位置到最后的ListIterator型实例
subList(int fromIndex, int toIndex)	通过截取从起始索引位置fromIndex（包含）到终止索引位置toIndex（不包含）的对象，重新生成一个List集合并返回

从表9-2可以看出，List接口提供的适合于自身的常用方法均与索引有关，这是因为List集合为列表类型，以线性方式存储对象，可以通过对象的索引操作对象。

List接口的常用实现类有ArrayList和LinkedList。在使用List集合时，通常情况下，声明为List类型；实例化时，根据实际情况的需要为ArrayList或LinkedList，例如：

```
List<String> l = new ArrayList<String>();      // 利用ArrayList类实例化List集合
List<String> l2 = new LinkedList<String>();    // 利用LinkedList类实例化List集合
```

1. add(int index, Object obj)方法和set(int index, Object obj)方法

在使用List集合时需要注意区分add(int index，Object obj)方法和set(int index，Object obj)方法，前者是向指定索引位置添加对象，而后者是替换指定索引位置的对象，索引值从0开始。

【例9-6】测试add(int index, Object obj)方法和set(int index, Object obj)方法的区别。

```
public static void main(String[] args) {
    String a = "A", b = "B", c = "C", d = "D", e = "E";
    List<String> list = new LinkedList<String>();
    list.add(a);
    list.add(e);
    list.add(d);
    list.set(1, b);      // 将索引位置为1的对象e修改为对象b
    list.add(2, c);      // 将对象c添加到索引位置为2的位置
    Iterator<String> it = list.iterator();
    while (it.hasNext()) {
        System.out.println(it.next());
    }
}
```

图9-8 例9-6的运行结果

执行上面的代码，在控制台将输出图9-8所示的信息，通过set()方法将对象b添加到了对象a的后面，将对象e替换为了对象c。

因为List集合可以通过索引位置访问对象，所以，还可以通过for循环遍历List集合。例如，遍历上面代码中List集合的代码如下：

```
for (int i = 0; i < list.size(); i++) {
    System.out.println(list.get(i));              // 利用get(int index)方法获得指定索引位置的对象
}
```

2. indexOf(Object obj)方法和lastIndexOf(Object obj)方法

在使用List集合时需要注意区分indexOf(Object obj)方法和lastIndexOf(Object obj)方法，前者是获得指定对象的最小索引位置，而后者是获得指定对象的最大索引位置，前提条件是指定的对象在List集合中具有重复的对象，否则如果在List集合中有且仅有一个指定的对象，则通过这两个方法获得的索引位置是相同的。

【例9-7】测试indexOf(Object obj)方法和lastIndexOf(Object obj)方法的区别。

```
public static void main(String[] args) {
    String a = "A", b = "B", c = "C", d = "D", repeat = "Repeat";
    List<String> list = new ArrayList<String>();
    list.add(a);            // 索引位置为 0
    list.add(repeat);       // 索引位置为 1
    list.add(b);            // 索引位置为 2
    list.add(repeat);       // 索引位置为 3
    list.add(c);            // 索引位置为 4
    list.add(repeat);       // 索引位置为 5
```

```
        list.add(d);              // 索引位置为 6
        System.out.println(list.indexOf(repeat));
        System.out.println(list.lastIndexOf(repeat));
        System.out.println(list.indexOf(b));
        System.out.println(list.lastIndexOf(b));
    }
```

图9-9　例9-7的运行结果

执行上面的代码，在控制台将输出图9-9所示的信息。

3. subList(int fromIndex, int toIndex)方法

使用subList(int fromIndex, int toIndex)方法可以截取现有List集合中的部分对象，生成新的List集合。需要注意的是，新生成的集合中包含起始索引位置的对象，但是不包含终止索引位置的对象。

【例9-8】使用subList()方法。

```
public static void main(String[] args) {
    String a = "A", b = "B", c = "C", d = "D", e = "E";
    List<String> list = new ArrayList<String>();
    list.add(a);                // 索引位置为 0
    list.add(b);                // 索引位置为 1
    list.add(c);                // 索引位置为 2
    list.add(d);                // 索引位置为 3
    list.add(e);                // 索引位置为 4
    list = list.subList(1, 3);  // 利用从索引位
置 1 到 3 的对象重新生成一个List集合
    for (int i = 0; i < list.size(); i++) {
        System.out.println(list.get(i));
    }
}
```

图9-10　例9-8的运行结果

执行上面的代码，在控制台将输出图9-10所示的信息。

9.3.2　使用ArrayList类

ArrayList类实现了List接口，由ArrayList类实现的List集合采用数组结构保存对象。数组结构的优点是便于对集合进行快速的随机访问，如果经常需要根据索引位置访问集合中的对象，使用由ArrayList类实现的List集合的效率较好。数组结构的缺点是向指定索引位置插入对象和删除指定索引位置对象的速度较慢。如果经常需要向List集合的指定索引位置插入对象，或者是删除List集合指定索引位置的对象，使用由ArrayList类实现的List集合的效率较低。并且插入或删除对象的

使用ArrayList类

索引位置越小，效率越低，原因是当向指定的索引位置插入对象时，会同时将指定索引位置及之后的所有对象相应地向后移动一位，如图9-11所示。当删除指定索引位置的对象时，会同时将指定索引位置之后的所有对象相应地向前移动一位，如图9-12所示。如果在指定的索引位置之后有大量的对

象，将严重影响对集合的操作效率。

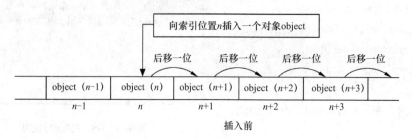

图9-11 向由ArrayList类实现的List集合中插入对象

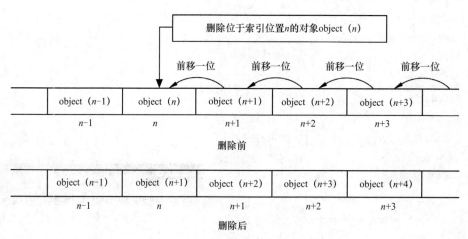

图9-12 从由ArrayList类实现的List集合中删除对象

就是因为由ArrayList类实现的List集合在插入和删除对象时存在这样的缺点，在例5-6中才没有利用ArrayList类实例化List集合。

【例9-9】编写一个模仿经常需要随机访问集合中对象的例子。

在编写该例子时，用到了java.lang.Math类的random()方法。通过该方法可以得到一个小于

10的double型随机数，将该随机数乘以5后再强制转换成整数，可得到一个0～4的整数，并访问由ArrayList类实现的List集合中该索引位置的对象。具体代码如下：

```java
public static void main(String[] args) {
    String a = "A", b = "B", c = "C", d = "D", e = "E";
    List<String> list = new ArrayList<String>();
    list.add(a);            // 索引位置为0
    list.add(b);            // 索引位置为1
    list.add(c);            // 索引位置为2
    list.add(d);            // 索引位置为3
    list.add(e);            // 索引位置为4
    System.out.println(list.get((int) (Math.random() * 5)));// 模拟随机访问集合中的对象
```

}

执行上面的代码，当得到的0～4的随机数为1时，在控制台将输出"B"；当得到的0～4的随机数为3时，在控制台将输出"D"，依此类推。

【例9-10】使用List集合根据订单号查询订货信息。

```java
public int selectJoinStockByOid(String oid) {
        List list = new ArrayList<Sell>();
        conn = connection.getCon();
        int id = 0;
        try {
            Statement statement = conn.createStatement();
            ResultSet rest = statement.executeQuery("select id from tb_joinDepot where oid = ' "+oid+"' ");
            while (rest.next()) {
                id = rest.getInt(1);
            }
        } catch (SQLException e) {
            e.printStackTrace();
        }
        return id;
        }
```

程序运行结果如图9-13所示。

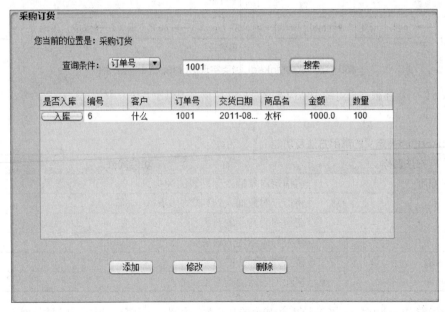

图9-13 例9-10的运行结果

9.3.3 使用LinkedList类

LinkedList类实现了List接口，由LinkedList类实现的List集合采用链表结构保存对象。链表结构的

优点是便于向集合中插入和删除对象，如果经常需要向集合中插入对象，或者从
集合中删除对象，使用由LinkedList类实现的List集合的效率较好。链表结构的
缺点是随机访问对象的速度较慢，如果经常需要随机访问集合中的对象，使用由
LinkedList类实现的List集合的效率则较低。由LinkedList类实现的List集合便于插
入和删除对象的原因是当插入和删除对象时，只需要简单地修改链接位置，分别如
图9-14和图9-15所示，省去了移动对象的操作。

使用LinkedList类

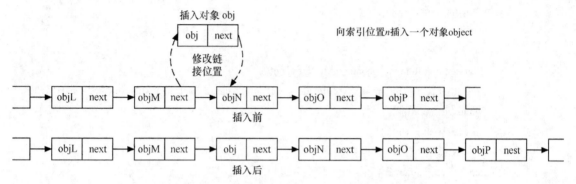

图9-14　向由LinkedList类实现的List集合中插入对象

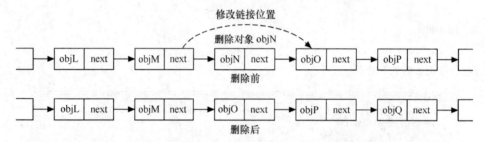

图9-15　从由LinkedList类实现的List集合中删除对象

　　LinkedList类还根据采用链表结构保存对象的特点，提供了几个专有的操作集合的方法，如表9-3
所示。

表9-3　LinkedList类定义的常用方法及功能

方法名称	功能简介
addFirst(E obj)	将指定对象插入到列表的开头
addLast(E obj)	将指定对象插入到列表的结尾
getFirst()	获得列表开头的对象
getLast()	获得列表结尾的对象
removeFirst()	移除列表开头的对象
removeLast()	移除列表结尾的对象

　　下面以操作由LinkedList类实现的List集合的开头对象为例，介绍表9-3中几个方法的使用规则及实现
的功能。

【例9-11】使用LinkedList类。

　　在该例中首先通过getFirst()方法获得List集合的开头对象并输出，然后通过addFirst(E obj)方法向
List集合的开头添加一个对象，接着再次通过getFirst()方法获得List集合的开头对象并输出，紧跟着通过

removeFirst()方法移除List集合中的开头对象，最后再次通过getFirst()方法获得List集合的开头对象并输出。具体代码如下：

```
public static void main(String[] args) {
    String a = "A", b = "B", c = "C", test = "Test";
    LinkedList<String> list = new LinkedList<String>();
    list.add(a);                        // 索引位置为 0
    list.add(b);                        // 索引位置为 1
    list.add(c);                        // 索引位置为 2
    System.out.println(list.getFirst()); // 获得并输出列表开头的对象
    list.addFirst(test);                // 向列表开头添加一个对象
    System.out.println(list.getFirst()); // 获得并输出列表开头的对象
    list.removeFirst();                 // 移除列表开头的对象
    System.out.println(list.getFirst()); // 获得并输出列表开头的对象
}
```

执行上面的代码，在控制台将输出图9-16所示的信息。

图9-16　例9-11的运行结果

9.4　Set 集合

Set集合为集类型。集是最简单的一种集合，存放于集中的对象不按特定方式排序，只是简单地把对象加入集合中，类似于向口袋里放东西。对集中存放的对象的访问和操作是通过对象的引用进行的，所以，在集中不能存放重复对象。Set包括Set接口以及Set接口的所有实现类。因为Set接口实现了Collection接口，所以，Set接口拥有Collection接口提供的所有常用方法。

Set集合

9.4.1　使用HashSet类

由HashSet类实现的Set集合的优点是能够快速定位集合中的元素。

由HashSet类实现的Set集合中的对象必须是唯一的，所以，添加到由HashSet类实现的Set集合中的对象，需要重新实现equals()方法，从而保证插入集合中对象的标识的唯一性。

由HashSet类实现的Set集合按照哈希码排序，根据对象的哈希码确定对象的存储位置，所以，添加到由HashSet类实现的Set集合中的对象，还需要重新实现hashCode()方法，从而保证插入集合中的对象能够合理地分布在集合中，以便于快速定位集合中的对象。

Set集合中的对象是无序的（这里所谓的无序，并不是完全无序，只是不像List集合那样按对象的插入顺序保存对象），例如下面的例子，遍历集合输出对象的顺序与向集合插入对象的顺序并不相同。

【例9-12】使用HashSet类。

首先新建一个Person类，该类需要重新实现equals(Object obj)方法和hashCode()方法，以保证对象标识的唯一性和存储分布的合理性，具体代码如下：

```
public class Person {
    private String name;
    private long id_card;
```

```java
    public Person(String name, long id_card) {
        this.name = name;
        this.id_card = id_card;
    }
    public long getId_card() {
        return id_card;
    }
    public void setId_card(long id_card) {
        this.id_card = id_card;
    }
    public String getName() {
        return name;
    }
    public void setName(String name) {
        this.name = name;
    }
    public int hashCode() {                    // 实现 hashCode() 方法
        final int PRIME = 31;
        int result = 1;
        result = PRIME * result + (int) (id_card ^ (id_card >>> 32));
        result = PRIME * result + ((name == null) ? 0 : name.hashCode());
        return result;
    }
    public boolean equals(Object obj) {     // 实现 equals() 方法
        if (this == obj)
            return true;
        if (obj == null)
            return false;
        if (getClass() != obj.getClass())
            return false;
        final Person other = (Person) obj;
        if (id_card != other.id_card)
            return false;
        if (name == null) {
            if (other.name != null)
                return false;
        } else if (!name.equals(other.name))
            return false;
        return true;
    }
}
```

然后编写一个用来测试的main()方法，初始化Set集合并遍历输出到控制台，具体代码如下：

```
public static void main(String[] args) {
    Set<Person> hashSet = new HashSet<Person>();
    hashSet.add(new Person("马先生", 220181));
    hashSet.add(new Person("李先生", 220186));
    hashSet.add(new Person("王小姐", 220193));
    Iterator<Person> it = hashSet.iterator();
    while (it.hasNext()) {
        Person person = it.next();
        System.out.println(person.getName() + "  " +
person.getId_card());
    }
}
```

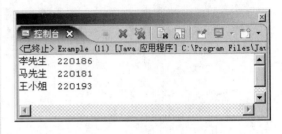

图9-17　例9-12的运行结果

执行上面的代码，将在控制台输出图9-17所示信息。

如果既想保留HashSet类快速定位集合中对象的优点，又想让集合中的对象按插入的顺序保存，可以通过HashSet类的子类LinkedHashSet实现Set集合，即将Person类中的如下代码：

```
Set<Person> hashSet = new HashSet<Person>();
```

替换为如下代码：

```
Set<Person> hashSet = new LinkedHashSet<Person>();
```

9.4.2　使用TreeSet类

TreeSet类不仅实现了Set接口，还实现了java.util.SortedSet接口，从而保证在遍历集合时按照递增的顺序获得对象。遍历对象时可能是按照自然顺序递增排列，所以，存入由TreeSet类实现的Set集合的对象时必须实现Comparable接口；也可能是按照指定比较器递增排列，即可以通过比较器对由TreeSet类实现的Set集合中的对象进行排序。

TreeSet类通过实现java.util.SortedSet接口增加的方法如表9-4所示。

表9-4　TreeSet类实现java.util.SortedSet接口的方法

方法名称	功能简介
comparator()	获得对该集合采用的比较器。返回值为Comparator类型，如果未采用任何比较器则返回null
first()	返回在集合中的排序位于第一的对象
last()	返回在集合中的排序位于最后的对象
headSet(E toElement)	截取在集合中的排序位于对象toElement（不包含）之前的所有对象，重新生成一个Set集合并返回
subSet(E fromElement, E toElement)	截取在集合中的排序位于对象fromElement（包含）和对象toElement（不包含）之间的所有对象，重新生成一个Set集合并返回
tailSet(E fromElement)	截取在集合中的排序位于对象toElement（包含）之后的所有对象，重新生成一个Set集合并返回

下面将通过一个例子，详细介绍表9-4中比较难于理解的headSet()、subSet()和tailSet()3个方法，以及在使用时需要注意的事项。

【例9-13】使用TreeSet类。

首先新建一个Person类，由TreeSet类实现的Set集合要求该类必须实现java.lang.Comparable接口，这里实现的排序方式为按编号升序排列，具体代码如下：

```java
public class Person implements Comparable {
    private String name;
    private long id_card;
    public Person(String name, long id_card) {
        this.name = name;
        this.id_card = id_card;
    }
    public long getId_card() {
        return id_card;
    }
    public void setId_card(long id_card) {
        this.id_card = id_card;
    }
    public String getName() {
        return name;
    }
    public void setName(String name) {
        this.name = name;
    }
    public int compareTo(Object o) {                        // 默认按编号升序排序
        Person person = (Person) o;
        int result = id_card > person.id_card ? 1
                : (id_card == person.id_card ? 0 : -1);
        return result;
    }
}
```

然后编写一个用来测试的main()方法。在main()方法中首先初始化一个集合，并对集合进行遍历；然后通过headSet()方法截取集合前面的部分对象得到一个新的集合，并遍历新的集合。注意：在新集合中不包含指定的对象。接着通过subSet()方法截取集合中间的部分对象得到一个新的集合，并遍历新的集合。（注意：在新集合中包含指定的起始对象，但是不包含指定的终止对象。）最后通过tailSet()方法截取集合后面的部分对象得到一个新的集合，并遍历新的集合。（注意：在新集合中包含指定的对象。）main()方法的关键代码如下：

```java
public static void main(String[] args) {
    Person person1 = new Person("马先生", 220181);
    Person person2 = new Person("李先生", 220186);
    Person person3 = new Person("王小姐", 220193);
    Person person4 = new Person("尹先生", 220196);
    Person person5 = new Person("王先生", 220175);
```

```
TreeSet<Person> treeSet = new TreeSet<Person>();
treeSet.add(person1);
treeSet.add(person2);
treeSet.add(person3);
treeSet.add(person4);
treeSet.add(person5);
System.out.println("初始化的集合：");
Iterator<Person> it = treeSet.iterator();
while (it.hasNext()) {                                    // 遍历集合
    Person person = it.next();
    System.out.println("------ " + person.getId_card() + " " + person.getName());
}
System.out.println("截取前面部分得到的集合：");
it = treeSet.headSet(person1).iterator(); // 截取在集合中排在马先生（不包括）之前的人
while (it.hasNext()) {
    Person person = it.next();
    System.out.println("------ " + person.getId_card() + " " + person.getName());
}
System.out.println("截取中间部分得到的集合：");
// 截取在集合中排在马先生（包括）和王小姐（不包括）之间的人
it = treeSet.subSet(person1, person3).iterator();
while (it.hasNext()) {
    Person person = it.next();
    System.out.println("------ " + person.getId_card() + " " + person.getName());
}
System.out.println("截取后面部分得到的集合：");
it = treeSet.tailSet(person3).iterator(); // 截取在集合中排在王小姐
（包括）之后的人
while (it.hasNext()) {
    Person person = it.next();
        System.out.println("------"+ person.getId_card() + " " + person.getName());
    }
}
```

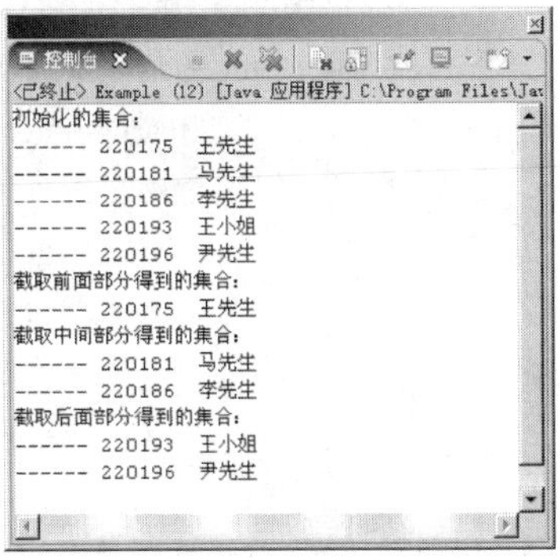

运行该例，在控制台将输出图9-18所示的信息。

图9-18 例9-13的运行结果

说明 在通过headSet()、subSet()和tailSet()方法截取现有集合中的部分对象生成新的集合时，要确定在新的集合中是否包含指定的对象可以采用这种方式：如果指定的对象位于新集合的起始位置，则包含该指定对象，例如，subSet()方法的第一个参数和tailSet()方法的参数；如果指定的对象位于新集合的终止位置，则不包含该指定对象，例如headSet()方法的参数和subSet()方法的第二个参数。

【例9-14】自定义比较器。

在使用由TreeSet类实现的Set集合时，也可以通过单独的比较器，对集合中的对象进行排序。比较器类既可以作为一个单独的类，也可以作为对应类的内部类，这里以内部类的形式实现比较器类。在Person类中以内部类的形式实现比较器类PersonComparator的关键代码如下：

```java
public class Person implements Comparable {
    private String name;
    private long id_card;
    public Person(String name, long id_card) {
        this.name = name;
        this.id_card = id_card;
    }
    public long getId_card() {
        return id_card;
    }
    public void setId_card(long id_card) {
        this.id_card = id_card;
    }
    public String getName() {
        return name;
    }
    public void setName(String name) {
        this.name = name;
    }
    public int compareTo(Object o) {                    // 默认按编号升序排序
        Person person = (Person) o;
        int result = id_card > person.id_card ? 1
                : (id_card == person.id_card ? 0 : -1);
        return result;
    }
    // 通过内部类实现Comparator接口，为所在类编写比较器
    static class PersonComparator implements Comparator {
        // 为可能参与排序的属性定义同名的静态常量值
        public static final int NAME = 1;
        public static final int ID_CARD = 2;
        private int orderByColumn = 1;                  // 默认为按姓名排序
        public static final boolean ASC = true;
        public static final boolean DESC = false;
        private boolean orderByMode = true;             // 默认为按升序排序
        public int compare(Object o1, Object o2) {      // 实现Comparator接口的方法
            Person p1 = (Person) o1;
```

```
                Person p2 = (Person) o2;
                int result = 0;                                    // 默认的判断结果为两个对象相等
                switch (orderByColumn) {                            // 判断排序条件
                case 2:                                             // 按编号降序
                    if (orderByMode)                                // 升序
                        result = (int) (p1.getId_card() − p2.getId_card());
                    else                                            // 降序
                        result = (int) (p2.getId_card() − p1.getId_card());
                    break;
                default:                                            // 按姓名升序
                    String s1 = CnToSpell.getFullSpell(p1.getName());// 获得汉字的全拼
                    String s2 = CnToSpell.getFullSpell(p2.getName());// 获得汉字的全拼
                    if (orderByMode)                                // 升序
                        result = s1.compareTo(s2);                  // 比较两个字符串的大小
                    else                                            // 降序
                        result = s2.compareTo(s1);                  // 比较两个字符串的大小
                }
                return result;
            }
            public void orderByColumn(int orderByColumn) {         // 用来设置排序条件
                this.orderByColumn = orderByColumn;
            }
            public void orderByMode(boolean orderByMode) {         // 用来设置排序方式
                this.orderByMode = orderByMode;
            }
        }
    }
```

下面编写一个用来测试排序方式的main()方法。分别遍历输出按默认排序方式（编号升序）的Set集合和按编号降序排序方式的Set集合，关键代码如下：

```
public static void main(String[] args) {
    Person person1 = new Person("马先生", 220181);
    Person person2 = new Person("李先生", 220186);
    Person person3 = new Person("王小姐", 220193);
    TreeSet<Person> treeSet = new TreeSet<Person>();
    treeSet.add(person1);
    treeSet.add(person2);
    treeSet.add(person3);
    System.out.println("客户化排序前，默认按编号升序排序：");
    // 新创建一个Set集合，不进行客户化排序，默认按编号升序排序
    TreeSet<Person> treeSet2 = new TreeSet<Person>(treeSet);        // 通过构造函数初始化集合
    Iterator<Person> it = treeSet.iterator();
```

```
        while (it.hasNext()) {
            Person person = it.next();
            System.out.println("------ " + person.getId_card() + " " + person.getName());
        }
        System.out.println("客户化排序后，按编号降序排序：");
        // 新创建一个Set集合，进行客户化排序，客户化排序方式为按编号降序排序
        PersonComparator pc3 = new Person.PersonComparator();      // 创建比较器（内部类）的实例
        pc3.orderByColumn(Person.PersonComparator.ID_CARD);        // 设置排序依据的属性
        pc3.orderByMode(Person.PersonComparator.DESC);             // 设置排序方式
        TreeSet<Person> treeSet3 = new TreeSet<Person>(pc3);       // 必须通过构造函数设置比较器
        treeSet3.addAll(treeSet);                                  // 初始化集合
        it = treeSet3.iterator();
        while (it.hasNext()) {
            Person person = it.next();
            System.out.println("------ " + person.getId_card() + " " + person.getName());
        }
        System.out.println("客户化排序后，按姓名升序排序：");
        // 新创建一个Set集合，进行客户化排序，客户化排序方式为按姓名升序排序
        PersonComparator pc4 = new Person.PersonComparator();      // 创建比较器（内部类）的实例
        pc4.orderByColumn(Person.PersonComparator.NAME);           // 设置排序依据的属性
        TreeSet<Person> treeSet4 = new TreeSet<Person>(pc4);       // 必须通过构造函数设置比较器
        treeSet4.addAll(treeSet);                                  // 初始化集合
        it = treeSet4.iterator();
        while (it.hasNext()) {
            Person person = it.next();
            System.out.println("------ " + person.getId_card() + " " + person.getName());
        }
    }
```

运行该例，在控制台将输出如图9-19所示的信息。

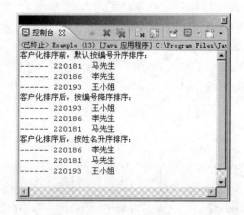

图9-19　例9-14的运行结果

9.5　Map集合

Map集合为映射类型，映射与集和列表有明显的区别，映射中的每个对象都是成对存在的。映射中存储的每个对象都有一个相应的键（key）对象，在检索对象时必须通过相应的键对象来获取值（value）对象，类似于在字典中查找单词一样，所以，要求键对象必须是唯一的。键对象还决定了对象在映射中的存储位置，但并不是键对象本身决定的，需要通过一种散列技术进行处理，从而产生一个被称作散列码的整数值。散列码通常用作一个偏置量，该偏置量是相对于分配给映射的内存区域的起始位置的，由此来确定对象在映射中的存储位置。理想情况下，通过散列技术得到的散列码应该是在给定范围内均匀分布的整数值，并且每个键对象都应得到不同的散列码。

Map集合

9.5.1　Map的用法

Map包括Map接口以及Map接口的所有实现类。由Map接口定义的常用方法及功能如表9-5所示。

表9-5　Map接口定义的常用方法及功能

方法名称	功能简介
put(K key, V value)	向集合中添加指定的键—值映射关系
putAll(Map<? extends K, ? extends V> t)	将指定集合中的所有键—值映射关系添加到该集合中
containsKey(Object key)	如果存在指定键的映射关系，则返回true；否则返回false
containsValue(Object value)	如果存在指定值的映射关系，则返回true；否则返回false
get(Object key)	如果存在指定的键对象，则返回与该键对象对应的值对象；否则返回null
keySet()	将该集合中的所有键对象以Set集合的形式返回
values()	将该集合中的所有值对象以Collection集合的形式返回
remove(Object key)	如果存在指定的键对象，则移除该键对象的映射关系，并返回与该键对象对应的值对象；否则返回null
clear()	移除集合中所有的映射关系
isEmpty()	查看集合中是否包含键—值映射关系，如果包含则返回true；否则返回false
size()	查看集合中包含键—值映射关系的个数，返回值为int型
equals(Object obj)	用来查看指定的对象与该对象是否为同一个对象。返回值为boolean型，如果为同一个对象则返回true，否则返回false

Map接口的常用实现类有HashMap和TreeMap。HashMap通过哈希码对其内部的映射关系进行快速查找，而TreeMap中的映射关系存在一定的顺序。如果希望在遍历集合时是有序的，则应该使用由TreeMap类实现的Map集合，否则建议使用由HashMap类实现的Map集合，因为由HashMap类实现的Map集合对于添加和删除映射关系更高效。

Map集合允许值对象为null，并且没有个数限制。所以，当get()方法的返回值为null时，可能有两种情况，一种是在集合中没有该键对象，另一种是该键对象没有映射任何值对象，即值对象为null。因此，在Map集合中不应该利用get()方法来判断是否存在某个键，而应该利用containsKey()方法来判断。

【例9-15】方法get()和containsKey()的区别。

首先创建一个由HashMap类实现的Map集合，并依次向Map集合中添加一个值对象为null和"马先生"的映射；然后分别通过get()和containsKey()方法执行这两个键对象；最后执行一个不存在的键对象。关键代码如下：

```
public static void main(String[] args) {
    Map<Integer, String> map = new HashMap<Integer, String>();
    map.put(220180, null);
    map.put(220181, "马先生");
    System.out.println("get()方法的返回结果：");
    System.out.print("------ " + map.get(220180));
    System.out.print("    " + map.get(220181));
    System.out.println("    " + map.get(220182));
    System.out.println("containsKey()方法的返回结果：");
    System.out.print("------ " + map.containsKey(220180));
    System.out.print("    " + map.containsKey(220181));
    System.out.println("    " + map.containsKey(220182));
}
```

执行上面的代码，在控制台将输出如图9-20所示的信息。

图9-20　例9-15的运行结果

9.5.2　使用HashMap类

HashMap类实现了Map接口，由HashMap类实现的Map集合，允许以null作为键对象，但是因为键对象不可以重复，所以这样的键对象只能有一个。如果经常需要添加、删除和定位映射关系，建议利用HashMap类实现Map集合，不过在遍历集合时，得到的映射关系是无序的。

使用HashMap类

在使用由HashMap类实现的Map集合时，需要重写作为主键对象类的hashCode()方法。在重写hashCode()方法时，有以下两条基本原则：

（1）不唯一原则：不必为每个对象生成一个唯一的哈希码，只要通过hashCode()方法生成的哈希码能够利用get()方法得到利用put()方法添加的映射关系就可以；

（2）分散原则：生成哈希码的算法应尽量使哈希码的值分散一些，不要很多哈希码值都集中在一个范围内，这样有利于提高由HashMap类实现的Map集合的性能。

【例9-16】利用HashMap类实现Map集合。

首先新建一个作为键对象的类PK_person，具体代码如下：

```
public class PK_person {
    private String prefix;        // 主键前缀
    private int number;           // 主键编号
    public String getPrefix() {
```

```
        return prefix;
    }
    public void setPrefix(String prefix) {
        this.prefix = prefix;
    }
    public int getNumber() {
        return number;
    }
    public void setNumber(int number) {
        this.number = number;
    }
    public String getPk() {
        return this.prefix + "_" + this.number;
    }
    public void setPk(String pk) {
        int i = pk.indexOf("_");
        this.prefix = pk.substring(0, i);
        this.number = new Integer(pk.substring(i));
    }
}
```

然后新建一个Person类，具体代码如下：

```
public class Person {
    private String name;
    private PK_person number;
    public Person(PK_person number, String name) {
        this.number = number;
        this.name = name;
    }
    public String getName() {
        return name;
    }
    public void setName(String name) {
        this.name = name;
    }
    public PK_person getNumber() {
        return number;
    }
    public void setNumber(PK_person number) {
        this.number = number;
    }
}
```

最后新建一个用来测试的main()方法。该方法首先新建一个Map集合，并添加一个映射关系；然后再新建一个内容完全相同的键对象，并根据该键对象通过get()方法获得相应的值对象；最后判断是否得到相应的值对象，并输出相应的信息。完整代码如下：

```java
public static void main(String[] args) {
    Map<PK_person, Person> map = new HashMap<PK_person, Person>();
    PK_person pk_person = new PK_person();                    // 新建键对象
    pk_person.setPrefix("MR");
    pk_person.setNumber(220181);
    map.put(pk_person, new Person(pk_person, "马先生"));        // 初始化集合
    PK_person pk_person2 = new PK_person(); // 新建键对象，内容与上面键对象的内容完全相同
    pk_person2.setPrefix("MR");
    pk_person2.setNumber(220181);
    Person person2 = map.get(pk_person2);                     // 获得指定键对象映射的值对象
    if (person2 == null)                                      // 未得到相应的值对象
        System.out.println("该键对象不存在！");
    else                                                      // 得到相应的值对象
        System.out.println(person2.getNumber().getNumber() + " "
                + person2.getName());
}
```

运行该例，在控制台将输出"该键对象不存在！"即在集合中不存在该键对象。这是因为在PK_person类中没有重写java.lang.Object类的hashCode()和equals()方法，equals()方法默认比较两个对象的地址，所以，即使这两个键对象的内容完全相同，也不认为是同一个对象，重写后的hashCode()和equals()方法的完整代码如下：

```java
public int hashCode() {                                      // 重写hashCode()方法
    return number + prefix.hashCode();
}
public boolean equals(Object obj) {                          // 重写equals()方法
    if (obj == null)                                         // 是否为null
        return false;
    if (getClass() != obj.getClass())                       // 是否为同一类型的实例
        return false;
    if (this == obj)                                        // 是否为同一个实例
        return true;
    final PK_person other = (PK_person) obj;
    if (this.hashCode() != other.hashCode())               // 判断哈希码是否相等
        return false;
    return true;
}
```

重写PK_person类的hashCode()和equals()方法后，再次运行该例子，在控制台将输出如图9-21所示的信息。

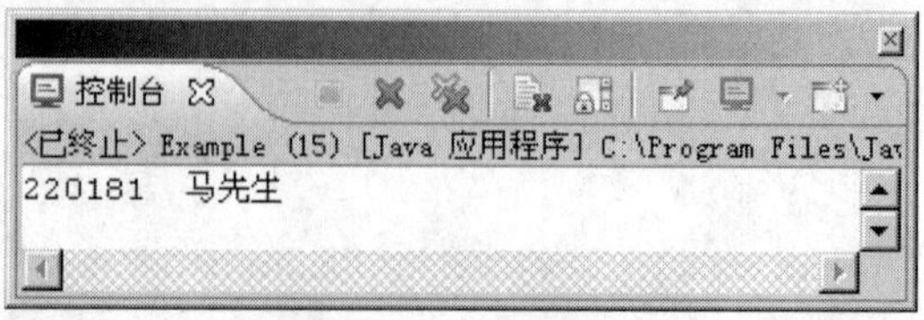

图9-21 例9-16的运行结果

9.5.3 使用TreeMap类

使用TreeMap类

TreeMap类不仅实现了Map接口，还实现了Map接口的子接口java.util. SortedMap。由TreeMap类实现的Map集合，不允许键对象为null，因为集合中的映射关系是根据键对象按照一定顺序排列的，TreeMap类通过实现SortedMap接口得到的方法如表9-6所示。

表9-6　TreeMap类实现java.util.SortedMap接口的方法

方法名称	功能简介
comparator()	获得对该集合采用的比较器。返回值为Comparator类型，如果未采用任何比较器则返回null
firstKey()	返回在集合中的排序位于第一位的键对象
lastKey()	返回在集合中的排序位于最后一位的键对象
headMap(K toKey)	截取在集合中的排序位于键对象toKey（不包含）之前的所有映射关系，重新生成一个SortedMap集合并返回
subMap(K fromKey, K toKey)	截取在集合中的排序位于键对象fromKey（包含）和toKey（不包含）之间的所有映射关系，重新生成一个SortedMap集合并返回
tailMap(K fromKey)	截取在集合中的排序位于键对象fromKey（包含）之后的所有映射关系，重新生成一个SortedMap集合并返回

在添加、删除和定位映射关系上，TreeMap类要比HashMap类的性能差一些，但是其中的映射关系具有一定的顺序，如果不需要一个有序的集合，则建议使用HashMap类；如果需要进行有序的遍历输出，则建议使用TreeMap类。在这种情况下，可以先使用由HashMap类实现的Map集合，在需要顺序输出时，再利用现有的HashMap类的实例，创建一个具有完全相同映射关系的TreeMap类型的实例。

【例9-17】使用TreeMap类。

首先利用HashMap类实现一个Map集合，初始化并遍历；然后再利用TreeMap类实现一个Map集合，初始化并遍历，默认按键对象升序排列；最后再利用TreeMap类实现一个Map集合，初始化为按键对象降序排列，实现方式为将Collections.reverseOrder()作为构造函数TreeMap (Comparator c)的参数，即与默认排序方式相反。具体代码如下：

```
public static void main(String[] args) {
    Person person1 = new Person("马先生", 220181);
    Person person2 = new Person("李先生", 220193);
    Person person3 = new Person("王小姐", 220186);
    Map<Number, Person> map = new HashMap<Number, Person>();
    map.put(person1.getId_card(), person1);
    map.put(person2.getId_card(), person2);
    map.put(person3.getId_card(), person3);
    System.out.println("由HashMap类实现的Map集合，无序：");
    for (Iterator<Number> it = map.keySet().iterator(); it.hasNext();) {
        Person person = map.get(it.next());
        System.out.println(person.getId_card() + " " + person.getName());
    }
    System.out.println("由TreeMap类实现的Map集合，键对象升序：");
```

```
TreeMap<Number, Person> treeMap = new TreeMap<Number, Person>();
treeMap.putAll(map);
for (Iterator<Number> it = treeMap.keySet().iterator(); it.hasNext();) {
    Person person = treeMap.get(it.next());
    System.out.println(person.getId_card() + " " + person.getName());
}
System.out.println("由TreeMap类实现的Map集合，键对象降序：");
TreeMap<Number, Person> treeMap2 = new TreeMap<Number, Person>(
        Collections.reverseOrder());
        // 初始化为反转排序
treeMap2.putAll(map);
for (Iterator it = treeMap2.keySet().iterator();
it.hasNext();) {
    Person person = (Person) treeMap2.get(it.next());
    System.out.println(person.getId_card() + " " +
    person.getName());
}
}
```

执行上面的代码，在控制台将输出如图9-22所示的
信息。

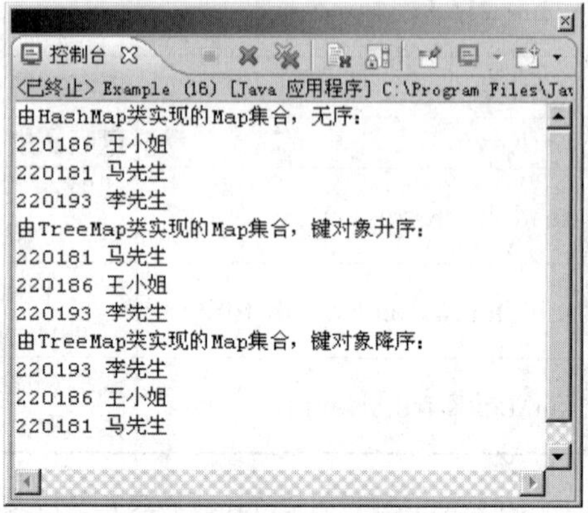

图9-22　例9-17的运行结果

小　结

　　本章详细介绍了几种Java常用的集合类，重点区分了List集合与Set集合的区别，List集合、Set集合与Map集合的区别，以及每种集合常用实现类的使用方法和需要注意的情况，还介绍了如何实现对部分集合中的对象进行排序。

　　本章的每一个知识点，都给出了一个实用的小例子，给出这些小例子的目的之一是让读者知道如何使用该集合类，还有一个主要的目的是让读者通过对比每个例子的运行结果，从中找出各个集合类的区别与特点。

习　题

9-1　下面的集合中，哪些可以存储重复元素？

（1）List;

（2）Set;

（3）Map;

（4）Collection。

9-2　能否将null值插入到Set集合中？

9-3　如果需要在一个数据库中存储多个数据元素，而且数据元素不能重复，并且在查询时没有优先级，应该采用哪个类或接口存储这些元素？

第10章
Java输入与输出

本章要点

了解File类及常用方法 ■

了解流的概念 ■

掌握字节流的使用方法 ■

掌握字符流的使用方法 ■

理解RandomAccessFile类 ■

了解过滤器流 ■

了解对象序列化技术 ■

■ 使用Java语言提供的输入/输出（I/O）处理功能可以实现对文件的读写、网络数据传输等操作。利用I/O处理技术可以将数据保存到文本文件、二进制文件甚至是ZIP压缩文件中，以达到永久保存数据的要求。

10.1 File 类

File 类

File类是一个与流无关的类。File类的对象可以获取文件及其文件所在的目录、文件的长度等信息。一个File对象的常用构造方法有3种。

（1）File(String pathname)

该构造方法通过指定的文件路径字符串来创建一个新File实例对象。

语法：

```
new File(pathname);
```

pathname：文件路径字符串，包括文件名称。就是将一个代表路径的字符串转换为抽象的路径。

（2）File(String path,String filename)

该构造方法根据指定的父路径字符串和子路径字符串（包括文件名称）创建File类的实例对象。

语法：

```
new File(path, filename);
```

path：父路径字符串。

filename：子路径字符串，不能为空。

（3）File(File file,String filename)

该构造方法根据指定的File类的父路径和字符串类型的子路径（包括文件名称）创建File类的实例对象。

语法：

```
new File(file, filename);
```

file：是父路径对象。

filename：子路径字符串。

File类包含了文件和文件夹的多种属性和操作方法。常用的方法如表10-1所示。

表10-1　File类提供的常用方法

方法名称	功能描述
getName()	获取文件的名字
getParent()	获取文件的父路径字符串
getPath()	获取文件的相对路径字符串
getAbsolutePath()	获取文件的绝对路径字符串
exists()	判断文件或文件夹是否存在
canRead()	判断文件是否可读的
isFile()	判断文件是否是一个正常的文件，而不是目录
canWrite()	判断文件是否可被写入
idDirectory()	判断是不是文件夹类型
isAbsolute()	判断是不是绝对路径
isHidden()	判断文件是否是隐藏文件
delete()	删除文件或文件夹，如果删除成功返回结果为true
mkdir()	创建文件夹，如果创建成功返回结果为true
mkdirs()	创建路径中包含的所有父文件夹和子文件夹，如果所有父文件夹和子文件夹都成功创建，返回结果为true
createNewFile()	创建一个新文件

续表

方法名称	功能描述
length()	获取文件的长度
lastModified()	获取文件的最后修改日期

【例10-1】 在C盘存在一个"Example1.txt"文件，使用File类获取文件信息。

```java
import java.io.File;
public class Example1{
    public static void main(String[] args) {
        File file = new File("C:\\","Example1.txt");        // 创建文件对象
        System.out.println("文件名称："+file.getName());      // 输出文件属性
        System.out.println("文件是否存在："+file.exists());
        System.out.println("文件的相对路径："+file.getPath());
        System.out.println("文件的绝对路径："+file.getAb-
        solutePath());
        System.out.println("文件可以读取："+file.canRead());
        System.out.println("文件可以写入："+file.canWrite());
        System.out.println("文件大小："+file.length()+"B");
    }
}
```

程序运行结果如图10-1所示。

图10-1　例10-1的运行结果

 创建一个File类的对象时，如果它代表的文件不存在，系统不会自动创建，必须要调用createNewFile()方法来创建。

10.2　流

10.2.1　流的基本概念

流

流（stream）是一组有序的数据序列。根据操作的类型，分为输入流和输出流两种。输入流的指向称为源，程序从指向源的输入流中读取源中的数据。当程序需要读取数据时，就会开启一个通向数据源的流，这个数据源可以是文件、内存或是网络连接。而输出流的指向是字节要去的目的地，程序通过向输出流中写入数据把信息传递到目的地。当程序需要写入数据时，就会开启一个通向目的地的流。

10.2.2　输入输出流

输入输出流一般分为字节输入流、字节输出流、字符输入流和字符输出流4种。

1. 字节输入流

InputStream类是字节输入流的抽象类，它是所有字节输入流的父类，Java中存在多个InputStream类的子类，它们实现了不同的数据输入流。这些字节输入流的继承关系如图10-2所示。

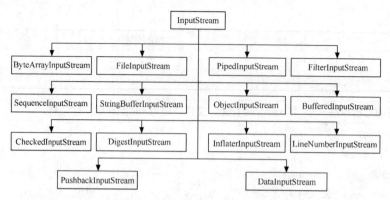

图10-2　InputStream类的子类

2. 字节输出流

OutputStream类是字节输出流的抽象类，它是所有字节输出流的父类，Java中存在多个OutputStream类的子类，它们实现了不同数据的输出流。这些类的继承关系如图10-3所示。

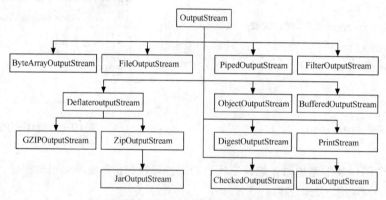

图10-3　OutputStream类的子类

3. 字符输入流

Reader类是字符输入流的抽象类，所有字符输入流的实现都是它的子类。Java中字符输入流的继承关系如图10-4所示。

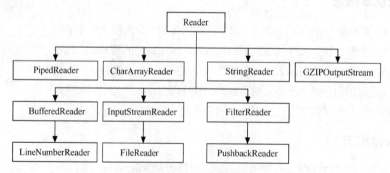

图10-4　Reader类的子类

4. 字符输出流

Writer类是字符输出流的抽象类，所有字符输出流的实现都是它的子类。Java中字符输出流的继承关系如图10-5所示。

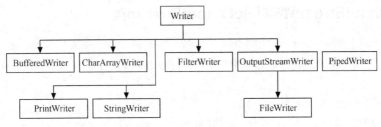

图10-5　Writer类的子类

10.3　字节流

字节流（Byte Stream）是以字节为单位来处理数据的，由于字节流不会对数据进行任何转换，因此用来处理二进制的数据。

字节流

10.3.1　InputStream类与OutputStream类

InputStream类是所有字节输入流的父类，它定义了操作输入流的各种方法。
InputStream类的常用方法如表10-2所示。

表10-2　InputStream类提供的常用方法

方法名称	功能描述
available()	返回当前输入流的数据读取方法可以读取的有效字节数量
read(byte[] bytes)	从输入数据流中读取字节并存入数组bytes中
read(byte[] bytes,int off,int len)	从输入数据流读取len个字节，并存入数组bytes中
reset()	将当前输入流重新定位到最后一次调用mark()方法时的位置
mark(int readlimit)	在输入数据流中加入标记
markSupported()	测试输入流中是否支持标记
close()	关闭当前输入流，并释放任何与之关联的系统资源
Abasract read()	从当前数据流中读取一个字节。若已到达流结尾，则返回-1

在InputStream类的方法中，read()方法被定义为抽象方法，目的是为了让继承InputStream类的子类可以针对不同的外部设备实现不同的read()方法。

OutputStream类是所有字节输出流的父类，它定义了输出流的各种操作方法。
OutputStream类常用的方法如表10-3所示。

表10-3　OutputStream类提供的常用方法

方法名称	功能描述
write(byte[] bytes)	将byte[]数组中的数据写入到当前输出流
write(byte[] bytes,int off,int len)	将byte[]数组下标off开始的len长度的数据写入到当前输出流
flush()	刷新当前输出流，并强制写入所有缓冲的字节数据
close()	关闭当前输出流，并释放所有与当前输出流有关的系统资源
Abstract write(int b)	写入一个byte数据到当前输出流

10.3.2 FileInputStream类与FileOutputStream类

FileInputStream类是InputStream类的子类。它实现了文件的读取，是文件字节输入流。该类适用于比较简单的文件读取，其所有方法都是从InputStream类继承并重写的。创建文件字节输入流常用的构造方法有两种。

（1）FileInputStream(String filePath)：

该构造方法根据指定的文件名称和路径，创建FileInputStream类的实例对象。

语法：

new FileInputStream (filePath);

filePath：文件的绝对路径或相对路径。

（2）FileInputStream(File file)：

该构造方法使用File类型的文件对象创建FileInputStream类的实例对象。

语法：

new FileInputStream (file);

file：File文件类型的实例对象。

> 【例10-2】在C盘存在"Example2.txt"文件，此文件的内容为"This is my book!"。创建一个File类的对象，然后创建文件字节输入流对象fis，并且从输入流中读取文件"Example2.txt"的信息。

```java
import java.io.*;
public class Example2 {
    public static void main(String args[]){
        File f=new File("C:\\","Example2.txt");
        try {
            byte bytes[]=new byte[512];
            FileInputStream fis=new FileInputStream(f);  //创建文件字节输入流
            int rs=0;
            System.out.println("The content of Example2 is:");
            while((rs=fis.read(bytes, 0, 512))>0){
                //在循环中读取输入流的数据
                String s=new String(bytes,0,rs);
                System.out.println(s);
            }
            fis.close();                                 //关闭输入流
        } catch (IOException e) {
            e.printStackTrace();
        }
    }
}
```

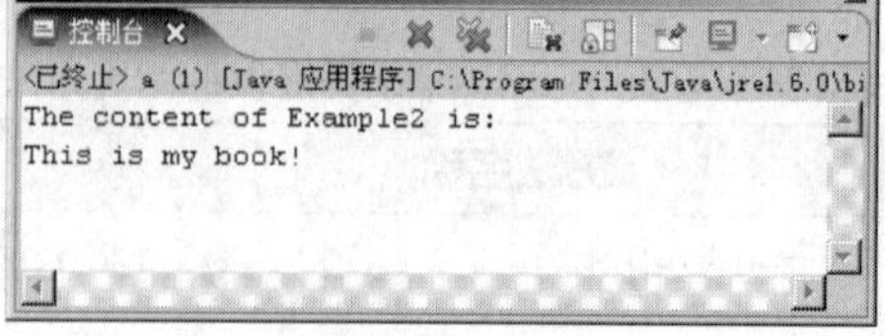

程序运行结果如图10-6所示。

图10-6 例10-2的运行结果

> 【例10-3】在修改采购订货窗体中，读取文本文件中保存的要修改的采购订货信息的编号。

```java
try {
```

```
        File file = new File("filedd.txt");                    //创建文件对象
        FileInputStream fin = new FileInputStream(file);        //创建文件输入流对象
        int count =  fin.read();                                //读取文件中数据
        stock = dao.selectStockByid(count);                     //调用按编号查询数据方法
        file.delete();                                          //删除文件
    } catch (Exception e) {
        e.printStackTrace();
    }
```

程序运行结果如图10-7所示。

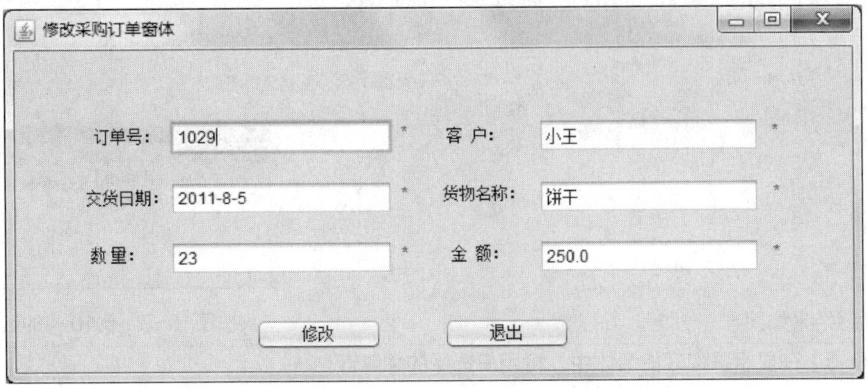

图10-7　例10-3的运行结果

FileOutputStream类是OutputStream类的子类。它实现了文件的写入，能够以字节形式写入文件中，该类的所有方法都是从OutputStream类继承并重写的。创建文件字节输出流常用的构造方法有两种。

（1）FileOutputStream(String filePath)。

该构造方法根据指定的文件名称和路径，创建关联该文件的FileOutputStream类的实例对象。

语法：

new FileOutputStream (filePath);

filePath：文件的绝对路径或相对路径。

（2）FileOutputStream(File file)。

该构造方法使用File类型的文件对象，创建与该文件关联的FileOutputStream类的实例对象。

语法：

new FileOutputStream (file);

file：File文件类型的实例对象。在file后面，加true会对原有内容进行追加，不加true会将原有内容覆盖。

【例10-4】创建一个File类的对象，首先判断此配置文件是否存在，如果不存在，则调用createNew File方法创建一个文件，然后从键盘输入字符存入数组里，创建文件输出流，把数组里的字符写入到文件中，最终结果保存在"Example3.txt"文件。

```
import java.io.*;
public class Example3 {
    public static void main(String args[]) {
        int b;
```

```
        File file=new File("C:\\","Example3.txt");
        byte bytes[]=new byte[512];
        System.out.println("请输入你想存入文本的内容:");
        try {
            if (!file.exists())                      // 判断文件是否存在
                file.createNewFile();
            //把从键盘输入的字符存入bytes里
            b=System.in.read(bytes);
            //创建文件输出流
            FileOutputStream fos=new FileOutputStream(file,true);
            fos.write(bytes、0、b);                  //把bytes写入到指定文件中
            fos.close();                             // 关闭输出流
        } catch (IOException e) {
            e.printStackTrace();
        }
    }
}
```

程序运行结果如图10-8所示。

图10-8　例10-4的运行结果

【例10-5】在显示采购订货窗体中，将用户选择的采购订货信息的编号写入文本文件中。

```
try {
        String column = dm.getValueAt(row、1).toString();       //获取表格中的数据
        file.createNewFile();                                    //新建文件
        FileOutputStream out = new FileOutputStream(file);
        out.write((Integer.parseInt(column)));                   //将数据写入文件中
        UpdateStockFrame frame = new UpdateStockFrame();         //创建修改信息窗体
        frame.setVisible(true);
        out.close();                                             //将流关闭
        repaint();
    } catch (Exception ee) {
        ee.printStackTrace();
    }
}
```

10.4　字符流

字符流（charactercstreams）用于处理字符数据的读取和写入，它以字符为单位。Reader类和Writer类是字符流的抽象类，它们定义了字符流读取和写入的基本方法，各个子类会依其特点实现或覆盖这些方法。

10.4.1　Reader类与Writer类

Reader类是所有字符输入流的父类，它定义了操作字符输入流的各种方法。

Reader类与
Writer类

Reader类的常用方法如表10-4所示。

表10-4　Reader类提供的常用方法

方法名称	功能描述
read()	读入一个字符。若已读到流结尾，则返回值为−1
read(char[])	读取一些字符到char[]数组内，并返回所读入的字符的数量。若已到达流结尾，则返回−1
reset()	将当前输入流重新定位到最后一次调用mark()方法时的位置
skip(long n)	跳过参数n指定的字符数量，并返回所跳过字符的数量
close()	关闭该流并释放与之关联的所有资源。在关闭该流后，再调用 read()、ready()、mark()、reset() 或 skip() 将抛出异常

Writer类是所有字符输出流的父类，它定义了操作输出流的各种方法。

Writer类的常用方法如表10-5所示。

表10-5　Writer类提供的常用方法

方法名称	功能描述
write(int c)	将字符c写入输出流
write(String str)	将字符串str写入输出流
write(char[] cbuf)	将字符数组的数据写入到字符输出流
flush()	刷新当前输出流，并强制写入所有缓冲的字节数据
close()	向输出流写入缓冲区的数据，然后关闭当前输出流，并释放所有与当前输出流有关的系统资源

10.4.2　InputStreamReader类与OutputStreamWriter类

InputStreamReader 是字节流通向字符流的桥梁。它可以根据指定的编码方式，将字节输入流转换为字符输入流。字符输入流常用的构造方法有两种。

InputStream Reader类与 OutputStream Writer类

（1）InputStreamReader(InputStream in)：

该构造方法使用默认字符集创建InputStreamReader类的实例对象。

语法如下：

```
new InputStreamReader(in);
```

in：字节流类的实例对象。

（2）InputStreamReader(InputStream in, String cname)：

该构造方法使用已命名的字符编码方式创建InputStreamReader类的实例对象。

语法如下：

```
new InputStreamReader(in,cname);
```

cname：使用的编码方式名。

InputStreamReader类常用的方法如表10-6所示。

表10-6　InputStreamReader类提供的常用方法

方法名称	功能描述
close()	关闭流
read()	读取单个字符
read(char[] cb, int off, int len)	将字符读入数组中的某一部分
getEncoding()	返回此流使用的字符编码的名称
ready()	报告此流是否已准备读

【例10-6】在C盘存在文件"Example4.txt"，文件内容为"今天天气真好！"使用InputStre-
am Reader读取"Example4.txt"的内容。

```java
import java.io.*;
public class Example4 {
    public static void main(String args[]) {
        try{
        int rs;
        File file=new File("C:\\","Example4.txt");
        FileInputStream fis = new FileInputStream(file);
        InputStreamReader isr = new InputStreamReader (fis);
        System.out.println ("The content of Example4 is:");
        while ((rs = isr.read()) != -1){
            /*顺序读取文件里的内容并赋值给整型变量b，直到文件结束为止*/
            System.out.print((char)rs);
        }
        isr.close();
        }catch(IOException e){
            e.printStackTrace();
        }
    }
}
```

程序运行结果如图10-9所示。

图10-9　例10-6的运行结果

OutputStreamWriter 是字节流通向字符流的桥梁。写出字节，并根据指定的编码方式，将之转换为字符流。字符输出流常用的构造方法有两种。

（1）OutputStreamWriter(OutputStream out)。

该构造方法使用默认字符集创建OutputStreamWriter类的实例对象。

语法如下：

new OutputStreamWriter(out);

out：字节流类的实例对象。

（2）OutputStreamWriter(OutputStream out,String cname)。

该构造方法使用已命名的字符编码方式创建OutputStreamWriter类的实例对象。

语法如下：

new OutputStreamWriter(out,cname);

cname：使用的字符编码格式，如中文常用的GBK、GB2312以及西文UTF-8等编码格式。

OutputStreamReader类常用的方法如表10-7所示。

表10-7　OutputStreamReader类提供的常用方法

方法名称	功能描述
close()	关闭流，但要先刷新
flush()	刷新流的缓冲
write(int char)	写入单个字符
write(String str, int off, int len)	写入字符串的某一部分
write(char[] cb, int off, int len)	写入字符数组的某一部分

【例10-7】创建两个File类的对象，分别判断两个文件是否存在；如果不存在，则新建。从其中一个文件"Example5.txt"中读取数据，复制到文件"Example5-1.txt"中，最终使文件"Example5-1.txt"中的内容与"Example5.txt"的内容相同。

```java
import java.io.*;
public class Example5{
    public static void main(String[] args){
        File filein=new File("C:\\","Example5.txt");
        File fileout=new File("C:\\","Example5-1.txt");
        FileInputStream fis;
        try {
            if (!filein.exists())           // 如果文件不存在
                filein.createNewFile();     // 创建新文件
            if (!fileout.exists())          // 如果文件不存在
                fileout.createNewFile();    // 创建新文件
            fis = new FileInputStream(filein);
            FileOutputStream fos=new FileOutputStream(fileout,true);
            InputStreamReader in = new InputStreamReader (fis);
            OutputStreamWriter out = new OutputStreamWriter (fos);
            int is;
            while((is=in.read()) != -1){
                out.write(is);
            }
            in.close();
            out.close();
        } catch (IOException e) {
            e.printStackTrace();
        }
    }
}
```

10.4.3 FileReader类与FileWriter类

FileReader类
与FileWriter类

FileReader类是Reader类的子类，它实现了从文件中读出字符数据，是文件字符输入流。该类的所有方法都是从Reader类中继承来的。FileReader类的常用构造方法有两种。

（1）FileReader(String filePath)

该构造方法根据指定的文件名称和路径，创建FileReader类的实例对象。

语法如下：

new FileReader(filePath);

filePath：文件的绝对路径或相对路径。

（2）FileReader(File file)

该构造方法使用File类型的文件对象创建FileReader类的实例对象。

语法如下：

new FileReader(file);

file：File文件类型的实例对象。

例如，利用FileReader读取文件"Example5-1.txt"的内容，输出到控制台上，程序代码如下：

```
try {
    File f=new File("C:\\","Example5-1.txt");
    FileReader fr=new FileReader(f);              // 创建文件字符输入流
    char[] data=new char[512];
    int rs=0;
    while((rs=fr.read(data))>0){                   // 在循环中读取数据
        String str=new String(data,0,rs);
        System.out.println(str);
    }
} catch (Exception e) {
    e.printStackTrace();
}
```

FileWriter类是Writer类的子类，它实现了将字符数据写入文件中，是文件字符输出流。该类的所有方法都是从Writer类中继承来的。FileWriter类的常用构造方法有两种。

（1）FileWriter(String filePath)

该构造方法根据指定的文件名称和路径，创建关联该文件的FileWriter类的实例对象。

语法如下：

new FileWriter(filePath);

（2）FileWriter(File file)

该构造方法使用File类型的文件对象，创建与该文件关联的FileWriter类的实例对象。

语法如下：

new FileWriter(file);

例如，首先判断文件"Example6.txt"是否存在，如果不存在则创建，然后将"Example5-1.txt"的内容复制到文件"Example6.txt"中。具体代码如下：

```
try {
```

```
    File f=new File("C:\\","Example6.txt");
    if (!f.exists())                                    // 如果文件不存在
        f.createNewFile();                              // 创建新文件
    FileReader fr=new FileReader("C:\\Example5-1.txt"); // 创建文件字符输入流
    FileWriter fWriter=new FileWriter(f);               // 创建文件字符输出流
    int is;
    while((is=fr.read()) != -1){
        fWriter.write(is);                              // 将数据写入输出流
    }
    fr.close();
    fWriter.close();
} catch (Exception e) {
    e.printStackTrace();
}
```

10.4.4　BufferedReader类与BufferedWriter类

BufferedReader类是Reader类的子类，使用该类可以以行为单位读取数据。BufferedReader类的主要构造方法为：

BufferedReader类
与BufferedWriter
类

```
BufferedReader(Reader in)
```

该构造方法使用Reader类的对象，创建一个BufferedReader对象。
语法如下：

```
new BufferedReader(in);
```

BufferedReader 类中提供了一个ReaderLine()方法，Reader类中没有此方法，该方法能够读取文本行。例如：

```
FileReader fr;
try {
    fr = new FileReader("C:\\Example6.txt");
    BufferedReader br = new BufferedReader(fr);
    String aline;
    while ((aline=br.readLine()) != null){          //按行读取文本
        String str=new String(aline);
        System.out.println(str);
    }
    fr.close();
    br.close();
} catch (Exception e) {
    e.printStackTrace();
}
```

BufferedWriter类是Writer类的子类，该类可以以行为单位写入数据。BufferedWriter类常用的构造方法为：

```
BufferedWriter(Writer out)
```

该构造方法使用Writer类的对象，来创建一个BufferedWriter对象。

语法如下：

```
new BufferedReader(out);
```

BufferedWriter类提供了一个newLine()方法，Writer类中没有此方法，该方法是换行标记。例如：

```
File file=new File("C:\\","Example6.txt");
FileWriter fos;
try {
    fos = new FileWriter(file,true);
    BufferedWriter bw=new BufferedWriter(fos);
    bw.write("Example");
    bw.newLine();
    bw.write("Example");
    bw.close();
} catch (IOException e) {
    e.printStackTrace();
}
```

【例10-8】 修改例10-7，用BufferedReader类和BufferedWriter类实现同样功能，但在运行程序之前必须在C盘创建"Example5.txt"文件，并且输入一些内容。

```
import java.io.*;
public class Example6 {
    public static void main(String args[]) {
        try {
            FileReader fr;
            fr = new FileReader("C:\\Example5.txt");          // 创建BufferedReader对象
            File file = new File("C:\\Example5-1.txt");
            FileWriter fos = new FileWriter(file);            // 创建文件输出流
            BufferedReader br=new BufferedReader(fr);
            BufferedWriter bw=new BufferedWriter(fos);        // 创建BufferedWriter对象
            String str =null;
            while ((str = br.readLine()) != null) {
                bw.write(str + "\n");                          // 为读取的文本行添加回车
            }
            br.close();                                        // 关闭输入流
            bw.close();                                        // 关闭输出流
        } catch (IOException e) {
            e.printStackTrace();
        }
    }
}
```

10.4.5 PrintStream类与PrintWriter类

PrintStream是打印输出流，它可以直接输出各种类型的数据。打印输出流常用的构造方法为：

PrintStream(OutputStream out)

该构造方法使用OutputStream类的对象，创建一个PrintStream对象。

语法如下：

PrintStream类
与PrintWriter类

new PrintStream(out);

PrintStream类常用的方法如表10-8所示。

表10-8　PrintStream类提供的常用方法

方法名称	功能描述
print(String str)	打印字符串
print(char[] ch)	打印一个字符数组
print(object obj)	打印一个对象
println(String str)	打印一个字符串并结束该行
println(char[] ch)	打印一个字符数组并结束该行
println(object obj)	打印一个对象并结束该行

【例10-9】创建一个File类的对象，随机输出100以内的5个数，并把这5个数保存到"Example7.txt"文件中。

```java
import java.io.*;
import java.util.Random;
public class Example7 {
    public static void main(String args[]){
        PrintStream ps;
        try {
            File file=new File("C:\\","Example7.txt");
            if (!file.exists())                    // 如果文件不存在
                file.createNewFile();              // 创建新文件
            ps = new PrintStream(new FileOutputStream(file));
            Random r=new Random();
            int rs;
            for(int i=0;i<5;i++){
            rs=r.nextInt(100);
            ps.println(rs+"\t");
            }
            ps.close();
        } catch (Exception e) {
            e.printStackTrace();
        }
    }
}
```

程序运行结果如图10-10所示。

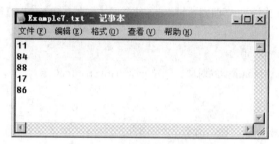

图10-10　例10-9的运行结果

PrintWriter是打印输出流，该流把Java语言的内构类型以字符表示形式传送到相应的输出流中，可以以文本的形式浏览。打印输出流常用的构造方法有两种。

（1）PrintWriter(Writer out)

该构造方法使用Writer类的对象，创建一个PrintWriter对象。

语法如下：

```
new PrintWriter(out);
```

（2）PrintWriter(OutputStream out)

该构造方法使用OutputStream类的对象，创建一个PrintWriter对象。

语法如下：

```
new PrintWriter(out);
```

PrintWriter类常用的方法如表10-9所示。

表10-9　PrintWriter类提供的常用方法

方法名称	功能描述
print(String str)	将字符串型数据写至输出流
print(int i)	将整数型数据写至输出流
flush()	强制性地将缓冲区中的数据写至输出流
println(String str)	将字符串和换行符写至输出流
println(int i)	将整数型数据和换行符写至输出流
println()	将换行符写至输出流

使用PrintWriter实现文件复制功能的程序代码如下：

```
File filein=new File("C:\\","Example6.txt");
File fileout=new File("C:\\","Example7.txt");
try {
    //创建一个BufferedReader对象
    BufferedReader br=new BufferedReader(new FileReader(filein));
    //创建一个PrintWiter对象
    PrintWriter pw=new PrintWriter(new FileWriter(fileout));
    int b;
    //读出文件"Example6.txt"中的数据
    while((b=br.read())!=-1){
```

```
        pw.print((char)b);                              //写入文件中
    }
    br.close();                                         //关闭流
    pw.close();                                         //关闭流
} catch (Exception e) {
    e.printStackTrace();
}
```

10.4.6　System.in获取用户输入

System类是final类，该类不能被继承，也不能创建System类的实例对象。
System类中用于获取用户输入的语法为：

System.in

in：是静态变量，类型是InputStream。

Java不直接支持键盘输入。实现键盘输入的一般过程如下：

```
InputStreamReader isr=new InputStreamReader(System.in);
BufferedReader br=new BufferedReader(isr);
try {
    String str=br.readLine();
    br.close();
} catch (IOException e) {
    e.printStackTrace();
}
```

System.in获取
用户输入

【例10-10】实现键盘输入，把输入的内容存储到文件"Example8.txt"中。

```
import java.io.*;
public class Example8 {
    public static void main(String args[]){
        File file=new File("C:\\","Example8.txt");
        try {
            if (!file.exists())                         // 如果文件不存在
                file.createNewFile();                   // 创建新文件
            InputStreamReader isr=new InputStreamReader(System.in);
            BufferedReader br=new BufferedReader(isr);
            System.out.println("请输入：");
            String str=br.readLine();
            System.out.println("您输入的内容是："+str);
            FileWriter fos=new FileWriter(file,true);   //创建文件输出流
            BufferedWriter bw=new BufferedWriter(fos);
            bw.write(str);
            br.close();
            bw.close();
```

```
        } catch (IOException e) {
            e.printStackTrace();
        }
    }
}
```

程序运行结果如图10-11所示。

图10-11　例10-10的运行结果

10.5　RandomAccessFile类

使用RandomAccessFile类可以读取任意位置数据的文件。RandomAccess-File类既不是输入流类的子类，也不是输出流类的子类。RandomAccessFile类常用的构造方法有两种。

RandomAccess
File类

（1）RandomAccessFile(String name,String mode)

语法如下：

new RandomAccessFile(name,mode);

name：和系统相关的文件名。

mode：用来决定创建的流对文件的访问权利，它可以是r、rw、rws或rwd，r代表只读，rw代表可读写，rws代表同步写入，rwd代表将更新同步写入。

（2）RandomAccessFile(File file,String mode)

语法如下：

new RandomAccessFile(file,mode);

file：一个File类的对象。

RandomAccessFile类常用的方法如表10-10所示。

表10-10　RandomAccessFile类提供的常用方法

方法名称	功能描述
getFilePointer()	返回此文件中的当前偏移量
length()	获取文件的长度
seek(long pos)	设置文件指针位置
readByte()	从文件中读取一个字节
readChar()	从文件中读取一个字符
readInt()	从文件中读取一个int值
readLine()	从文件中读取一个文本行
readBoolean()	从文件中读取一个布尔值
readUTF()	从文件中读取一个UTF字符串
write(byte bytes[])	把bytes.length个字节写到文件
writeInt(int v)	向文件中写入一个int值
writeChars(String str)	向文件中写入一个作为字符数据的字符串
writeUTF(String str)	向文件中写入一个UTF字符串
close()	关闭文件

利用上述方法显示文件本身源代码的执行过程如下：

```
try {
File f=new File("C:\\","Example8.txt");
RandomAccessFile raf=new RandomAccessFile(f,"rw");        //创建随机访问文件为读写
long filepoint=0;                                         //定义文件总长度变量
long filel=raf.length();                                  //获取文件的长度
while(filepoint<filel){
    String str=raf.readLine();                            //从文件中读取数据
    System.out.println(str);
    filepoint=raf.getFilePointer();
}
raf.close();
} catch (Exception e) {
e.printStackTrace();
}
```

【例10-11】在C盘存在文件"Example9.txt"。创建int型数组，把int型数组写入到文件"Example9.txt"中，然后按倒序读出这些数据。

```
import java.io.*;
public class Example9 {
    public static void main(String args[]){
        int bytes[]={1,2,3,4,5};
        try {
            //创建RandomAccessFile类的对象
            RandomAccessFile raf=new RandomAccessFile("C:\\Example9.txt","rw");
            for(int i=0;i<bytes.length;i++){
                raf.writeInt(bytes[i]);
            }
            for(int i=bytes.length-1;i>=0;i--){
                raf.seek(i*4);                             //int型数据占4个字节
                System.out.println(raf.readInt());
            }
            raf.close();
        } catch (Exception e) {
            e.printStackTrace();
        }
    }
}
```

程序运行结果如图10-12所示。

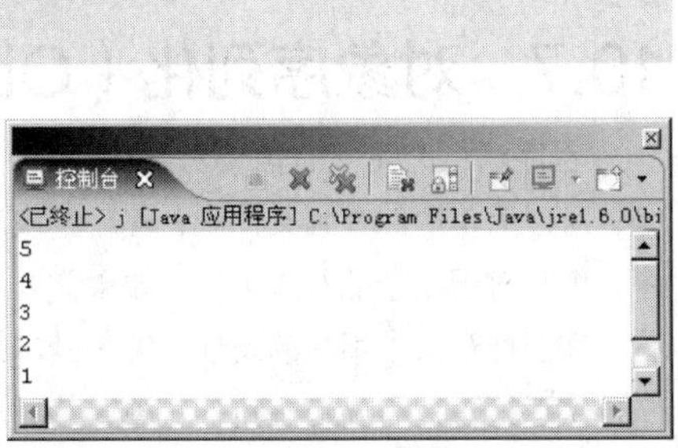

图10-12　例10-11的运行结果

10.6 过滤器流

过滤器流（Filter Stream）是为某种目的过滤字节或字符的数据流。基本输入流提供的读取方法，只能用来读取字节或字符。而过滤器流能够读取整数值、双精度值或字符串，但需要一个过滤器类来包装输入流。

过滤器流

DataInputStream和DataOutputStream类分别是FilterInputStream和FilterOutputStream类的子类。它们分别实现了DataInput和DataOutput接口，该接口中定义了独立于具体机器的带有格式的读写操作，从而可以实现对Java中的不同基本类型数据的读写。

例如，从文件中读取数据。可以先创建一个FileInputStream类的对象，然后把该类传递给一个DataInputStream的构造方法。

```
FileInputstream fis = new FileInputStream("Example.txt");
DataInputStream dis=new DataInputStream(fis);
int i=dis.readInt();
dis.close();
```

例如，把数据写入文件。可以先创建一个FileOutputStream类的对象，然后把该类传递给一个DataOutputStream的构造方法。

```
FileOutputStream fos=new FileOutputStream("Example.txt");
DataOutputStream dos=new DataOutputStream(fos);
dos.writeBytes("Example");
dos.close();
```

常见的过滤器有以下几种。

（1）BufferedReader

该过滤器用来对流的数据加以处理再输出。

（2）LineNumberReader

该过滤器也是一种缓冲流，可用来记录读入的行数。创建该过滤器常用的方法为：

```
int getLineNumber()
```

使用此方法可得到目前的行数。

（3）PrintWriter

该过滤器用来将输出导入某种设备。

10.7 对象序列化（Object Serialization）

程序运行时可能有需要保存的数据，对于基本数据类型如int、float、char等，可以简单地保存到文件中，程序下次启动时，可以读取文件中的数据初始化程序。但是对于复杂的对象类型，如果需要永久保存，使用上述解决方法就会复杂一些，需要把对象中不同的属性分解为基本数据类型，然后分别保存到文件中。当程序再次运行时，需要建立新的对象，然后从文件中读取与对象有关的所有数据，再使用这些数据分别为对象的每个属性进行初始化。

对象序列化

使用对象输入输出流实现对象序列化，可以直接存取对象。将对象存入一个流被称为序列化，而从一个流将对象读出被称为反序列化。

10.7.1 ObjectInput与ObjectOutput

ObjectInput接口与ObjectOutput接口分别继承了DataInput接口和DataOutput接口，提供了对基本数据类型和对象序列化的方法。使用对象序列化功能可以非常方便地将对象写入输出流，或者从输入流读取对象。ObjectInput接口与ObjectOutput接口中定义的对象反序列化和序列化方法如下。

（1）readObject()

所谓反序列化就是从输入流中获取序列化的对象数据，用这些数据生成新的Java对象。该方法定义在ObjectInput接口中，由ObjectInputStream类实现。

语法如下：

Object object=readObject()

object：Java对象。

使用readObject()方法获取的序列化对象是Object类型的，必须通过强行类型转换才能使用。

（2）writeObject ()

序列化就是将对象写入到输出流，这个输出流可以是文件输出流、网络输出流以及其他数据输出流。该方法定义在ObjectOutput接口中，由ObjectOutputStream类实现。

语法：

writeObject(object);

object：将要序列化的对象。

被序列化的对象必须实现java.io.Serializable接口，否则不能实现序列化。

10.7.2 ObjectInputStream与ObjectOutputStream

Java提供了ObjectInputStream和ObjectOutputStream类读取和保存对象，它们分别是对象输入流和对象输出流。ObjectInputStream类和ObjectOutputStream类是InputStream类和OutputStream类的子类，继承了它们所有的方法。

ObjectInputStream 类的构造方法为：

ObjectInputStream(InputStream in)

当准备从读取一个对象到程序中时，可以用ObjectInputStream类创建对象输入流。

语法如下：

new ObjectInputStream(in);

ObjectInputStream类读取基本数据类型的方法为：

readObject()

对象输入流使用该方法读取一个对象到程序中。例如：

FileInputStream fis=new FileInputStream("Example.txt");

ObjectInputStream ois=new ObjectInputStream(fis);

ois.readObject();

ois.close();

ObjectOutputStream类的构造方法为：

ObjectOutputStream（OutputStream out）

当准备将一个对象写入到输出流（即序列化），可以用ObjectOutputStream类创建对象输出流。
语法如下：

new ObjectOutputStream(out);

ObjectOutputStream类写入基本数据类型的方法为：

WriteObject()

对象输出流使用该方法将一个对象写入到一个文件中。例如：

FileOutputStream fos=new FileOutputStream("Example.txt");

ObjectOutputStream obs=new ObjectOutputStream(fos);

obs.writeObject("Example");

obs.close();

【例10-12】在C盘存在文件"Example10.txt"。实现用户密码的修改。

（1）创建user类，构造方法中存在姓名、密码、年龄3个参数，并实现Serializable接口。

```java
import java.io.Serializable;
public class user implements Serializable{
    String name;String password;int age;
    user(String name,String password,int age){
        this.name=name;
        this.password=password;
        this.age=age;
    }
    public void setpassword(String pass){
        this.password=pass;
    }
}
```

（2）创建Example10类，将user类的对象写入"Example10.txt"文件中，修改用户密码之后再将其读出。

```java
import java.io.*;
public class Example10 {
    public static void main(String args[]){
        user use=new user("Tom","111",21);                //创建user类的对象
        try {
            FileOutputStream fos=new FileOutputStream("C:\\Example10.txt");
            //创建输出流的对象，使之可以将对象写入文件中
            ObjectOutputStream obs=new ObjectOutputStream(fos);
            obs.writeObject(use);                          //将对象写入文件中
            System.out.println("未修改写入文件的用户信息");
            System.out.println("用户名："+use.name);        //打印文件中的信息
            System.out.println("原密码："+use.password);
            System.out.println("年龄："+use.age);
            FileInputStream fis=new FileInputStream("C:\\Example10.txt");
            //创建输入流的对象，使之可以从文件中读取数据
```

```
ObjectInputStream ois=new ObjectInputStream(fis);
use=(user)ois.readObject();                            //读取文件中的信息
use.setpassword("1111");                               //修改密码
System.out.println("修改之后文件中的信息");
//打印修改后的文件信息
System.out.println("用户名："+use.name);
System.out.println("修改后的密码：
"+use.password);
System.out.println("年龄："+use.age);
} catch (Exception e) {
    e.printStackTrace();
}
}
}
```

程序运行结果如图10-13所示。

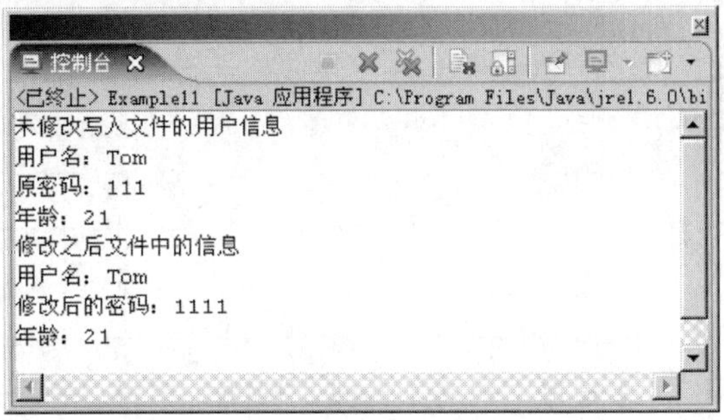

图10-13　例10-12的运行结果

小 结

　　本章针对Java语言的输入输出技术进行了细致的讲解。使用输入输出流可以读取和写入数据到文件、网络、打印机等资源和设备。输入输出流又可以细分为字节流和字符流，其中字节流以计算机能识别的二进制数制操作数据，所以，它能够访问任何类型的数据，包括图片、音频、视频和文本等。而字符流主要用于操作文本数据，这些文本可以是计算机能显示的所有字符，所以，它多用于文本、消息，以及网络信息通信中。本章最后还介绍了对象序列化技术，使用该技术可以通过对象输入输出流保存和读取对象，将一个对象持久化（保存成实际存在的数据，例如数据库或文件），能够永久保存对象的状态和数据，在下一次程序启动时，可以直接读取对象数据，将其应用到程序中。

　　通过对本章的学习，读者应该熟练掌握Java语言中输入输出流的操作，这里所指的流的操作包括了文件输入输出流、缓冲输入输出流、打印输入输出流、对象输入输出流等。另外，对于数据流，必须能够根据具体情况，有选择地使用字节流或者字符流。

习 题

　　10-1　编写一个程序，将一个电话号码写入文件中。

　　10-2　实现文件的复制。

　　10-3　使用RandomAccessFile流将一个文本文件倒置读出。

　　10-4　使用Java的输入输出流技术将一个文本文件的内容按行读出，每读出一行就顺序添加行号，并写入到另一个文件中。

PART11

第11章
Swing程序设计

本章要点

了解Swing概念 ■
掌握创建窗体的方法 ■
掌握布局管理器的使用方法 ■
掌握常用面板的使用方法 ■
掌握各类常用组件的使用方法 ■
掌握常用事件处理 ■

■ 要利用Java语言开发应用程序，就要学习Swing。Swing是基于AWT开发的，所以，它的功能更强大，性能更优化，更能体现Java语言的跨平台性。虽然AWT中的所有组件都是重量组件，但是在Swing中只保留了几个必要的重量组件，其他的重量组件全部改为了轻量组件，还为这些轻量组件增加了一些功能，例如显示图片。

11.1　Swing概述

Swing并不是缩略词，而是它的设计者在1996年末开始这个项目时共同选定的名字。Swing是Java基类（Java Foundation Classes，JFC）的一部分。所谓基类，就是为程序员使用Java语言开发应用程序而设计的类库。Swing只是组成JFC的5个库中的一个，其他4个为抽象窗口工具包（Abstract Window Toolkit，AWT）、辅助功能API、2D API和对拖放功能的增强支持。

Swing是基于AWT开发的，所以，AWT是Swing的基础，AWT是Java语言开发用户界面程序的基本工具包。Swing提供了大多数轻量组件的组件集，其中一部分是AWT所缺少的，即由Swing补充的附加件，还有一部分是由Swing提供的用来替代AWT重量组件的轻量组件。另外，Swing还提供了一个用于实现包含插入式界面样式等特性的图形用户界面的下层构件，使得Swing组件在不同的平台上都能够保持组件的界面样式特性，如双缓冲、调试图形、文本编辑包等。

AWT 1.1版本中首次出现了轻量组件。在早期版本中，只有与本地对等组件相关联的重量组件，重量组件必须在它们自己的本地不透明窗口中绘制，而轻量组件在本地没有对等组件，轻量组件只需要绘制在包含它们的重量容器的窗口中。因为轻量组件不需要绘制在本地不透明的窗口中，所以，它们可以有透明的背景，这一点使得轻量组件可以是非矩形的，即使轻量组件还必须有矩形边框。

由Swing提供的组件几乎都是轻量组件，其中提供的少数重量组件都是必须的。因为轻量组件是绘制在包含它的容器中的，而不是绘制在自己的窗口中，所以，轻量组件最终必须包含在一个重量容器中。因此，由Swing提供的小应用程序、窗体、窗口和对话框都必须是重量组件，以便提供一个可以用来绘制Swing轻量组件的窗口。

Swing提供了40多个组件，是AWT提供组件的4倍，一部分是用来替代AWT重量组件的轻量组件，这些替代组件除了拥有原组件的功能外，还增加了一些特性，如由Swing提供的按钮和标签除了可以显示文本外，还可以显示图标；另一部分是由Swing提供的有助于开发图形用户界面的附加组件。

11.2　创建窗体

在开发Java应用程序时，通常情况下是利用JFrame类创建窗体。利用JFrame类创建的窗体分别包含一个标题、"最小化"按钮、"最大化"按钮和"关闭"按钮，如图11-1所示。

创建窗体

JFrame类提供了一系列用来设置窗体的方法，如通过的setTitle(String title)方法，可以设置窗体的标题；通过setBounds(int x, int y, int width, int height)方法可以设置窗体的显示位置及大小，该方法接收4个int型参数，前两个参数用来设置窗体的显示位置，依次为窗体左上角的点在显示器中的水平和垂直坐标，后两个参数用来设置窗体的大小，依次为窗体的宽度和高度，如图11-2所示。

图11-1　利用JFrame类创建的窗体

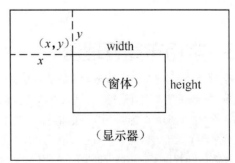

图11-2　窗体的显示位置及大小

在创建窗体时，通常情况下需要设置"关闭"按钮的动作。"关闭"按钮的默认动作为将窗体隐藏，可以通过方法setDefaultCloseOperation(int operation)设置"关闭"按钮的动作，该方法的入口参数可以从JFrame类提供的静态常量中选择，可选的静态常量如表11-1所示。

表11-1　JFrame类中用来设置"关闭"按钮动作的静态常量

静态常量	常量值	执行操作
HIDE_ON_CLOSE	1	隐藏窗口，为默认操作
DO_NOTHING_ON_CLOSE	0	不执行任何操作
DISPOSE_ON_CLOSE	2	移除窗口
EXIT_ON_CLOSE	3	退出窗口

【例11-1】编写创建如图11-1所示窗体的类。

实现图11-1所示窗体的类的完整代码如下：

```java
import javax.swing.JFrame;
public class MyFirstFrame extends JFrame {              // 继承窗体类JFrame
    public static void main(String args[]) {
        MyFirstFrame frame = new MyFirstFrame();
        frame.setVisible(true);                         // 设置窗体可见，默认为不可见
    }
    public MyFirstFrame() {
        super();                                        // 继承父类的构造方法
        setTitle("利用JFrame类创建的窗体");              // 设置窗体的标题
        setBounds(100, 100, 500, 375);                  // 设置窗体的显示位置及大小
        getContentPane().setLayout(null);               // 设置为不采用任何布局管理器
        setDefaultCloseOperation(JFrame.EXIT_ON_CLOSE); // 设置窗体关闭按钮的动作为退出
    }
}
```

在利用JFrame类创建窗体时，必须在最后通过setVisible(boolean b)方法将窗体设置为可见，在默认情况下窗体不可见，否则执行该段代码后在显示器上将看不到如图11-1所示的窗体，也可以理解为开始绘制窗体，因为在这之后对JFrame窗体的设置将无效。

在本章后面的例子中，如无特殊说明，也将利用该段代码创建JFrame窗体，由于篇幅有限，将不再列出代码。

11.3　常用布局管理器

布局管理器负责管理组件在容器中的排列方式。Java是跨平台的开发语言，它能够实现"一次编写，到处运行"。为实现这个目标，Java所开发的应用程序必须使用布局管理器管理每个容器中组件的布局，因为不同的平台（即操作系统或者手机等硬件平台）显示组件的策略和方式是不同的，无法确定不同平台的组件大小和样式。虽然Java提供了空布局管理器的支持（即不使用布局管理器），但那是在牺

常用布局管理器

牲跨平台性能的前提下才使用的布局管理方式。本节将介绍程序开发中常用的几种布局管理器。

11.3.1 不使用布局管理器

在布局管理器出现之前，所有的应用程序都使用直接定位的方式排列容器中的组件，如VC、Delphi、VB等开发语言都使用这种布局方式。Java也提供了对绝对定位的组件排列方式的支持，但是这样布局的程序界面不能保证在其他操作平台中也能正常显示。如果需要开发的程序只在单一的系统中使用，可以考虑使用这种布局管理方式。

通过setLayout(LayoutManager mgr)方法设置组件容器采用的布局管理器，如果不采用任何布局管理器，则可以将其设置为null，例如：

getContentPane().setLayout(null);

图11-3　不使用布局管理器

【例11-2】在不使用任何布局管理器的情况下实现如图11-3所示的登录窗口。

首先设置窗体的相关信息，如设置为不使用布局管理器，即将布局管理器设置为null，具体代码如下：

```
setTitle("登录窗口");
setBounds(100, 100, 260, 210);                    // 设置窗体的显示位置及大小
getContentPane().setLayout(null);                 // 设置为不采用任何布局管理器
setDefaultCloseOperation(JFrame.EXIT_ON_CLOSE);
```

然后向窗体中添加需要的组件，如标签、文本框、密码框、按钮等，并通过直接定位的方式设置组件的显示位置，具体代码如下：

```
final JLabel label = new JLabel();
label.setBorder(new TitledBorder(null, "", TitledBorder.DEFAULT_JUSTIFICATION,
        TitledBorder.DEFAULT_POSITION, null, null));
label.setForeground(new Color(255, 0, 0));
label.setFont(new Font("", Font.BOLD, 18));
label.setText("企业人事管理系统");
label.setBounds(39, 28, 170, 36); // 设置"企业人事管理系统"标签的显示位置及大小
getContentPane().add(label);
final JLabel usernameLabel = new JLabel();
usernameLabel.setText("用户名：");
usernameLabel.setBounds(38, 83, 60, 15);  // 设置"用户名"标签的显示位置及大小
getContentPane().add(usernameLabel);
JTextField textField = new JTextField();
textField.setBounds(89, 80, 120, 21);       // 设置"用户名"文本框的显示位置及大小
getContentPane().add(textField);
final JLabel passwordLabel = new JLabel();
passwordLabel.setText("密 码：");
passwordLabel.setBounds(39, 107, 60, 15); // 设置"密码"标签的显示位置及大小
getContentPane().add(passwordLabel);
JPasswordField passwordField = new JPasswordField();
```

```
passwordField.setBounds(89, 104, 120, 21);          // 设置"密码"密码框的显示位置及大小
getContentPane().add(passwordField);
final JButton exitButton = new JButton();
exitButton.setText("退出");
exitButton.setBounds(141, 131, 68, 23);      // 设置"退出"按钮的显示位置及大小
getContentPane().add(exitButton);
final JButton landButton = new JButton();
landButton.setText("登录");
landButton.setBounds(67, 131, 68, 23);       // 设置"登录"按钮的显示位置及大小
getContentPane().add(landButton);
```

11.3.2 FlowLayout布局管理器

由FlowLayout类实现的布局管理器被称为流布局管理器，它的布局方式是首先在一行上排列组件，如图11-4所示。当该行没有足够的空间时，则回行显示，如图11-5所示。当容器的大小发生改变时，将自动调整组件的排列方式。

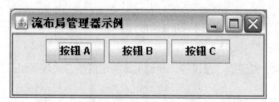

图11-4　组件容器足够大的情况下在一行显示　　　　图11-5　组件容器不够大的情况下回行显示

流布局管理器默认为居中显示组件，可以通过FlowLayout类的setAlignment(int align)方法设置组件的对齐方式。该方法的参数可以从FlowLayout类的静态常量中选择，如表11-2所示。

表11-2　FlowLayout类中用来设置组件对齐方式的静态常量

静态常量	常量值	组件对齐方式
LEFT	0	靠左侧显示
CENTER	1	居中显示，为默认对齐方式
RIGHT	2	靠右侧显示

流布局管理器默认组件的水平间距和垂直间距均为5像素，可以通过FlowLayout类的方法setHgap(int hgap)和setVgap(int vgap)设置组件的水平间距和垂直间距。

【例11-3】流布局管理器示例。

```
final FlowLayout flowLayout = new FlowLayout();        // 创建流布局管理器对象
flowLayout.setHgap(10);                                // 设置组件的水平间距
flowLayout.setVgap(10);                                // 设置组件的垂直间距
flowLayout.setAlignment(FlowLayout.LEFT);              // 设置组件的对齐方式
getContentPane().setLayout(flowLayout);                // 设置组件容器采用流布局管理器
final JButton aButton = new JButton();
aButton.setText("按钮 A");
getContentPane().add(aButton);
```

```
final JButton bButton = new JButton();

bButton.setText("按钮 B");

getContentPane().add(bButton);

final JButton cButton = new JButton();

cButton.setText("按钮 C");

getContentPane().add(cButton);
```

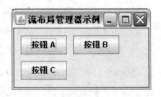

图11-6　流布局管理器示例

在例11-3的代码中，将容器设置为采用流布局管理器，流布局管理器的对齐方式设置为靠左侧对齐，组件间的水平和垂直间隔均设置为10像素，当组件容器不够大时的显示效果如图11-6所示。

11.3.3　BorderLayout布局管理器

由BorderLayout类实现的布局管理器被称为边界布局管理器，它的布局方式是将容器划分为5个部分，如图11-7所示。边界布局管理器为JFrame窗体的默认布局管理器。

如果组件容器采用了边界布局管理器，在将组件添加到容器时，需要设置组件的显示位置，通过方法add(Component comp，Object constraints)添加并设置，该方法的第一个参数为欲添加的组件对象，第二个参数为组件的显示位置，可以从BorderLayout类的静态常量中选择，如表11-3所示。

图11-7　边界布局管理器的布局方式

表11-3　BorderLayout类中用来设置组件显示位置的静态常量

静态常量	常量值	组件对齐方式
CENTER	"Center"	显示在容器中间
NORTH	"North"	显示在容器顶部
SOUTH	"South"	显示在容器底部
WEST	"West"	显示在容器左侧
EAST	"East"	显示在容器右侧

边界布局管理器默认组件的水平间距和垂直间距均为0像素，可以通过BorderLayout类的方法setHgap(int hgap)和setVgap(int vgap)设置组件的水平间距和垂直间距。

【例11-4】边界布局管理器示例。

```
final BorderLayout borderLayout = new BorderLayout();     // 创建边界布局管理器对象

borderLayout.setHgap(10);                                 // 设置组件的水平间距

borderLayout.setVgap(10);                                 // 设置组件的垂直间距

Container panel = getContentPane();                       // 获得容器对象

panel.setLayout(borderLayout);                            // 设置容器采用边界布局管理器

final JButton aButton = new JButton();

aButton.setText("按钮 A");

panel.add(aButton, BorderLayout.NORTH);                   // 顶部

final JButton bButton = new JButton();

bButton.setText("按钮 B");

panel.add(bButton, BorderLayout.WEST);                    // 左侧

final JButton cButton = new JButton();
```

```
cButton.setText("按钮 C");
panel.add(cButton, BorderLayout.CENTER);        // 中间
final JButton dButton = new JButton();
dButton.setText("按钮 D");
panel.add(dButton, BorderLayout.EAST);          // 右侧
final JButton eButton = new JButton();
eButton.setText("按钮 E");
panel.add(eButton, BorderLayout.SOUTH);         // 底部
```

在例11-4的代码中，将容器设置为采用边界布局管理器，边界布局管理器的水平和垂直组件间距均设置为10像素，运行效果如图11-8所示。

图11-8　边界布局管理器示例

11.3.4 GridLayout布局管理器

由GridLayout类实现的布局管理器被称为网格布局管理器，它的布局方式是将容器按照用户的设置平均划分成若干网格，如图11-9所示。

在通过构造方法GridLayout(int rows, int cols)创建网格布局管理器对象时，参数rows用来设置网格的行数，参数cols用来设置网格的列数，在设置时分为以下4种情况：

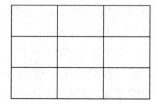

（1）只设置了网格的行数，即rows大于0，cols等于0：在这种情况下，容器将先按行排列组件，当组件个数大于rows时，则再增加一列，依此类推；

图11-9　网格布局管理器的布局方式

（2）只设置了网格的列数，即rows等于0，cols大于0：在这种情况下，容器将先按列排列组件，当组件个数大于cols时，则再增加一行，依此类推；

（3）同时设置了网格的行数和列数，即rows大于0，cols大于0：在这种情况下，容器将先按行排列组件，当组件个数大于rows时，则再增加一列，依此类推；

（4）同时设置了网格的行数和列数，但是容器中的组件个数大于网格数（rows×cols）：在这种情况下，将再增加一列，依此类推。

网格布局管理器默认组件的水平间距和垂直间距均为0像素，可以通过GridLayout类的方法setHgap(int hgap)和setVgap(int vgap)设置组件的水平间距和垂直间距。

【例11-5】利用网格布局管理器实现计算器按键面板。

```
final GridLayout gridLayout = new GridLayout(4, 0);     // 创建网格布局管理器对象
gridLayout.setHgap(10);                                 // 设置组件的水平间距
gridLayout.setVgap(10);                                 // 设置组件的垂直间距
Container panel = getContentPane();                     // 获得容器对象
panel.setLayout(gridLayout);                            // 设置容器采用网格布局管理器
String[ ][ ] names = { { "1", "2", "3", "+" }, { "4", "5", "6", "-" },
        { "7", "8", "9", "*" }, { ".", "0", "=", "/" } };
JButton[][] buttons = new JButton[4][4];
for (int row = 0; row < names.length; row++) {
    for (int col = 0; col < names.length; col++) {
        buttons[row][col] = new JButton(names[row][col]);
```

```
        // 创建按钮对象
        panel.add(buttons[row][col]);// 将按钮添加到面板中
    }
}
```

图11-10　网格布局管理
器示例

在例11-5的代码中，将容器设置为采用网格布局管理器，网格布局管理器的水平和垂直组件间距均设置为10像素，程序运行效果如图11-10所示。

11.4　常用面板

可以将面板添加到JFrame窗体中，也可以将子面板添加到上级面板中，然后将组件添加到面板中。通过使用面板，可以实现对所有组件进行分层管理，即对不同关系的组件采用不同的布局管理方式，使组件的布局更合理，使软件界面更美观。

11.4.1　JPanel面板

JPanel面板

如果将所有的组件都添加到由JFrame窗体提供的默认组件容器中，将存在如下两个问题：

（1）一个界面中的所有组件只能采用一种布局方式，这样很难得到一个美观的界面；

（2）有些布局方式只能管理有限个组件，例如JFrame窗体默认的BorderLayout布局管理器，最多只能管理5个组件。

针对上面这两个问题，通过使用JPanel面板就可以解决，首先将面板和组件添加到JFrame窗体中，然后再将子面板和组件添加到上级面板中，这样就可以向面板中添加无数个组件，并且通过对每个面板采用不同的布局管理器，真正解决众多组件间的布局问题。JPanel面板默认采用FlowLayout布局管理器。

图11-11　计算器

【例11-6】实现一个如图11-11所示带有显示器的计算器界面。

```
setTitle("计算器");
setResizable(false);                                    // 设置窗体大小不可改变
setBounds(100, 100, 230, 230);
setDefaultCloseOperation(JFrame.EXIT_ON_CLOSE);
final JPanel viewPanel = new JPanel();                  // 创建显示器面板，采用默认的流布局
getContentPane().add(viewPanel, BorderLayout.NORTH);    // 将显示器面板添加到窗体顶部
JTextField textField = new JTextField();                // 创建显示器
textField.setEditable(false);                           // 设置显示器不可编辑
textField.setHorizontalAlignment(SwingConstants.RIGHT);
textField.setColumns(18);
viewPanel.add(textField);                               // 将显示器添加到显示器面板中
final JPanel buttonPanel = new JPanel();                // 创建按钮面板
final GridLayout gridLayout = new GridLayout(4, 0);
gridLayout.setVgap(10);
gridLayout.setHgap(10);
buttonPanel.setLayout(gridLayout);                      // 按钮面板采用网格布局
```

```
getContentPane().add(buttonPanel, BorderLayout.CENTER);        // 将按钮面板添加到窗体中间
String[ ][ ] names = { { "1", "2", "3", "+" }, { "4", "5", "6", "-" },
        { "7", "8", "9", "*" }, { ".", "0", "=", "/" } };
JButton[][] buttons = new JButton[4][4];
for (int row = 0; row < names.length; row++) {
    for (int col = 0; col < names.length; col++) {
        buttons[row][col] = new JButton(names[row][col]);        // 创建按钮
        buttonPanel.add(buttons[row][col]);                      // 将按钮添加到按钮面板中
    }
}
final JLabel leftLabel = new JLabel();                            // 创建左侧的占位标签
leftLabel.setPreferredSize(new Dimension(10, 0));                 // 设置标签的宽度
getContentPane().add(leftLabel, BorderLayout.WEST);              // 将标签添加到窗体左侧
final JLabel rightLabel = new JLabel();                           // 创建右侧的占位标签
rightLabel.setPreferredSize(new Dimension(10, 0));               // 设置标签的宽度
getContentPane().add(rightLabel, BorderLayout.EAST);            // 将标签添加到窗体右侧
```

在例11-6的代码中，JFrame窗体采用BorderLayout布局；然后分别创建一个显示器面板和按钮面板，并分别添加到JFrame窗体顶部和中间；显示器面板采用默认的FlowLayout布局，其中包含一个文本框组件；按钮面板采用GridLayout布局，其中包含16个按钮组件；在窗体的左侧和右侧还分别添加了一个标签组件，目的是使按钮和边框之间存在一定的距离。

【例11-7】为拼图游戏创建面板。

```
setResizable(false);                                             // 设置窗体大小不可改变
setTitle("拼图游戏");                                            // 设置窗体的标题
setBounds(100, 100, 570, 725);                                  // 设置窗体的显示位置及大小
setDefaultCloseOperation(JFrame.EXIT_ON_CLOSE);                // 设置关闭窗体时退出程序
final JPanel topPanel = new JPanel();                           // 创建面板对象
topPanel.setBorder(new TitledBorder(null, "",
        TitledBorder.DEFAULT_JUSTIFICATION,
        TitledBorder.DEFAULT_POSITION, null, null));           // 为面板添加边框
topPanel.setLayout(new BorderLayout());                        // 设置面板采用边界布局
getContentPane().add(topPanel, BorderLayout.NORTH);           // 将面板添加到窗体顶部
final JLabel modelLabel = new JLabel();                         // 创建显示参考图片的标签对象
modelLabel.setIcon(new ImageIcon("img/model.jpg"));           // 设置标签显示的参考图片
topPanel.add(modelLabel, BorderLayout.WEST);                  // 将标签添加到面板的左侧
final JButton startButton = new JButton();                     // 创建下一局按钮对象
startButton.setText("下一局");                                  // 设置按钮的标签文本
startButton.addActionListener(new StartButtonAction());       // 为按钮添加监听器
topPanel.add(startButton, BorderLayout.CENTER);              // 将按钮添加到面板的中间
centerPanel = new JPanel();// 创建拼图按钮面板对象
centerPanel.setBorder(new TitledBorder(null, "",
```

```
                    TitledBorder.DEFAULT_JUSTIFICATION,
                    TitledBorder.DEFAULT_POSITION, null, null));        // 为面板添加边框
centerPanel.setLayout(new GridLayout(0, 3));                          // 设置拼图按钮面板采用3列的网格布局
getContentPane().add(centerPanel, BorderLayout.CENTER);              // 将面板添加到窗体的中间
String[][] stochasticOrder = reorder();                              // 获得网格图片的随机摆放顺序
for (int row = 0; row < 3; row++) {                                  // 遍例行
    for (int col = 0; col < 3; col++) {                             // 遍例列
        final JButton button = new JButton();                       // 创建拼图按钮对象
        button.setName(row + "" + col);                            // 设置按钮的名称
        button.setIcon(new ImageIcon(stochasticOrder[row][col]));  // 为拼图按钮设置图片
        if (stochasticOrder[row][col].equals("img/00.jpg"))        // 判断是否为空白按钮
        emptyButton = button;
        button.addActionListener(new ImgButtonAction());           // 为拼图按钮添加监听器
        centerPanel.add(button);                                    // 将按钮添加到拼图按钮面板中
```

11.4.2　JScrollPane面板

JScrollPane面板

JScrollPane类实现了一个带有滚动条的面板，用来为某些组件添加滚动条。例如，在学习JList和JTextArea组件时均用到了该组件，JScrollPane类提供的常用方法如表11-4所示。

表11-4　JScrollPane类提供的常用方法

方法	功能
setViewportView(Component view)	设置在滚动面板中显示的组件对象
setHorizontalScrollBarPolicy(int policy)	设置水平滚动条的显示策略
setVerticalScrollBarPolicy(int policy)	设置垂直滚动条的显示策略
setWheelScrollingEnabled(false)	设置滚动面板的滚动条是否支持鼠标的滚动轮

在利用表11-4中用来设置滚动条显示策略的方法设置滚动条的显示策略时，参数可以从JScrollPane类中用来设置滚动条显示策略的静态常量中选择，如表11-5所示。

表11-5　JScrollPane类中用来设置滚动条显示策略的静态常量

静态常量	常量值	滚动条的显示策略
HORIZONTAL_SCROLLBAR_AS_NEEDED	30	设置水平滚动条为只在需要时显示，默认策略
HORIZONTAL_SCROLLBAR_NEVER	31	设置水平滚动条为永远不显示
HORIZONTAL_SCROLLBAR_ALWAYS	32	设置水平滚动条为一直显示
VERTICAL_SCROLLBAR_AS_NEEDED	20	设置垂直滚动条为只在需要时显示，默认策略
VERTICAL_SCROLLBAR_NEVER	21	设置垂直滚动条为永远不显示
VERTICAL_SCROLLBAR_ALWAYS	22	设置垂直滚动条为一直显示

【例11-8】应用滚动面板。

```
final JScrollPane frameScrollPane = new JScrollPane();               // 创建窗体的滚动面板
frameScrollPane
        .setVerticalScrollBarPolicy(JScrollPane.VERTICAL_SCROLLBAR_ALWAYS);
getContentPane().add(frameScrollPane);                              // 将窗体滚动面板添加到窗体中
```

```
final JPanel framePanel = new JPanel();
framePanel.setLayout(new BorderLayout());
frameScrollPane.setViewportView(framePanel);
final JPanel typePanel = new JPanel();
framePanel.add(typePanel, BorderLayout.NORTH);
final JLabel typeLabel = new JLabel();
typeLabel.setText("类别：");
typePanel.add(typeLabel);
JScrollPane typeScrollPane = new JScrollPane();                    // 创建用于JList组件的滚动面板
typeScrollPane
        .setVerticalScrollBarPolicy(JScrollPane.VERTICAL_SCROLLBAR_ALWAYS);
typePanel.add(typeScrollPane);
String[] items = { "幽默短信类", "新年祝福短信类", "生日祝福短信类", "新婚祝福短信类" };
JList list = new JList(items);
list.setVisibleRowCount(3);
typeScrollPane.setViewportView(list);
final JLabel label = new JLabel();
label.setPreferredSize(new Dimension(110, 0));
typePanel.add(label);
final JPanel contentPanel = new JPanel();
framePanel.add(contentPanel);
final JLabel contentLabel = new JLabel();
contentLabel.setText("内容：");
contentPanel.add(contentLabel);
JScrollPane contentScrollPane = new JScrollPane();                 // 创建用于JTextArea组件的滚动面板
contentScrollPane
        .setHorizontalScrollBarPolicy(JScrollPane.HORIZONTAL_SCROLLBAR_NEVER);
contentPanel.add(contentScrollPane);
JTextArea textArea = new JTextArea();
textArea.setRows(3);
textArea.setColumns(20);
textArea.setLineWrap(true);
contentScrollPane.setViewportView(textArea);
```

在例11-8的代码中，为JFrame窗体添加了一个滚动面板，即窗体中的所有组件都是在滚动面板或其子面板中，该面板的水平滚动条为需要时显示，垂直滚动条为一直显示。JList和JTextArea组件均添加到了一个滚动面板中，JList组件的滚动面板的水平滚动条为需要时显示，垂直滚动条为一直显示；JTextArea组件的滚动面板的水平滚动条为永远显示，垂直滚动条为需要时显示。程序运行结果如图11-12所示。

图11-12　滚动面板示例

11.5 常用组件

软件界面是软件和用户之间的交流平台，而组件则是绘制软件界面的基本元素，是软件和用户之间的交流要素。例如，用文本框来显示相关信息，用单选按钮、复选框、文本框等接收用户的输入信息，用按钮来提交用户的输入信息。本节将对用来绘制软件界面的常用组件进行详细介绍，并针对每个组件给出一个典型例子，以方便读者学习和参考。

11.5.1 JLabel（标签）组件

JLabel组件用来显示文本和图像，可以只显示其中的一者，也可以二者同时显示。JLabel类提供了一系列用来设置标签的方法，例如，通过setText(String text)方法设置标签显示的文本，通过setFont(Font font)方法设置标签文本的字体及大小，通过setHorizontalAlignment(int alignment)方法设置文本的显示位置，该方法的参数可以从JLabel类提供的静态常量中选择，可选的静态常量如表11-6所示。

JLabel（标签）
组件

表11-6 JLabel类中用来设置标签内容水平显示位置的静态常量

静态常量	常量值	标签内容显示位置
LEFT	2	靠左侧显示
CENTER	0	居中显示
RIGHT	4	靠右侧显示

如果需要在标签中显示图片，可以通过setIcon(Icon icon)方法设置。如果想在标签中既显示文本，又显示图片，可以通过setHorizontalTextPosition(int textPosition)方法设置文字相对图片在水平方向的显示位置，该方法的参数可以从表11-6中提供的静态常量中选择。当设置为LEFT时，表示文字显示在图片的左侧；当设置为RIGHT时，表示文字显示在图片的右侧；当设置为CENTER时，表示文字与图片在水平方向重叠显示。还可以通过setVerticalTextPosition(int textPosition)方法设置文字相对图片在垂直方向的显示位置，该方法的入口参数可以从JLabel类提供的静态常量中选择，可选的静态常量如表11-7所示。

表11-7 JLabel类中用来设置标签文本相对图片在垂直方向显示位置的静态常量

静态常量	常量值	标签内容显示位置
TOP	1	文字显示在图片的上方
CENTER	0	文字与图片在垂直方向重叠显示
BOTTOM	3	文字显示在图片的下方

【例11-9】同时显示文本和图片的标签。

```
final JLabel label = new JLabel();                        // 创建标签对象
label.setBounds(0, 0, 492, 341);                          // 设置标签的显示位置及大小
label.setText("欢迎进入Swing世界！");                       // 设置标签显示文字
label.setFont(new Font("", Font.BOLD, 22));               // 设置文字的字体及大小
label.setHorizontalAlignment(JLabel.CENTER);              // 设置标签内容居中显示
label.setIcon(new ImageIcon("QCKJ.JPG"));                 // 设置标签显示图片
label.setHorizontalTextPosition(JLabel.CENTER);           // 设置文字相对图片在水平方向的显示位置
label.setVerticalTextPosition(JLabel.BOTTOM);             // 设置文字相对图片在垂直方向的显示位置
getContentPane().add(label);                              // 将标签添加到窗体中
```

通过例11-9中的代码，可以得到如图11-13所示的标签，在标签中同时显示文本和图片，在水平方向上文本和图片重叠显示，在垂直方向上文本显示在图片的下方。

 如果只通过图片的名称创建图片对象，需要将图片和相应的类文件放在同一路径下，否则将无法正常显示图片。

图11-13　同时显示文本和图片的标签

【例11-10】定义主窗体显示指定内容。

```java
JLabel orderIdLabel = new Jlabel("订单号：");
    orderIdLabel.setBounds(59, 55, 60, 15);
    contentPane.add(orderIdLabel);
    orderIdTextField = new JTextField();              //创建文本框对象
    orderIdTextField.setText(stock.getOrderId());     //设置文本框对象内容
    orderIdTextField.setBounds(114, 50, 164, 25);
    contentPane.add(orderIdTextField);                //将文本框对象添加到面板中
    orderIdTextField.setColumns(10);
```

程序运行结果如图11-14所示。

修改采购订单窗体			
订单号：	1026　　　　　*	客　户：	小李　　　　　*
交货日期：	2011-8-7	货物名称：	咸菜　　　　　*
数量：	10　　　　　　*	金　额：	150.0　　　　*
	修改　　　　退出		

图11-14　定义主窗体显示指定内容

11.5.2　JButton（按钮）组件

JButton组件是最简单的按钮组件，只是在按下和释放两个状态之间进行切换，可以通过捕获按下并释放的动作执行一些操作，从而完成和用户的交互。JButton类提供了一系列用来设置按钮的方法，如通过setText(String text)方法设置按钮的标签文本。通过下面的代码就可以创建一个如图11-15所示的最简单按钮：

JButton（按钮）组件

```java
final JButton button = new JButton();
button.setBounds(10, 10, 70, 23);
button.setText("确 定");
getContentPane().add(button);
```

为按钮设置图片时，方法setIcon(Icon defaultIcon)用来设置按钮在默认状态

图11-15　最简单的按钮

下显示的图片；方法setRolloverIcon(Icon rolloverIcon)用来设置当光标移动到按钮上方时显示的图片；方法setPressedIcon(Icon pressedIcon)用来设置当按钮被按下时显示的图片。

当将按钮设置为显示图片时，建议通过setMargin(Insets m)方法将按钮边框和标签四周的间隔均设置为0。该方法的入口参数为Insets类的实例，Insets类的构造方法为：Insets(int top, int left, int bottom,int right)，接收4个int型参数，依次为标签上方、左侧、下方和右侧的间隔；通过setContentAreaFilled(boolean b)方法设置为不绘制按钮的内容区域，也可以理解为设置按钮的背景为透明，当设为false时表示不绘制，默认为绘制；通过setBorderPainted(boolean b)方法设置为不绘制按钮的边框，当设为false时表示不绘制，默认为绘制。

【例11-11】实现一个典型的按钮。

```
final JButton button = new JButton();                          // 创建按钮对象
button.setMargin(new Insets(0, 0, 0, 0));                      // 设置按钮边框和标签之间的间隔
button.setContentAreaFilled(false);                            // 设置不绘制按钮的内容区域
button.setBorderPainted(false);                                // 设置不绘制按钮的边框
button.setIcon(new ImageIcon("land.png"));                     // 设置默认情况下按钮显示的图片
button.setRolloverIcon(new ImageIcon("land_over.png"));        // 设置光标经过时显示的图片
button.setPressedIcon(new ImageIcon("land_pressed.png"));      // 设置按钮被按下时显示的图片
button.setBounds(10, 10, 70, 23);                              // 设置标签的显示位置及大小
getContentPane().add(button);                                  // 将按钮添加到窗体中
```

通过例11-11中的代码，可以得到一个很典型的按钮，在默认情况下按钮的效果如图11-16所示；当光标经过按钮时效果如图11-17所示；当按钮被按下时效果如图11-18所示。

图11-16　默认状态　　　　　图11-17　光标经过　　　　　图11-18　被按下时

11.5.3　JRadioButton（单选按钮）组件

JRadioButton组件实现一个单选按钮，用户可以很方便地查看单选按钮的状态。JRadioButton类可以单独使用，也可以与ButtonGroup类联合使用。当单独使用时，该单选按钮可以被选定和取消选定；当与ButtonGroup类联合使用时，则组成了一个单选按钮组，此时用户只能选定按钮组中的一个单选按钮，取消选定的操作将由ButtonGroup类自动完成。

ButtonGroup类用来创建一个按钮组，按钮组的作用是负责维护该组按钮的"开启"状态，在按钮组中只能有一个按钮处于"开启"状态。假设在按钮组中有且仅有A按钮处于开启状态，在"开启"其他按钮时，按钮组将自动关闭A按钮的"开启"状态。按钮组经常用来维护由JRadio Button、JRadioButtonMenuItem或JToggleButton类型的按钮组成的按钮组。ButtonGroup类提供的常用方法如表11-8所示。

JRadioButton
（单选按钮）组件

219

表11-8　ButtonGroup类提供的常用方法

方　法	功　能
add(AbstractButton b)	添加按钮到按钮组中
remove(AbstractButton b)	从按钮组中移除按钮
getButtonCount()	返回按钮组中包含按钮的个数，返回值为int型
getElements()	返回一个Enumeration类型的对象，通过该对象可以遍历按钮组中包含的所有按钮对象

JRadioButton类提供了一系列用来设置单选按钮的方法，例如，通过setText(String text)方法设置单选按钮的标签文本，通过setSelected(boolean b)方法设置单选按钮的状态，默认情况下未被选中，当设为true时表示单选按钮被选中。

【例11-12】用来填写性别的单选按钮组。

```
final JLabel label = new JLabel();                      // 创建标签对象
label.setText("性别：");                                // 设置标签文本
label.setBounds(10, 10, 46, 15);                        // 设置标签的显示位置及大小
getContentPane().add(label);                            // 将标签添加到窗体中
ButtonGroup buttonGroup = new ButtonGroup();            // 创建按钮组对象
final JRadioButton manRadioButton = new JRadioButton(); // 创建单选按钮对象
buttonGroup.add(manRadioButton);                        // 将单选按钮添加到按钮组中
manRadioButton.setSelected(true);                       // 设置单选按钮默认为被选中
manRadioButton.setText("男");                           // 设置单选按钮的文本
manRadioButton.setBounds(62, 6, 46, 23);                // 设置单选按钮的显示位置及大小
getContentPane().add(manRadioButton);                   // 将单选按钮添加到窗体中
final JRadioButton womanRadioButton = new JRadioButton();
buttonGroup.add(womanRadioButton);
womanRadioButton.setText("女");
womanRadioButton.setBounds(114, 6, 46, 23);
getContentPane().add(womanRadioButton);
```

通过例11-12中的代码，可以得到如图11-19所示的单选按钮组。在默认情况下，标签文本为"男"的单选按钮被选中，当用户选中标签文本为"女"的单选按钮时，按钮组将自动取消标签文本为"男"的单选按钮的选中状态。

图11-19　单选按钮组

11.5.4　JCheckBox（复选框）组件

JCheckBox组件实现一个复选框，该复选框可以被选定和取消选定，并且可以同时选定多个。用户可以很方便地查看复选框的状态。JCheckBox类提供了一系列用来设置复选框的方法，如通过setText(String text)方法设置复选框的标签文本，通过setSelected(boolean b)方法设置复选框的状态，默认情况下未被选中，当设为true时表示复选框被选中。

JCheckBox（复选框）组件

【例11-13】用来填写爱好的复选框。

```
final JLabel label = new JLabel();                      // 创建标签对象
```

```
label.setText("爱好: ");                              // 设置标签文本
label.setBounds(10, 10, 46, 15);                     // 设置标签的显示位置及大小
getContentPane().add(label);                         // 将标签添加到窗体中
final JCheckBox readingCheckBox = new JCheckBox();   // 创建复选框对象
readingCheckBox.setText("读书");                      // 设置复选框的标签文本
readingCheckBox.setBounds(62, 6, 55, 23);            // 设置复选框的显示位置及大小
getContentPane().add(readingCheckBox);               // 将复选框添加到窗体中
final JCheckBox musicCheckBox = new JCheckBox();
musicCheckBox.setText("听音乐");
musicCheckBox.setBounds(123, 6, 68, 23);
getContentPane().add(musicCheckBox);
final JCheckBox pingpongCheckBox = new JCheckBox();
pingpongCheckBox.setText("乒乓球");
pingpongCheckBox.setBounds(197, 6, 75, 23);
getContentPane().add(pingpongCheckBox);
```

通过例11-13中的代码，可以得到如图11-20所示的复选框。

图11-20　复选框

【例11-14】使用网格布局管理器创建功能按钮面板。

```
public BGPanel getJPanel() {
    if (jPanel == null) {
        GridLayout gridLayout = new GridLayout();        //定义网格布局管理器
        gridLayout.setRows(1);                           //设置网格布局管理器的行数
        gridLayout.setHgap(0);                           //设置组件间水平间距
        gridLayout.setVgap(0);                           //设置组件间垂直间距
        jPanel = new BGPanel();                          //
        // 设置布局管理器
        jPanel.setLayout(gridLayout);
        // 设置初始大小
        jPanel.setPreferredSize(new Dimension(400, 50));
        jPanel.setOpaque(false);
        // 添加按钮
        jPanel.add(getWorkSpaceButton(), null);
        jPanel.add(getProgressButton(), null);
        jPanel.add(getrukuButton(), null);
        jPanel.add(getchukuButton(), null);
        jPanel.add(getPersonnelManagerButton(), null);
```

```
        jPanel.add(getDeptManagerButton(), null);
        if (buttonGroup == null) {
            buttonGroup = new ButtonGroup();
        }
        // 把所有按钮添加到一个组控件中
        buttonGroup.add(getProgressButton());
        buttonGroup.add(getWorkSpaceButton());
        buttonGroup.add(getrukuButton());
        buttonGroup.add(getchukuButton());
        buttonGroup.add(getPersonnelManagerButton());
        buttonGroup.add(getDeptManagerButton());
    }
    return jPanel;
}
```

程序运行结果如图11-21所示。

图11-21　按钮组面板设计效果

11.5.5　JComboBox（选择框）组件

JComboBox（选择框）组件

JComboBox组件实现一个选择框，用户可以从下拉列表中选择相应的值，该选择框还可以设置为可编辑的，当设置为可编辑状态时，用户可以在选择框中输入相应的值。

在创建选择框时，可以通过构造函数JComboBox(Object[] items)直接初始化该选择框包含的选项。例如，创建一个包含选项"身份证""士兵证"和"驾驶证"的选择框，具体代码如下：

```
String[] idCards = { "身份证", "士兵证", "驾驶证" };
JComboBox idCardComboBox = new JComboBox(idCards);
```

也可以通过setModel(ComboBoxModel aModel)方法初始化该选择框包含的选项，例如：

```
String[] idCards = { "身份证", "士兵证", "驾驶证" };
JComboBox idCardComboBox = new JComboBox();
comboBox.setModel(new DefaultComboBoxModel(idCards));
```

还可以通过方法addItem(Object item)和insertItemAt(Object item, int index)向选择框中添加选项，例如：

```
JComboBox idCardComboBox = new JComboBox();
comboBox.addItem("士兵证");
comboBox.addItem("驾驶证");
comboBox.insertItemAt("身份证", 0);
```

JComboBox类提供了一系列用来设置选择框的方法，例如，通过方法setSelectedItem()或setSelectedIndex()设置选择框的默认选项；通过方法setEditable()设置选择框是否可编辑，即选择框是否可以接受用户输入的信息，默认为不可编辑，当设为true时为可编辑。JComboBox类提供的常用方法如表11-9所示。

表11-9　JComboBox类提供的常用方法

方　法	功　能
addItem(Object item)	添加选项到选项列表的尾部
insertItemAt(Object item, int index)	添加选项到选项列表的指定索引位置，索引从0开始
removeItem(Object item)	从选项列表中移除指定的选项
removeItemAt(int index)	从选项列表中移除指定索引位置的选项
removeAllItems()	移除选项列表中的所有选项
setSelectedItem(Object item)	设置指定选项为选择框的默认选项
setSelectedIndex(int index)	设置指定索引位置的选项为选择框的默认选项
setMaximumRowCount(int count)	设置选择框弹出时显示选项的最多行数，默认为8行
setEditable(boolean isEdit)	设置选择框是否可编辑，当设置为true时表示可编辑，默认为不可编辑（false）

【例11-15】创建用来填写学历的选择框。

```
final JLabel label = new JLabel();                    // 创建标签对象
label.setText("学历：");                              // 设置标签文本
label.setBounds(10, 10, 46, 15);                      // 设置标签的显示位置及大小
getContentPane().add(label);                          // 将标签添加到窗体中
String[] schoolAges = { "本科", "硕士", "博士" };      // 创建选项数组
JComboBox comboBox = new JComboBox(schoolAges);       // 创建选择框对象
comboBox.setEditable(true);                           // 设置选择框为可编辑
comboBox.setMaximumRowCount(3);                       // 设置选择框弹出时显示选项的最多行数
comboBox.insertItemAt("大专", 0);                     // 在索引为0的位置插入一个选项
comboBox.setSelectedItem("本科");                     // 设置索引为0的选项被选中
comboBox.setBounds(62, 7, 104, 21);                   // 设置选择框的显示位置及大小
getContentPane().add(comboBox);                       // 将选择框添加到窗体中
```

通过例11-15中的代码，可以得到一个可编辑的选择框，如果没有适合用户的选项，用户可以输入自己的信息。本例设置默认的选中项为"本科"，如图11-22所示，如果未设置默认的选中项，默认选中索引为0的选项，在本例中为"大专"。图11-23中所示的"高中"为用户输入的信息。

图11-22　默认选中项　　　　　　　　　图11-23　编辑选择框

11.5.6　JList（列表框）组件

JList组件实现一个列表框，列表框与选择框的主要区别是列表框可以多选，而选择框只能单选。在创建列表框时，需要通过构造函数JList(Object[] list)直接初始化该列表框包含的选项。例如，创建一个用来选择月份的选择框，具体代码如下：

Integer[] months = { 1, 2, 3, 4, 5, 6, 7, 8, 9, 10, 11, 12 };
JList list = new JList(months);

JList（列表框）
组件

由JList组件实现的列表框有3种选取模式，可以通过JList类的
setSelectionMode(int selectionMode)方法设置具体的选取模式，该方法的参数可
以从ListSelectionModel类中的静态常量中选择。3种选取模式包括一种单选模式
和两种多选模式，具体信息如表11-10所示。

表11-10　ListSelectionModel类中用来设置选取模式的静态常量

静态常量	常量值	标签内容显示位置
SINGLE_SELECTION	0	只允许选取一个，如图11-24所示
SINGLE_INTERVAL_SELECTION	1	只允许连续选取多个，如图11-25所示
MULTIPLE_INTERVAL_SELECTION	2	既允许连续选取，又允许间隔选取，如图11-26所示

图11-24　单选模式　　　　图11-25　多选模式（必须连选）　　　图11-26　多选模式（连隔均可）

JList类提供了一系列用来设置列表框的方法，常用方法如表11-11所示。

表11-11　JList类提供的常用方法

方　法	功　能
setSelectedIndex(int index)	选中指定索引的一个选项
setSelectedIndices(int[] indices)	选中指定索引的一组选项
setSelectionBackground(Color selectionBackground)	设置被选项的背景颜色
setSelectionForeground(Color selectionForeground)	设置被选项的字体颜色
getSelectedIndices()	以int[]形式获得被选中的所有选项的索引值
getSelectedValues()	以Object[]形式获得被选中的所有选项的内容
clearSelection()	取消所有被选中的项
isSelectionEmpty()	查看是否有被选中的项，如果有则返回true
isSelectedIndex(int index)	查看指定项是否已经被选中
ensureIndexIsVisible(int index)	使指定项在选择窗口中可见
setFixedCellHeight(int height)	设置选择窗口中每个选项的高度
setVisibleRowCount(int visibleRowCount)	设置在选择窗口中最多可见选项的个数
getPreferredScrollableViewportSize()	获得使指定个数的选项可见需要的窗口高度
setSelectionMode(int selectionMode)	设置列表框的选择模式，即单选还是多选

【例11-16】创建用来填写爱好的列表框。

```
final JLabel label = new JLabel();           // 创建标签对象
label.setText("爱好：");                      // 设置标签文本
label.setBounds(10, 10, 46, 15);             // 设置标签的显示位置及大小
getContentPane().add(label);                 // 将标签添加到窗体中
String[] likes = { "读书", "听音乐", "跑步", "乒乓球", "篮球", "游泳", "滑雪" };
JList list = new JList(likes);               // 创建列表对象
list.setSelectionMode(ListSelectionModel.MULTIPLE_INTERVAL_SELECTION);
list.setFixedCellHeight(20);                 // 设置选项高度
list.setVisibleRowCount(4);                  // 设置选项可见个数
JScrollPane scrollPane = new JScrollPane();  // 创建滚动面板对象
scrollPane.setViewportView(list);            // 将列表添加到滚动面板中
scrollPane.setBounds(62, 5, 65, 80);         // 设置滚动面板的显示位置
                                             //   及大小
getContentPane().add(scrollPane);            // 将滚动面板添加到窗体中
```

图11-27　列表框

通过例11-16中的代码得到的列表框如图11-27所示。

 说明 由JList类实现的列表框并不提供滚动窗口，如果需要将列表框中的选项显示在滚动窗口中，如例11-16，则需要将列表框添加到滚动面板中，然后再将滚动面板添加到窗体中。

11.5.7　JTextField（文本框）组件

JTextField组件用来实现一个文本框，接受用户输入的单行文本信息。如果需要为文本框设置默认文本，可以通过构造函数JTextField(String text)创建文本框对象，例如：

JTextField textField= new JTextField ("请输入姓名");

也可以通过方法setText(String t)为文本框设置文本信息，例如：

JTextField textField= new JTextField ("请输入姓名");
textField.setText("请输入姓名");

JTextField（文本框）组件

在设置文本框时，可以通过setHorizontalAlignment(int alignment)方法设置文本框内容的水平对齐方式。该方法的入口参数可以从JTextField类中的静态常量中选择，具体信息如表11-12所示。

表11-12　JTextField类中用来设置内容水平显示位置的静态常量

静态常量	常量值	标签内容显示位置
LEFT	2	靠左侧显示，效果如图11-28所示
CENTER	0	居中显示，效果如图11-29所示
RIGHT	4	靠右侧显示，效果如图11-30所示

图11-28　靠左侧对齐　　　　图11-29　居中对齐　　　　图11-30　靠右侧对齐

JTextField类提供的常用方法如表11-13所示。

表11-13　JTextField类提供的常用方法

方　法	功　能
getPreferredSize()	获得文本框的首选大小，返回值为Dimensions类型的对象
scrollRectToVisible(Rectangle r)	向左或向右滚动文本框中的内容
setColumns(int columns)	设置文本框最多可显示内容的列数
setFont(Font f)	设置文本框的字体
setScrollOffset(int scrollOffset)	设置文本框的滚动偏移量（以像素为单位）
setHorizontalAlignment(int alignment)	设置文本框内容的水平对齐方式

【例11-17】创建用来填写姓名的文本框。

```
final JLabel label = new JLabel();                      // 创建标签对象
label.setText("姓名：");                                  // 设置标签文本
label.setBounds(10, 10, 46, 15);                        // 设置标签的显示位置及大小
getContentPane().add(label);                            // 将标签添加到窗体中
JTextField textField = new JTextField();                // 创建文本框对象
textField.setHorizontalAlignment(JTextField.CENTER);    // 设置文本框内容的水平对齐方式
textField.setFont(new Font("", Font.BOLD, 12));         // 设置文本框内容的字体样式
textField.setBounds(62, 7, 120, 21);                    // 设置文本框的显示位置及大小
getContentPane().add(textField);                        // 将文本框添加到窗体中
```

通过例11-17中的代码，可以得到如图11-31所示的文本框。

图11-31　例11-17的运行效果

【例11-18】在基本档案窗体中实现文本框功能。

```
JLabel nameLabel = new JLabel("客户名称");
    nameLabel.setBounds(10, 34, 54, 15);
    message.add(nameLabel);
    nameTextField = new JTextField();
    nameTextField.setBounds(62, 31, 97, 25);
    message.add(nameTextField);
    nameTextField.setColumns(10);
    JLabel addresLlabel = new JLabel("地址");
    addresLlabel.setBounds(169, 34, 38, 15);
    message.add(addresLlabel);
    addressTextField = new JTextField();
    addressTextField.setBounds(204, 31, 119, 25);
    message.add(addressTextField);
    addressTextField.setColumns(10);
    JButton findButton = new JButton("搜索");
```

程序运行结果如图11-32所示。

图11-32　例11-18的运行效果

11.5.8　JPasswordField（密码框）组件

JPasswordField组件用来实现一个密码框，接收用户输入的单行文本信息，但是并不显示用户输入的真实信息，而是通过显示一个指定的回显字符作为占位符。新创建密码框的默认回显字符为"*"，效果如图11-33所示。可以通过setEchoChar(char c)方法修改回显字符，如将回显字符修改为"#"，修改后的效果如图11-34所示。

JPasswordField
（密码框）组件

密码：******　　　　　　　　　　密码：#####

图11-33　默认回显字符效果　　　　　　图11-34　"#"回显字符效果

JPasswordField类提供的常用方法如表11-14所示。

表11-14　JPasswordField类提供的常用方法

方　法	功　能
setEchoChar(char c)	设置回显字符为指定字符
getEchoChar()	获得回显字符，返回值为char型
echoCharIsSet()	查看是否已经设置了回显字符，如果设置了则返回true，否则返回false
getPassword()	获得用户输入的文本信息，返回值为char型数组

【例11-19】创建用来填写密码的密码框。

```
final JLabel label = new JLabel();                    // 创建标签对象
label.setText("密码：");                               // 设置标签文本
label.setBounds(10, 10, 46, 15);                      // 设置标签的显示位置及大小
getContentPane().add(label);                          // 将标签添加到窗体中
JPasswordField passwordField = new JPasswordField();  // 创建密码框对象
passwordField.setEchoChar('￥');                       // 设置回显字符"￥"
passwordField.setBounds(62, 7, 150, 21);              // 设置密码框的显
                                                      // 示位置及大小
getContentPane().add(passwordField);                  // 将密码框添加到
                                                      // 窗体中
```

通过例11-19中的代码，可以得到如图11-35所示的密码框。　　　　图11-35　密码框

【例11-20】在登录的时候实现密码框功能。

```
private BackgroundPanel getLoginPanel() {
        if (contentPane == null) {
                contentPane = new BackgroundPanel();  // 创建登录面板对象
                contentPane.setOpaque(false);  // 面板透明
```

```
        contentPane.setImage(getToolkit().getImage(
            getClass().getResource("login.png")));          // 设置面板背景图片
        contentPane.setLayout(null);
        JPanel panel = new ClockPanel();
        panel.setBounds(377, 54, 151, 142);
        contentPane.add(panel);
        JLabel userNameLabel = new JLabel("用户名：");
        userNameLabel.setBounds(40, 116, 54, 15);
        contentPane.add(userNameLabel);
        userNameTextField = new JTextField();
        userNameTextField.setBounds(92, 113, 139, 25);
        contentPane.add(userNameTextField);
        userNameTextField.setColumns(10);
        JLabel passWordLabel = new JLabel("密  码：");
        passWordLabel.setBounds(40, 158, 54, 15);
        contentPane.add(passWordLabel);
        passwordField = new JPasswordField();
        passwordField.setBounds(92, 155, 139, 25);
        contentPane.add(passwordField);
        JButton enterButton = new JButton("");
        URL url = getClass().getResource("enter.png");
        ImageIcon imageIcon = new ImageIcon(url);
enterButton.setBounds(0,40,imageIcon.getIconWidth(),imageIcon.getIconHeight());
        enterButton.setIcon(imageIcon);
        enterButton.setContentAreaFilled(false);           // 取消填充区域
        enterButton.setBorder(null);                       // 取消边框
enterButton.addActionListener(new ActionListener() {       //按钮的单击事件
    public void actionPerformed(ActionEvent e) {
        UserDao userDao = new UserDao();                   //创建保存有操作数据库类对象
        User user = userDao.getUser(userNameTextField.getText(),passwordField.getText());
        //以用户添加的用户名与密码为参数调用查询用户方法
        if(user.getId()>0){                                //判断用户编号是否大于0
            Session.setUser(user);                         //设置Session对象的User属性值
            RemoveButtomFrame frame = new RemoveButtomFrame();   //创建主窗体对象
            frame.setVisible(true);                        //显示主窗体
            Enter.this.dispose();                          //销毁登录窗体
        }
        else{                                              //如果用户输入的用户名与密码错误
            JOptionPane.showMessageDialog(getContentPane(), "用户名或密码错误");
                                                           //给出提示信息
            userNameTextField.setText("");                 //用户名文本框设置为空
```

```
                passwordField.setText("");                              //密码文本框设置为空
            }
        }
    });
                enterButton.setBounds(253, 116, 93, 64);
                contentPane.add(enterButton);
                URL urlclose = getClass().getResource("close.png");
                ImageIcon imageIconclose = new ImageIcon(urlclose);
                // 添加鼠标事件监听器
                contentPane.addMouseListener(new TitleMouseAdapter());
                // 添加鼠标动作监听器
            }
        return contentPane;
    }
```

程序运行结果如图11-36所示。

图11-36　登录界面

11.5.9　JTextArea（文本域）组件

　　JTextArea组件实现一个文本域，可以接收用户输入的多行文本。在创建文本域时，可以通过setLineWrap(boolean wrap)方法设置文本是否自动换行，默认为false，即不自动换行，此时文本域的运行效果如图11-37所示；如果改为自动换行，即设为true，文本域的运行效果如图11-38所示。

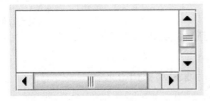

图11-37　不自动换行的文本域效果

图11-38　自动换行的文本域效果

JTextArea类提供的常用方法如表11-15所示。

表11-15　JTextArea类提供的常用方法

方　法	功　能
append(String str)	将指定文本追加到文档结尾
insert(String str, int pos)	将指定文本插入指定位置
replaceRange(String str, int start, int end)	用给定的新文本替换从指示的起始位置到结尾位置的文本
getColumnWidth()	获取列的宽度
getColumns()	返回文本域中的列数
getLineCount()	确定文本区中所包含的行数
getPreferredSize()	返回文本域的首选大小
getRows()	返回文本域中的行数
setLineWrap(boolean wrap)	设置文本区是否自动换行，默认为false，即不自动换行

【例11-21】 实现一个如图11-39所示的文本域，文本域的列数为15，行数为3，并且文本自动换行。

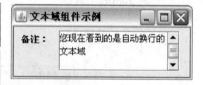

```
final JLabel label = new JLabel();
label.setText("备注：");
label.setBounds(10, 10, 46, 15);
getContentPane().add(label);
JTextArea textArea = new JTextArea();              // 创建文本域对象
textArea.setColumns(15);                           // 设置文本域显示文字的列数
textArea.setRows(3);                               // 设置文本域显示文字的行数
textArea.setLineWrap(true);                        // 设置文本域自动换行
final JScrollPane scrollPane = new JScrollPane();  // 创建滚动面板对象
scrollPane.setViewportView(textArea);              // 将文本域添加到滚动面板中
Dimension dime = textArea.getPreferredSize();      // 获得文本域的首选大小
scrollPane.setBounds(62, 5, dime.width, dime.height);  // 设置滚动面板的位置及大小
getContentPane().add(scrollPane);                  // 将滚动面板添加到窗体中
```

图11-39　文本域

11.6　常用事件处理

在开发应用程序时，对事件的处理是必不可少的，只有这样才能够实现软件与用户的交互。常用事件有动作事件、焦点事件、鼠标事件和键盘事件。

11.6.1　动作事件处理

动作事件由ActionEvent类捕获，最常用的是当单击按钮后将发出动作事件，可以通过实现ActionListener接口处理相应的动作事件。

ActionListener接口只有一个抽象方法，将在动作发生后被触发，如单击按钮之后，ActionListener接口的具体定义如下：

```
public interface ActionListener extends EventListener {
    public void actionPerformed(ActionEvent e);
```

常用事件处理

```
}
```

ActionEvent类中有以下两个比较常用的方法。

（1）getSource()：用来获得触发此次事件的组件对象，返回值类型为Object；

（2）getActionCommand()：用来获得与当前动作相关的命令字符串，返回值类型为String。

【例11-22】编写一个用来演示由按钮触发动作事件的示例。

首先创建一个名称为ActionEventExample的类，该类继承JFrame类，并在该类中定义一个JLabel对象，并编写一个main方法，具体代码如下：

```
private JLabel label;                              // 声明一个标签对象，用来显示提示信息
public static void main(String args[]) {
    ActionEventExample frame = new ActionEventExample();
    frame.setVisible(true);
}
```

然后编写构造方法ActionEventExample()，为窗体依次添加一个标签和按钮，并为按钮添加动作监听器，具体代码如下：

```
public ActionEventExample() {
    super();
    setTitle("动作事件示例");
    setBounds(100, 100, 500, 375);
    setDefaultCloseOperation(JFrame.EXIT_ON_CLOSE);
    label = new JLabel();
    label.setText("欢迎登录！");
    label.setHorizontalAlignment(JLabel.CENTER);
    getContentPane().add(label);
    final JButton submitButton = new JButton();
    submitButton.setText("登录");
    submitButton.addActionListener(new ButtonAction());    // 为按钮添加动作监听器
    getContentPane().add(submitButton, BorderLayout.SOUTH);
}
```

最后编写动作监听器类ButtonAction，该类为ActionEventExample类的内部类，ButtonAction类的具体代码如下：

```
class ButtonAction implements ActionListener {
    public void actionPerformed(ActionEvent e) {
        JButton button = (JButton) e.getSource();          // 获得触发此次事件的按钮对象
        String buttonName = e.getActionCommand();          // 获得触发此次事件的按钮的标签文本
        if (buttonName.equals("登录")) {
            label.setText("您已经成功登录！");              // 修改标签的提示信息
            button.setText("退出");                        // 修改按钮的标签文本
        } else {
            label.setText("您已经安全退出！");              // 修改标签的提示信息
            button.setText("登录");                        // 修改按钮的标签文本
```

```
            }
        }
    );
```

运行本示例，将得到如图11-40所示窗体；单击窗体中的"登录"按钮后，将得到如图11-41所示窗体，此时标签中的文本已经由"欢迎登录！"修改为"您已经成功登录！"按钮的标签文本也由"登录"修改为"退出"；此时再单击"退出"按钮，将得到如图11-42所示窗体。

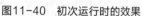

图11-40 初次运行时的效果

图11-41 单击"登录"后

图11-42 单击"退出"后

【例11-23】在"部门"下拉列表框中添加监听事件。

```java
final JComboBox dNamecomboBox = new JComboBox(dName); //实例化下拉列表对象
    dNamecomboBox.addActionListener((new ActionListener() { //添加下拉列表监听事件
            @Override
            public void actionPerformed(ActionEvent e) {
                pNameComboBox.removeAllItems();
                String dName = dNamecomboBox.getSelectedItem().toString();
                                          //获取用户选择的部门名称
                DeptDao deptDao = new DeptDao();       //定义保存有操作数据库类对象
                int id = deptDao.selectDeptIdByName(dName);    //调用获取部门编号方法
                List<String> listName = perdao.selectBasicMessageByDept(id);
                                          //调用按部门编号查询所有员工信息方法
                for (int i = 0; i < listName.size(); i++) {  //循环遍历查询结果集
                    pNameComboBox.addItem(listName.get(i));  //向姓名下拉列表中添加元素
                }
                repaint();
            }
    }));
```

程序运行结果如图11-43所示。

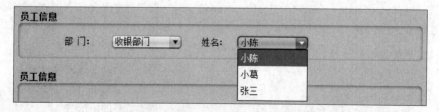

图11-43 例11-23的运行结果

11.6.2 焦点事件处理

焦点事件由FocusEvent类捕获，所有的组件都能产生焦点事件，可以通过实现FocusListener接口处理相应的焦点事件。

FocusListener接口有两个抽象方法，分别在组件获得或失去焦点时被触发，FocusListener接口的具体定义如下：

```
public interface FocusListener extends EventListener {
    public void focusGained(FocusEvent e);          // 当组件获得焦点时将触发该方法
    public void focusLost(FocusEvent e);            // 当组件失去焦点时将触发该方法
}
```

FocusEvent类中比较常用的方法是getSource()，用来获得触发此次事件的组件对象，返回值类型为Object。

【例11-24】编写一个用来演示由文本框触发焦点事件的示例。

首先创建一个名称为FocusEventExample的类，该类继承JFrame类，并在该类中定义一个JTextField对象，以及编写一个main方法，具体代码如下：

```
private JTextField textField;
public static void main(String args[]) {
    FocusEventExample frame = new FocusEventExample();
    frame.setVisible(true);
}
```

然后编写构造方法FocusEventExample()，为窗体依次添加一个标签、文本框和按钮，并为文本框添加焦点监听器，具体代码如下：

```
public FocusEventExample() {
    super();
    setTitle("焦点事件示例");
    setBounds(100, 100, 500, 375);
    getContentPane().setLayout(new FlowLayout());
    setDefaultCloseOperation(JFrame.EXIT_ON_CLOSE);
    final JLabel label = new JLabel();
    label.setText("出生日期：");
    getContentPane().add(label);
    textField = new JTextField();
    textField.setColumns(10);
    textField.addFocusListener(new TextFieldFocus());      // 为文本框添加焦点监听器
    getContentPane().add(textField);
    final JButton button = new JButton();
    button.setText("确定");
    getContentPane().add(button);
}
```

最后编写动作监听器类TextFieldFocus，该类为FocusEventExample类的内部类，TextField Focus类的具体代码如下：

```
class TextFieldFocus implements FocusListener {
    public void focusGained(FocusEvent e) {
        textField.setText("");
    }
    public void focusLost(FocusEvent e) {
        textField.setText("2008-8-8");
    }
}
```

运行本示例，将得到如图11-44所示窗体，此时的文本框拥有焦点，即可以向文本框中输入内容；单击"确定"按钮后，将获得焦点，此时的文本框会失去焦点，文本框的监听器将为文本框设置内容"2008-8-8"，如图11-45所示；如果用鼠标单击文本框，文本框将再次获得焦点，文本框的监听器将把文本框设置为空，效果如图11-44所示。

图11-44　文本框获得焦点

图11-45　文本框失去焦点

11.6.3　鼠标事件处理

鼠标事件由MouseEvent类捕获，所有的组件都能产生鼠标事件，可以通过实现MouseListener接口处理相应的鼠标事件。

MouseListener接口有5个抽象方法，分别在光标移入（出）组件时、鼠标按键被按下（释放）时和发生单击事件时被触发。所谓单击事件，就是按键被按下并释放。需要注意的是，如果按键是在移出组件之后才被释放，则不会触发单击事件。MouseListener接口的具体定义如下：

```
public interface MouseListener extends EventListener {
    public void mouseEntered(MouseEvent e);      // 光标移入组件时被触发
    public void mousePressed(MouseEvent e);      // 鼠标按键被按下时触发
    public void mouseReleased(MouseEvent e);     // 鼠标按键被释放时触发
    public void mouseClicked(MouseEvent e);      // 发生单击事件时被触发
    public void mouseExited(FocusEvent e);       // 光标移出组件时被触发
}
```

MouseEvent类中比较常用的方法如表11-16所示。

表11-16　MouseEvent类中的常用方法

方　法	功　能
getSource()	用来获得触发此次事件的组件对象，返回值为Object类型
getButton()	用来获得代表触发此次按下、释放或单击事件的按键的int型值
getClickCount()	用来获得单击按键的次数

可以通过表11-17中的静态常量，判断通过getButton()方法得到的值代表哪个键。

表11-17 MouseEvent类中代表鼠标按键的静态常量

静态常量	常量值	代表的键
BUTTON1	1	代表鼠标左键
BUTTON2	2	代表鼠标滚轮
BUTTON3	3	代表鼠标右键

【例11-25】编写一个用来演示鼠标事件的示例。

```
final JLabel label = new JLabel();
label.addMouseListener(new MouseListener() {
    public void mouseEntered(MouseEvent e) {
        System.out.println("光标移入组件");
    }
    public void mousePressed(MouseEvent e) {
        System.out.println("鼠标按键被按下");
        int i = e.getButton();        // 通过该值可以判断按下的是哪个键
        if (i == MouseEvent.BUTTON1)
            System.out.println("按下的是鼠标左键");
        if (i == MouseEvent.BUTTON2)
            System.out.println("按下的是鼠标滚轮");
        if (i == MouseEvent.BUTTON3)
            System.out.println("按下的是鼠标右键");
    }
    public void mouseReleased(MouseEvent e) {
        System.out.println("鼠标按键被释放");
        int i = e.getButton();        // 通过该值可以判断释放的是哪个键
        if (i == MouseEvent.BUTTON1)
            System.out.println("释放的是鼠标左键");
        if (i == MouseEvent.BUTTON2)
            System.out.println("释放的是鼠标滚轮");
        if (i == MouseEvent.BUTTON3)
            System.out.println("释放的是鼠标右键");
    }
    public void mouseClicked(MouseEvent e) {
        System.out.println("点击了鼠标按键");
        int i = e.getButton();        // 通过该值可以判断单击的是哪个键
        if (i == MouseEvent.BUTTON1)
            System.out.println("点击的是鼠标左键");
        if (i == MouseEvent.BUTTON2)
            System.out.println("点击的是鼠标滚轮");
        if (i == MouseEvent.BUTTON3)
            System.out.println("点击的是鼠标右键");
```

```
                int clickCount = e.getClickCount();
                System.out.println("点击次数为" + clickCount + "下");
            }
            public void mouseExited(MouseEvent e) {
                System.out.println("光标移出组件");
            }
        });
        getContentPane().add(label, BorderLayout.CENTER);
```

运行本示例，首先将光标移入窗体，然后双击鼠标左键，接着单击鼠标右键，最后将光标移出窗体，在控制台将得到如图11-46所示信息。

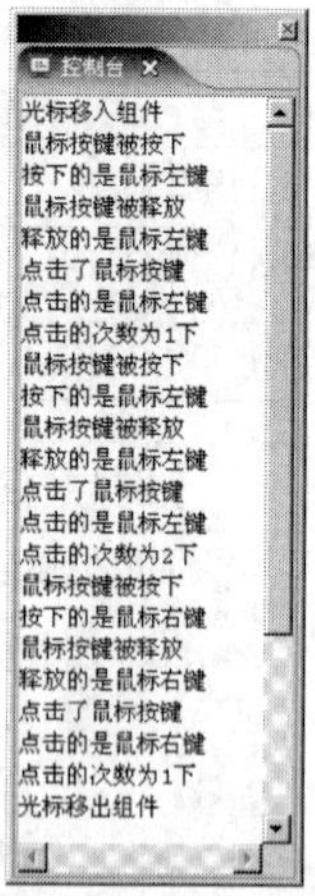

11.6.4 键盘事件处理

图11-46 鼠
标事件

键盘事件由KeyEvent类捕获，最常用的是当向文本框输入内容时将发生键盘事件，可以通过实现KeyListener接口处理相应的键盘事件。

KeyListener接口有3个抽象方法，分别在发生击键事件、键被按下和释放时被触发，Focus Listener接口的具体定义如下：

```
public interface KeyListener extends EventListener {
    public void keyTyped(KeyEvent e);
    public void keyPressed(KeyEvent e);
    public void keyReleased(KeyEvent e);
}
```

KeyEvent类中比较常用的方法如表11-18所示。

表11-18　KeyEvent类中的常用方法

方　法	功　能
getSource()	用来获得触发此次事件的组件对象，返回值为Object类型
getKeyChar()	用来获得与此事件中的键相关联的字符
getKeyCode()	用来获得与此事件中的键相关联的整数keyCode
getKeyText(int keyCode)	用来获得描述keyCode的标签，如"A""F1""HOME"等
isActionKey()	用来查看此事件中的键是否为"动作"键
isControlDown()	用来查看"Ctrl"键在此次事件中是否被按下，当返回true时表示被按下
isAltDown()	用来查看"Alt"键在此次事件中是否被按下，当返回true时表示被按下
isShiftDown()	用来查看"Shift"键在此次事件中是否被按下，当返回true时表示被按下

在KeyEvent类中，以"VK_"开头的静态常量代表各个按键的keyCode，可以通过这些静态常量判断事件中的按键，以及获得按键的标签。

【例11-26】编写一个用来演示键盘事件的示例。

```
final JLabel label = new JLabel();
label.setText("备注：");
getContentPane().add(label);
final JScrollPane scrollPane = new JScrollPane();
getContentPane().add(scrollPane);
```

```
JTextArea textArea = new JTextArea();
textArea.addKeyListener(new KeyListener() {
    public void keyPressed(KeyEvent e) {
        String keyText = KeyEvent.getKeyText(e.getKeyCode());
        if (e.isActionKey())
            System.out.println("您按下的是动作键""" + keyText + """");
        else {
            System.out.println("您按下的是非动作键""" + keyText + """");
            char keyChar = e.getKeyChar();
            switch (keyChar) {
            case KeyEvent.VK_CONTROL:
                System.out.println("Ctrl键被按下");
                break;
            case KeyEvent.VK_ALT:
                System.out.println("Alt键被按下");
                break;
            case KeyEvent.VK_SHIFT:
                System.out.println("Shift键被按下");
                break;
            }
        }
    }
    public void keyTyped(KeyEvent e) {
        System.out.println(
            "此次输入的是""" + e.getKeyChar() + """");
    }
    public void keyReleased(KeyEvent e) {
        String keyText =
            KeyEvent.getKeyText(e.getKeyCode());
        System.out.println(
            "您释放的是""" + keyText + """键");
        System.out.println();
    }
});
textArea.setLineWrap(true);
textArea.setRows(3);
textArea.setColumns(15);
scrollPane.setViewportView(textArea);
```

运行本示例，首先输入小写字母"a"，然后输入一个空格，接着输入大写字母"A"，最后按下并释放"F6"键，在控制台将得到如图11-47所示的信息。

图11-47 键盘事件

11.7 拼图游戏

通过对本章前面知识的学习，现在就可以开发简单的应用程序了。本节将通过一个拼图游戏程序作为例子，详细讲解综合应用组件、面板、布局管理器和事件的方法，以及应用程序的开发思路。

11.7.1 游戏简介

所谓拼图游戏，是指将一个完整的图片分割成若干个规则的小图片，然后将这些小图片随机地拼接在一起，再由玩家按照原图重新拼接出正确的图片，拼图游戏界面的效果如图11-48所示。

图11-48　拼图游戏界面效果图

图11-49　　开始游戏时的可能效果图

图11-48左上角的小图片为供玩家参考的原图，下面带有网格的大图片为拼接完成后的效果，每一个小网格都是一个小图片。在开始游戏时，这些小图片是杂乱无章的，如图11-49所示。图中有一个网格是空白的，玩家可以通过单击与其相邻的网格，即位于其上、下、左、右的4个网格，将被单击网格中显示的小图片移动到空白网格中，然后被单击的网格将变为空白。经过这样反复移动，就会将图11-49所示的图片重新拼接成图11-48所示效果。图中的"下一局"按钮用来开始新的一局。

11.7.2 设计思路

既然通过单击与空白网格相邻的网格，就可以将该网格显示的图片移动到空白网格中，那么就可以用一个按钮代表一个网格，然后让每个按钮显示一个小图片，最后将这些按钮添加到一个面板中，并且让这个面板采用网格布局，就可以实现图11-48所示的效果。

分析到这里，还有下面几个问题需要解决：

（1）如何实现图片的移动；

（2）如何判断被单击的网格与空白的网格是否相邻；

（3）如何实现图片的随机摆放。

实现图片移动有两种方案，一种是将图片和按钮绑定，然后改变按钮在面板中的位置；另一种是固定按钮在面板中的位置，然后改变按钮上显示的图片。本例采用的是后一种方案，即当单击与显示空白图片的按钮相邻的按钮时，则令显示空白图片的按钮显示被单击按钮显示的图片，然后令被单击的按钮显示空白的图片。

确定了如何实现图片的移动，就要确定如何判断被单击的网格与空白的网格是否相邻，即被单击的按钮和显示空白图片的按钮是否相邻。如果两个按钮相邻，一种是它们在同一行，并且相差1列；另一种是它们在同一列，并且相差1行，如图11-50所示，每个表格中标记数字的十位和个位依次为该表格的行和列索引，如"12"代表第一行第二列。如果两个按钮相邻并且在同一行，则这两个按钮的行索引相减得0，列索引相减的绝对值为1；同理，如果两个按钮相邻并且在同一列，则这两个按钮的列索引相减得0，行索引相减的绝对值为1。至此会发现一个规律，即如果两个按钮相邻，则这两个按钮的行索引相减的绝对值与列索引相减的绝对值的和永远为1，算术表达式如下：

图11-50　网络的行、列索引

| clickRow − emptyRow | + | clickColumn − emptyColumn | = 1

可以通过java.long.Math类的abs()方法获得一个数的绝对值，该方法有4个重载方法，分别用来计算int、long、float和double型数的绝对值，其中用来计算int型数绝对值的方法定义如下：

```
public static int abs(int a) {
    return (a < 0) ? −a : a;
}
```

说明　java.long.Math类专门用来进行基本的数学运算，如求一个数的绝对值，比较两个数的大小，获得一个大于等于0并且小于1的double型数等。

例如，计算"6"和"5-7"的绝对值的方法如下：

```
int m = Math.abs(6);              // 计算结果为6
int n = Math.abs(5 − 7);          // 计算结果为2
```

既然每个按钮的位置是固定的，则可以将每个按钮所在行和列的信息保存到每个按钮对象中，可以通过JButton类的setName(String name)方法保存，该方法用来设置每个按钮的标签。通过getName()方法可以获得每个按钮的标签，这样就可以通过每个按钮的标签解析出该按钮所在的行和列，即可以解析出被单击按钮和显示空白图片按钮所在的行和列，然后再通过上面介绍的方法判断这两个按钮是否相邻就可以了，例如：

```
String emptyName = emptyButton.getName();          // 获得空白按钮的名称
char emptyRow = emptyName.charAt(0);               // 获得空白按钮所在的行
char emptyCol = emptyName.charAt(1);               // 获得空白按钮所在的列
JButton clickButton = (JButton) e.getSource();     // 获得被单击按钮对象
String clickName = clickButton.getName();          // 获得被单击按钮的名称
char clickRow = clickName.charAt(0);               // 获得被单击按钮所在的行
char clickCol = clickName.charAt(1);               // 获得被单击按钮所在的列
// 判断被单击的按钮与显示空白图片的按钮是否相邻
if (Math.abs(clickRow − emptyRow) + Math.abs(clickCol − emptyCol) == 1) {
    emptyButton.setIcon(clickButton.getIcon());        // 将被单击按钮的图片移动到空白按钮上
    clickButton.setIcon(new ImageIcon("img/00.jpg"));  // 设置被单击的按钮显示空白图片
    emptyButton = clickButton;                         // 将被单击的按钮设置为空白按钮
}
```

下面的问题就是如何实现图片的随机摆放。首先将图11-50按照网格线分割成25个小图片，并以每个网格中标记的数字命名；然后将图片名称按照正确的顺序存放到一个5行5列的二维数组中；最后通过随机获取的方式对图片进行重新排序，并生成一个新的二维数组。在进行随机获取时，需要用到前面使用的Math类，通过该类的random()方法获得一个随机数，因为随机数的范围是大于等于0小于1，所以，将随机数乘以5之后再转换为int型，得到的int型数的范围为大于等于0小于等于4，正好为二维数组的索引。在获取随机行和列时，可能出现两次位置相同的情况，所以，需要判断该图片是否已经被随机获取，具体代码如下：

```
String[][] exactnessOrder = new String[5][5];          // 网格图片的正确摆放顺序
for (int row = 0; row < 5; row++) {                    // 遍历行
    for (int col = 0; col < 5; col++) {                // 遍历列
        exactnessOrder[row][col] = "img/" + row + col + ".jpg";
    }
}
String[][] stochasticOrder = new String[5][5];         // 网格图片的随机摆放顺序
for (int row = 0; row < 5; row++) {                    // 遍历行
    for (int col = 0; col < 5; col++) {                // 遍历列
        while (stochasticOrder[row][col] == null) {    // 随机摆放顺序的指定网格为空
            int r = (int) (Math.random() * 5);         // 取随机行
            int c = (int) (Math.random() * 5);         // 取随机列
            if (exactnessOrder[r][c] != null) {        // 正确摆放顺序的指定网格不为空
                stochasticOrder[row][col] = exactnessOrder[r][c];
                exactnessOrder[r][c] = null;
            }
        }
    }
}
```

11.7.3 开发步骤

下面就来实现拼图游戏，具体的实现步骤如下。

（1）首先创建一个名称为MedleyGame的类，该类继承了JFrame类；然后在该类中分别声明一个面板对象和一个按钮对象，面板对象用来添加拼图按钮，按钮对象为当前显示空白图片的按钮；最后为该类编写一个main()方法和一个构造方法MedleyGame()，并在构造方法中设置窗体的相关属性，如窗体的标题、显示位置、大小等。具体代码如下：

```
public class MedleyGame extends JFrame {
    private JPanel centerPanel;                    // 拼图按钮面板
    private JButton emptyButton;                   // 空白按钮对象
    public static void main(String args[]) {
        try {
            MedleyGame frame = new MedleyGame();   // 创建本类的对象
            frame.setVisible(true);                // 设置窗体为可见
        } catch (Exception e) {
            e.printStackTrace();
        }
    }
}
```

```
    public MedleyGame() {
        super();                                          // 继承JFrame类的构造方法
        setResizable(false);                              // 设置窗体大小不可改变
        setTitle("拼图游戏");                              // 设置窗体的标题
        setBounds(100, 100, 370, 525);                    // 设置窗体的显示位置及大小
        setDefaultCloseOperation(JFrame.EXIT_ON_CLOSE);   // 设置关闭窗体时退出程序
    }
}
```

（2）下面在构造方法中为窗体添加一个标签组件和一个按钮组件，标签组件用来显示拼图的参考图片，按钮组件用来开始新的一局。首先在窗体的顶部添加一个面板，并为面板设置边框和布局管理器，面板采用边界布局；然后创建用来显示参考图片的标签对象，以及为标签设置显示的参考图片，并添加到面板的左侧；最后创建用来开始新一局的按钮对象，以及为按钮设置标签文本和监听器。监听器类StartButtonAction为MedleyGame类的内部类，在后面将详细讲解该类的实现代码。设置完成后添加到面板的中间，具体代码如下：

```
final JPanel topPanel = new JPanel();                    // 创建面板对象
topPanel.setBorder(new TitledBorder(null, "",
        TitledBorder.DEFAULT_JUSTIFICATION,
        TitledBorder.DEFAULT_POSITION, null, null));      // 为面板添加边框
topPanel.setLayout(new BorderLayout());                  // 设置面板采用边界布局
getContentPane().add(topPanel, BorderLayout.NORTH);      // 将面板添加到窗体顶部
final JLabel modelLabel = new JLabel();                  // 创建显示参考图片的标签对象
modelLabel.setIcon(new ImageIcon("img/model.jpg"));      // 设置标签显示的参考图片
topPanel.add(modelLabel, BorderLayout.WEST);             // 将标签添加到面板的左侧
final JButton startButton = new JButton();               // 创建"下一局"按钮对象
startButton.setText("下一局");                            // 设置按钮的标签文本
startButton.addActionListener(new StartButtonAction());  // 为按钮添加监听器
topPanel.add(startButton, BorderLayout.CENTER);          // 将按钮添加到面板的中间
```

（3）下面继续在构造方法中为窗体添加一个面板，添加的位置为窗体的中间。该面板用来添加进行拼图的按钮，它采用的布局方式为网格布局，网格为5列。面板设置完成后，首先通过reorder()方法获得拼图的随机摆放顺序，然后通过循环向该面板中添加按钮对象，在添加前需要设置按钮的名称、显示的图片和监听器。监听器类ImgButtonAction为MedleyGame类的内部类，在后面将详细讲解该类的实现代码，具体代码如下：

```
centerPanel = new JPanel();                              // 创建拼图按钮面板对象
centerPanel.setBorder(new TitledBorder(null, "",
        TitledBorder.DEFAULT_JUSTIFICATION,
        TitledBorder.DEFAULT_POSITION, null, null));      // 为面板添加边框
centerPanel.setLayout(new GridLayout(0, 5));             // 设置拼图按钮面板采用5列的网格布局
getContentPane().add(centerPanel, BorderLayout.CENTER);  // 将面板添加到窗体的中间
String[][] stochasticOrder = reorder();                  // 获得网格图片的随机摆放顺序
for (int row = 0; row < 5; row++) {                      // 遍历行
    for (int col = 0; col < 5; col++) {                  // 遍历列
```

```
        final JButton button = new JButton();              // 创建拼图按钮对象
        button.setName(row + "" + col);                    // 设置按钮的名称
        button.setIcon(new ImageIcon(stochasticOrder[row][col]));   // 为按钮设置图片
        if (stochasticOrder[row][col].equals("img/00.jpg"))         // 判断是否为空白按钮
            emptyButton = button;
        button.addActionListener(new ImgButtonAction());   // 为拼图按钮添加监听器
        centerPanel.add(button);                           // 将按钮添加到拼图按钮面板中
    }
}
```

（4）下面编写用来生成网格图片随机摆放顺序的reorder()方法。首先通过循环生成网格图片正确摆放顺序的二维数组；然后声明一个用来存放网格图片随机摆放顺序的二维数组；最后循环生成网格图片的随机摆放顺序。具体代码如下：

```
private String[][] reorder() {                         // 用来获取网格图片的随机摆放顺序
    String[][] exactnessOrder = new String[5][5];      // 网格图片的正确摆放顺序
    for (int row = 0; row < 5; row++) {                // 遍历行
        for (int col = 0; col < 5; col++) {            // 遍历列
            exactnessOrder[row][col] = "img/" + row + col + ".jpg";
        }
    }
    String[][] stochasticOrder = new String[5][5];     // 网格图片的随机摆放顺序
    for (int row = 0; row < 5; row++) {                // 遍历行
        for (int col = 0; col < 5; col++) {            // 遍历列
            while (stochasticOrder[row][col] == null) {  // 随机摆放顺序的指定网格为空
                int r = (int) (Math.random() * 5);       // 取随机行
                int c = (int) (Math.random() * 5);       // 取随机列
                if (exactnessOrder[r][c] != null) {      // 正确摆放顺序的指定网格不为空
                    stochasticOrder[row][col] = exactnessOrder[r][c];
                    exactnessOrder[r][c] = null;
                }
            }
        }
    }
    return stochasticOrder;
}
```

（5）下面编写拼图按钮的监听器类ImgButtonAction，该类为MedleyGame类的内部类。在actionPerformed()方法中，首先获得空白按钮和被单击按钮的所在行与列，然后判断这两个按钮是否相邻，如果相邻则将被单击按钮显示的图片移动到空白按钮上，并令被单击按钮显示空白图片，以及将在类中声明的空白按钮对象设置为被单击的按钮对象。具体代码如下：

```
class ImgButtonAction implements ActionListener {       // 拼图按钮监听器
    public void actionPerformed(ActionEvent e) {
        String emptyName = emptyButton.getName();       // 获得空白按钮的名称
```

```
        char emptyRow = emptyName.charAt(0);              // 获得空白按钮所在的行
        char emptyCol = emptyName.charAt(1);              // 获得空白按钮所在的列
        JButton clickButton = (JButton) e.getSource();    // 获得被单击按钮对象
        String clickName = clickButton.getName();         // 获得被单击按钮的名称
        char clickRow = clickName.charAt(0);              // 获得被单击按钮所在的行
        char clickCol = clickName.charAt(1);              // 获得被单击按钮所在的列
        // 判断被单击按钮与空白按钮是否相邻
        if (Math.abs(clickRow − emptyRow) + Math.abs(clickCol − emptyCol) == 1) {
            // 将被单击按钮的图片移动到空白按钮上
            emptyButton.setIcon(clickButton.getIcon());
            // 设置被单击的按钮显示空白图片
            clickButton.setIcon(new ImageIcon("img/00.jpg"));
            emptyButton = clickButton;                    // 将被单击的按钮设置为空白按钮
        }
    }
}
```

（6）下面编写"下一局"按钮的监听器类StartButtonAction，该类为MedleyGame类的内部类。在actionPerformed()方法中，首先通过reorder()方法获得拼图的随机摆放顺序，然后通过循环修改按钮显示的图片。具体代码如下：

```
class StartButtonAction implements ActionListener {   // 下一局按钮监听器
    public void actionPerformed(ActionEvent e) {
        String[][] stochasticOrder = reorder();          // 获得网格图片的随机摆放顺序
        int i = 0;                                        // 拼图按钮在拼图按钮面板中的索引
        for (int row = 0; row < 5; row++) {               // 遍历行
            for (int col = 0; col < 5; col++) {           // 遍历列
                JButton button = (JButton) centerPanel.getComponent(i++);
                button.setIcon(new ImageIcon(stochasticOrder[row][col]));
                if (stochasticOrder[row][col].equals("img/00.jpg"))
                    emptyButton = button;
            }
        }
    }
}
```

至此，一个拼图游戏程序就编写完成了。

小 结

本章首先介绍了创建Java应用程序窗体的方法，然后详细讲解了在绘制窗体时常用的组件、面板和布局管理器，以及常用的事件监听器，通过捕获各个组件的各种事件，就可以完成相应的业务逻辑了。本章的最后实现了一个拼图游戏的小程序，目的是将开发Java应用程序的设计思路和开发步骤展示给读者，让读者真正获得独立开发的能力。

习 题

　　11-1　开发一个登录窗体，包括用户名、密码以及提交按钮和重置按钮，当用户输入用户名 mr、密码mrsoft时，弹出登录成功提示对话框。

　　11-2　哪个布局管理器会在前个组件的相同行上放置组件，直到该组件超出容器的宽度，才重新开始一行？

　　11-3　当采用BorderLayout布局管理器时，将组件放到哪些位置会自动调整组件的高度，但是不会调整组件的宽度？

　　11-4　如果希望在容器底部放置一个按钮，应该采用哪个布局管理器？

PART 12

第12章
Swing高级应用

本章要点

掌握JTable表格的使用 ■
掌握JTree树的使用 ■
掌握组件面板的使用 ■
掌握菜单、工具栏、进度条的使用 ■

■ 日常生活中经常需要使用表格统计数据，如对销售数据的统计、日常开销的统计，以及生成员工待遇报表等。本章将介绍Swing表格的使用方法，为了便于读者理解讲解过程结合了大量的实例（树状结构是一种常用的信息表现形式，它可以直观地显示出一组信息的层次结构，Swing中的JTree类就可以用来创建树，本章将深入学习该类的使用方法，以及一些相关类的使用方法。）

12.1 表格

表格是最常用的数据统计形式之一，在Swing中由JTable类实现表格。本节将学习利用JTable类创建和定义表格，以及操作表格的方法。

12.1.1 创建表格

在JTable类中除了默认的构造方法外，还提供了利用指定表格列名数组和表格数据数组创建表格的构造方法，代码如下。

```
JTable(Object[][] rowData, Object[] columnNames)
```

参数说明如下。

rowData：封装表格数据的数组。

columnNames：封装表格列名的数组。

在使用表格时，通常将其添加到滚动面板中，然后将滚动面板添加到相应的位置。下面看一个例子。

【例12-1】创建可以滚动的表格。

本例利用构造方法JTable(Object[][] rowData, Object[] columnNames)创建了一个表格，并将表格添加到了滚动面板中。本例的完整代码如下：

```java
import java.awt.*;
import javax.swing.*;
public class ExampleFrame_01 extends JFrame {
    public static void main(String args[]) {
        ExampleFrame_01 frame = new ExampleFrame_01();
        frame.setVisible(true);
    }
    public ExampleFrame_01() {
        super();
        setTitle("创建可以滚动的表格");
        setBounds(100, 100, 240, 150);
        setDefaultCloseOperation(JFrame.EXIT_ON_CLOSE);
        String[] columnNames = { "A", "B" }; //定义表格列名数组
        //定义表格数据数组
        String[ ][ ] tableValues = { { "A1", "B1" }, { "A2", "B2" },
                { "A3", "B3" }, { "A4", "B4" }, { "A5", "B5" } };
        //创建指定列名和数据的表格
        JTable table = new JTable(tableValues, columnNames);
        //创建显示表格的滚动面板
        JScrollPane scrollPane = new JScrollPane(table);
        //将滚动面板添加到边界布局的中间
        getContentPane().add(scrollPane, BorderLayout.CENTER);
    }
}
```

运行本例，将得到如图12-1所示的窗体；当调小窗体的高度时，将出现滚动条，如图12-2所示。

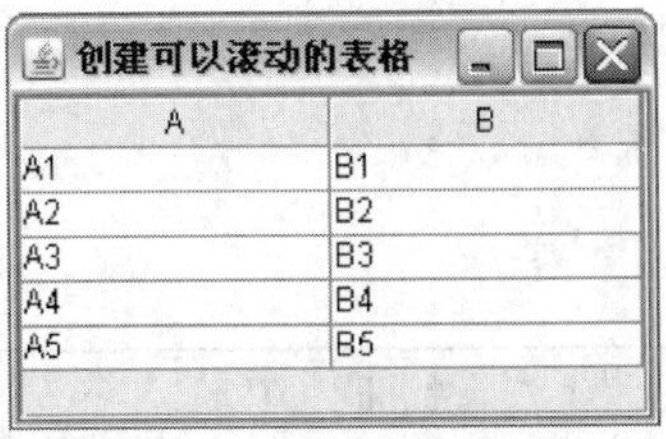

图12-1　创建可以滚动的表格 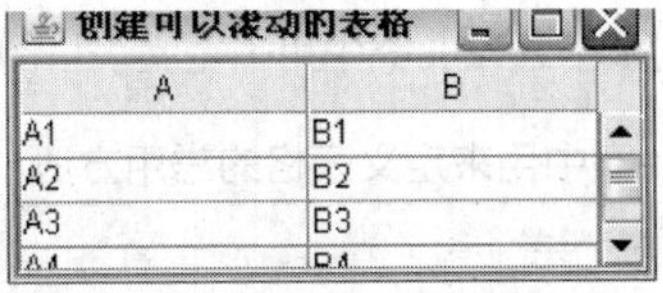　　　　图12-2　支持滚动条的表格

JTable类中还提供了利用指定表格列名向量和表格数据向量创建表格的构造方法，代码如下：

JTable(Vector rowData, Vector columnNames)

参数说明如下：

rowData：封装表格数据的向量。

columnNames：封装表格列名的向量。

在使用表格时，有时并不需要使用滚动条，即在窗体中可以显示出整个表格。在这种情况下，也可以直接将表格添加到相应的容器中。

如果是直接将表格添加到相应的容器中，则首先需要通过JTable类的getTableHeader()方法获得JTableHeader类的对象，然后再将该对象添加到容器的相应位置，否则表格将没有列名。

12.1.2　定义表格

表格创建完成后，还需要对其进行一系列的定义，以便适合于具体的使用情况。默认情况下，通过双击表格中的单元格就可以对其进行编辑，如图12-3所示。如果不需要提供该功能，可以通过重构JTable类的isCellEditable(int row, int column)方法实现。默认情况下，该方法返回boolean型值true，表示指定单元格可编辑，如果返回false则表示不可编辑。

定义表格

如果表格只有几列，通常不需要列的可重新排列功能。在创建不支持滚动条的表格时已经使用了JTableHeader类的对象，通过该类的setReorderingAllowed(boolean reorderingAllowed)方法即可设置表格是否支持重新排列功能，设为true表示支持重新排列功能，如图12-4所示。

默认情况下，单元格中的内容靠左侧显示。如果需要令单元格中的内容居中显示（见图12-5），可以

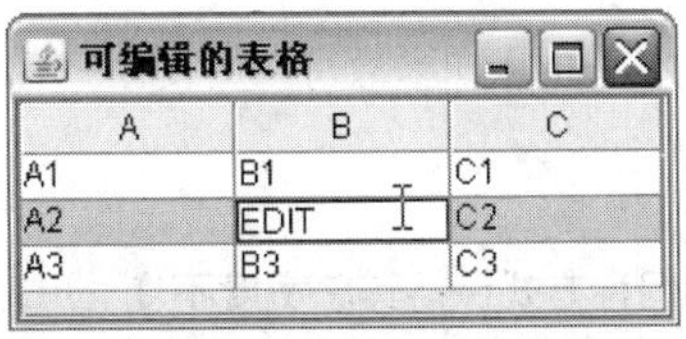

图12-3　可编辑的表格 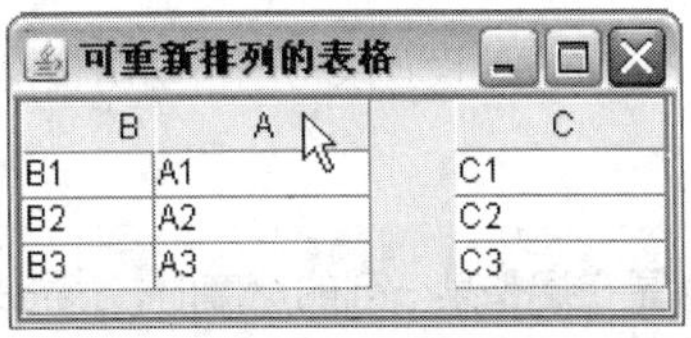　　　　图12-4　可重新排列的表格 　　　　图12-5　单元格内容居中显示

通过重构JTable类的getDefaultRenderer(Class<?> columnClass)方法来实现。下面是重构后的代码：

```
public TableCellRenderer getDefaultRenderer(Class<?> columnClass) {
    DefaultTableCellRenderer cr = (DefaultTableCellRenderer)
    super.getDefaultRenderer(columnClass);
    cr.setHorizontalAlignment(DefaultTableCellRenderer.CENTER);
```

```
        return cr;

    }
```

表12-1中列出了JTable类中用来定义表格的常用方法。

表12-1　JTable类中用来定义表格的常用方法

方　法	说　明
setRowHeight(int rowHeight)	设置表格的行高，默认为16像素
setRowSelectionAllowed(boolean sa)	设置是否允许选中表格行，默认为允许选中，设为false表示不允许选中
setSelectionMode(int sm)	设置表格行的选择模式
setSelectionBackground(Color bc)	设置表格选中行的背景色
setSelectionForeground(Color fc)	设置表格选中行的前景色（通常情况下为文字的颜色）
setAutoResizeMode(int mode)	设置表格的自动调整模式

在利用setSelectionMode(int sm)方法设置表格行的选择模式时，它的入口参数可以从表12-2列出的ListSelectionModel类的静态常量中选择。

表12-2　ListSelectionModel类中用来设置选择模式的静态常量

静态常量	常量值	代表的选择模式
SINGLE_SELECTION	0	只允许选择一个，如图12-6所示
SINGLE_INTERVAL_SELECTION	1	允许连续选择多个，如图12-7所示
MULTIPLE_INTERVAL_SELECTION	2	可以随意选择多个，如图12-8所示

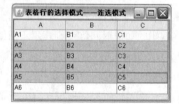

图12-6　单选模式　　　　　　图12-7　连选模式　　　　　　图12-8　多选模式

在利用setAutoResizeMode(int mode)方法设置表格的自动调整模式时，它的入口参数可以从表12-3列出的JTable类的静态常量中选择。

说明　所谓表格的自动调整模式，就是在调整某一列的宽度时，表格采用何种方式保持其总宽度不变。

表12-3　JTable类中用来设置自动调整模式的静态常量

静态常量	常量值	代表的自动调整模式
AUTO_RESIZE_OFF	0	关闭自动调整功能，使用水平滚动条时的必要设置，如图12-9所示
AUTO_RESIZE_NEXT_COLUMN	1	只调整其下一列的宽度，如图12-10所示
AUTO_RESIZE_SUBSEQUENT_COLUMNS	2	按比例调整其后所有列的宽度，为默认设置，如图12-11所示

续表

静态常量	常量值	代表的自动调整模式
AUTO_RESIZE_LAST_COLUMN	3	只调整最后一列的宽度，如图12-12所示
AUTO_RESIZE_ALL_COLUMNS	4	按比例调整表格所有列的宽度，如图12-13所示

 说明

当调整表格所在窗体的宽度时，如果关闭了表格的自动调整功能，表格的总宽度仍保持不变，如图12-14所示；如果开启了表格的自动调整功能，表格将按比例调整所有列的宽度至适合窗体的宽度，如图12-15所示。

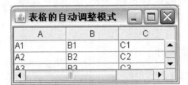

图12-9　关闭调整功能　　　　　图12-10　只调整其下一列的宽度

图12-11　按比例调整其后所有列　　　图12-12　只调整最后一列的宽度　　　图12-13　按比例调整表格所有列
　　　　　的宽度　　　　　　　　　　　　　　　　　　　　　　　　　　　　　的宽度

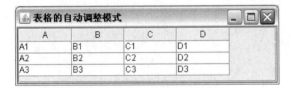

图12-14　关闭的情况下调整窗体宽度　　　　　图12-15　开启的情况下调整窗体宽度

【例12-2】定义表格。

本例利用本节所讲的全部知识对表格进行定义。本例的完整代码如下：

```
public class ExampleFrame_03 extends JFrame {
    public static void main(String args[]) {
        ExampleFrame_03 frame = new ExampleFrame_03();
        frame.setVisible(true);
    }
    public ExampleFrame_03() {
        super();
        setTitle("定义表格");
        setBounds(100, 100, 500, 375);
        setDefaultCloseOperation(JFrame.EXIT_ON_CLOSE);
        final JScrollPane scrollPane = new JScrollPane();
```

```
        getContentPane().add(scrollPane, BorderLayout.CENTER);
        String[] columnNames = { "A", "B", "C", "D", "E", "F", "G" };
        Vector<String> columnNameV = new Vector<>();
        for (int column = 0; column < columnNames.length; column++) {
            columnNameV.add(columnNames[column]);
        }
        Vector<Vector<String>> tableValueV = new Vector<>();
        for (int row = 1; row < 21; row++) {
            Vector<String> rowV = new Vector<String>();
            for (int column = 0; column < columnNames.length; column++) {
                rowV.add(columnNames[column] + row);
            }
            tableValueV.add(rowV);
        }
        JTable table = new MTable(tableValueV, columnNameV);
        //关闭表格列的自动调整功能
        table.setAutoResizeMode(JTable.AUTO_RESIZE_OFF);
        //选择模式为单选
        table.setSelectionMode(ListSelectionModel.SINGLE_SELECTION);
        //被选择行的背景色为黄色
        table.setSelectionBackground(Color.YELLOW);
        //被选择行的前景色（文字颜色）为红色
        table.setSelectionForeground(Color.RED);
        table.setRowHeight(30);   //表格的行高为30像素
        scrollPane.setViewportView(table);
    }
    private class MTable extends JTable {   //实现自己的表格类
        public MTable(Vector<Vector<String>> rowData, Vector<String> columnNames) {
            super(rowData, columnNames);
        }
        @Override
        public JTableHeader getTableHeader() {        //定义表格头
            //获得表格头对象
            JTableHeader tableHeader = super.getTableHeader();
            tableHeader.setReorderingAllowed(false);              //设置表格列不可重排
            DefaultTableCellRenderer hr = (DefaultTableCellRenderer)
                tableHeader.getDefaultRenderer();   //获得表格头的单元格对象
            //设置列名居中显示
            hr.setHorizontalAlignment(DefaultTableCellRenderer.CENTER);
            return tableHeader;
        }
```

```
//定义单元格
@Override
public TableCellRenderer getDefaultRenderer(Class<?> columnClass) {
    DefaultTableCellRenderer cr = (DefaultTableCellRenderer) super
        .getDefaultRenderer(columnClass);    //获得表格的单元格对象
    //设置单元格内容居中显示
    cr.setHorizontalAlignment(DefaultTableCellRenderer.CENTER);
    return cr;
}
@Override
public boolean isCellEditable(int row, int column) {
    //表格不可编辑
    return false;
}
    }
}
```

图12-16 定义表格

运行本例，选中表格的第2行，将得到如图12-16所示的效果。选中行的背景色为黄色，文字颜色为红色，并且所有单元格的内容均居中显示。

12.1.3 操作表格

在编写应用表格的程序时，经常需要获得表格的一些信息，如表格拥有的行数和列数。下面是JTable类中3个经常用来获得表格信息的方法。

（1）getRowCount()：获得表格拥有的行数，返回值为int型。

（2）getColumnCount()：获得表格拥有的列数，返回值为int型。

（3）getColumnName(int column)：获得位于指定索引位置的列的名称，返回值为String型。

表12-4中列出了经常用来操作表格选中行的方法，包括设置、查看、统计、获取和取消选中行的方法。

操作表格

表12-4　JTable类中经常用来操作表格选中行的方法

方　　法	说　　明
setRowSelectionInterval(int from, int to)	选中行索引从from到to的所有行（包括索引为from和to的行）
addRowSelectionInterval(int from, int to)	将行索引从from到to的所有行追加为表格的选中行
isRowSelected(int row)	查看行索引为row的行是否被选中
selectAll()	选中表格中的所有行
clearSelection()	取消所有选中行的选择状态
getSelectedRowCount()	获得表格中被选中行的数量，返回值为int型，如果没有被选中的行，则返回-1

续表

方　法	说　明
getSelectedRow()	获得被选中行中最小的行索引值，返回值为int型，如果没有被选中的行，则返回-1
getSelectedRows()	获得所有被选中行的索引值，返回值为int型数组

由JTable类实现的表格的行索引和列索引均从0开始，即第一行的索引为0，第二行的索引为1，依此类推。

JTable类中还提供了一个用来移动表格列位置的方法moveColumn(int column, int targetColumn)，其中column为欲移动列的索引值，targetColumn为目的列的索引值。移动表格列的具体执行方式如图12-17所示。

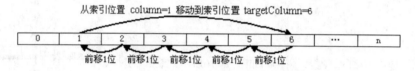

图12-17　移动表格列的具体执行方式

【例12-3】操作表格。

本例展示了本节讲到的所有方法的功能。关键代码如下：

```
table = new JTable(tableValueV, columnNameV);
table.setRowSelectionInterval(1, 3);          //设置选中行
table.addRowSelectionInterval(5, 5);          //添加选中行
scrollPane.setViewportView(table);
JPanel buttonPanel = new JPanel();
getContentPane().add(buttonPanel, BorderLayout.SOUTH);
JButton selectAllButton = new JButton("全部选择");
selectAllButton.addActionListener(new ActionListener() {
    public void actionPerformed(ActionEvent e) {
        table.selectAll();                    //选中所有行
    }
});
buttonPanel.add(selectAllButton);
JButton clearSelectionButton = new JButton("取消选择");
clearSelectionButton.addActionListener(new ActionListener() {
    public void actionPerformed(ActionEvent e) {
        table.clearSelection();               //取消所有选中行的选择状态
    }
});
buttonPanel.add(clearSelectionButton);
```

```
System.out.println("表格共有" + table.getRowCount() + "行"
        + table.getColumnCount() + "列");
System.out.println("共有" + table.getSelectedRowCount() + "行被选中");
System.out.println("第3行的选择状态为: " + table.isRowSelected(2));
System.out.println("第5行的选择状态为: " + table.isRowSelected(4));
System.out.println("被选中的第一行的索引是: " + table.getSelectedRow());
int[] selectedRows = table.getSelectedRows();                  //获得所有被选中行的索引
System.out.print("所有被选中行的索引是: ");
for (int row = 0; row < selectedRows.length; row++) {
    System.out.print(selectedRows[row] + " ");
}
System.out.println();
System.out.println("列移动前第2列的名称是: " + table.getColumnName(1));
System.out.println("列移动前第2行第2列的值是: " + table.getValueAt(1, 1));
table.moveColumn(1, 5);                  //将位于索引1的列移动到索引5处
System.out.println("列移动后第2列的名称是: " + table.getColumnName(1));
System.out.println("列移动后第2行第2列的值是: " + table.getValueAt(1, 1));
```

运行本例，将得到如图12-18所示的窗体，其中表格的第2、3、4和6行被选中，并且列名为B的列从索引1处移动到了索引5处。单击"全部选择"按钮将选中表格的所有行，单击"取消选择"按钮将取消所有选中行的选择状态。运行本例后在控制台将输出如图12-19所示的信息。

图12-18　被选中指定行的表格

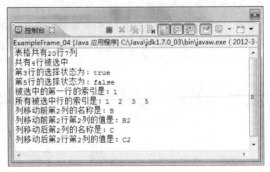

图12-19　输出到控制台的信息

12.1.4　利用表格模型创建表格

接口TableModel定义了一个表格模型，抽象类AbstractTableModel实现了TableModel接口的大部分方法，只有以下3个抽象方法没有实现。

（1）public int getRowCount()。

（2）public int getColumnCount()。

（3）public Object getValueAt(int rowIndex, int columnIndex)。

通过继承AbstractTableModel类实现上面3个抽象方法可以创建自己的表格模

利用表格模型创建表格

型类。DefaultTableModel类便是由Swing提供的继承了AbstractTableModel类并实现了上面3个抽象方法的表格模型类。DefaultTableModel类提供的常用构造方法如表12-5所示。

表12-5　DefaultTableModel类提供的常用构造方法

构造方法	说　明
DefaultTableModel()	创建一个0行0列的表格模型
DefaultTableModel(int rowCount, int columnCount)	创建一个rowCount行columnCount列的表格模型
DefaultTableModel(Object[][] data, Object[] column Names)	按照数组中指定的数据和列名创建一个表格模型
DefaultTableModel(Vector data, Vector column Names)	按照向量中指定的数据和列名创建一个表格模型

表格模型创建完成后，通过JTable类的构造方法JTable(TableModel dm)创建表格，就实现了利用表格模型创建表格。

从JDK 1.6开始，提供了对表格进行排序的功能。通过JTable类的setRowSorter(RowSorter<? extends TableModel> sorter)方法可以为表格设置排序器。TableRowSorter类是由Swing提供的排序器类。为表格设置排序器的典型代码如下：

```
DefaultTableModel tableModel = new DefaultTableModel();      //创建表格模型
JTable table = new JTable(tableModel);                       //创建表格
table.setRowSorter(new TableRowSorter(tableModel));          //设置排序器
```

如果为表格设置了排序器，当单击表格的某一列头时，在该列名称的后面将出现 ▲ 标记，说明按该列升序排列表格中的所有行，如图12-20所示；当再次单击该列头时，标记将变为 ▼ ，说明按该列降序排列表格中的所有行，如图12-21所示。

 在使用表格排序器时，通常要为其设置表格模型，否则将出现如图12-22所示的效果。一种方法是通过构造方法TableRowSorter(TableModel model)创建排序器，另一种方法是通过setModel (TableModel model)方法为排序器设置表格模型。

| 图12-20　按升序排列 | 图12-21　按降序排列 | 图12-22　未设置表格模型的信息 |

【例12-4】利用表格模型创建表格，并使用表格排序器。

本例利用表格模型创建一个表格，并对表格使用表格排序器。本例的关键代码如下：

```
JScrollPane scrollPane = new JScrollPane();
getContentPane().add(scrollPane, BorderLayout.CENTER);
String[] columnNames = { "A", "B" };          //定义表格列名数组
String[][] tableValues = { { "A1", "B1" }, { "A2", "B2" },
    { "A3", "B3" } };                          //定义表格数据数组
```

```
DefaultTableModel tableModel = new DefaultTableModel(tableValues,
    columnNames);                       //创建指定表格列名和表格数据的表格模型
JTable table = new JTable(tableModel);       //创建指定表格模型的表格
table.setRowSorter(new TableRowSorter<>(tableModel));
scrollPane.setViewportView(table);
```

运行本例，将得到如图12-23所示的窗体；单击名称为B列的列头后，将得到如图12-24所示的效果，表格按B列升序排列；再次单击名称为B列的列头后，将得到如图12-25所示的效果，表格按B列降序排列。

图12-23 运行效果	图12-24 升序排列	图12-25 降序排列

12.1.5　维护表格模型

维护表格模型

在使用表格时，经常需要对表格中的内容进行维护，如向表格中添加新的数据行，修改表格中某一单元格的值，从表格中删除指定的数据行等，这些操作均可以通过维护表格模型来完成。

在向表格模型中添加新的数据行时有两种情况：一种是添加到表格模型的尾部，另一种是插入到表格模型的指定索引位置。

（1）添加到表格模型的尾部，可以通过addRow()方法完成。它的两个重载方法如下。

①addRow(Object[] rowData)：将由数组封装的数据添加到表格模型的尾部。

②addRow(Vector rowData)：将由向量封装的数据添加到表格模型的尾部。

（2）添加到表格模型的指定位置，可以通过insertRow()方法完成。它的两个重载方法如下。

①insertRow(int row, Object[] rowData)：将由数组封装的数据添加到表格模型的指定索引位置。

②insertRow(int row, Vector rowData)：将由向量封装的数据添加到表格模型的指定索引位置。

如果需要修改表格模型中某一单元格的数据，可以通过方法setValueAt(Object aValue, int row, int column)完成，其中aValue为单元格修改后的值，row为单元格所在行的索引，column为单元格所在列的索引；可以通过方法getValueAt(int row, int column)获得指定单元格的值，该方法的返回值类型为Object。

如果需要删除表格模型中某一行的数据，可以通过方法removeRow(int row)完成，其中row为欲删除行的索引。

在删除表格模型中的数据时，每删除一行，其后所有行的索引值将相应地减1，所以，当连续删除多行时，需要注意对删除行索引的处理。

【例12-5】维护表格模型。

本例通过维护表格模型，实现向表格中添加新的数据行，修改表格中某一单元格的值，以及从表格中删除指定的数据行。本例的完整代码如下：

```
import java.awt.*;
```

```java
import java.awt.event.*;
import javax.swing.*;
import javax.swing.table.*;
public class ExampleFrame_06 extends JFrame {
    private DefaultTableModel tableModel;                        //定义表格模型对象
    private JTable table;                                        //定义表格对象
    private JTextField aTextField;
    private JTextField bTextField;
    public static void main(String args[]) {
        ExampleFrame_06 frame = new ExampleFrame_06();
        frame.setVisible(true);
    }
    public ExampleFrame_06() {
        super();
        setTitle("维护表格模型");
        setBounds(100, 100, 510, 375);
        setDefaultCloseOperation(JFrame.EXIT_ON_CLOSE);
        final JScrollPane scrollPane = new JScrollPane();
        getContentPane().add(scrollPane, BorderLayout.CENTER);
        String[] columnNames = { "A", "B" };                     //定义表格列名数组
        String[ ][ ] tableValues = { { "A1", "B1" }, { "A2", "B2" },
                { "A3", "B3" } };                                //定义表格数据数组
        //创建指定表格列名和表格数据的表格模型
        tableModel = new DefaultTableModel(tableValues, columnNames);
        table = new JTable(tableModel);                          //创建指定表格模型的表格
        table.setRowSorter(new TableRowSorter<>(tableModel));    //设置表格的排序器
        //设置表格的选择模式为单选
        table.setSelectionMode(ListSelectionModel.SINGLE_SELECTION);
        //为表格添加鼠标事件监听器
        table.addMouseListener(new MouseAdapter() {
            //发生了点击事件
            public void mouseClicked(MouseEvent e) {
                //获得被选中行的索引
                int selectedRow = table.getSelectedRow();
                //从表格模型中获得指定单元格的值
                Object oa = tableModel.getValueAt(selectedRow, 0);
                //从表格模型中获得指定单元格的值
                Object ob = tableModel.getValueAt(selectedRow, 1);
                aTextField.setText(oa.toString());               //将值赋值给文本框
                bTextField.setText(ob.toString());               //将值赋值给文本框
```

```
        }
    });
    scrollPane.setViewportView(table);
    final JPanel panel = new JPanel();
    getContentPane().add(panel, BorderLayout.SOUTH);
    panel.add(new JLabel("A： "));
    aTextField = new JTextField("A4", 10);
    panel.add(aTextField);
    panel.add(new JLabel("B： "));
    bTextField = new JTextField("B4", 10);
    panel.add(bTextField);
    final JButton addButton = new JButton("添加");
    addButton.addActionListener(new ActionListener() {
        public void actionPerformed(ActionEvent e) {
            String[] rowValues = { aTextField.getText(),
                bTextField.getText() };                    //创建表格行数组
            tableModel.addRow(rowValues);                  //向表格模型中添加一行
            int rowCount = table.getRowCount() + 1;
            aTextField.setText("A" + rowCount);
            bTextField.setText("B" + rowCount);
        }
    });
    panel.add(addButton);
    final JButton updButton = new JButton("修改");
    updButton.addActionListener(new ActionListener() {
        public void actionPerformed(ActionEvent e) {
            int selectedRow = table.getSelectedRow();      //获得被选中行的索引
            if (selectedRow != -1) {                       //判断是否存在被选中行
              tableModel.setValueAt(aTextField.getText(),
                    selectedRow, 0);                       //修改表格模型当中的指定值
              tableModel.setValueAt(bTextField.getText(),
                    selectedRow, 1);                       //修改表格模型当中的指定值
            }
        }
    });
    panel.add(updButton);
    final JButton delButton = new JButton("删除");
    delButton.addActionListener(new ActionListener() {
        public void actionPerformed(ActionEvent e) {
            int selectedRow = table.getSelectedRow();      //获得被选中行的索引
            if (selectedRow != -1)                         //判断是否存在被选中行
```

```
                          //从表格模型当中删除指定行
                        tableModel.removeRow(selectedRow);
                    }
                });
                panel.add(delButton);
            }
        }
```

运行本例，将得到如图12-26所示的窗体，其中A、B文本框分别用来编辑A、B列的信息。单击"添加"按钮可以将编辑好的信息添加到表格中，选中表格的某一行后，在A、B文本框中将显示该行对应列的信息。重新编辑后单击"修改"按钮可以修改表格中的信息，单击"删除"按钮可以删除表格中被选中的行。

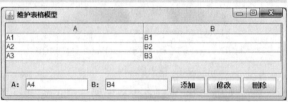

图12-26　维护表格模型

12.2　树

12.2.1　简单的树

简单的树

树状结构是一种常用的信息表现形式，它可以直观地显示出一组信息的层次结构。Swing中的JTree类用来创建树，该类的常用构造方法如表12-6所示。

表12-6　JTree类的常用构造方法

构造方法	说　明
JTree()	创建一个默认的树
JTree(TreeNode root)	根据指定根节点创建树
JTree(TreeModel newModel)	根据指定树模型创建树

DefaultMutableTreeNode类实现了TreeNode接口，用来创建树的节点。一个树只能有一个父节点，可以有0个或多个子节点，默认情况下每个节点都允许有子节点，如果需要可以设置为不允许。该类的常用构造方法如表12-7所示。

表12-7　DefaultMutableTreeNode类的常用构造方法

构造方法	说　明
DefaultMutableTreeNode()	创建一个默认的节点，默认情况下允许有子节点
DefaultMutableTreeNode(Object userObject)	创建一个具有指定标签的节点
DefaultMutableTreeNode(Object userObject, boolean allowsChildren)	创建一个具有指定标签的节点，并且指定是否允许有子节点

利用DefaultMutableTreeNode类的add(MutableTreeNode newChild)方法可以为该节点添加子节点，该节点则称为父节点，没有父节点的节点则称为根节点。可以通过根节点利用构造方法JTree(TreeNode root)直接创建树，也可以先创建一个树模型TreeModel，然后再通过树模型利用构造方法JTree (TreeModel newModel)创建树。

DefaultTreeModel类实现了TreeModel接口，该类仅提供了以下两个构造方法，所以，在利用该类创建树模型时，必须指定树的根节点。

（1）DefaultTreeModel(TreeNode root)：创建一个采用默认方式判断节点是否为叶子节点的树模型。

（2）DefaultTreeModel(TreeNode root, boolean asksAllowsChildren)：创建一个采用指定方式判断节点是否为叶子节点的树模型。

由DefaultTreeModel类实现的树模型判断节点是否为叶子节点有两种方式：默认方式为如果节点不存在子节点则为叶子节点，如图12-27所示；另一种方式则是根据节点是否允许有子节点，只要不允许有子节点就是叶子节点，如果允许有子节点，即使并不包含任何子节点，也不是叶子节点，如图12-28所示。将入口参数asksAllowsChildren设置为true，即表示采用后一种方式。

图12-27　采用默认方式

图12-28　采用非默认方式

【例12-6】创建简单的树。

本例利用一个根节点创建3个树，从左到右依次添加到窗体中，其中的一个是利用构造方法JTree(TreeNode root)直接创建的，其他两个是通过树模型创建的，分别采用默认和非默认的方式判断节点是否为叶子节点。下面是本例的关键代码：

```
//创建根节点
DefaultMutableTreeNode root = new DefaultMutableTreeNode("根节点");
//创建一级节点
DefaultMutableTreeNode nodeFirst = new DefaultMutableTreeNode(
        "一级子节点A");
root.add(nodeFirst);//将一级节点添加到根节点
DefaultMutableTreeNode nodeSecond = new DefaultMutableTreeNode(
        "二级子节点", false);                      //创建不允许有子节点的二级节点
nodeFirst.add(nodeSecond);                         //将二级节点添加到一级节点
root.add(new DefaultMutableTreeNode("一级子节点B"));  //创建一级节点
JTree treeRoot = new JTree(root);                  //利用根节点直接创建树
getContentPane().add(treeRoot, BorderLayout.WEST);
//利用根节点创建树模型，采用默认的判断方式
DefaultTreeModel treeModelDefault = new DefaultTreeModel(root);
//利用树模型创建树
JTree treeDefault = new JTree(treeModelDefault);
getContentPane().add(treeDefault, BorderLayout.CENTER);
//利用根节点创建树模型，并采用非默认的判断方式
DefaultTreeModel treeModelPointed = new DefaultTreeModel(root,true);
JTree treePointed = new JTree(treeModelPointed);     //利用树模型创建树
getContentPane().add(treePointed, BorderLayout.EAST);
```

运行本例，将得到如图12-29所示的窗体。窗体左侧的树是直接创建的，中间的树是采用默认方式判断节点的，这两个树中名称为"一级子节点B"的节点图标均为叶子节点图标；右侧的树是采用非默认方式判

断节点的，该树中名称为"一级子节点B"的节点图标为非叶子节点图标。

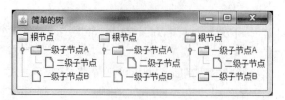

图12-29　简单的树

12.2.2　处理选中节点事件

处理选中节点
事件

树的节点允许被选中和取消选中状态，通过捕获树节点的选择事件，可以处理相应的操作。树的选择模式有3种，通过TreeSelectionModel类的对象可以设置树的选择模式。可以通过JTree类的getSelectionModel()方法获得TreeSelectionModel类的对象，然后通过TreeSelectionModel类的setSelectionMode(int mode)方法设置选择模式。该方法的入口参数可以从表12-8列出的静态常量中选择。

表12-8　TreeSelectionModel类中代表选择模式的静态常量

静态常量	常量值	说　明
SINGLE_TREE_SELECTION	1	只允许选中一个，如图12-30所示
CONTIGUOUS_TREE_SELECTION	2	允许连续选中多个，如图12-31所示
DISCONTIGUOUS_TREE_SELECTION	4	允许任意选中多个，为树的默认模式，如图12-32所示

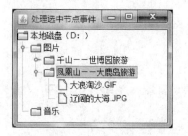

图12-30　单选模式

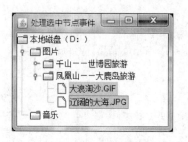

图12-31　连选模式

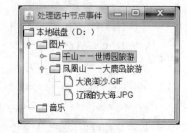

图12-32　多选模式

当选中树节点和取消树节点的选中状态时，将发出TreeSelectionEvent事件，通过实现TreeSelection－Listener接口可以捕获该事件。TreeSelectionListener接口的具体定义如下：

```
public interface TreeSelectionListener extends EventListener {
    void valueChanged(TreeSelectionEvent e);
}
```

当捕获发出的TreeSelectionEvent事件时，valueChanged(TreeSelectionEvent e)方法将被触发执行，此时通过JTree类的getSelectionPaths()方法可以获得所有被选中节点的路径，该方法将返回一个TreePath类型的数组；通过getSelectionPath()方法将获得选中节点中索引值最小的节点的路径，即TreePath类的对象，也可以理解为选中节点中距离根节点最近的节点的路径。在获得选中节点的路径之前，可以通过JTree类的isSelectionEmpty()方法查看是否存在被选中的节点，如果返回false表示存在被选中的节点，通过getSelectionCount()方法可以获得被选中节点的数量。

TreePath类表示树节点的路径，即通过该类可以获得子节点所属的父节点，以及父节点所属的上级节点，直到树的根节点。TreePath类的常用方法如表12-9所示。

表12-9 TreePath类的常用方法

方　法	说　明
getPath()	以Object数组的形式返回该路径中所有节点的对象，在数组中的顺序按照从根节点到子节点的顺序
getLastPathComponent()	获得路径中最后一个节点的对象
getParentPath()	获得路径中除了最后一个节点的路径
pathByAddingChild(Object child)	获得向路径中添加指定节点后的路径
getPathCount()	获得路径中包含节点的数量
getPathComponent(int element)	获得路径中指定索引位置的节点对象

【例12-7】处理选中节点事件。

本例利用TreeSelectionListener监听器捕获选中树节点和取消选中树节点的事件，并将选中节点的路径信息全部输出到控制台。下面是本例的关键代码：

```
TreeSelectionModel treeSelectionModel;                    //获得树的选择模式
treeSelectionModel = tree.getSelectionModel();
//设置树的选择模式为连选
treeSelectionModel.setSelectionMode(CONTIGUOUS_TREE_SELECTION);
tree.addTreeSelectionListener(new TreeSelectionListener() {
    public void valueChanged(TreeSelectionEvent e) {
        if (!tree.isSelectionEmpty()) {                    //查看是否存在被选中的节点
            //获得所有被选中节点的路径
            TreePath[] selectionPaths = tree.getSelectionPaths();
            for (int i = 0; i < selectionPaths.length; i++) {
                //获得被选中节点的路径
                TreePath treePath = selectionPaths[i];
                //以Object数组的形式返回该路径中所有节点的对象
                Object[] path = treePath.getPath();
                for (int j = 0; j < path.length; j++) {
                    DefaultMutableTreeNode node;            //获得节点
                    node = (DefaultMutableTreeNode) path[j];
                String s = node.getUserObject()+ (j == (path.length – 1) ? "" : "-->");
                System.out.print(s);                        //输出节点标签
                }
                System.out.println();
            } System.out.println();
    }}});
```

运行本例，将得到如图12-33所示的窗体。首先展开树的所有节点，然后选中"千山—世博园旅游"节点，最后追加选中"凤凰山—大鹿岛旅游"节点，在控制台将输出如图12-34所示的信息。

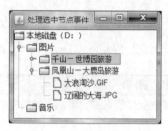

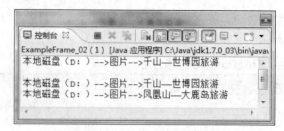

图12-33 处理选中节点事件

图12-34 输出到控制台的信息

12.2.3 遍历树节点

有时需要对树进行遍历，也就是遍历树中的部分或全部节点，以便查找某一节点，或者是对树中的节点执行某一操作。DefaultMutableTreeNode类提供了两组相对的遍历方式，下面对此进行详细介绍。

遍历树节点

按前序遍历和按后序遍历是一组相对的遍历方式。按前序遍历树节点的顺序如图12-35所示，通过preorderEnumeration()方法将返回按前序遍历的枚举对象；按后序遍历树节点的顺序如图12-36所示，通过postorderEnumeration()方法将返回按后序遍历的枚举对象。

以广度优先遍历和以深度优先遍历是一组相对的遍历方式。以广度优先遍历树节点的顺序如图12-37所示，通过breadthFirstEnumeration()方法将返回以广度优先遍历的枚举对象；以深度优先遍历树节点的顺序如图12-38所示，通过depthFirstEnumeration()方法将返回以深度优先遍历的枚举对象。

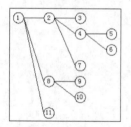

图12-35 按前序遍历

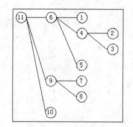

图12-36 按后序遍历

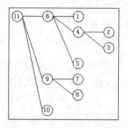

图12-37 以广度优先遍历

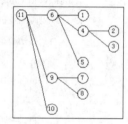

图12-38 以深度优先遍历

说明

因为按后序遍历和以深度优先遍历这两种遍历方式的具体遍历方法相同，所以，图12-36和图12-38是相同的。实际上，方法depthFirstEnumeration()只是调用了方法postorderEnumeration()。

通过DefaultMutableTreeNode类的children()方法，可以得到仅包含该节点的子节点的枚举对象，以便快速遍历节点的子节点。在DefaultMutableTreeNode类中还提供了一些常用方法，如表12-10所示。

表12-10 DefaultMutableTreeNode类的常用方法

方　法	说　明
getLevel()	获得该节点相对于根节点的级别值，如根节点的子节点的级别值为1
getDepth()	获得以此节点为根节点的树的深度，如果该节点没有子节点，则深度为0
getParent()	获得该节点的父节点对象

续表

方　法	说　明
getChildCount()	获得该节点拥有子节点的个数
getFirstChild()	获得该节点的第一个子节点对象
getSiblingCount()	获得该节点拥有兄弟节点的个数
getNextSibling()	获得该节点的后一个兄弟节点
getPreviousSibling()	获得该节点的前一个兄弟节点
getPath()	获得该节点的路径
isRoot()	判断该节点是否为根节点
isLeaf()	判断该节点是否为叶子节点

【例12-8】遍历树节点。

本例以按钮的方式提供本节讲解的5种遍历方式，如图12-39所示，通过单击相应的按钮可以在控制台查看具体的遍历方式。下面是本例的关键代码：

```
public void actionPerformed(ActionEvent e) {
    Enumeration<?> enumeration;                      //声明节点枚举对象
    if (mode.equals("按前序遍历"))
        //按前序遍历所有树节点
        enumeration = root.preorderEnumeration();
    else if (mode.equals("按后序遍历"))
        //按后序遍历所有树节点
        enumeration = root.postorderEnumeration();
    else if (mode.equals("以广度优先遍历"))
        //以广度优先遍历所有树节点
        enumeration = root.breadthFirstEnumeration();
    else if (mode.equals("以深度优先遍历"))
        //以深度优先遍历所有树节点
        enumeration = root.depthFirstEnumeration();
    else
        enumeration = root.children();               //遍历该节点的子节点
    while (enumeration.hasMoreElements()) {          //遍历节点枚举对象
        DefaultMutableTreeNode node;                 //获得节点
        node = (DefaultMutableTreeNode) enumeration.nextElement();
        //根据节点级别输出占位符
        for (int l = 0; l < node.getLevel(); l++) {
            System.out.print("----");
        }
        System.out.println(node.getUserObject());    //输出节点标签
    }
}
```

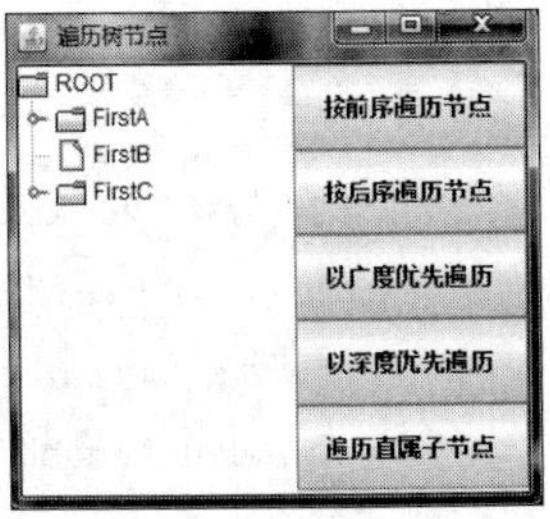

图12-39　遍历树节点

程序运行界面如图12-39所示。

12.2.4　处理展开节点事件

有时需要捕获树节点被展开和折叠的事件，例如，需要验证用户的权限，如果用户没有权限查看该节点包含的子节点，则不允许树节点展开。

当展开和折叠树节点时，将发出TreeExpansionEvent事件，通过实现TreeWillExpandListener接口，可以在树节点展开和折叠之前捕获该事件。TreeWillExpandListener接口的具体定义如下：

```
public interface TreeWillExpandListener extends EventListener {
    public void treeWillExpand(TreeExpansionEvent event)
            throws ExpandVetoException;
    public void treeWillCollapse(TreeExpansionEvent event)
            throws ExpandVetoException;
}
```

如果此次事件是由将要展开节点发出的，方法treeWillExpand()将被触发；如果此次事件是由将要折叠节点发出的，方法treeWillCollapse()将被触发。

通过实现TreeExpansionListener接口，可以在树节点展开和折叠时捕获该事件。TreeExpansion-Listener接口的具体定义如下：

```
public interface TreeExpansionListener extends EventListener {
    public void treeExpanded(TreeExpansionEvent event);
    public void treeCollapsed(TreeExpansionEvent event);
}
```

如果此次事件是由展开节点发出的，方法treeExpanded()将被触发；如果此次事件是由折叠节点发出的，方法treeCollapsed()将被触发。

【例12-9】处理展开节点事件。

本例同时为树添加TreeWillExpandListener和TreeExpansionListener监听器，目的是向控制台输出相应的提示信息，以展示这两个监听器的使用方法。下面是本例的关键代码：

```
//捕获树节点将要被展开或折叠的事件
tree.addTreeWillExpandListener(new TreeWillExpandListener() {
    //树节点将要被折叠时触发
    public void treeWillCollapse(TreeExpansionEvent e) {
        TreePath path = e.getPath();                    //获得将要被折叠节点的路径
        DefaultMutableTreeNode node = (DefaultMutableTreeNode) path
                .getLastPathComponent();                //获得将要被折叠的节点
        System.out.println("节点"" + node + ""将要被折叠！");
    }
    //树节点将要被展开时触发
    public void treeWillExpand(TreeExpansionEvent e) {
        TreePath path = e.getPath();                    //获得将要被展开节点的路径
        DefaultMutableTreeNode node = (DefaultMutableTreeNode) path
                .getLastPathComponent();                //获得将要被展开的节点
        System.out.println("节点"" + node + ""将要被展开！");
```

```
        }
    });
    //捕获树节点已经被展开或折叠的事件
    tree.addTreeExpansionListener(new TreeExpansionListener() {
        //树节点已经折叠时触发
        public void treeCollapsed(TreeExpansionEvent e) {
            TreePath path = e.getPath();                      //获得已经被折叠节点的路径
            DefaultMutableTreeNode node = (DefaultMutableTreeNode) path
                        .getLastPathComponent();              //获得已经被折叠的节点
            System.out.println("节点"" + node + ""已经被折叠! ");
            System.out.println();
        }
        //树节点已经被展开时触发
        public void treeExpanded(TreeExpansionEvent e) {
            TreePath path = e.getPath();                      //获得已经被展开节点的路径
            DefaultMutableTreeNode node = (DefaultMutableTreeNode) path
                        .getLastPathComponent();              //获得已经被展开的节点
            System.out.println("节点"" + node + ""已经被展开! ");
            System.out.println();
        }
    });
```

运行本例，将得到如图12-40所示的窗体。首先展开"技术部"节点，然后展开"服务部"节点，最后再折叠"技术部"节点，在控制台将输出如图12-41所示的信息。

图12-40　处理展开节点事件

图12-41　控制台的输出信息

12.3　组件面板

12.3.1　分割面板

分割面板由javax.swing.JSplitPane类实现，用来将其所在的区域分割成两部分，程序员可以根据实际情况决定是在水平方向上分割还是在垂直方向上分割。在这两部分之间存在一个分隔条，通过调整分隔条的位置，可以改变这两部分的相对大小，用户可以根据实际情况自行调整。该功能可以有效地增加界面的可用空间，这也是分割面板的主要特点。

分割面板

JSplitPane类提供的常用构造方法如表12-11所示。

表12-11 JSplitPane类的常用构造方法

构造方法	说 明
JSplitPane()	创建一个默认的分割面板。默认情况下为在水平方向上分割，重绘方式为只在调整分隔条位置完成时重绘
JSplitPane(int newOrientation)	创建一个按照指定方向分割的分割面板。入口参数newOrientation的可选静态常量有HORIZONTAL_SPLIT（在水平方向分割，效果如图12-42所示，为默认值）和VERTICAL_SPLIT（在垂直方向分割，效果如图12-43所示）
JSplitPane(int newOrientation, boolean newContinuousLayout)	创建一个按照指定方向分割，并且按照指定方式重绘的分割面板。如果将入口参数newContinuousLayout设为true，表示在调整分隔条位置的过程中连续重绘，设为false则表示只在调整分隔条位置完成时重绘

JSplitPane类的oneTouchExpandable属性用来控制是否在分隔条上提供一个UI小部件，该小部件用来快速展开和折叠被分割的两个区域。它的默认值为false，即不提供该小部件，如图12-42和图12-43所示；如果设置为true则表示提供该小部件，如图12-44所示，在分隔条的上方提供了两个三角形按钮，单击这两个按钮，就可以快速地将相应的部分调整为占据分割面板所在整个区域，或者是恢复为之前的状态，通过setOneTouchExpandable(boolean isProvide)方法可以设置该属性的值。

图12-42　水平分割

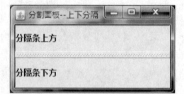

图12-43　垂直分割

图12-44　使用UI小部件

有些外观可能不支持在分隔条上方提供UI小部件的功能。

JSplitPane类中的常用方法如表12-12所示。

表12-12 JSplitPane中的常用方法

方 法	说 明
setOrientation(int orientation)	设置分割面板的分割方向，即水平分割（默认）或垂直分割
setDividerLocation(int location)	设置分隔条的绝对位置，即分隔条左侧（水平分割）的宽度或上方（垂直分割）的高度
setDividerLocation(double proportionalLocation)	设置分隔条的相对位置，即分隔条左侧（水平分割）或上方（垂直分割）的大小与分割面板大小的百分比
setDividerSize(int newSize)	设置分隔条的宽度。默认为5像素
setLeftComponent(Component comp)	将组件添加到分隔条的左侧（水平分割）或上方（垂直分割）
setTopComponent(Component comp)	将组件添加到分隔条的上方（垂直分割）或左侧（水平分割）
setRightComponent(Component comp)	将组件设置到分隔条的右侧（水平分割）或下方（垂直分割）
setBottomComponent(Component comp)	将组件设置到分隔条的下方（垂直分割）或右侧（水平分割）

续表

方　法	说　明
setOneTouchExpandable(boolean newValue)	设置分割面板是否提供UI小部件。设为true表示提供，有些外观可能不支持该功能，这时将忽略该设置；设为false则表示不提供，默认为不提供
setContinuousLayout(boolean newContinuousLayout)	设置调整分隔条位置时面板的重绘方式。设为true表示在调整的过程中连续重绘，设为false则表示只在调整完成时重绘

【例12-10】设置分割面板的相关属性。

本例中使用两个分割面板，一个添加到窗体中，为水平方向分割，对该面板只设置分隔条的显示位置；另一个添加到水平分割面板的右侧，为垂直方向分割，对该面板主要设置提供UI小部件，以及在调整分隔条位置时面板的重绘方式为连续绘制。该实例的具体代码如下：

```
public class ExampleFrame_01 extends JFrame {
    public static void main(String args[]) {
        ExampleFrame_01 frame = new ExampleFrame_01();
        frame.setVisible(true);
    }
    public ExampleFrame_01() {
        super();
        setTitle("分割面板");
        setBounds(100, 100, 500, 375);
        setDefaultCloseOperation(JFrame.EXIT_ON_CLOSE);
        //创建一个水平方向的分割面板
        final JSplitPane hSplitPane = new JSplitPane();
        //分隔条左侧的宽度为40像素
        hSplitPane.setDividerLocation(40);
        //添加到指定区域
        getContentPane().add(hSplitPane, BorderLayout.CENTER);
        //在水平面板左侧添加一个标签组件
        hSplitPane.setLeftComponent(new JLabel("    1"));
        //创建一个垂直方向的分割面板
        final JSplitPane vSplitPane = new JSplitPane(
            JSplitPane.VERTICAL_SPLIT);
        //分隔条上方的高度为30像素
        vSplitPane.setDividerLocation(30);
        vSplitPane.setDividerSize(8);//分隔条的宽度为8像素
        vSplitPane.setOneTouchExpandable(true);//提供UI小部件
        //在调整分隔条位置时面板的重绘方式为连续绘制
        vSplitPane.setContinuousLayout(true);
        hSplitPane.setRightComponent(vSplitPane);//添加到水平面板的右侧
        //在垂直面板上方添加一个标签组件
        vSplitPane.setLeftComponent(new JLabel("    2"));
```

```
                    //在垂直面板下方添加一个标签组件
            vSplitPane.setRightComponent(new JLabel("    3"));
        }
    }
```

运行该实例，将得到如图12-45所示的窗体。单击 [icon] 按钮，将得到如图12-46所示的窗体，标签内容为"2"的部分不可见；再单击 [icon] 按钮，将恢复为如图12-45所示的窗体。同样，利用该功能也可以将标签内容为"3"的部分调整为不可见。当用鼠标拖曳水平分割面板的分隔条时，面板并未重绘（标签内容的位置并未改变），如图12-48所示；但是当用鼠标拖曳垂直分割面板的分隔条时，面板则重绘了（标签内容的位置在随时改变），如图12-47所示。当用拖曳分隔条的方式调整分隔条的位置时，并不能将分隔条拖曳到分割面板的边缘，如图12-49所示；但是利用UI小部件则可以，如图12-46所示。

图12-45　运行效果

图12-46　单击 [icon] 按钮后
恢复位置

图12-47　完成后重绘

图12-48　过程中重绘

图12-49　拖曳分隔条无法实现最
小组件

 说明　在向分割面板中添加组件或面板时，如果是在水平方向上分割面板，通过方法setTopComp-onent (Component comp)和setBottomComponent(Component comp)也可以分别将组件或面板添加到分隔条的左侧和右侧；同样，如果是在垂直方向上分割面板，通过方法setLeftComponent(Component comp)和setRightComponent(Component comp)也可以分别将组件或面板添加到分隔条的上方和下方。

12.3.2　选项卡面板

选项卡面板由javax.swing.JTabbedPane类实现，它实现了一个多卡片的用户界面，通过它可以将一个复杂的对话框分割成若干个选项卡，实现对信息的分类显示和管理，使界面更简洁大方，还可以有效地减少窗体的个数。

JTabbedPane类提供的所有构造方法如表12-13所示。

选项卡面板

表12-13　JTabbedPane类的所有构造方法

构造方法	说　明
JTabbedPane()	创建一个默认的选项卡面板。默认情况下标签在选项卡的上方，布局方式为限制布局
JTabbedPane(int tabPlacement)	创建一个指定标签显示位置的选项卡面板。入口参数tabPlacement的可选静态常量有TOP（在选项卡上方，效果如图12-50所示，为默认值）、BOTTOM（在选项卡下方，效果如图12-51所示）、LEFT（在选项卡左侧，效果如图12-52所示）和RIGHT（在选项卡右侧，效果如图12-53所示）

续表

构造方法	说　明
JTabbedPane(int tabPlacement, int tabLayoutPolicy)	创建一个既指定标签显示位置，又指定选项卡布局方式的选项卡面板。入口参数tabLayoutPolicy的可选静态常量有WRAP_TAB_LAYOUT（限制布局，为默认值）和SCROLL_TAB_LAYOUT（滚动布局）

图12-50　在选项卡上方

图12-51　在选项卡下方

图12-52　在选项卡左侧

图12-53　在选项卡右侧

　　如果在窗体中能够显示出所有选项卡的标签，显示效果如图12-54所示。如果在窗体中不能够显示出所有选项卡的标签，若采用的是默认布局，即WRAP_TAB_LAYOUT，显示效果如图12-55所示；若采用的是滚动布局，即SCROLL_TAB_LAYOUT，显示效果如图12-56所示。

图12-54　能够显示出所有选项卡标签

图12-55　限制布局（默认布局）

图12-56　滚动布局

　　JTabbedPane类中的常用方法如表12-14所示。

表12-14　JTabbedPane类中的常用方法

方　法	说　明
addTab(String title, Component component)	添加一个标签为title的选项卡
addTab(String title, Icon icon, Component component)	添加一个标签为title、图标为icon的选项卡
addTab(String title, Icon icon, Component component, String tip)	添加一个标签为title、图标为icon、提示为tip的选项卡

续表

方　法	说　明
InsertTab(String title, Icon icon, Component component, String tip, int index)	在索引位置index处插入一个标签为title、图标为icon、提示为tip的选项卡。索引值从0开始
setTabPlacement(int tabPlacement)	设置选项卡标签的显示位置
setTabLayoutPolicy(int tabLayoutPolicy)	设置选项卡标签的布局方式
setSelectedIndex(int index)	设置指定索引位置的选项卡被选中
setEnabledAt(int index, boolean enabled)	设置指定索引位置的选项卡是否可用。设为true表示可用，设为false则表示不可用
setDisabledIconAt(int index, Icon disabledIcon)	为指定索引位置的选项卡设置不可用时显示的图标
getTabCount()	获得该选项卡面板拥有选项卡的数量
getSelectedIndex()	获得被选中选项卡的索引值
getTitleAt(int index)	获得指定索引位置的选项卡标签
addChangeListener(ChangeListener l)	为选项卡面板添加捕获被选中选项卡发生改变的事件

 说明

3个重载的addTab()方法的所有入口参数均可以设置为空，即设置为null。例如：
tabbedPane.addTab(null, null);

【例12-11】设置选项卡面板的相关属性。

选项卡标签采用默认的在选项卡上方；标签的布局方式为滚动布局；为选项卡面板添加捕获被选中选项卡发生改变的事件，目的是输出被选中选项卡的标签；将索引为2的选项卡设置为被选中、索引为0的选项卡设置为不可用。关键代码如下：

```java
final JTabbedPane tabbedPane = new JTabbedPane();
//设置选项卡标签的布局方式
tabbedPane.setTabLayoutPolicy(JTabbedPane.SCROLL_TAB_LAYOUT);
tabbedPane.addChangeListener(new ChangeListener() {
    public void stateChanged(ChangeEvent e) {
        //获得被选中选项卡的索引
        int selectedIndex = tabbedPane.getSelectedIndex();
        //获得指定索引的选项卡标签
        String title = tabbedPane.getTitleAt(selectedIndex);
        System.out.println(title);
    }
});
getContentPane().add(tabbedPane, BorderLayout.CENTER);
URL resource = ExampleFrame_02.class.getResource("/tab.JPG");
ImageIcon imageIcon = new ImageIcon(resource);
final JLabel tabLabelA = new JLabel();
tabLabelA.setText("选项卡A");
//将标签组件添加到选项卡中
tabbedPane.addTab("选项卡A", imageIcon, tabLabelA, "点击查看选项卡A");
final JLabel tabLabelB = new JLabel();
tabLabelB.setText("选项卡B");
```

```
tabbedPane.addTab("选项卡B", imageIcon, tabLabelB, "点击查看选项卡B");
final JLabel tabLabelC = new JLabel();
tabLabelC.setText("选项卡C");
tabbedPane.addTab("选项卡C", imageIcon, tabLabelC, "点击查看选项卡C");
tabbedPane.setSelectedIndex(2);                    //设置索引为2的选项卡被选中
tabbedPane.setEnabledAt(0, false);                 //设置索引为0的选项卡不可用
```

运行该实例，将得到如图12-57所示的窗体，标签为"选项卡C"的选项卡被选中，标签为"选项卡A"的选项卡变为灰色，表示该选项卡不可用；将光标移动到标签"选项卡B"上方，将弹出如图12-58所示的提示框"点击查看选项卡B"；单击该标签，并查看控制台，在控制台将输出如图12-59所示的信息。

图12-57　实例运行效果

图12-58　查看提示信息

图12-59　查看控制台的输出信息

12.4　菜　单

菜单包括菜单栏和弹出式菜单，它的优点是内容丰富、层次鲜明、使用快捷，其中弹出式菜单还具有方便灵活的特点。本节中将详细介绍这两种菜单的使用方法。

12.4.1　创建菜单栏

创建菜单栏

位于窗口顶部的菜单栏包括菜单名称、菜单项以及子菜单。创建菜单栏的基本步骤如下：

（1）创建菜单栏对象，并添加到窗体的菜单栏中。

（2）创建菜单对象，并将菜单对象添加到菜单栏对象中。

（3）创建菜单项对象，并将菜单项对象添加到菜单对象中。

（4）为菜单项添加事件监听器，捕获菜单项被单击的事件，从而完成相应的业务逻辑。

（5）如果需要，还可以在菜单中包含子菜单，即将菜单对象添加到其所属的上级菜单对象中。

（6）通常情况下，一个菜单栏包含多个菜单，可以反复通过步骤（2）~（5）向菜单栏中添加。

JMenuBar类用来创建菜单栏。该类的常用方法有add(JMenu c)和isSelected()，方法add(JMenu c)用来向菜单栏中添加菜单对象；方法isSelected()用来查看菜单栏是否处于被选中的状态，即是否已经选中了菜单栏中的菜单项或子菜单。如果处于被选中的状态则返回true，否则返回false。

JMenu类用来创建菜单，菜单用来添加菜单项和子菜单，从而实现对菜单项的分类管理。该类除了拥有默认的没有入口参数的构造方法外，还有一个常用的构造方法JMenu(String s)，用来创建一个具有指定名称的菜单。JMenu类中的常用方法如表12-15所示。

表12-15　JMenu类中的常用方法

方　法	说　明
add(JMenuItem menuItem)	向菜单中添加菜单项和子菜单
add(String s)	向菜单中添加指定名称的菜单项。该方法的返回值为添加的菜单项对象，以便对菜单项进行设置，如为菜单项添加事件监听器

续表

方　法	说　明
insert(JMenuItem mi, int pos)	向指定位置插入菜单项
insert(String s, int pos)	向指定位置插入指定名称的菜单项。需要注意的是，该方法并不返回插入的菜单项对象
getMenuComponentCount()	获得菜单中包含的组件数，组件包括菜单项、子菜单和分隔线
isTopLevelMenu()	查看菜单是否为顶层菜单，即是否为添加到菜单栏对象中的菜单对象，如果是则返回true，否则返回false
isMenuComponent(Component c)	查看指定菜单项或子菜单是否包含在该菜单中

JMenuItem类用来创建菜单项，当用户单击菜单项时，将触发一个动作事件，通过捕获该事件，可以完成菜单项对应的业务逻辑。

【例12-12】创建菜单栏。

本例按照创建菜单栏的步骤，创建一个典型的菜单栏，目的是展示创建菜单栏的具体步骤，以及所得菜单栏的具体效果。

（1）利用JMenuBar类创建一个菜单栏对象，并将该菜单栏对象添加到窗体的菜单栏中。关键代码如下：

```
JMenuBar menuBar = new JMenuBar();                    //创建菜单栏对象
setJMenuBar(menuBar);                                 //将菜单栏对象添加到窗体的菜单栏中
```

（2）利用JMenu类创建一个菜单对象，并将该菜单对象添加到菜单栏对象中。关键代码如下：

```
JMenu menu = new JMenu("菜单名称");                    //创建菜单对象
menuBar.add(menu);                                    //将菜单对象添加到菜单栏对象中
```

（3）利用JMenuItem类创建一个菜单项对象，并将该菜单项对象添加到菜单对象中。关键代码如下：

```
JMenuItem menuItem = new JMenuItem("菜单项名称");       //创建菜单项对象
menuItem.addActionListener(new ItemListener());       //为菜单项添加事件监听器
```

（4）为菜单项添加ActionListener监听器，捕获菜单项被单击的事件，从而完成相应的业务逻辑。这里只是输出了被单击菜单项的标签。下面是监听器的完整代码：

```
private class ItemListener implements ActionListener {
    public void actionPerformed(ActionEvent e) {
        JMenuItem menuItem=(JMenuItem) e.getSource();    //获得触发此次事件的菜单项
        System.out.println("您单击的是菜单项：" + menuItem.getText());
    }
}
```

下面的代码负责为相应的菜单项添加事件监听器。

```
menuItem.addActionListener(new ItemListener());
```

运行本实例，图12-60所示为本实例所创建菜单"菜单名称"的展开效果，图12-61所示为本实例所创建菜单"菜单名称2"的展开效果。

图12-60　菜单"菜单名称"的展开效果

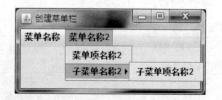

图12-61　菜单"菜单名称2"的展开效果

12.4.2　创建弹出式菜单

创建弹出式菜单和创建菜单栏的步骤基本相似。只是在创建菜单栏时，第一步创建的是JMenuBar类的对象，而创建弹出式菜单的第一步是创建JPopupMenu类的对象，然后通过为需要弹出该菜单的组件添加鼠标事件监听器，在捕获弹出菜单事件时弹出该菜单。

创建弹出式
菜单

> 【例12-13】创建弹出式菜单。

本例实现一个弹出式菜单，目的是展示弹出式菜单的创建方法。由于只是和创建菜单栏的第一步不同，所以，这里只给出了创建弹出式菜单以及将弹出式菜单注册给指定组件的代码。关键代码如下：

```
final JPopupMenu popupMenu = new JPopupMenu();  //创建弹出式菜单对象
//为窗体的顶层容器添加鼠标事件监听器
getContentPane().addMouseListener(new MouseAdapter() {
    //鼠标按键被释放时触发该方法
    public void mouseReleased(MouseEvent e) {
        //判断此次鼠标事件是否为该组件的弹出菜单触发事件
        //如果是则在释放鼠标的位置弹出菜单
        if (e.isPopupTrigger())
            popupMenu.show(e.getComponent(), e.getX(), e.getY());
    }
});
```

图12-62　弹出式菜单的展开效果

运行本实例，在窗口中单击鼠标右键，从弹出的快捷菜单中依次选择"编辑"/"字体"/"加粗"命令，将得到图12-62所示的效果。

12.4.3　定制个性化菜单

在设计菜单时，只是简单地使用类似按钮的菜单项是不够的，因为这样的菜单既不美观，又不实用。本节将深入学习定制个性化菜单的方法，例如，对分隔线和图标的使用，为菜单设置快捷键和加速器的方法，单选按钮和复选框菜单项的使用方法，以及启用和禁用菜单的方法。

定制个性化
菜单

1．使用分隔线和图标

在定制菜单时，通常将功能相似或相关的菜单项放在一起，然后用分隔线将它们与其他的菜单项隔开，这样用户在使用时会更加方便和直观。JMenu类的addSeparator()方法和insertSeparator(int index)方法均用来向菜单中添加分隔线，方法addSeparator()用来向菜单的尾部添加分隔线，方法insertSeparator (int index)用来向指定索引位置插入分隔线，索引值从0开始。例如，实现一个图12-63所示的"文件"菜单，如果是通过addSeparator()方法向菜单中添加分隔线，向"文件"菜单添加菜单项、子菜单和分隔线的顺序依次为"新建"菜单项→"打开"菜单→分隔线→"保存"菜单项→分隔线→"退出"菜单项；如果是通过insertSeparator(int index)方法向菜单中添加分隔线，可以先向"文件"菜单中添加菜单项和子菜单，最后再向索引为2和4的位置插入分隔线。

在定制菜单时，还可以为菜单和菜单项设置图标。可以通过setIcon(Icon defaultIcon)方法设置，因为它们均继承了AbstractButton类。设置了图标的菜单和菜单项如图12-64所示。

图12-63　使用分隔线

图12-64　使用图标

2. 设置快捷键和加速器

对于用户来说，使用快捷键会给他们使用软件带来很大的方便。下面介绍为菜单和菜单项设置快捷键的方法，以及为菜单项设置加速器的方法。

为菜单和菜单项设置快捷键均通过方法setMnemonic(int mnemonic)或setMnemonic(char mnemonic)实现。方法setMnemonic(int mnemonic)的入口参数为与键盘助记符对应的键值，可以是键盘上的任意键，可以通过java.awt.event.KeyEvent类中定义的以 "VK_" 开头的静态常量指定；方法setMnemonic(char mnemonic)的入口参数为键盘助记符，该方法仅支持将A~Z的键设置为快捷键。如果在菜单或菜单项名称中存在指定的键盘助记符，会为该键盘助记符添加一条下划线，如图12-63和图12-64所示，所有带有下划线的键盘助记符所对应的键均为快捷键。例如，为 "文件" 菜单设置快捷键可以通过下面两种方式来实现：

```
menu.setMnemonic(KeyEvent.VK_F);            //通过键值设置
menu.setMnemonic('F');                      //通过键盘助记符设置
```

快捷键不区分大小写，即无论是否按下Shift键，都将激活相应的菜单或菜单项。

菜单项还支持设置加速器。在使用加速器时菜单并不被展开，它只是直接激活相应菜单项对应的事件。为菜单项设置加速器可以通过setAccelerator(KeyStroke keyStroke)方法实现，该方法接受KeyStroke类的对象，可以通过静态方法getKeyStroke(int keyCode, int modifiers)获得该类的对象。入口参数keyCode为键值，可以通过KeyEvent类中定义的以 "VK_" 开头的静态常量指定；入口参数modifiers为一组修饰符，可以为下面的一个或多个，如果是多个则用 "|" 隔开。

（1）java.awt.event.InputEvent.CTRL_MASK。

（2）java.awt.event.InputEvent.ALT_MASK。

（3）java.awt.event.InputEvent.SHIFT_MASK。

（4）java.awt.event.InputEvent.META_MASK。

对于入口参数modifiers，也可以不设置任何修饰符，此时需要将其设置为0。下面是3种比较典型的设置方法：

```
getKeyStroke(KeyEvent.VK_A, 0);          //加速器按键为A
getKeyStroke(KeyEvent.VK_A, InputEvent.CTRL_MASK);       //加速器按键为Ctrl+A
//加速器按键为Ctrl+Alt+A
getKeyStroke(KeyEvent.VK_A, InputEvent.CTRL_MASK | InputEvent.ALT_MASK);
```

3. 使用单选按钮和复选框菜单项

在定制菜单时，也可以将单选按钮和复选框菜单项添加到菜单中，它们在有些时候会更适用。例如，在如图12-65所示的设置字体的菜单中，使用复选框菜单项则更加直观；在如图12-66所示的设置文件属性的菜单中，使用单选按钮菜单项则更加直观。

复选框菜单项可以通过JCheckBoxMenuItem类实现，单选按钮菜单项可以通过JRadioButton-MenuItem类实现，这两个类均继承了JMenuItem类，所以，针对普通菜单项的设置对这两个菜单项均适用。

 对于单选按钮菜单项，也必须添加到按钮组中，这样才能实现相应的功能。

4. 启用和禁用菜单项

新创建的菜单项在默认情况下是启用的，但是在某些情况下该菜单项可能并不能使用。例如，在一个阅读器刚刚被打开时，此次运行中"刚打开过的"菜单项就应该是禁用的，如图12-67所示（被禁用的菜单项将变为灰色）。可以通过方法setEnabled(boolean b)设置菜单项的启用或禁用状态，如果设为true则表示启用菜单项，设为false则表示禁用菜单项，也可以通过该方法启用或禁用菜单。

图12-65　使用复选框菜单项　　　　图12-66　使用单选按钮菜单项　　　　图12-67　被禁用的菜单项

【例12-14】定制个性化菜单。

本例实现一个典型的菜单栏，其中包括对菜单项、分隔线、子菜单、快捷键、加速器、单选按钮和复选框菜单项等功能的使用，以及禁用菜单项功能，并且为所有菜单项添加动作事件监听器，使菜单项被激活时在控制台将输出该菜单项被执行的提示。

下面是创建"文件"菜单及其菜单项"新建"和子菜单"打开"的关键代码。

```
final JMenu fileMenu = new JMenu("文件（F）");                    //创建"文件"菜单
fileMenu.setMnemonic('F');                                       //设置快捷键
menuBar.add(fileMenu);                                           //添加到菜单栏
final JMenuItem newItem = new JMenuItem("新建（N）");             //创建菜单项
newItem.setMnemonic('N');                                        //设置快捷键
//设置加速器为Ctrl+N
newItem.setAccelerator(KeyStroke.getKeyStroke(VK_N, CTRL_MASK));
newItem.addActionListener(new ItemListener());                   //添加动作监听器
fileMenu.add(newItem);                                           //添加到"文件"菜单
final JMenu openMenu = new JMenu("打开（O）");                    //创建"打开"子菜单
openMenu.setMnemonic('O');                                       //设置快捷键
fileMenu.add(openMenu);                                          //添加到"文件"菜单
//创建子菜单项
final JMenuItem openNewItem = new JMenuItem("未打开过的（N）");
openNewItem.setMnemonic('N');                                    //设置快捷键
openNewItem.setAccelerator(KeyStroke.getKeyStroke(VK_N, CTRL_MASK
        | ALT_MASK));                                            //设置加速器为Ctrl+Alt+N
openNewItem.addActionListener(new ItemListener());               //添加动作监听器
openMenu.add(openNewItem);                                       //添加到"打开"子菜单
//创建子菜单项
final JMenuItem openClosedItem = new JMenuItem("刚打开过的（C）");
```

```
openClosedItem.setMnemonic('C');                          //设置快捷键
//设置加速器
openClosedItem.setAccelerator(KeyStroke.getKeyStroke(VK_C,
        CTRL_MASK | ALT_MASK));
openClosedItem.setEnabled(false);                         //禁用菜单项
openClosedItem.addActionListener(new ItemListener());     //添加动作监听器
openMenu.add(openClosedItem);                             //添加到"打开"子菜单
fileMenu.addSeparator();                                  //添加分隔线
```

下面是创建"字体"子菜单的关键代码，它包含的为复选框菜单项。

```
final JMenu fontMenu = new JMenu("字体（F）");            //创建"字体"子菜单
fontMenu.setIcon(icon);                                   //设置菜单图标
fontMenu.setMnemonic('F');                                //设置快捷键
editMenu.add(fontMenu);                                   //添加到"编辑"菜单
final JCheckBoxMenuItem bCheckBoxItem = new JCheckBoxMenuItem(
        "加粗（B）");                                      //创建复选框菜单项
bCheckBoxItem.setMnemonic('B');                           //设置快捷键
bCheckBoxItem.setAccelerator(KeyStroke.getKeyStroke(VK_B,
        CTRL_MASK | ALT_MASK));                           //设置加速器为Ctrl+Alt+B
bCheckBoxItem.addActionListener(new ItemListener());      //添加动作监听器
fontMenu.add(bCheckBoxItem);                              //添加到"字体"子菜单
final JCheckBoxMenuItem iCheckBoxItem = new JCheckBoxMenuItem(
        "斜体（I）");                                      //创建复选框菜单项
iCheckBoxItem.setMnemonic('I');                           //设置快捷键
iCheckBoxItem.setAccelerator(KeyStroke.getKeyStroke(VK_I,
        CTRL_MASK | ALT_MASK));                           //设置加速器为Ctrl+Alt+I
iCheckBoxItem.addActionListener(new ItemListener());      //添加动作监听器
fontMenu.add(iCheckBoxItem);                              //添加到"字体"子菜单
```

下面是创建"属性"子菜单的关键代码，它包含的为单选按钮菜单项。在使用一组单选按钮时，一定要将这些单选按钮添加到按钮组中。

```
final JMenu attributeMenu = new JMenu("属性（A）");      //创建"属性"子菜单
attributeMenu.setIcon(icon);                             //设置菜单图标
attributeMenu.setMnemonic('A');                          //设置快捷键
editMenu.add(attributeMenu);                             //添加到"编辑"菜单
final JRadioButtonMenuItem rRadioButtonItem = new JRadioButtonMenuItem(
        "只读（R）");                                     //创建单选按钮菜单项
rRadioButtonItem.setMnemonic('R');                       //设置快捷键
rRadioButtonItem.setAccelerator(KeyStroke.getKeyStroke(VK_R,
        CTRL_MASK | ALT_MASK));                           //设置加速器为Ctrl+Alt+R
buttonGroup.add(rRadioButtonItem);                        //添加到按钮组
rRadioButtonItem.setSelected(true);                       //设置为被选中
```

```
rRadioButtonItem.addActionListener(new ItemListener());        //添加动作监听器
attributeMenu.add(rRadioButtonItem);                           //添加到"属性"子菜单
final JRadioButtonMenuItem eRadioButtonItem = new JRadioButtonMenuItem(
        "编辑（E）");                                            //创建单选按钮菜单项
eRadioButtonItem.setMnemonic('E');                             //设置快捷键
eRadioButtonItem.setAccelerator(KeyStroke.getKeyStroke(VK_E,
        CTRL_MASK | ALT_MASK));                                //设置加速器为Ctrl+Alt+E
buttonGroup.add(eRadioButtonItem);                            //添加到按钮组
eRadioButtonItem.addActionListener(new ItemListener());       //添加动作监听器
attributeMenu.add(eRadioButtonItem);                          //添加到"属性"子菜单
```

运行本实例，依次选择"文件"/"打开"命令，将得到如图12-68所示的效果，会发现"刚打开过的"菜单项为灰色，即被禁用了；依次选择"编辑"/"字体"命令，将得到如图12-69所示的效果，该子菜单包含的是复选框菜单项；依次选择"编辑"/"属性"命令，将得到如图12-70所示的效果，该子菜单包含的是单选按钮菜单项。

图12-68　不可用的菜单项

图12-69　复选框菜单项

图12-70　单选按钮菜单项

12.5　工具栏

工具栏中提供了快速执行常用命令的按钮，可以将它随意拖曳到窗体的四周，如图12-71~图12-74所示；甚至是脱离窗体，如图12-75所示，在这种情况下，当关闭工具栏时会自动恢复到脱离之前的位置。

如果希望工具栏可以随意拖动，窗体一定要采用默认的边界布局方式，并且不能在边界布局的四周添加任何组件。工具栏默认是可以随意拖动的。如果希望不允许随意拖动，可以通过调用setFloatable(boolean b)方法将入口参数设为false实现，设为true则表示允许随意拖动。

工具栏

图12-71　在上方

图12-72　在左侧

图12-73　在下方　　　　　　　　图12-74　在右侧　　　　　　　　图12-75　脱离窗体

在利用JToolBar类创建工具栏对象时，如果是通过构造方法JToolBar()创建的，当工具栏脱离窗体时，工具栏窗体则没有标题。可以通过构造方法JToolBar(String name)创建具有指定标题的工具栏。

利用add(Component comp)方法可以将按钮添加到工具栏的末尾，在这期间可以利用addSeparator()方法在按钮之间添加默认大小的分隔符，也可以利用addSeparator(Dimension size)方法添加指定大小的分隔符。

【例12-15】创建工具栏。

本例实现一个典型的不允许拖动的工具栏，并分别添加默认大小和指定大小的分隔符。关键代码如下：

```java
final JToolBar toolBar = new JToolBar("工具栏");        //创建工具栏对象
toolBar.setFloatable(false);                          //设置为不允许拖动
getContentPane().add(toolBar, BorderLayout.NORTH);    //添加到网格布局的上方
final JButton newButton = new JButton("新建");         //创建按钮对象
newButton.addActionListener(new ButtonListener());    //添加动作事件监听器
toolBar.add(newButton);                               //添加到工具栏中
toolBar.addSeparator();                               //添加默认大小的分隔符
final JButton saveButton = new JButton("保存");        //创建按钮对象
saveButton.addActionListener(new ButtonListener());   //添加动作事件监听器
toolBar.add(saveButton);                              //添加到工具栏中
toolBar.addSeparator(new Dimension(20, 0));           //添加指定大小的分隔符
final JButton exitButton = new JButton("退出");        //创建按钮对象
exitButton.addActionListener(new ButtonListener());   //添加动作事件监听器
toolBar.add(exitButton);                              //添加到工具栏中
```

运行该实例，将得到如图12-76所示的窗体，可以看到在工具栏的左侧未提供拖曳的手柄，并且3个按钮之间的间隔并不相同。

图12-76　创建工具栏

12.6　进度条

利用JProgressBar类可以实现一个进度条。进度条是一个矩形组件，通过填充它的部分或全部来指示一个任务的执行情况。

默认情况下，为确定任务执行进度的进度条效果如图12-77所示，填充区域会逐渐增大；如果并不确定任务的执行进度，可以通过调用方法setIndeterminate(boolean b)设置进度条的样式，设为true表示不确定任务的执行

进度条

进度，填充区域会来回滚动，效果如图12-78所示；设为false则表示确定任务的执行进度。

默认情况下，在进度条中不显示提示信息，可以通过调用方法setStringPainted(boolean b)设置是否显示提示信息，设为true表示显示，设为false则表示不显示。如果是将确定进度的进度条设置为显示提示信息，默认为显示当前任务完成的百分比，如图12-79所示，也可以通过方法setString(String s)设置指定的提示信息；如果是将不确定进度的进度条设置为显示提示信息，则必须设置指定的提示信息，否则将出现如图12-80所示的不和谐效果。

图12-77 指示确定进度	图12-78 指示不确定进度	图12-79 显示提示信息	图12-80 不和谐效果

如果是采用确定进度的进度条，进度条并不能自动获取任务的执行进度，必须通过方法setValue(int n)反复修改当前的执行进度，如将入口参数设置为66，则将显示为66%；如果是采用不确定进度的进度条，则需要在任务执行完成后将其设置为采用确定进度的进度条，并将任务的执行进度设置为100%，或者是设置指定的提示已经完成的信息。

【例12-16】使用进度条。

本例实现一个模拟在线升级过程的进度条，通过本例可以掌握进度条的使用方法。下面是创建进度条的关键代码。

```
final JProgressBar progressBar = new JProgressBar();      //创建进度条对象
progressBar.setStringPainted(true);                      //设置显示提示信息
progressBar.setIndeterminate(true);                      //设置采用不确定进度条
progressBar.setString("升级进行中......");                //设置提示信息
new Progress(progressBar, button).start();               //利用线程模拟一个在线升级任务
```

下面的代码利用线程模拟了一个在线升级的任务，在执行任务的过程中反复修改任务的执行进度，并在任务完成后设置了指定的提示信息。

```
class Progress extends Thread {                          //利用线程模拟一个在线升级任务
    private final int [] progressValue = { 6, 18, 27, 39, 51, 66, 81,100 };  //模拟任务完成百分比
    private JProgressBar progressBar;                    //进度条对象
    private JButton button;                              //完成按钮对象
    public Progress(JProgressBar progressBar, JButton button) {
        this.progressBar = progressBar;
        this.button = button;
    }
    public void run() {
        //通过循环更新任务完成百分比
        for (int i = 0; i < progressValue.length; i++) {
            try {
            Thread.sleep(1000);                          //令线程休眠1秒
        } catch (InterruptedException e) {
            e.printStackTrace();
        }
        progressBar.setValue(progressValue[i]);     //设置任务完成百分比
    }
```

```
        progressBar.setIndeterminate(false);          //设置采用确定进度条
        progressBar.setString("升级完成！");           //设置提示信息
        button.setEnabled(true);                       //设置按钮可用
    }
}
```

运行本实例，将得到如图12-81所示的效果；升级结束后将得到如图12-82所示的效果；如果将代下面的代码作为注释，将得到如图12-83所示的效果。

```
        progressBar.setIndeterminate(true);           //设置采用不确定进度条
        progressBar.setString("升级进行中……");        //设置提示信息
```

图12-81　不确定进度的效果

图12-82　完成后的效果

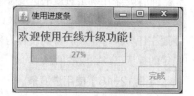

图12-83　确定进度的效果

小 结

通过对本章的学习，相信读者已经可以熟练地使用JTable表格，包括通过各种方式创建表格，根据实际需要定制表格，通过编码操作表格及维护表格模型。并能够熟练地使用JTree树，包括通过各种方式创建树，根据实际需要遍历树节点的方法，处理展开节点事件的方法。通过对这些功能的使用，可以有效地提高程序的人性化程度，增加程序的适用性和灵活性。熟练掌握本章的知识，有助于开发出优秀的Java应用程序。

习 题

12-1　利用Swing表格设计一个用来选择日期的对话框。

12-2　设计一个以多列为行标题栏的例子。

12-3　创建一个不可以滚动的表格。

12-4　利用分割面板、选项卡面板、工具栏开发一个简单的应用程序。

12-5　模拟一个在线下载的进度条。

第13章

多线程

本章要点

了解线程的概念 ■

掌握线程的创建 ■

了解线程的生命周期 ■

了解线程的优先级 ■

掌握线程的控制方法 ■

掌握线程·同步 ■

掌握线程·通信 ■

了解死锁 ■

■ 多线程技术使程序能够同时完成多项任务。到目前为止，本书所介绍过的实例都是单线程程序，也就是说执行的Java程序只会做一件事情。有时在现实中会同时发生两件事情，例如，"两个人同时过一个独木桥"或"两个人同过一扇门"，这时程序可以使用多线程，但是所谓的"同时"完成多件事情，还需要进一步控制，否则这些事情会产生冲突，这些内容将在本章进行详细讲解。

13.1 线程概述

支持多线程技术是Java语言的特性之一，多线程使程序可以同时存在多个执行片段，根据不同的条件和环境同步或异步工作。线程与进程的实现原理类似，但它们的服务对象不同，进程代表操作系统平台中运行的一个程序，而一个程序中将包含多个线程。

1. 进程

进程是一个包含自身执行地址的程序，在多任务操作系统中，可以把CPU时间分配给每一个进程。CPU在指定时间片段内执行某个进程，然后在下一个时间片段跳至另一个进程中执行，由于转换速度很快，使人感觉进程像是在同时运行。

通常将正在运行的程序称为进程，现在的计算机基本上都支持多进程操作，比如使用计算机时可以边上网、边听音乐。然而计算机上只有一块CPU，并不能同时运行这些进程，CPU实际上是利用不同时间片段去交替执行每个进程。

2. 线程

在一个进程内部也可以执行多任务，可以将进程内部的任务称为线程，线程是进程中的实体，一个进程可以拥有多个线程。多线程的执行过程如图13-1所示。

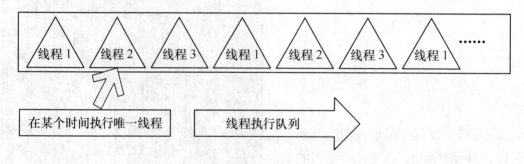

图13-1　多线程执行结构图

一个线程是进程内的一个单一顺序控制流程。通常所说的多线程指的是一个进程可以同时运行几个任务，每个任务由一个线程来完成。也就是说，多个线程可以同时运行，并且在一个进程内执行不同的任务。

线程必须拥有父进程，系统没有为线程分配资源，它与进程中的其他线程共享该进程的系统资源。如果一个进程中的多个线程共享相同的内存地址空间，这就意味着这些线程可以访问相同的变量和对象，这让线程之间共享信息变得更容易。

所谓的单线程是一个程序内某个结构化的流程控制，有时候被称作"执行环境"或"轻量级程序"，它是由上而下的结构化程序。例如，main()函数是Java程序执行的开始点，而程序的中间区域是一串连续的执行过程，程序的结束点则是程序最后的"}"符号。

可以将一个结构化"程序"看作是一个线程，它也是由一个开始点、一串连续的执行过程及一个结束点组成的，虽然线程就如同是一个真正的"程序"，但实际上它只是一个完整程序下的某个执行流程，需要运用系统配置给该程序的资源和环境来执行，所以，它又被称为"轻量级的程序"。因此，一个多线程的Java

程序，即使它在执行期间能够同时由多个"线程"进行不同的工作，但对于操作系统而言，仍然只认为是一个"程序"在运作，其实是CPU不断在进行转换（转换执行控制权）的工作。

13.2　线程的创建

在Java语言中，线程也是一种对象，但并非任何对象都可以成为线程，只有实现Runnable接口或继承了Thread类的对象才能成为线程。

线程的创建

13.2.1　线程的创建方式

线程的创建有两种方式：

（1）继承Thread类；

（2）实现Runnable接口。

1. Thread类

Thread类中常用的方法包括start()方法、interrupt()方法、join()方法、run()方法等。其中start()方法与run()方法最为常用，start()方法用于启动线程，run()方法为线程的主体方法，读者可以根据需要覆写run()方法。

Thread类有4个最常用构造方法。

（1）默认构造方法：

默认的构造方法，没有参数列表。

语法格式为：

```
Thread thread=new Thread();
```

（2）基于Runnable对象的构造方法：

该构造方法包含了Runnable类型的参数，它是实现Runnable接口的类的实例对象。基于该构造方法创建的线程对象，将线程的业务逻辑交由参数所传递的Runnable对象去实现。

语法格式为：

```
Thread thread=new Thread(Runnable simple);
```

simple：实现Runnable接口的对象。

（3）指定线程名称的构造方法：

该构造方法包含了String类型的参数，这个参数将作为新创建的线程对象的名称。

语法格式为：

```
Thread thread=new Thread("ThreadName");
```

（4）基于Runnable对象并指定线程名称的构造方法：

该构造方法接收Runnable对象和线程名称的字符串。

语法格式为：

```
Thread thread=new Thread(Runnable simple, String name);
```

simple：实现Runnable接口的对象。

name：线程名称。

2. Runnable接口

实现Runnable接口的类就可以成为线程，Thread类就是因为实现了Runnable接口，所以，才具有了线程的功能。

Runnable接口只有一个run()方法，实现Runnable()接口后必须覆写run()方法。

13.2.2 继承Thread类

在Java语言中，要实现线程功能，可以继承java.lang.Thread类，这个类已经具备了创建和运行线程的所有必要架构。通过覆写Thread类中的run()方法，以实现用户所需要的功能，实例化自定义的Thread类，使用start()方法启动线程。

【例13-1】继承Thread类创建SimpleThread线程类，该类将创建的两个线程同时在控制台输出信息，从而实现两个任务输出信息的交叉显示。

```java
public class SimpleThread extends Thread{
    public SimpleThread(String name){                      // 参数为线程名称
        setName(name);
    }
    public void run() {                                    // 覆盖run()方法
        int i = 0;
        while (i++ < 5) {                                  // 循环5次
            try {
                System.out.println(getName() + "执行步骤" + i);
                Thread.sleep(1000);                        // 休眠1秒
            } catch (Exception e) {
                e.printStackTrace();
            }
        }
    }
    public static void main(String[] args) {
        SimpleThread thread1 = new SimpleThread("线程1");   // 创建线程1
        SimpleThread thread2 = new SimpleThread("线程2");   // 创建线程2
        thread1.start();                                   // 启动线程1
        thread2.start();                                   // 启动线程2
    }
}
```

程序运行结果如图13-2所示。

13.2.3 实现Runnable接口

从本质上讲，Runnable是Java语言中用以实现线程的接口，任何实现线程功能的类都必须实现这个接口。Thread类就是因为实现了Runnable接口，所以，继承它的类才具有了相应的线程功能。

虽然可以使用继承Thread类的方式实现线程，但是由于在Java语言中，只能继承一个类，如果用户定义的类已经继承了其他类，就无法再继承Thread类，也就无法使用线程，于是Java语言为用户提供了一个接口，即java.lang.Runnable。实现Runnable这个接

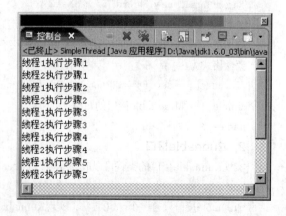

图13-2　例13-1的运行结果

口与继承Thread类具有相同的效果，通过实现这个接口就可以使用线程。Runnable接口中定义了一个run()方法，在实例化一个Thread对象时，可以传入一个实现Runnable接口的对象作为参数，Thread类会调用Runnable对象的run()方法，继而执行run()方法中的内容。

> 【例13-2】创建SimpleRunnable类，该类实现了Runnable接口，并通过run()方法实现每间隔0.5秒在控制台输出一个"*"字符，直到输出15个"*"字符。

```java
public class SimpleRunnable implements Runnable {
    public void run() {                // 覆盖run()方法
        int i = 15;
        while (i-->= 1) {              // 循环15次
            try {
                System.out.print("*");
                Thread.sleep(500);
            } catch (Exception e) {
                e.printStackTrace();
            }
        }
    }
    public static void main(String[] args) {
        Thread thread1 = new Thread(new
SimpleRunnable(), "线程1");            // 创建线程1
        thread1.start();               // 启动线程1
    }
}
```

程序运行结果如图13-3所示。

图13-3　例13-2的运行结果

 说明 SimpleRunnable类的main()方法运行之后，程序就已经结束了，但是线程还在继续执行，直到输出15个"*"符号。

13.3　线程的生命周期

目前为止，已经初步讲解了如何利用线程编写程序，其中包括建立线程、启动线程以及决定线程需要完成的任务，接下来将进一步介绍线程的"生命周期"。

线程主要有以下状态：

（1）创建；

（2）可执行；

（3）非可执行；

（4）消亡。

状态间的关系如图13-4所示。

下面根据图13-4分别说明线程生命周期各个组成部分。

线程的生命周期

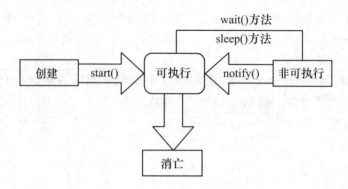

图13-4　线程生命周期关系结构图

1. 创建

当实例化一个Thread对象并执行start()方法后，线程进入"可执行"状态开始执行。虽然多线程给用户一种同时执行的感觉，但事实上在同一时间点上，只有一个线程在执行，只是线程之间转换的动作很快，所以，看起来好像同时在执行一样。

2. 可执行

当线程启用start()方法后，进入"可执行"状态，执行用户覆写的run()方法。一个线程进入"可执行"状态下，并不代表它可以一直执行到run()结束为止。事实上，它只是加入此应用程序执行安排的队列中，正如前文中提到的，这个线程加入了进程的线程执行队列中，对于大多数计算机而言，只有一个处理器，无法使多个线程同时执行，这时需要合理安排线程执行计划，让那些处于"可执行"状态下的线程合理分享CPU资源。所以，一个处在"可执行"状态下的线程，实际上可能正在等待取得CPU时间，也就是等候执行权，在何时给予线程执行权，则由Java虚拟机和线程的优先级来决定。优先级的内容将在13.4节中详细讲解。

3. 非可执行

在"可执行"状态下，线程可能被执行完毕，也可能没有执行完毕，处于等待执行权的队列中。当使线程离开"可执行"状态下的等待队列时，线程进入"非可执行"状态。可以使用Thread类中的wait()、sleep()方法使线程进入"非可执行"状态。

当线程进入"非可执行"状态下，CPU不分配时间片给这个线程。若希望线程回到"可执行"状态时，可以使用notify()方法，或notifyAll()方法及interrupt()方法。

4. 消亡

当run()方法执行完毕后，线程自动消亡。当Thread类调用start()方法时，Java虚拟机自动调用它的run()方法，而当run()方法结束时，该Thread会自动终止。以前Thread类中存在一个停止线程的stop()方法，不过它现在被废弃了，因为调用这个方法，很容易使程序进入不稳定状态。

13.4　线程的优先级

在Java语言中，线程执行时有不同的优先级，优先级的范围是1～10，默认值为5，可以使用Thread类中setPriority()方法来设定，但必须是在1～10的范围内，否则会出现异常。优先权较高的线程会被提前执行，当它执行完毕才会轮到优先权较低的线程执行。如果优先权相同，那么采用轮流执行的方式。

绝大多数操作系统都支持Time slicing，简单地说就是操作系统会为每个线程

线程的优先级

分配一小段CPU时间，时间一到就换下一个线程，即便这个线程没有执行完毕。对于不支持Time slicing的操作系统，每个线程必须执行完毕后，才轮到下一个线程。如果需要此线程礼让一下其他线程，可以使用Thread类中的yield()方法。

 说明 yield()方法只是一种礼让的暗示，没有任何一种机制保证它会被采纳。同时在支持Time slicing的操作系统中，线程不需要调用yield()方法，因为操作系统会合理安排时间给线程来轮流执行。

13.5 线程的控制

线程的控制包括线程的启动、挂起、状态检查以及如何正确结束线程，由于在程序中使用多线程，为合理安排线程的执行顺序，可以对线程进行相应的控制。

13.5.1 线程的启动

一个新的线程被创建后处于初始状态，实际上并没有立刻进入运行状态，而是处理就绪状态。当轮到这个线程执行时，即进入"可执行"状态，开始执行线程run()方法中的代码。

执行run()方法是通过调用Thread类中start()方法来实现的。调用start()方法启动线程的run()方法不同于一般的调用方法，一般方法必须等到方法执行完毕才能够返回，而对于start()方法来说，调用线程的start()方法后，start()方法告诉系统该线程准备就绪并可以启动run()方法后就返回，并继续执行调用start()方法下面的语句，这时run()方法可能还在运行。这样，就实现了多任务操作。

线程的启动

【例13-3】使用多线程技术实现用户进入聊天室。

```
public void startService() throws IOException {
    while (true) {
        Socket s = ss.accept(); //获得一个客户端的连接
        System.out.println("用户已进入聊天室");
        allSockets.add(s); //将客户端连接的套接字放到集合中
        new ServerThread(s).start(); //为此客户端单独创建一个事务处理线程
    }
}
```

13.5.2 线程的挂起

线程的挂起操作实质上就是使线程进入"非可执行"状态下。在这个状态下，CPU不会分给线程时间段，这个状态可以用来暂停一个线程的运行。在线程挂起后，可以通过重新唤醒线程来使之恢复运行。这个过程在外表看来好像什么也没有发生过，只是线程很慢地执行一条指令。

当一个线程进入"非可执行"状态，也就是挂起状态时，必然存在某种原因使其不能继续运行，这些原因可能是如下几种情况。

（1）通过调用sleep()方法使线程进入休眠状态，线程在指定时间内不会

线程的挂起

运行。

（2）通过调用join()方法使线程挂起，如果线程A调用线程B的join()方法，那么线程A将被挂起，直到线程B执行完毕为止。

（3）通过调用wait()方法使线程挂起，直到线程得到了notify()和notifyAll()消息，线程才会进入"可执行"状态。

（4）线程在等待某个输入/输出完成。

1. sleep()方法

sleep()方法是使一个线程的执行暂时停止的方法，暂停的时间由给定的毫秒数决定。

语法格式为：

```
Thread.sleep(long millis)
```

millis：必选参数，该参数以毫秒为单位设置线程的休眠时间。

执行该方法后，当前线程将休眠指定的时间段。如果任何一个线程中断了当前线程的休眠，该方法将抛出InterruptedException异常对象，所以，在使用sleep()方法时，必须捕获该异常。

如果想让线程休眠1.5s，即1500ms，可以使用如下代码：

```
try {
    Thread.sleep(1500);                          // 使线程休眠1500ms
} catch (InterruptedException e) {               // 捕获异常
    e.printStackTrace();                          // 输出异常信息
}
```

2. join()方法

join()方法能够使当前执行的线程停下来等待，直至join()方法所调用的那个线程结束，再恢复执行。

语法格式为：

```
thread.join()
```

thread：一个线程的对象。

如果有一个线程A正在运行，用户希望插入一个线程B，并且要求线程B执行完毕，然后再继续线程A，此时可以使用到B.join()方法来完成这个需求。

```
public class A extends Thread{
    Thread B;
    run(){
        B.join();                                // 在线程A中执行线程B
        ...
    }
}
```

3. wait()与notify()方法

wait()方法同样可以对线程进行挂起操作，调用wait()方法的线程将进入"非可执行"状态，使用wait()方法有两种方式。

语法格式为：

```
thread.wait(1000);
```

或者

```
thread.wait();
```

thread.notify()；

thread：线程对象。

其中第一种方式给定线程挂起时间，基本上与sleep()方法的语法相同；第二种方式是wait()与notify()方法配合使用，这种方式让wait()方法无限等下去，直到线程接收到notify()或notifyAll()消息为止。

wait()、notify()、notifyAll()不同于其他线程方法，这3个方法是java.lang.Object类的一部分，而Object类是所有类的父类，所以，这3个方法会自动被所有类继承下来，wait()、notify()、notifyAll()都被声明为final类，所以无法重新定义。

4. suspend()与resume()方法

还有一种挂起方法是强制挂起线程，而不是为线程指定休眠时间。这种情况下，由其他线程负责唤醒使其继续执行，除了wait()与notify()方法之外，线程中还有一对方法用于完成此功能，这就是suspend()与resume()方法。

语法格式为：

thread.suspend()；

thread.resume()；

thread：线程对象。

在这里，线程thread在运行到suspend()之后被强制挂起，暂停运行，直到主线程调用thread.resume()方法时才被重新唤醒。

Java的最新版本中已经舍弃了suspend()和resume()方法，因为使用这两个方法可能会产生死锁，所以，应该使用同步对象调用wait()和notify()方法的机制来代替suspend()和resume()方法进行线程控制。

13.5.3 线程状态检查

一般情况下无法确定一个线程的运行状态，对于这些处于未知状态的线程，可以通过isAlive()方法来确定其是否仍处在活动状态。当然，即使处于活动状态的线程也并不意味着它一定正在运行，对于一个已开始运行但还没有完成任务的线程，这个方法返回值为true。

线程状态检查

isAlive()方法用于测试线程是否处于活动状态。如果线程已经启动且尚未终止，则为活动状态。

语法格式为：

thread.isAlive()

thread：线程对象，isAlive()方法将判断该线程的活动状态。

13.5.4 结束线程

结束线程有两种情况。

（1）自然消亡：一个线程从run()方法的结尾处返回，自然消亡且不能再被运行；

（2）强制死亡：调用Thread类中stop()方法强制停止，不过该方法已经被舍弃。

结束线程

虽然这两种情况都可以停止一个线程，但最好的方式是自然消亡。简单地说，如果要停止一个线程的执行，最好提供一个方式让线程可以完成run()的流程。

例如，线程的run()方法中执行一个无限循环，在这个循环中可以提供一个布尔变量或表达式来控制循环是否执行。在线程执行中，可以调用方法改变布尔变量的值，用这种方式使线程离开run()方法以终止线程。具体代码如下：

```java
package com;
public class HelloWorld extends Thread {
    private boolean flag=true;                    //跳出循环标记量
    public boolean isFlag(){                       //标记量取值
        return this.flag;
    }
    public void setFlag(boolean flag){             //标记量赋值
        this.flag=flag;
    }
    public void run(){
        while(isFlag()){
            //执行相关业务操作
            if(!isFlag()){                         //如果标记量为false，结束循环
                return;
            }
        }
    }
}
```

【例13-4】在网络聊天中结束聊天功能。

```java
public void run() {
        BufferedReader br = null;
        try {
            br = new BufferedReader(new InputStreamReader(
                    s.getInputStream())); //将客户端套接字输入流转换为字节流读取
            while (true) {//无限循环
                String str = br.readLine(); //读取到一行之后，则赋值给字符串
                if (str.indexOf("%EXIT%") == 0) {//如果文本内容中包括"%EXIT%"
                    allSockets.remove(s); //集合删除此客户端连接
                    sendMessageTOAllClient(str.split("：")[1]
                                + " 用户已退出聊天室");
                                    //服务器向所有客户端接口发送退出通知
                    s.close(); //关闭此客户端连接
                    return; //结束循环
                }
                sendMessageTOAllClient(str); //向所有客户端此客户端发来的文本信息
            }
        } catch (IOException e) {
```

```
            e.printStackTrace();
        }
    }
```

13.5.5 后台线程

后台线程，即Daemon线程，它是一个在后台执行服务的线程，例如操作系统中的隐藏线程、Java语言中的垃圾自动回收线程等。如果所有的非后台线程都结束了，则后台线程也会自动终止。

后台线程

可以使用Thread类中的setDaemon()方法来设置一个线程为后台线程，但是有一点值得注意：必须在线程启动之前调用setDaemon()方法，这样才能将这个线程设置为后台线程。

语法格式为：

thread.setDaemon(boolean on)

thread：线程对象。

on：该参数如果为true，则将该线程标记为后台线程。

当设置完成一个后台线程后，可以使用Thread类中的isDaemon()方法来判断线程是否是后台线程。

语法格式为：

thread.isDaemon()

thread：线程对象。

13.6 线程的同步

如果程序是单线程的，执行起来不必担心此线程会被其他线程打扰，就像在现实中，同一时间只完成一件事情，可以不用担心这件事情会被其他事情打扰。但是如果程序中同时使用多个线程，就好比现实中"两个人同时进入一扇门"，此时就需要控制，否则容易阻塞。

线程的同步

为了避免多线程共享资源发生冲突的情况，只要在线程使用资源时给该资源上一把锁就可以了。访问资源的第一个线程为资源上锁，其他线程若想使用这个资源必须等到锁解除为止，锁解除的同时，另一个线程使用该资源并为这个资源上锁，如图13-5所示。如果将银行中的某个窗口看做是一个公共资源的话，每个客户需要办理的业务就相当于一个线程，而排号系统就相当于给每个窗口上了锁，保证每个窗口只有一个客户在办理业务。当其中一个客户办理完业务后，工作人员启动排号机，通知下一个客户来办理业务，这正是线程A将锁打开，通知第二个线程来使用资源的过程。

图13-5　线程为共享资源上锁

再比如火车站售票系统中，代码先判断当前票数是否大于0，如果大于0则执行将该票出售给乘客的功能。但当两个线程同时访问这段代码时（假如这时只剩下一张票），第一个线程将票售出，与此同时，第二个线程也已经执行完成判断是否有票的操作，并得出结论票数大于0，于是它也执行售出操作，这样就会产生负数。所以，在编写多线程程序时，应该考虑到线程安全问题。实质上，线程安全问题来源于两个线程同时存取单一对象的数据。

【例13-5】在项目中创建ThreadSafeTest类，该类实现了Runnable接口，主要实现模拟火车站售票系统的功能。

```java
public class ThreadSafeTest implements Runnable {
    int num = 10;                                          //设置当前总票数
    public void run() {
        while (true) {
            if (num > 0) {
                try {
                    Thread.sleep(100);
                } catch (Exception e) {
                    e.printStackTrace();
                }
                System.out.println("tickets" + num--);
            }
        }
    }
    public static void main(String[] args) {
        ThreadSafeTest t = new ThreadSafeTest();            //实例化类对象
        Thread tA = new Thread(t);                          //以该类对象分别实例化4个线程
        Thread tB = new Thread(t);
        Thread tC = new Thread(t);
        Thread tD = new Thread(t);
        tA.start();                                         //分别启动线程
        tB.start();
        tC.start();
        tD.start();
    }
}
```

运行本实例，最后几行结果如图13-6所示。

从图13-6中可以看出，最后打印剩下的票为负值，这样就出现了问题。这是由于同时创建了4个线程，这4个线程执行run()方法，在num变量为1时，线程1、线程2、线程3、线程4都对num变量有存储功能。当线程1执行run()方法时，还没有来得及进行递减操作，就指定它调用sleep()方法进入就绪状态。这时线程2、线程3和线程4都进入了run()方法，发现num变量依然大于0，但此时线程1休

图13-6　资源共享冲突后出现的问题

眠时间已到，将num变量值递减，同时线程2、线程3、线程4也都对num变量进行递减操作，从而就产生了负值。

为了处理这种共享资源竞争，可以使用同步机制。所谓同步机制指的是两个线程同时操作一个对象时，应该保持对象数据的统一性和整体性。Java语言提供synchronized关键字，为防止资源冲突提供了内置支持。共享资源一般是文件、输入/输出端口，或者是打印机。

Java语言中有两种同步形式，即同步方法和同步代码块。

1. 同步方法

同步方法将访问这个资源的方法都标记为synchronized，这样在需要调用这个方法的线程执行完之前，其他调用该方法的线程都会被阻塞。可以使用如下代码声明一个synchronized方法：

```
synchronized void sum(){…}              //定义一个取和的同步方法
synchronized void max(){…}              //定义一个取最大值的同步方法
```

【例13-6】创建两个线程同时调用PrintClass类的printch()方法打印字符，把printch()方法修饰为同步和非同步方法，对比运行结果。

```java
public class SyncThread extends Thread {
    private char cha;
    public SyncThread(char cha) {                        // 构造函数
        this.cha = cha;
    }
    public void run() {
        PrintClass.printch(cha);                         // 调用同步方法
        System.out.println();
    }
    public static void main(String[] args) {
        SyncThread t1 = new SyncThread('A');             // 创建线程A
        SyncThread t2 = new SyncThread('B');             // 创建线程B
        t1.start();                                      // 启动线程A
        t2.start();                                      // 启动线程B
    }
}
class PrintClass {
    public static synchronized void printch(char cha) {  // 同步方法
        for(int i = 0; i < 5; i++) {
            try {
                Thread.sleep(1000);                      // 打印一个字符休息1s
            } catch (InterruptedException e) {
                e.printStackTrace();
            }
            System.out.print(cha);
        }
    }
}
```

程序运行结果如图13-7所示。

如果去掉声明printch()方法的关键字synchronized，该方法就是一个非同步方法，那么运行结果如图13-8所示。

图13-7　例13-6同步的程序运行结果	图13-8　例13-6非同步的程序运行结果

2. 同步代码块

Java语言中同步的设定不只应用于同步方法，也可以设置程序的某个代码段块为同步区域。

语法格式为：

```
synchronized(someobject){
    …//省略代码
}
```

代码说明：

其中someobject代表当前对象，同步的作用区域是synchronized关键字后大括号以内的部分。在程序执行到synchronized设定的同步化区块时，锁定当前对象，这样就没有其他线程可以执行这个被同步化的区块。

例如，现有线程A与线程B，A与B都希望同时访问同步化区块内的代码。此时，线程A进入同步区域块执行，而线程B不能进入同步区域块，不得不等待。简单地说，只有拥有可以运行代码权限的线程才可以运行同步块内的代码。当线程A从同步块中退出时，线程A需要释放someobject对象，使等待的线程B获得这个对象，然后执行同步块内中的代码。

【例13-7】创建两个线程同时调用PrintClass类的printch()方法打印字符，把printch()方法中的代码修饰为同步和非同步代码块，对比运行结果。

```java
public class SyncThread extends Thread {
    private String cha;
    public SyncThread(String cha) {                    // 构造函数
        this.cha = cha;
    }
    public void run() {
        PrintClass.printch(cha);                       // 调用同步方法
    }
    public static void main(String[] args) {
        SyncThread t1 = new SyncThread("线程A");        // 创建线程A
        SyncThread t2 = new SyncThread("线程B");        // 创建线程B
        t1.start();                                    // 启动线程A
        t2.start();                                    // 启动线程B
```

```
        }
    }
class PrintClass {
    static Object printer = new Object();                  // 实例化Object对象
    public static void printch(String cha) {               // 同步方法
        synchronized (printer) {                           // 同步块
            for (int i = 1; i < 5; i++) {
                System.out.println(cha + " ");
                try {
                    Thread.sleep(1000);
                } catch (InterruptedException e) {
                    e.printStackTrace();
                }
            }
        }
    }
}
```

程序运行结果如图13-9所示。

将synchronized关键字声明的同步代码块修改为普通代码块，再次运行程序，运行结果如图13-10所示。

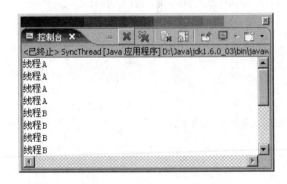

图13-9　例13-7同步的程序运行结果

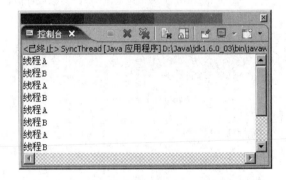

图13-10　例13-7非同步的程序运行结果

13.7　线程通信

在程序开发中，经常要创建多个不相同的线程来完成不相关的任务。然而，有时执行的任务可能有一定联系，这样就需要使这些线程进行交互。

比如有一个水塘，对水塘的操作无非包括"进水"和"排水"。这两个行为各自代表一个线程，当水塘中没有水时，"排水"行为不能再进行；当水塘水满时，"进水"行为不能再进行。

在Java语言中，用于线程间通信的方法是前文中提到过的wait()与notify()方法。拿水塘的例子来说明，线程A代表"进水"，线程B代表"排水"，这两个线

线程通信

程对水塘都具有访问权限。假设线程B试图 "排水"，然而水塘中却没有水，这时线程B只好等待一会儿。线程B可以使用如下代码：

```
if(water.isEmpty()){                                    // 如果水塘没有水
    water.wait();                                       // 线程等待
}
```

在由线程A往水塘注水之前，线程B不能从这个队列中释放，它不能再次运行。当线程A将水注入水塘中后，应该由线程A来通知线程B水塘中已经被注入水了，线程B才可以运行。此时，水塘对象将等待队列中第一个被阻塞的线程在队列中被释放出来，并且重新加入程序运行。水塘对象可以使用如下代码：

```
water.notify();
```

将"进水"与"排水"抽象为线程A和线程B，"水塘"抽象为线程A与线程B共享对象water，上述情况即可看作线程通信，线程通信可以使用wait()与notify()方法。

notify()方法最多只能释放等待队列中的第一个线程，如果有多个线程在等待，可以使用notifyAll()方法，释放所有线程。

另外，wait()方法除了可以被notify()调用终止以外，还可以通过调用线程的interrupt()方法来中断，通过调用线程的interrupt()方法来终止，wait()方法会抛出一个异常。因此，如同sleep()方法，也需要将wait()方法放在"try...catch"语句块中。

在实际应用中，wait()与notify()方法必须在同步方法或同步块中调用，因为只有获得这个共享对象，才可能释放它。为了使线程对一个对象调用wait()或notify()方法，线程必须锁定那个特定的对象，这个时候就需要同步机制进行保护。

例如，当"排水"线程得到对水塘的控制权时，也就是拥有了water这个对象，但水塘中却没有水。此时，water.isEmpty()条件满足，water对象被释放，所以，"排水"线程在等待。可以使用如下代码在同步机制保护下调用wait()方法：

```
synchronized(water){
    …//省略部分代码
    try{
        if(water.isEmpty()){
            water.wait();                               //线程调用wait()方法
        }
    }catch(InterruptException e){
        …//省略异常处理代码
    }
}
```

当"进水"线程将水注入水塘后，再通知等待的"排水"线程，告诉它可以排水了，"排水"线程被唤醒后继续进行排水工作。

notify()方法通知"排水"线程并将其唤醒，notify()方法与wait()方法相同，都需要在同步方法或同步块中才能被调用。

下面是在同步机制下调用notify()方法的代码：

```
synchronized(water){
    water.notify();                                     //线程调用notify()方法
}
```

【例13-8】实现上文中水塘的进水和排水。创建线程A和线程B分别实现进水和排水，再创建Water
类和水塘对象，顺序启动线程B进行排水，然后启动线程A进行进水。

（1）创建ThreadA类，它是线程A，也就是进水线程，该线程可以在5分钟内将水塘注满水，并提示水
塘水满。

```java
public class ThreadA extends Thread {
    Water water;
    public ThreadA(Water waterArg) {
        water = waterArg;
    }
    public void run() {
        System.out.println("开始进水……");
        for (int i = 1; i <= 5; i++) {                        // 循环5次
            try {
                Thread.sleep(1000);                          // 休眠1s，模拟1min的时间
                System.out.println(i + "分钟");
            } catch (InterruptedException e) {
                e.printStackTrace();
            }
        }
        water.setWater(true);                                // 设置水塘有水状态
        System.out.println("进水完毕，水塘水满。");
        synchronized (water) {
            water.notify();                                  // 线程调用notify()方法
        }
    }
}
```

（2）创建ThreadB类，它是线程B，也就是排水线程，该线程可以在5分钟内将水塘的水全部排除并提
示排水完毕。

```java
public class ThreadB extends Thread {
    Water water;
    public ThreadB(Water waterArg) {
        water = waterArg;
    }
    public void run() {
        System.out.println("启动排水");
        if (water.isEmpty()) {                               // 如果水塘无水
            synchronized (water) {                           // 同步代码块
                try {
                    System.out.println("水塘无水，排水等待中……");
                    water.wait();                            // 使线程处于等待状态
```

```
            } catch (InterruptedException e) {
                e.printStackTrace();
            }
        }
    }
    System.out.println("开始排水……");
    for (int i = 5; i >= 1; i--) {                      // 循环5侧
        try {
            Thread.sleep(1000);                         // 休眠1秒，模拟1分钟
            System.out.println(i + "分钟");
        } catch (InterruptedException e) {
            e.printStackTrace();
        }
    }
    water.setWater(false);                              // 设置水塘无水状态
    System.out.println("排水完毕。");
    }
}
```

（3）创建程序的主类Water，也就是水塘类，在类中定义一个水塘状态的boolean类型变量，通过isEmpty()方法可以判断水塘是否无水，setWater()方法可以设置水塘状态。在main()主方法中分别创建线程A和线程B，然后先启动线程B排水，再启动线程A进水。

```
public class Water {
    boolean water = false;                              // 反映水塘状态的变量
    public boolean isEmpty() {                          // 判断水塘是否无水的方法
        return water ? false : true;
    }
    public void setWater(boolean haveWater) {           // 更改水塘状态的方法
        this.water = haveWater;
    }
    public static void main(String[] args) {
        Water water=new Water();                        // 创建水塘对象
        ThreadA threadA = new ThreadA(water);           // 创建进水线程
        ThreadB threadB = new ThreadB(water);           // 创建排水线程
        threadB.start();                                // 启动排水线程
        threadA.start();                                // 启动进水线程
    }
}
```

程序运行结果如图13-11所示。

【例13-9】使用多线程技术实现消息的不间断收发。

```
public void sendMessageTOAllClient(String message) throws IOException {
//向所有客户端发送文本内容
```

```
            Date date = new Date(); //创建时间类
                    SimpleDateFormat df = new
SimpleDateFormat("yyyy年MM月dd日 HH：mm：ss"); //在文本
后面添加时间
            System.out.println(message + "\t[" + df.format
(date) + "]");
                    for (Socket s : allSockets) {//循环集合中所有的客
户端连接
                    PrintWriter pw = new PrintWriter(s.
getOutputStream()); //创建输出流
            pw.println(message + "\t[" + df.format
(date) + "]"); //输写入文本内容
                    pw.flush(); //输出流刷新
                }
            }
```

图13-11 例13-8的运行结果

13.8 多线程产生死锁

因为线程可以阻塞，并且具有同步控制机制可以防止其他线程在锁还没有释放的情况下访问这个对象，这时就产生了矛盾，比如：线程A在等待线程B，而线程B又在等待线程A，这样就造成了死锁。

一般造成死锁必须同时满足如下4个条件：

（1）互斥条件：线程使用的资源必须至少有一个是不能共享的；

（2）请求与保持条件：至少有一个线程必须持有一个资源并且正在等待获取一个当前被其他线程持有的资源；

（3）非剥夺条件：分配的资源不能从相应的线程中被强制剥夺；

（4）循环等待条件：第一个线程等待其他线程，后者又在等待第一个线程序。

因为要发生死锁，这4个条件必须同时满足，所以要防止死锁的话，只需要破坏其中一个条件即可。

多线程产生死锁

小 结

本章主要介绍了多线程的开发技术，包括线程的概述、创建、启动、休眠、唤醒和挂起以及线程的声明周期、同步方法、线程死锁等技术。

通过学习本章内容，读者应该熟练掌握并灵活运用多线程相关知识。多线程可以提高程序的工作效率并增强程序的技术可行性，能够开发出更加理想的应用程序。如果读者想提高开发程序的性能，就必须学习多线程技术并广泛应用到程序开发过程中。

习 题

13-1　说明进程和线程的区别。

13-2　说明线程的几种状态。

13-3　线程的创建有几种方法？

13-4　在多线程中为什么要使用同步机制？

13-5　当线程启动以后，调用isAlive()方法的返回值是什么？

13-6　简述notify()、notifyAll()和wait()方法的用途和用法。

13-7　造成线程死锁需要满足哪几个条件？

13-8　线程有几个优先等级？如何设置线程的优先级？

第14章
网络程序设计

本章要点

了解网络编程基础知识 ■

掌握IP地址封装方法 ■

掌握套接字技术 ■

掌握数据报技术 ■

■ 当今社会中，网络已经成了人们工作、娱乐、生活、休闲的一部分，网络程序设计就是开发为用户提供网络服务的实用程序，如网络通信、股票行情、新闻资讯等。另外，网络程序设计也是游戏开发的必修课。

14.1　基础知识

要开发网络应用程序，就必须对网络的基础知识有一定的了解。Java的网络通信可以使用TCP、IP、UDP等协议，在学习Java网络程序设计之前，先简单了解一下有关协议的基础知识。

网络编程基础知识

14.1.1　TCP

TCP的全称是"Transmission Control Protocol"，也就是传输控制协议，主要负责数据的分组和重组，它与IP组合使用，称为TCP/IP。

TCP适合于对可靠性要求比较高的运行环境，因为TCP是严格的、安全的。它以固定连接为基础，提供计算机之间可靠的数据传输，计算机之间可以凭借连接交换数据，并且传送的数据能够正确抵达目标，传送到目标后的数据仍然保持数据送出时的顺序。

14.1.2　UDP

UDP的全称是"User Datagram Protocol"，也就是用户数据报协议。和TCP不同，UDP是一种非持续连接的通信协议，它不保证数据能够正确抵达目标。

虽然UDP可能会因网络连接等各种原因，无法保证数据的安全传送，而且多个数据包抵达目标的顺序可能和发送时的顺序不同，但是它比TCP更轻量一些，TCP的认证会耗费额外的资源，可能导致传输速度的下降。在正常的网络环境中，数据都可以安全抵达目标计算机中，所以，使用UDP会更加适合一些对可靠性要求不高的环境，如在线影视、聊天室等。

14.2　IP地址封装

IP地址是每个计算机在网络中的唯一标识，它是32位或128位的无符号数字，使用4组数字表示一个固定的编号，如"192.168.128.255"就是局域网络中的编号。

IP 地址是一种低级协议，UDP和TCP都是在它的基础上构建的。

Java提供了IP地址的封装类InetAddress。它封装了IP地址，并提供相关的常用方法，如解析IP地址的主机名称，获取本机IP地址的封装，测试IP地址是否可达等。InetAddress类的常用方法如表14-1所示。

IP地址封装

表14-1　InetAddress类的常用方法

方法名称	方法说明	返回类型
getLocalHost()	返回本地主机的InetAddress对象	InetAddress
getByName(String host)	获取指定主机名称的IP地址	InetAddress
getHostName()	获取此主机名	String
getHostAddress()	获取主机IP地址	String
isReachable(int timeout)	在timeout指定的毫秒时间内，测试IP地址是否可达	Boolean

【例14-1】测试IP"192.168.1.100"至"192.168.1.150"范围内的所有可访问的主机的名称（如果对方没有安装防火墙，并且网络连接正常的话，都可以访问）。可以根据网络连接情况适当调整isReachable()方法中的终止时间（以毫秒为单位）。

```java
import java.io.IOException;
import java.net.InetAddress;
import java.net.UnknownHostException;
public class IpToName {
    public static void main(String args[]) {
        String IP = null;
        for (int i = 100; i <= 150; i++) {
            IP = "192.168.1." + i;                        // 生成IP字符串
            try {
                InetAddress host;
                host= InetAddress.getByName(IP);          // 获取IP封装对象
                if(host.isReachable(1000)){               // 用1s的时间测试IP是否可达
                    String hostName = host.getHostName();
                    System.out.println("IP地址"+IP+"的主机名称是："+hostName);
                }
            } catch (UnknownHostException e) {            // 捕获未知主机异常
                e.printStackTrace();
            } catch (IOException e) {                     // 捕获输入输出异常
                e.printStackTrace();
            }

        }
        System.out.println("搜索完毕。");
    }
}
```

程序运行结果如图14-1所示。

【例14-2】在网络聊天中实现IP地址的获取。

```java
public ClientFrame() {
    do {
        try {
            String host = JOptionPane.showInputDialog
(this, "请输入服务器IP地址");
            if (host == null) {
                System.exit(0);
            }
            client = new ChatRoomClient(host, 4569);
        } catch (IOException e) {
```

图14-1　例14-1的运行结果

```
                    e.printStackTrace();
                    JOptionPane.showMessageDialog(this, "抱歉，服务器无
法连接! ");
                }
        } while (client == null);
```

程序运行结果如图14-2所示。

图14-2　获取IP地址

14.3　套 接 字

套接字（Socket）是代表计算机之间网络连接的对象，用于建立计算机之间的TCP连接。它提供了多种方法，使计算机之间可以建立连接并实现网络通信。

14.3.1　服务器端套接字

服务器端套接字是ServerSocket类的实例对象，用于实现服务器程序。ServerSocket类将监视指定的端口，并建立客户端到服务器端套接字的连接，也就是客户负责呼叫任务。

1. 创建服务器端套接字

创建服务器端套接字可以使用4种构造方法。

（1）ServerSocket()

默认构造方法，可以创建未绑定端口号的服务器套接字。服务器套接字的所有构造方法都需要处理IOException异常。

一般格式为：

```
try {
    ServerSocket server=new ServerSocket();
} catch (IOException e) {
    e.printStackTrace();
}
```

（2）ServerSocket(int port)

该构造方法将创建绑定到port参数指定端口的服务器套接字对象，默认的最大连接队列长度为50，也就是说如果连接数量超出50个，将不会再接收新的连接请求。

一般格式为：

```
try {
    ServerSocket server=new ServerSocket(9527);
} catch (IOException e) {
    e.printStackTrace();
}
```

（3）ServerSocket(int port, int backlog)

使用port参数指定的端口号和backlog参数指定的最大连接队列长度创建服务器端套接字对象，这个构造方法可以指定超出50的连接数量，如300。

一般格式为：

```
try {
    ServerSocket server=new ServerSocket(9527, 300);
```

```
} catch (IOException e) {
    e.printStackTrace();
}
```

（4）public ServerSocket(int port, int backlog, InetAddress bindAddr)

使用port参数指定的端口号和backlog参数指定的最大连接队列长度创建服务器端套接字对象。如果服务器有多个IP地址，可以使用bindAddr参数指定创建服务器套接字的IP地址；如果服务器只有一个IP地址，那么没有必要使用该构造方法。

一般格式为：

```
try {
    InetAddress address= InetAddress.getByName("192.168.1.128");
    ServerSocket server=new ServerSocket(9527，300，address);
} catch (IOException e) {
    e.printStackTrace();
}
```

2. 接收套接字连接

当服务器建立ServerSocket套接字对象以后，就可以使用该对象的accept()方法接收客户端请求的套接字连接。

语法格式为：

```
serverSocket.accept()
```

该方法被调用之后，将等待客户的连接请求，在接收到客户端的套接字连接请求以后，该方法将返回Socket对象，这个Socket对象是已经和客户端建立好连接的套接字，可以通过这个Socket对象获取客户端的输入输出流来实现数据发送与接收。

该方法可能会产生IOException异常，所以在调用accept()方法时必须捕获并处理该异常。

一般格式为：

```
try {
    server.accept();
} catch (IOException e) {
    e.printStackTrace();
}
```

accept()方法将阻塞当前线程，直到接收到客户端的连接请求为止，该方法之后的任何语句都不会被执行，必须有客户端发送连接请求；accept()方法返回Socket套接字以后，当前线程才会继续运行，accept()方法之后的程序代码才会被执行。

例如，下面这段代码中输出"已经建立连接"信息的代码，在server对象接收到客户端的连接请求之前，永远都不会被执行，这样会导致程序的main主线程阻塞。

```
public static void main(String args[]) {
    try {
        ServerSocket server = new ServerSocket(9527);
        server.accept();
        System.out.println("已经建立连接");
    } catch (IOException e) {
        e.printStackTrace();
```

```
        }
    }
```

解决这一问题的办法是创建一个新的线程，在新的线程中完成等待客户端连接请求并获取客户端Socket对象的任务。

```
public static void main(String args[]) {
    Runnable runnable = new Runnable() {        // 创建新线程等待客户连接请求
        public void run() {
            try {
                ServerSocket server = new ServerSocket(9527);
                server.accept();
            } catch (IOException e) {
                e.printStackTrace();
            }
        }
    };
    Thread thread=new Thread(runnable);         // 实例化新线程对象
    thread.start();                             // 启动新线程
}
```

14.3.2 客户端套接字

Socket类是实现客户端套接字的基础。它采用TCP建立计算机之间的连接，并包含了Java语言所有对TCP有关的操作方法，如建立连接、传输数据、断开连接等。

客户端套接字

1. 创建客户端套接字

Socket类定义了多个构造方法，它们可以根据InetAddress对象或者字符串指定的IP地址和端口号创建实例。下面介绍Socket常用的4个构造方法。

（1）Socket(InetAddress address, int port)

使用address参数传递的IP封装对象和port参数指定的端口号创建套接字实例对象。Socket类的构造方法可能会产生UnknownHostException和IOException异常，在使用该构造方法创建Socket对象时必须捕获和处理这两个异常。

一般格式为：

```
try {
    InetAddress address=InetAddress.getByName("LZW");       // 创建IP封装类
    int port=33;                                            // 定义端口号
    Socket socket=new Socket(address，port);                 // 创建套接字
} catch (UnknownHostException e) {
    e.printStackTrace();
} catch (IOException e) {
    e.printStackTrace();
}
```

（2）Socket(String host, int port)

使用host参数指定的IP地址字符串和port参数指定的整数类型端口号创建套接字实例对象。

一般格式为:

```
try {
    Socket socket=new Socket("192.168.1.1", 33);
} catch (UnknownHostException e) {
    e.printStackTrace();
} catch (IOException e) {
    e.printStackTrace();
}
```

（3）Socket(InetAddress address, int port, InetAddress localAddr, int localPort)

创建一个套接字并将其连接到指定远程地址上的指定远程端口。

一般格式为:

```
try {
    InetAddress localHost = InetAddress.getLocalHost();
    InetAddress address = InetAddress.getByName("192.168.1.1");
    Socket socket=new Socket(address, 33, localHost, 44);
} catch (UnknownHostException e) {
    e.printStackTrace();
} catch (IOException e) {
    e.printStackTrace();
}
```

（4）Socket(String host, int port, InetAddress localAddr, int localPort)

创建一个套接字并将其连接到指定远程主机上的指定远程端口。

一般格式为:

```
try {
    InetAddress localHost = InetAddress.getLocalHost();
    Socket socket=new Socket("192.168.1.1",33,localHost,44);
} catch (UnknownHostException e) {
    e.printStackTrace();
} catch (IOException e) {
    e.printStackTrace();
}
```

【例14-3】检测本地计算机中被使用的端口，端口的检测范围是1~256。

```
import java.io.IOException;
import java.net.InetAddress;
import java.net.Socket;
import java.net.UnknownHostException;
public class CheckPort {
    public static void main(String args[]) {
        for (int i = 1; i <= 256; i++) {
            try {
```

```
                          InetAddress localHost = InetAddress.getLocalHost();
                          Socket socket = new Socket(localHost, i);
                          // 如果不产生异常，输出该端口被使用
                          System.out.println("本机已经使用了端口："+i);
                      } catch (UnknownHostException e) {
                          e.printStackTrace();
                      } catch (IOException e) {
                          // e.printStackTrace(); // 取消IOException异常信息的打印
                      }
                  }
              System.out.println("执行完毕");
          }
      }
```

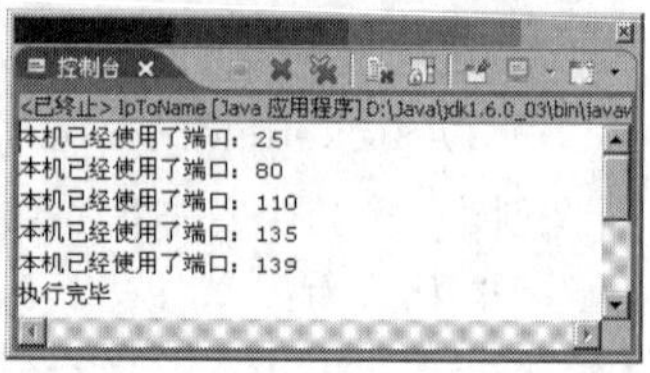

程序运行结果如图14-3所示。

图14-3　例14-3的运行结果

【例14-4】实例化客户器端套接字。

```
public ChatRoomServer() {
        try {
            ss = new ServerSocket(4569); //开启服务器4569接口
        } catch (IOException e) {
            e.printStackTrace();
        }
        allSockets = new HashSet<Socket>(); //实例化客户端套接字结合
    }
```

2. 发送和接收数据

Socket对象创建成功以后，代表和对方的主机已经建立了连接，可以接收与发送数据了。Socket提供了两个方法分别获取套接字的输入流和输出流，可以将要发送的数据写入输出流，实现发送功能，或者从输入流读取对方发送的数据，实现接收功能。

（1）接收数据

Socket对象从数据输入流中获取数据，该输入流中包含对方发送的数据，这些数据可能是文件、图片、音频或视频。所以，在实现接收数据之前，必须使用getInputStream()方法获取输入流。

语法格式为：

```
socket.getInputStream()
```

socket：套接字实例对象。

（2）发送数据

Socket对象使用输出流，向对方发送数据，所以，在实现数据发送之前，必须使用getOutputStream()方法获取套接字的输出流。

语法格式为：

```
socket.getOutputStream()
```

socket：套接字实例对象。

【例14-5】创建服务器Server程序和客户端Client程序，并实现简单的Socket通信程序。

创建Server服务器类：

```java
import java.io.BufferedReader;
import java.io.IOException;
import java.io.InputStream;
import java.io.InputStreamReader;
import java.net.ServerSocket;
import java.net.Socket;
public class Server {
    public static void main(String args[]) {
        try {
            ServerSocket server = new ServerSocket(9527);          // 创建服务器套接字
            System.out.println("服务器启动完毕");
            Socket socket = server.accept();                       // 等待客户端连接
            System.out.println("创建客户连接");
            InputStream input = socket.getInputStream();           // 获取Socket输入
            InputStreamReader isreader = new InputStreamReader(input);
            BufferedReader reader = new BufferedReader(isreader);
            while (true) {
                String str = reader.readLine();
                if(str.equals("exit"))                             // 如果接收到exit
                    break;                                         // 则退出服务器
                System.out.println("接收内容: "+str);              // 输出接收内容
            }
            System.out.println("连接断开");
            reader.close();                                        // 按顺序关闭连接
            isreader.close();
            input.close();
            socket.close();
            server.close();
        } catch (IOException e) {
            e.printStackTrace();
        }
    }
}
```

创建Client客户端程序：

```java
import java.io.IOException;
import java.io.OutputStream;
import java.net.Socket;
import java.net.UnknownHostException;
```

```
public class Client{
    public static void main(String[] args) {
        try {
            Socket socket=new Socket("localhost", 9527);        // 创建连接服务器的Socket
            OutputStream out = socket.getOutputStream();        // 获取Socket输出
            out.write("这是我第一次访问服务器\n".getBytes());    // 向服务器发送数据
            out.write("Hello\n".getBytes());
            out.write("exit\n".getBytes());                     // 发送退出信息
        } catch (UnknownHostException e) {
            e.printStackTrace();
        } catch (IOException e) {
            e.printStackTrace();
        }
    }
}
```

程序运行结果如图14-4所示。

图14-4　例14-5的运行结果

14.4　数 据 报

Java语言可以使用TCP和UDP两种通信协议实现网络通信，其中TCP通信由Socket套接字实现，而UDP通信需要使用DatagramSocket类实现。

和TCP通信不同，UDP传递信息的速度更快，但是没有TCP的高可靠性，当用户通过UDP发送信息之后，无法确定能否正确地传送到目的地。虽然UDP是一种不可靠的通信协议，但是大多数场合并不需要严格的、高可靠性的通信，它们需要的是快速的信息发送，并能容忍一些小的错误，那么使用UDP通信来实现会更合适一些。

数据报

UDP将数据打包，也就是通信中所传递的数据包，然后将数据包发送到指定目的地，对方会接收数据包，然后查看数据包中的数据。

14.4.1　DatagramPacket

该类是UDP所传递的数据包，即打包后的数据。数据包用来实现无连接包投递服务，每个数据包仅根据包中包含的信息从一台计算机传送到另一台计算机，传送的多个包可能选择不同的路由，也可能按不同的顺序到达。

DatagramPacket类提供了多个构造方法用于创建数据包的实例，其中最常用的有两个。

（1）DatagramPacket(byte[] buf, int length)

该构造方法用来创建数据包实例，这个数据包实例将接收长度为length的数据包。

语法格式为：

DatagramPacket(byte[] buf, int length)

buf：保存传入数据报的缓冲区。

length：要读取的字节数。

（2）DatagramPacket(byte[] buf, int length, InetAddress address, int port)

创建数据包实例，用来将长度为length的数据包发送到address参数指定地址和port参数指定端口号的主机。length参数必须小于等于buf数组的长度。

语法格式为：

```
DatagramPacket(byte[] buf, int length, InetAddress address, int port)
```

buf：包数据。

length：包长度。

address：目的地址。

port：目的端口号。

14.4.2　DatagramSocket

该类是用于发送和接收数据的数据报套接字。数据报套接字是数据包传送服务的发送或接收点。要实现UDP通信的数据发送就必须创建数据报套接字。

DatagramSocket类提供了多个构造方法用于创建数据报套接字，其中最常用的构造方法有3个。

（1）DatagramSocket()

默认的构造方法，该构造方法将使用本机任何可用的端口创建数据报套接字实例。在创建DatagramSocket类的实例时，有可能会产生SocketException异常，所以，在创建数据报套接字时，应该捕获并处理该异常。

一般格式为：

```
try {
    DatagramSocket dsocket=new DatagramSocket();
} catch (SocketException e) {
    e.printStackTrace();
}
```

（2）DatagramSocket(int port)

创建数据报套接字并将其绑定到port参数指定的本机端口，端口号取值必须在0～65535（包括0、65535）。

一般格式为：

```
try {
    DatagramSocket dsocket=new DatagramSocket(9527);
} catch (SocketException e) {
    e.printStackTrace();
}
```

（3）DatagramSocket(int port, InetAddress laddr)

创建数据报套接字，将其绑定到laddr参数指定的本机地址和port参数指定的本机端口号。本机端口号取值必须在0～65535之间（包括0、65535）。

一般格式为：

```
try {
    InetAddress localHost = InetAddress.getLocalHost();
    DatagramSocket dsocket=new DatagramSocket(9527, localHost);
} catch (SocketException e) {
    e.printStackTrace();
```

```
        } catch (UnknownHostException e) {
            e.printStackTrace();
        }
```

在了解了DatagramPacket类和DatagramSocket类之后，就可以使用这两个类实现UDP通信程序设计。

【例14-6】实现简单的UDP通信。

创建服务器：

```
import java.io.IOException;
import java.net.DatagramPacket;
import java.net.DatagramSocket;
import java.net.SocketException;
public class Server {
    public static void main(String args[]) {
        byte[] buf = new byte[1024];
        DatagramPacket dp1 = new DatagramPacket(buf, buf.length);
        try {
            DatagramSocket socket = new DatagramSocket(9527);
            socket.receive(dp1);
            int length = dp1.getLength();
            String message = new String(dp1.getData(), 0, length);
            String ip = dp1.getAddress().getHostAddress();
            System.out.println("从" + ip + "发送来了消息：" + message);
        } catch (SocketException e) {
            e.printStackTrace();
        } catch (IOException e) {
            e.printStackTrace();
        }
    }
}
```

创建客户端：

```
import java.io.IOException;
import java.net.DatagramPacket;
import java.net.DatagramSocket;
import java.net.InetAddress;
import java.net.UnknownHostException;
public class Client{
    public static void main(String[] args) {
        try {
            InetAddress address = InetAddress.getByName("127.0.0.1");
            DatagramSocket socket=new DatagramSocket();
            byte[] data = "hello, 这是我第一次访问服务器".getBytes();
```

```
        DatagramPacket dp=
        new DatagramPacket(data, data.length, address, 9527);
        socket.send(dp);
    } catch (UnknownHostException e) {
        e.printStackTrace();
    } catch (IOException e) {
        e.printStackTrace();
    }
    }
}
```

程序运行结果如图14-5所示。

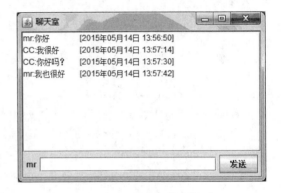

图14-5 例14-6的运行结果

14.5 网络聊天程序开发

现在，读者可以结合本章所学内容开发网络应用程序。本节将介绍一个网络聊天程序的开发过程，该程序使用了Swing设置程序UI界面，并结合Java语言多线程技术使网络聊天程序更加符合实际需求（可以不间断地收发多条信息）。程序运行界面如图14-6所示。

程序开发步骤如下。

（1）创建ClientFrame类，它继承了JFrame成为窗体类。该类包含多个成员变量，它们分别是信息接收文本域、信息发送文本框、显示用户名、下方面板、用户名称、客户端连接对象、"发送"按钮和数据报套接字。

图14-6 网络聊天程序界面

```
public class ClientFrame extends JFrame {
    private JTextField field;              // 信息发送文本框
    private JLabel label;                  // 显示用户名
    private JPanel panel;                  // 下方面板
    private JTextArea area;                // 信息接收文本域
    private JButton button;                // 发送按钮
    private String userName;               // 用户名称
    private ChatRoomClient client;         // 客户端连接对象
```

（2）在ClientFrame类的构造方法中初始化窗体组件，并将组件布局到窗体中，并添加"发送"按钮的事件监听器。

```
public ClientFrame() {
    do {
        try {
            String host = JOptionPane.showInputDialog(this, "请输入服务器IP地址");
            if (host == null) {
                System.exit(0); // 如果host是空的，则关闭程序
            }
```

```
            client = new ChatRoomClient(host, 4569); // 连接服务器的4569接口
        } catch (IOException e) {
            e.printStackTrace();
            JOptionPane.showMessageDialog(this, "网络无法连接，请重新设置参数");
        }
    } while (client == null); // 如果客户端没有关闭，则一直连接
    String str = JOptionPane.showInputDialog(this, "请输入用户名：");
    userName = str.trim();
    field = new JTextField(25);
    label = new JLabel(userName);
    area = new JTextArea(10, 10);
    area.setEditable(false);
    button = new JButton("发送");
    panel = new JPanel();
    inti();
    addEventHandler();
}
```

（3）编写show()方法，用来展示窗体。

```
public void showMe() {// 展示窗口
    this.pack(); // 调整此窗口的大小，以适合其子组件的首选大小和布局。
    this.setVisible(true); // 窗口可显示
    this.setDefaultCloseOperation(JFrame.DO_NOTHING_ON_CLOSE);
                                        // 点击窗口叉，不做任何操作
    new ReadMessageThread().start(); // 开启线程
}
```

（4）编写addEventHandler ()方法，该方法用于处理"发送"按钮的单击事件。

```
public void addEventHandler() {// 添加监听方法
    button.addActionListener(new ActionListener() {// 开启按钮监听
        public void actionPerformed(ActionEvent e) {
            client.sendMessage(userName + ": " + field.getText());
                                        // 向服务器发送文本内容
            field.setText(""); // 输入框为空
        }
    });
```

（5）编写本类的窗口监听addWindowListener ()方法，该方法用来开启窗口监听，当窗体关闭时给出提示。

```
this.addWindowListener(new WindowAdapter() {// 开启窗口监听
    public void windowClosing(WindowEvent atg0) {// 窗口关闭时
        int op = JOptionPane.showConfirmDialog(ClientFrame.this,
            "确定要退出聊天室吗？", "确定", JOptionPane.YES_NO_OPTION);
                        // 弹出提示框
```

```
                    if (op == JOptionPane.YES_OPTION) {// 如果选择是
                        client.sendMessage("%EXIT%: " + userName); // 发送消息
                        try {
                            Thread.sleep(200);
                        } catch (InterruptedException e) {
                            e.printStackTrace();
                        }
                        client.close(); // 关闭客户端连接
                        System.exit(0); // 关闭程序
                    }
                }
}
```

（6）编写ChatRoomServer类，用来创建聊天的服务器类。

```
public class ChatRoomServer {
    private ServerSocket ss; //服务器套接字
    private HashSet<Socket> allSockets; //客户端套接字集合
    public ChatRoomServer() {
        try {
            ss = new ServerSocket(4569); //开启服务器4569接口
        } catch (IOException e) {
            e.printStackTrace();
        }
        allSockets = new HashSet<Socket>(); //实例化客户端套接字结合
    }
    public void startService() throws IOException {
        while (true) {
            Socket s = ss.accept(); //获得一个客户端的连接
            System.out.println("用户已进入聊天室");
            allSockets.add(s); //将客户端连接的套接字放到集合中
            new ServerThread(s).start(); //为此客户端单独创建一个事务处理线程
        }
    }
    private class ServerThread extends Thread {//线程类
        Socket s;
        public ServerThread(Socket s) {//通过构造方法获取客户端连接
            this.s = s;
        }
        public void run() {
            BufferedReader br = null;
            try {
                br = new BufferedReader(new InputStreamReader(
```

```
                                    s.getInputStream())); //将客户端套接字输入流转换为字节流读取
                    while (true) {//无限循环
                        String str = br.readLine(); //读取到一行之后，则赋值给字符串
                        if (str.indexOf("%EXIT%") == 0) {//如果文本内容中包括"%EXIT%"
                            allSockets.remove(s); //集合删除此客户端连接
                            sendMessageTOAllClient(str.split(":")[1]
                                        + " 用户已退出聊天室");
                                                        //服务器向所有客户端接口发送退出通知
                            s.close(); //关闭此客户端连接
                            return; //结束循环
                        }
                        sendMessageTOAllClient(str); //向所有客户端此客户端发来的文本信息
                    }
                } catch (IOException e) {
                    e.printStackTrace();
                }
            }
        }
        public void sendMessageTOAllClient(String message) throws IOException {
                                        //向所有客户端发送文本内容
            Date date = new Date(); //创建时间类
            SimpleDateFormat df = new SimpleDateFormat("yyyy年MM月dd日 HH：mm：ss"); //在文本后
面添加时间
            System.out.println(message + "\t[" + df.format(date) + "]");
            for (Socket s : allSockets) {//循环集合中所有的客户端连接
                PrintWriter pw = new PrintWriter(s.getOutputStream()); //创建输出流
                pw.println(message + "\t[" + df.format(date) + "]"); //输写入文本内容
                pw.flush(); //输出流刷新
            }
        }
    }
    public static void main(String[] args) {
            try {
                new ChatRoomServer().startService();
            } catch (IOException e) {
                e.printStackTrace();
            }
        }
    }
}
```

（7）编写ChatRoomClient类，用来实现服务器的连接和收发消息。

```
public class ChatRoomClient {
    private Socket s; // 客户端套接字
```

```
private BufferedReader br; // 读取字节流
private PrintWriter pw; // 写入字节流
public ChatRoomClient(String host, int port) throws UnknownHostException,
        IOException {
    s = new Socket(host, port); // 连接服务器
    br = new BufferedReader(new InputStreamReader(s.getInputStream()));
                                        // 字节流读取套接字输入流
    pw = new PrintWriter(s.getOutputStream()); // 字节流写入套接字输出流
}
public void sendMessage(String str) {// 发送消息
    pw.println(str);
    pw.flush();
}
public String reciveMessage() {// 获取消息
    try {
        return br.readLine();
    } catch (IOException e) {
        e.printStackTrace();
    }
    return null;
}
public void close() {// 关闭套接字连接
    try {
        s.close();
    } catch (IOException e) {
        e.printStackTrace();
    }
}
}
```

本程序可以在同一台计算机上运行，也可在多台计算机上运行。程序启动后，在"请输入服务器IP地址"文本框中输入服务器的IP地址，再输入用户名后，就可在信息发送文本框中输入将要发送的信息，并单击"发送"按钮，如果同一台计算机上再次运行本程序或在另一台计算机上也运行了本程序，就可以接收到发送的信息。

小 结

本章主要介绍了Java网络程序设计中的TCP、UDP、IP地址等基础知识和Socket套接字、UDP数据报等高级技术，并提供了"网络聊天"程序作为网络程序设计的综合应用。

通过对本章的学习，读者应该熟练掌握Socket套接字和UDP数据报技术的应用。建议读者将网络程序设计的应用方法完全掌握，并结合Java输入输出技术实现更高级的网络程序设计，例如网络文件传送等。

习 题

14-1 简单说明TCP与UDP的通信方式的不同。

14-2 尝试使用InetAddress类获取本机的IP地址。

14-3 编写一个Socket套接字实例，实现网络文件创送。

PART15

第15章
JDBC数据库编程

本章要点

了解JDBC技术常用接口 ■
掌握利用JDBC技术访问数据率的主要
步骤 ■
掌握操作数据率的方法 ■
了解JDBC事务 ■

■ 学习Java语言的数据库编程，就必须学习JDBC技术，因为JDBC技术是Java语言中被广泛使用的一种操作数据库的技术。在开发软件时，通常情况下都需要利用数据库保存数据，这就需要使用Java语言访问数据库，而访问数据库的最终目的或者是向数据库中插入记录，或者是修改或删除数据库中的现有记录，或者是从数据库中查找符合指定条件的记录。

15.1 JDBC概述

本节首先介绍JDBC-ODBC桥连接技术，也是Java最初连接数据库的一种方式。之后介绍从JDBC-ODBC到JDBC的发展历程，并对JDBC技术进行了全面的分析，最终将JDBC的类型及其特点一一展示给读者。

15.1.1 JDBC-ODBC桥技术介绍

JDBC-ODBC桥是一个JDBC驱动程序，类似于一个应用程序，完成从JDBC操作到ODBC操作之间的转换工作。由于ODBC技术被广泛地使用，使得Java可以利用JDBC-ODBC桥访问几乎所有的数据库。JDBC-ODBC桥作为sun.jdbc.odbc包，与JDK一起自动安装，无须特殊配置。

JDBC-ODBC桥技术的产生，是因为ODBC技术使用的是C语言接口，而在Java程序中调用C语言代码，将导致安全性、实现、坚固性和程序移植方面的问题，Java程序员也无法应付非Java的概念。JDBC-ODBC桥作为一款Java连接数据库的过渡性技术而产生，现在并不被Java技术广泛使用（被广泛使用的是JDBC技术），但是并不证明JDBC-ODBC桥技术已经被淘汰。在开发经济实用的单机软件时，底层数据库通常采用Access数据库，主要有两个原因，一是因为它能够满足软件对数据库的要求，二是不用为了安装软件而特殊去安装数据库。

下面介绍一种通过JDBC-ODBC桥连接数据库的方法，通过这种方法不用手动配置ODBC数据源，而是采用默认的ODBC数据源。首先加载JDBC-ODBC桥连接的数据库驱动，代码如下：

```
Class.forName("sun.jdbc.odbc.JdbcOdbcDriver");
```

然后是建立数据库连接，这里给出的URL是不需要手动配置ODBC数据源的。如果想通过手动配置的ODBC数据源连接指定的数据库，则可以将URL设为手动配置的ODBC数据源的名称，代码如下：

```
String url = "driver={Microsoft Excel Driver (*.xls)};DBQ=D:/books.xls";
Connection conn = DriverManager.getConnection("jdbc：odbc:" + url);
```

如果想连接其他类型的数据库，只需将URL中"{}"内的默认驱动类型更换为相应的类型即可，URL中"DBQ="后面跟随的为数据库文件的存放路径。之后就是在操作数据库之前获得数据库连接状态，然后执行数据库操作，操作结束后关闭数据库连接状态，并提交事务。代码如下：

```
Statement stmt = conn.createStatement();
ResultSet rs = stmt.executeQuery("select * from [sheet1$]");
while (rs.next()) {
    System.out.println(rs.getString("name"));
}
stmt.close();
conn.close();
```

15.1.2 JDBC技术介绍

JDBC的全称为"Java DataBase Connectivity"，是一套面向对象的应用程序接口（API），制定了统一的访问各种关系数据库的标准接口，为各个数据库厂商提供了标准接口的实现。通过使用JDBC技术，开发人员可以用纯Java语言和标准的SQL语句编写完整的数据库应用程序，并且真正地实现了软件的跨平台性。在JDBC技术问世之前，各家数据库厂商执行各自的一套API，使得开发人员访问数据库非常困难，特别是在更换数据库时，需要修改大量代码，十分不方便。JDBC很快就成为了Java访问数据库的标准，并且获得了几乎所有数据库厂商的支持。

JDBC是一种底层API，在访问数据库时需要在业务逻辑中直接嵌入SQL语句。由于SQL语句是面向关系的，依赖于关系模型，所以，JDBC传承了简单直接的优点，特别是对于小型应用程序十分方便。需要注意的是，JDBC不能直接访问数据库，必须依赖于数据库厂商提供的JDBC驱动程序完成以下3步工作：

（1）同数据库建立连接；

（2）向数据库发送SQL语句；

（3）处理从数据库返回的结果。

JDBC有以下优点：

（1）JDBC与ODBC十分相似，便于软件开发人员理解；

（2）JDBC使软件开发人员从复杂的驱动程序编写工作中解脱出来，可以完全专注于业务逻辑的开发；

（3）JDBC支持多种关系型数据库，大大增加了软件的可移植性；

（4）JDBC API是面向对象的，软件开发人员可以将常用的方法进行二次封装，从而提高代码的重用性。

虽然如此，JDBC还是存在如下缺点：

（1）通过JDBC访问数据库时速度将受到一定影响；

（2）虽然JDBC API是面向对象的，但通过JDBC访问数据库依然是面向关系的；

（3）JDBC要依赖厂商提供的驱动程序。

15.1.3 JDBC驱动类型

JDBC驱动分为JDBC-ODBC桥连、JDBC-Native桥连、JDBC网络驱动和本地协议驱动4种类型，下面将依次介绍各种类型的特点。

1．JDBC-ODBC桥连

JDBC-ODBC桥连是指通过本地的ODBC Driver连接到RDBMS上。这种连接方式必须将ODBC二进制代码（许多情况下还包括数据库客户机代码）加载到使用该驱动程序的每台客户机上，因此，这种类型的驱动程序最适合于企业网，或者是利用Java编写的三层结构的应用程序服务器代码。

2．JDBC-Native桥连

通过调用本地的native程序实现数据库连接，这种类型的驱动程序把客户机API上的JDBC调用转换为Oracle、Sybase、Informix、DB2或其他DBMS的调用。注意，和JDBC-ODBC桥驱动程序一样，这种类型的驱动程序要求将某些二进制代码加载到每台客户机上。

3．JDBC网络驱动

JDBC网络驱动是一种完全利用Java语言编写的JDBC驱动。这种驱动程序将JDBC转换为与DBMS无关的网络协议，然后将这种协议通过网络服务器转换为DBMS协议，这种网络服务器中间件能够将纯Java客户机连接到多种不同的数据库上，使用的具体协议取决于提供者。通常情况下，这是最为灵活的JDBC驱动程序，几乎所有这种解决方案的提供者都提供适合用于Intranet的产品。为了使这些产品也支持Internet访问，它们必须处理Web所提出的安全性、通过防火墙的访问等方面的额外要求。几家提供者正将JDBC驱动程序加到他们现有的数据库中间件产品中。

4．本地协议驱动

本地协议驱动是一种完全利用Java语言编写的JDBC驱动，这种类型的驱动程序将JDBC调用直接转换为DBMS所使用的网络协议。这将允许从客户机上直接调用DBMS服务器，是Intranet访问的一个很实用的解决方法。

说明 目前与后续课程用到的是本地协议驱动。

15.2　JDBC中的常用类和接口

JDBC提供了众多的接口和类，通过这些接口和类，可以实现与数据库的通信。本节将详细介绍一些常用的JDBC接口和类。

15.2.1　Driver接口

每种数据库的驱动程序都应该提供一个实现java.sql.Driver接口的类，简称Driver类。在加载某一驱动程序的Driver类时，它应该创建自己的实例并向java.sql.DriverManager类注册该实例。

通常情况下，通过java.lang.Class类的静态方法forName(String className)，加载欲连接数据库的Driver类，该方法的入口参数为欲加载Driver类的完整路径。成功加载后，会将Driver类的实例注册到DriverManager类中，如果加载失败，将抛出ClassNotFoundException异常，即未找到指定Driver类的异常。

Driver接口

15.2.2　DriverManager类

java.sql.DriverManager类负责管理JDBC驱动程序的基本服务，是JDBC的管理层，作用于用户和驱动程序之间负责跟踪可用的驱动程序，并在数据库和驱动程序之间建立连接；另外，DriverManager类也处理诸如驱动程序登录时间限制及登录和跟踪消息的显示等工作。成功加载Driver类并在DriverManager类中注册后，DriverManager类即可用来建立数据库连接。

DriverManager类

当调用DriverManager类的getConnection()方法请求建立数据库连接时，DriverManager类将试图定位一个适当的Driver类，并检查定位到的Driver类是否可以建立连接，如果可以则建立连接并返回，如果不可以则抛出SQLException异常。

DriverManager类提供的常用静态方法如表15-1所示。

表15-1　DriverManager类提供的常用静态方法

方法名称	功能描述
getConnection(String url, String user, String password)	用来获得数据库连接，3个入口参数依次为要连接数据库的URL、用户名和密码，返回值的类型为java.sql.Connection
setLoginTimeout(int seconds)	用来设置每次等待建立数据库连接的最长时间
setLogWriter(java.io.PrintWriter out)	用来设置日志的输出对象
println(String message)	用来输出指定消息到当前的JDBC日志流

15.2.3　Connection接口

java.sql.Connection接口代表与特定数据库的连接，在连接的上下文中可以执行SQL语句并返回结果，还可以通过getMetaData()方法获得由数据库提供的相关信息，如数据表、存储过程、连接功能等信息。

Connection接口提供的常用方法如表15-2所示。

Connection接口

表15-2　Connection接口提供的常用方法

方法名称	功能描述
createStatement()	创建并返回一个Statement实例，通常在执行无参的SQL语句时创建该实例
prepareStatement()	创建并返回一个PreparedStatement实例，通常在执行包含参数的SQL语句时创建该实例，并对SQL语句进行了预编译处理
prepareCall()	创建并返回一个CallableStatement实例，通常在调用数据库存储过程时创建该实例
setAutoCommit()	设置当前Connection实例的自动提交模式。默认为true，即自动将更改同步到数据库中；如果设为false，需要通过执行commit()或rollback()方法手动将更改同步到数据库中
getAutoCommit()	查看当前的Connection实例是否处于自动提交模式，如果是则返回true，否则返回false
setSavepoint()	在当前事务中创建并返回一个Savepoint实例，前提条件是当前的Connection实例不能处于自动提交模式，否则将抛出异常
releaseSavepoint()	从当前事务中移除指定的Savepoint实例
setReadOnly()	设置当前Connection实例的读取模式，默认为非只读模式。不能在事务当中执行该操作，否则将抛出异常。有一个boolean型的入口参数，设为true表示开启只读模式，设为false表示关闭只读模式
isReadOnly()	查看当前的Connection实例是否为只读模式，如果是则返回true，否则返回false
isClosed()	查看当前的Connection实例是否被关闭，如果被关闭则返回true，否则返回false
commit()	将从上一次提交或回滚以来进行的所有更改同步到数据库，并释放Connection实例当前拥有的所有数据库锁定
rollback()	取消当前事务中的所有更改，并释放当前Connection实例拥有的所有数据库锁定。该方法只能在非自动提交模式下使用，如果在自动提交模式下执行该方法，将抛出异常。有一个参数为Savepoint实例的重载方法，用来取消Savepoint实例之后的所有更改，并释放对应的数据库锁定
close()	立即释放Connection实例占用的数据库和JDBC资源，即关闭数据库连接

15.2.4　Statement接口

　　java.sql.Statement接口用来执行静态的SQL语句，并返回执行结果。例如，对于INSERT、UPDATE和DELETE语句，调用executeUpdate(String sql)方法；对于SELECT语句，则调用executeQuery(String sql)方法，并返回一个永远不能为null的ResultSet实例。

　　Statement接口提供的常用方法如表15-3所示。

Statement接口

表15-3　Statement接口提供的常用方法

方法名称	功能描述
executeQuery(String sql)	执行指定的静态SELECT语句，并返回一个永远不能为null的ResultSet实例
executeUpdate(String sql)	执行指定的静态INSERT、UPDATE或DELETE语句，并返回一个int型数值，此数为同步更新记录的条数
clearBatch()	清除位于Batch中的所有SQL语句。如果驱动程序不支持批量处理将抛出异常
addBatch(String sql)	将指定的SQL命令添加到Batch中。String型入口参数通常为静态的INSERT或UPDATE语句。如果驱动程序不支持批量处理将抛出异常
executeBatch()	执行Batch中的所有SQL语句，如果全部执行成功，则返回由更新计数组成的数组，数组元素的排序与SQL语句的添加顺序对应。数组元素有以下几种情况：（1）大于或等于零的数：说明SQL语句执行成功，此数为影响数据库中行数的更新计数；（2）-2：说明SQL语句执行成功，但未得到受影响的行数；（3）-3：说明SQL语句执行失败，仅当执行失败后继续执行后面的SQL语句时出现。如果驱动程序不支持批量，或者未能成功执行Batch中的SQL语句之一，将抛出异常
close()	立即释放Statement实例占用的数据库和JDBC资源

15.2.5　PreparedStatement接口

　　java.sql.PreparedStatement接口继承并扩展了Statement接口，用来执行动态的SQL语句，即包含参数的SQL语句。通过PreparedStatement实例执行的动态SQL语句将被预编译并保存到PreparedStatement实例中，从而可以反复并且高效地执行该SQL语句。

PreparedStatement
接口

　　需要注意的是，在通过set×××()方法为SQL语句中的参数赋值时，建议利用与参数类型匹配的方法，也可以利用setObject()方法为各种类型的参数赋值。PreparedStatement接口的使用方法如下：

```
PreparedStatement ps = connection
        .prepareStatement("select * from table_name where id>? and (name=? or
name=?)");
    ps.setInt(1, 6);
    ps.setString(2, "马先生");
    ps.setObject(3, "李先生");
    ResultSet rs = ps.executeQuery();
```

　　PreparedStatement接口提供的常用方法如表15-4所示。

表15-4 PreparedStatement接口提供的常用方法

方法名称	功能描述
executeQuery()	执行前面定义的动态SELECT语句，并返回一个永远不能为null的ResultSet实例
executeUpdate()	执行前面定义的动态INSERT、UPDATE或DELETE语句，并返回一个int型数值，为同步更新记录的条数
SetInt(int i, int x)	为指定参数设置int型值，对应参数的SQL类型为INTEGER
setLong(int i, long x)	为指定参数设置long型值，对应参数的SQL类型为BIGINT
setFloat(int i, float x)	为指定参数设置float型值，对应参数的SQL类型为FLOAT
setDouble(int i, double x)	为指定参数设置double型值，对应参数的SQL类型为DOUBLE
setString(int i, String x)	为指定参数设置String型值，对应参数的SQL类型为VARCHAR或LONGVARCHAR
setBoolean(int i, boolean x)	为指定参数设置boolean型值，对应参数的SQL类型为BIT
setDate(int i, Date x)	为指定参数设置java.sql.Date型值，对应参数的SQL类型为DATE
setObject(int i, Object x)	用来设置各种类型的参数，JDBC规范定义了从Object类型到SQL类型的标准映射关系，在向数据库发送时将被转换为相应的SQL类型
setNull(int i, int sqlType)	将指定参数设置为SQL中的NULL。该方法的第二个参数用来设置参数的SQL类型，具体值从java.sql.Types类中定义的静态常量中选择
clearParameters()	清除当前所有参数的值

 表15-4中所有set×××()方法的第一个参数均为欲赋值参数的索引值，从1开始；第二个入口参数均为参数的值，类型因方法而定。

15.2.6 CallableStatement接口

java.sql.CallableStatement接口继承并扩展了PreparedStatement接口，用来执行SQL的存储过程。

JDBC API定义了一套存储过程SQL转义语法，该语法允许对所有RDBMS通过标准方式调用存储过程。该语法定义了两种形式，分别是包含结果参数和不包含结果参数的形式。如果使用结果参数，则必须将其注册为OUT型参数，参数是根据定义位置按顺序引用的，第一个参数的索引为1。

为参数赋值的方法使用从PreparedStatement类中继承来的set×××()方法。在执行存储过程之前，必须注册所有OUT参数的类型，它们的值是在执行后通过get×××()方法获得的。

CallableStatement接口可以返回一个或多个ResultSet对象。处理多个

CallableStatement
接口

ResultSet对象的方法是从Statement中继承来的。

15.2.7　ResultSet接口

ResultSet接口

java.sql.ResultSet接口类似于一个数据表，通过该接口的实例可以获得检索结果集，以及对应数据表的相关信息，如列名、类型等，ResultSet实例通过执行查询数据库的语句生成。

ResultSet实例具有指向当前数据行的指针。最初，指针指向第一行记录，通过next()方法可以将指针移动到下一行。如果存在下一行，该方法则返回true，否则返回false，所以，可以通过while循环来迭代ResultSet结果集。默认情况下ResultSet实例不可以更新，只能移动指针，所以，只能迭代一次，并且只能按从前向后的顺序。如果需要，可以生成可滚动和可更新的ResultSet实例。

ResultSet接口提供了从当前行检索不同类型列值的get×××()方法，均有两个重载方法，分别根据列的索引编号和列的名称检索列值，其中以列的索引编号较为高效，编号从1开始。对于不同的get×××()方法，JDBC驱动程序尝试将基础数据转换为与get×××()方法相应的Java类型并返回。

在JDBC 2.0 API之后，为该接口添加了一组更新方法update×××()，均有两个重载方法，分别根据列的索引编号和列的名称指定列。可以用来更新当前行的指定列，也可以用来初始化要插入行的指定列，但是该方法并未将操作同步到数据库，需要执行updateRow()或insertRow()方法完成同步操作。

ResultSet接口提供的常用方法如表15-5所示。

表15-5　ResultSet接口提供的常用方法

方法名称	功能描述
first()	移动指针到第一行。如果结果集为空则返回false，否则返回true。如果结果集类型为TYPE_FORWARD_ONLY，将抛出异常
last()	移动指针到最后一行。如果结果集为空则返回false，否则返回true。如果结果集类型为TYPE_FORWARD_ONLY，将抛出异常
previous()	移动指针到上一行。如果存在上一行则返回true，否则返回false。如果结果集类型为TYPE_FORWARD_ONLY，将抛出异常
next()	移动指针到下一行。指针最初位于第一行之前，第一次调用该方法将移动到第一行。如果存在下一行则返回true，否则返回false
beforeFirst()	移动指针到ResultSet实例的开头，即第一行之前。如果结果集类型为TYPE_FORWARD_ONLY，将抛出异常
afterLast()	移动指针到ResultSet实例的末尾，即最后一行之后。如果结果集类型为TYPE_FORWARD_ONLY，将抛出异常
absolute()	移动指针到指定行。有一个int型参数，正数表示从前向后编号，负数表示从后向前编号，编号均从1开始。如果存在指定行则返回true，否则返回false。如果结果集类型为TYPE_FORWARD_ONLY，将抛出异常

续表

方法名称	功能描述
relative()	移动指针到相对于当前行的指定行。有一个int型入口参数，正数表示向后移动，负数表示向前移动，视当前行为0。如果存在指定行则返回true，否则返回false。如果结果集类型为TYPE_FORWARD_ONLY，将抛出异常
getRow()	查看当前行的索引编号。索引编号从1开始，如果位于有效记录行上则返回一个int型索引编号，否则返回0
findColumn()	查看指定列名的索引编号。该方法有一个String型参数，为要查看列的名称，如果包含指定列，则返回int型索引编号，否则将抛出异常
isBeforeFirst()	查看指针是否位于ResultSet实例的开头，即第一行之前。如果是则返回true，否则返回false
isAfterLast()	查看指针是否位于ResultSet实例的末尾，即最后一行之后。如果是则返回true，否则返回false
isFirst()	查看指针是否位于ResultSet实例的第一行。如果是则返回true，否则返回false
isLast()	查看指针是否位于ResultSet实例的最后一行。如果是则返回true，否则返回false
close()	立即释放ResultSet实例占用的数据库和JDBC资源，当关闭所属的Statement实例时也将执行此操作
getInt()	以int型获取指定列对应SQL类型的值。如果列值为NULL，则返回值0
getLong()	以long型获取指定列对应SQL类型的值。如果列值为NULL，则返回值0
getFloat()	以float型获取指定列对应SQL类型的值。如果列值为NULL，则返回值0
getDouble()	以double型获取指定列对应SQL类型的值。如果列值为NULL，则返回值0
getString()	以String型获取指定列对应SQL类型的值。如果列值为NULL，则返回值null
getBoolean()	以boolean型获取指定列对应SQL类型的值。如果列值为NULL，则返回值false
getDate()	以java.sql.Date型获取指定列对应SQL类型的值。如果列值为NULL，则返回值null
getObject()	以Object型获取指定列对应SQL类型的值。如果列值为NULL，则返回值null
getMetaData()	获取ResultSet实例的相关信息，并返回ResultSetMetaData类型的实例
updateNull()	将指定列更改为NULL。用于插入和更新，但并不会同步到数据库，需要执行updateRow()或insertRow()方法完成同步
updateInt()	更改SQL类型对应int型的指定列。用于插入和更新，但并不会同步到数据库，需要执行updateRow()或insertRow()方法完成同步
updateLong()	更改SQL类型对应long型的指定列。用于插入和更新，但并不会同步到数据库，需要执行updateRow()或insertRow()方法完成同步

续表

方法名称	功能描述
updateFloat()	更改SQL类型对应float型的指定列。用于插入和更新，但并不会同步到数据库，需要执行updateRow()或insertRow()方法完成同步
updateDouble()	更改SQL类型对应double型的指定列。用于插入和更新，但并不会同步到数据库，需要执行updateRow()或insertRow()方法完成同步
updateString()	更改SQL类型对应String型的指定列。用于插入和更新，但并不会同步到数据库，需要执行updateRow()或insertRow()方法完成同步
updateBoolean()	更改SQL类型对应boolean型的指定列。用于插入和更新，但并不会同步到数据库，需要执行updateRow()或insertRow()方法完成同步
updateDate()	更改SQL类型对应Date型的指定列。用于插入和更新，但并不会同步到数据库，需要执行updateRow()或insertRow()方法完成同步
updateObject()	可更改所有SQL类型的指定列。用于插入和更新，但并不会同步到数据库，需要执行updateRow()或insertRow()方法完成同步
moveToInsertRow()	移动指针到插入行，并记住当前行的位置。插入行实际上是一个缓冲区，在插入行可以插入记录。此时，仅能调用更新方法和insertRow()方法，通过更新方法为指定列赋值，通过insertRow()方法同步到数据库。在调用insertRow()方法之前，必须为不允许为空的列赋值
moveToCurrentRow()	移动指针到记住的位置，即调用moveToInsertRow()方法之前所在的行
insertRow()	将插入行的内容同步到数据库。如果指针不在插入行上，或者有不允许为空的列的值为空，将抛出异常
updateRow()	将当前行的更新内容同步到数据库。更新当前行的列值后，必须调用该方法，否则不会将更新内容同步到数据库
deleteRow()	删除当前行。执行该方法后，并不会立即同步到数据库，而是在执行close()方法后才同步到数据库

15.3 连接数据库

在访问数据库时，首先要加载数据库的驱动程序，不过只需在第一次访问数据库时加载一次；然后在每次访问数据库时创建一个Connection实例；紧接着执行操作数据库的SQL语句，并处理返回结果；最后在完成此次操作时销毁前面创建的Connection实例，释放与数据库的连接。

15.3.1 加载JDBC驱动程序

在与数据库建立连接之前，必须先加载欲连接数据库的驱动程序到JVM（Java虚拟机）中，加载方法为通过java.lang.Class类的静态方法forName(String className)。成功加载后，会将加载的驱动类注册给DriverManager类；如果加载失败，将抛出ClassNotFoundException异常，即未找到指定的驱动类，所以，需要在加载数据库驱动类时捕捉可能抛出的异常。

通常情况下将负责加载数据库驱动的代码放在static块中，因为static块的特点是只在其所在类第一次被加载时执行，即第一次访问数据库时执行，这样就可以

加载JDBC驱动程序

避免反复加载数据库驱动，减少对资源的浪费，同时提高了访问数据库的速度。

【例15-1】加载SQL Server 2008数据库驱动程序到JVM中。

```java
public class JDBC {
    static {
        try {
            Class.forName("com.microsoft.sqlserver.jdbc.SQLServerDriver");
        } catch (ClassNotFoundException e) {
            e.printStackTrace();  // 输出捕获到的异常信息
        }
    }
    public static void main(String[] args) {

    }
}
```

【例15-2】加载数据库的驱动。

```java
public GetConnection(){
    try{
        Class.forName(className);
    }catch(ClassNotFoundException e){
        System.out.println("加载数据库驱动失败！");
        e.printStackTrace();
    }
}
```

15.3.2　创建数据库连接

创建数据库连接

　　java.sql.DriverManager（驱动程序管理器）类是JDBC的管理层，负责建立和管理数据库连接。通过DriverManager类的静态方法getConnection(String url, String user, String password)可以建立数据库连接，3个参数依次为欲连接数据库的路径、用户名和密码，该方法的返回值类型为java.sql.Connection。

【例15-3】与数据库建立连接的典型代码。

```java
public class JDBC {
    private static final String URL =
        "jdbc: sqlserver: //mrwxk\\mrwxk:1433;DatabaseName=db_database11";
    private static final String USERNAME = "sa";
    private static final String PASSWORD = "";
    static {
        try {
            Class.forName("com.microsoft.sqlserver.jdbc.SQLServerDriver");
        } catch (ClassNotFoundException e) {
            e.printStackTrace();
        }
    }
}
```

```
        public static void main(String[] args) {
            try {
                Connection conn = DriverManager.getConnection(URL, USERNAME, PASSWORD);
            } catch (SQLException e) {
                e.printStackTrace();
            }
        }
    }
```

代码说明如下：

（1）数据库类型：SQL Server 2008数据库；

（2）数据库路径：服务器所在的计算机为mrwxk\mrwxk；

（3）数据库名称：db_ database11；

（4）用户名称：sa；

（5）用户密码：密码为空。

【例15-4】在登录窗体创建数据库的连接。

```
public Connection getCon(){
    try {
        con=DriverManager.getConnection(url，user，password);        //获取数据库连接
    } catch (SQLException e) {
        System.out.println("创建数据库连接失败！");
        con=null;
        e.printStackTrace();
    }
    return con;            //返回数据库连接对象
}
```

程序运行结果如图15-1所示。

图15-1　例15-4的运行结果

15.3.3　执行SQL语句

建立数据库连接（Connection）的目的是与数据库进行通信，实现方法为执行SQL语句，但是通过Connection实例并不能执行SQL语句，还需要通过Connection实例创建Statement实例。Statement实例又分为3种类型：

（1）Statement实例：该类型的实例只能用来执行静态的SQL语句；

（2）PreparedStatement实例：该类型的实例增加了执行动态SQL语句的功能；

执行SQL语句

（3）CallableStatement实例：该类型的实例增加了执行数据库存储过程的功能。

上面给出了3种不同类型的Statement，其中Statement是最基础的；PreparedStatement继承了Statement，并进行了相应的扩展；而CallableStatement继承了PreparedStatement，又进行了相应的扩展。

在15.4节将详细介绍各种类型实例的使用方法。

【例15-5】在仓库入库窗体中，修改仓库入库信息。

```
public void updateDepot(Depot depot) {
        conn = connection.getCon();
```

```
try {
    String sql = "update tb_depot set manage = ?, functional = ? where id =?";
    PreparedStatement statement = conn.prepareStatement(sql);
    statement.setString(1, depot.getManage());
    statement.setString(2, depot.getFunctional());
    statement.setInt(3, depot.getId());
    statement.executeUpdate();
} catch (SQLException e) {
    e.printStackTrace();
}
}
```

程序运行结果如图15-2所示。

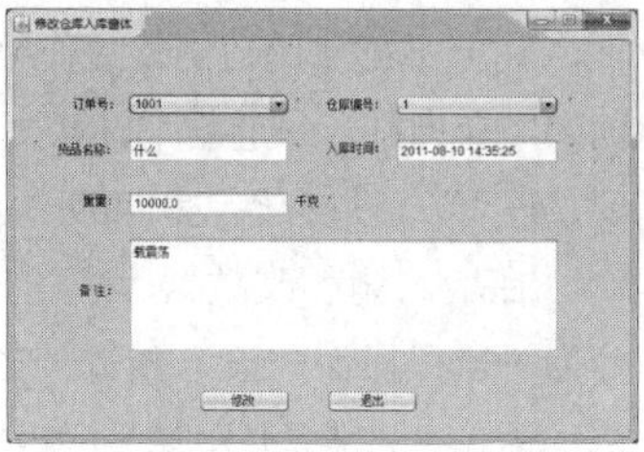

图15-2　例15-5的运行结果

15.3.4　获得查询结果

通过Statement接口的executeUpdate()或executeQuery()方法，可以执行
SQL语句，同时将返回执行结果。如果执行的是executeUpdate()方法，将返回一
个int型数值，代表影响数据库记录的条数，即插入、修改或删除记录的条数；如
果执行的是executeQuery()方法，将返回一个ResultSet型的结果集，其中不仅包
含所有满足查询条件的记录，还包含相应数据表的相关信息，如每一列的名称、类
型和列的数量等。

获得查询结果

15.3.5　关 闭 连 接

在建立Connection、Statement和ResultSet实例时，均需占用一定的数据库
和JDBC资源，所以，每次访问数据库结束后，应该及时销毁这些实例，释放它们
占用的所有资源，方法是通过各个实例的close()方法。执行close()方法时建议按照
如下的顺序：

```
resultSet.close();
statement.close();
connection.close();
```

关闭连接

建议按上面的顺序关闭的原因在于Connection是一个接口，close()方法的实
现方式可能多种多样。如果是通过DriverManager类的getConnection()方法得到的Connection实例，在调
用close()方法关闭Connection实例时会同时关闭Statement实例和ResultSet实例。但是通常情况下需要采
用数据库连接池，在调用通过连接池得到的Connection实例的close()方法时，Connection实例可能并没有
被释放，而是被放回到了连接池中，又被其他连接调用。在这种情况下，如果不手动关闭Statement实例和
ResultSet实例，它们在Connection中可能会越来越多。虽然JVM的垃圾回收机制会定时清理缓存，但是如
果清理得不及时，当数据库连接达到一定数量时，将严重影响数据库和计算机的运行速度，甚至导致软件或
系统瘫痪。

 说明 最常用的数据库还有MySQL和Oracle。MySQL数据库的驱动为：String driverClass="com.
mysql.jdbc.Driver"；连接MySQL数据库的URL为：String url="jdbc:mysql://127.0.0.1：
3306/数据库名"。Oracle数据库的驱动为：String driverClass="oracle.jdbc.driver.

> OracleDriver"；连接Oracle数据库的URL为：String url="jdbc:oracle:thin:@localhost：数据
> 库端口：数据库名或SID"。

15.4　操作数据库

　　访问数据库的目的是操作数据库，包括向数据库插入记录或修改、删除数据库中的记录，或者是从数据库中查询符合一定条件的记录。这些操作既可以通过静态的SQL语句实现，也可以通过动态的SQL语句实现，还可以通过存储过程实现，具体采用的实现方式要根据实际情况而定。

　　在增、删、改数据库中的记录时，分为单条操作和批量操作，单条操作又分为一次只操作一条记录和一次只执行一条SQL语句，批量操作又分为通过一条SQL语句（只能是UPDATE和DELETE语句）操作多条记录和一次执行多条SQL语句。

添加数据

15.4.1　添 加 数 据

　　在添加记录时，一条INSERT语句只能添加一条记录。如果只需要添加一条记录，通常情况下通过Statement实例完成。

【例15-6】通过Statement实例执行静态INSERT语句添加单条记录。

```java
public class JDBC {
    private static final String URL ="jdbc: sqlserver: //mrwxk\\mrwxk:1433;DatabaseName=db_database11";
    private static final String USERNAME = "sa";
    private static final String PASSWORD = "";
    static {
        try {
            Class.forName("com.microsoft.sqlserver.jdbc.SQLServerDriver");
        } catch (ClassNotFoundException e) {
            e.printStackTrace();                          // 输出捕获到的异常信息
        }
    }
    public static void main(String[] args) {
        try {
            Connection conn = DriverManager.getConnection(URL, USERNAME, PASSWORD);
            Statement statement = conn.createStatement();
            String sql = "insert into tb_insert(id, name) values(20060522, '马先生')";
            statement.executeUpdate(sql);                 // 执行INSERT语句
            statement.close();
            conn.close();
        } catch (SQLException e) {
            e.printStackTrace();
        }
    }
}
```

如果需要添加多条记录，即需要批量添加记录，可以通过Statement实例反复执行静态INSERT语句实现，例如：

```
statement.executeUpdate("insert into tb_insert(id, name) values(20060522, '马先生')");

statement.executeUpdate("insert into tb_insert(id, name) values(20080808, '齐小姐')");
```

在通过Statement实例的executeUpdate(String sql)方法执行SQL语句时，每条SQL语句都要单独提交一次，即批量插入多少条记录，就需要向数据库提交多少次INSERT语句，所以，当需要批量添加记录时，通常情况下通过PreparedStatement实例或CallableStatement实例完成。

【例15-7】通过PreparedStatement实例执行动态INSERT语句批量添加记录。

```java
public class JDBC {
    …// 此处省略了定义静态常量URL、USERNAME和PASSWORD，以及加载数据库驱动的代码
    public static void main(String[] args) {
        try {
            Connection conn = DriverManager.getConnection(URL, USERNAME, PASSWORD);
            String[][] records = { { "20060522", "马先生" }, { "20080808", "齐小姐" } };
            String sql = "insert into tb_insert(id, name) values(?, ?)";
            PreparedStatement prpdStmt = conn.prepareStatement(sql);
            prpdStmt.clearBatch();                    // 清空Batch
            for (int i = 0; i < records.length; i++) {
                prpdStmt.setInt(1, Integer.valueOf(records[i][0]));
                prpdStmt.setString(2, records[i][1]);
                prpdStmt.addBatch();                  // 将INSERT语句添加到Batch中
            }
            prpdStmt.executeBatch();                  // 批量执行Batch中的INSERT语句
            prpdStmt.close();
            conn.close();
        } catch (SQLException e) {
            e.printStackTrace();
        }
    }
}
```

在为动态SQL语句中的参数赋值时，参数的索引值从1开始，而不是0；并且要为动态SQL语句中的每一个参数赋值，否则在提交时将抛出"错误的参数绑定"异常。

【例15-8】通过CallableStatement实例执行存储过程批量添加记录。

```java
public class JDBC {
    …// 此处省略了定义静态常量URL、USERNAME和PASSWORD，以及加载数据库驱动的代码
    public static void main(String[] args) {
        try {
            Connection conn = DriverManager.getConnection(URL, USERNAME, PASSWORD);
            String[][] records = { { "20060522", "马先生" }, { "20080808", "齐小姐" } };
```

```
            CallableStatement cablStmt = conn
                    .prepareCall("{call pro_insert(?, ?)}");          // 调用存储过程
        cablStmt.clearBatch();                                       // 清空Batch
        for (int i = 0; i < records.length; i++) {
            cablStmt.setInt(1, Integer.valueOf(records[i][0]));
            cablStmt.setString(2, records[i][1]);
            cablStmt.addBatch();                                     // 将INSERT语句添加到Batch中
        }
        cablStmt.executeBatch();                                     // 批量执行Batch中的INSERT语句
        cablStmt.close();
        conn.close();
    } catch (SQLException e) {
        e.printStackTrace();
    }
    }
}
```

> 在调用存储过程时，要严格遵守 "{call pro_insert(?, ?)}" 格式，其中 "pro_insert" 为存储过
> 程的名称，每个 "？" 代表一个参数，之间用 "，" 分隔。

在例15-7和例15-8中通过PreparedStatement实例和CallableStatement实例批量添加记录时，均是先将INSERT语句保存到Batch（缓存）中，然后再通过执行executeBatch()方法将Batch中的所有INSERT语句一起提交到数据库，这时才真正执行前面生成的INSERT语句，将记录添加到数据库中，这样只需要提交一次INSERT语句。

需要注意的是，当通过PreparedStatement实例和CallableStatement实例添加单条记录时，在设置完参数值后，也需要调用executeUpdate()方法，这时才真正执行INSERT语句向数据库添加记录。

【例15-9】通过PreparedStatement实例执行动态INSERT语句添加单条记录。

```
public class JDBC {
    …// 此处省略了定义静态常量URL、USERNAME和PASSWORD，以及加载数据库驱动的代码
    public static void main(String[] args) {
        try {
            Connection conn = DriverManager.getConnection(URL, USERNAME, PASSWORD);
            String sql = "insert into tb_insert(id, name) values(?, ?)";
            PreparedStatement prpdStmt = conn.prepareStatement(sql);
            prpdStmt.setInt(1, 20060522);
            prpdStmt.setString(2, "马先生");
            prpdStmt.executeUpdate();                                // 执行INSERT语句
            prpdStmt.close();
            conn.close();
        } catch (SQLException e) {
            e.printStackTrace();
```

```
            }
        }
    }
```

【例15-10】通过CallableStatement实例执行存储过程添加单条记录。

```java
public class JDBC {
    …// 此处省略了定义静态常量URL、USERNAME和PASSWORD，以及加载数据库驱动的代码
    public static void main(String[] args) {
        try {
            Connection conn = DriverManager.getConnection(URL, USERNAME, PASSWORD);
            CallableStatement cablStmt = conn
                    .prepareCall("{call pro_insert(?, ?)}");            // 调用存储过程
            cablStmt.setInt(1, 20060522);                              // 为参数赋值
            cablStmt.setString(2, "马先生");                           // 为参数赋值
            cablStmt.executeUpdate();                                  // 执行INSERT语句
            cablStmt.close();
            conn.close();
        } catch (SQLException e) {
            e.printStackTrace();
        }
    }
}
```

【例15-11】在添加员工窗体中实现添加功能。

```java
public void insertContact(Contact contact) {
    conn = connection.getCon();                                   //获取数据库连接
    try {
        PreparedStatement statement = conn
                .prepareStatement("insert into tb_contact values(?, ?, ?, ?, ?, ?)");
                                                                 //定义插入数据SQL语句
        statement.setInt(1, contact.getHid());                    //设置插入语句参数
        statement.setString(2, contact.getContact());
        statement.setString(3, contact.getOfficePhone());
        statement.setString(4, contact.getFax());
        statement.setString(5, contact.getEmail());
        statement.setString(6, contact.getFaddress());
        statement.executeUpdate();                                //执行插入语句
    } catch (SQLException e) {
        e.printStackTrace();
    }
}
```

程序运行结果如图15-3所示。

15.4.2 查询数据

在查询数据时，既可以利用Statement实例通过执行静态
SELECT语句完成，也可以利用PreparedStatement实例通过执行
动态SELECT语句完成，还可以利用CallableStatement实例通过
执行存储过程完成。

图15-3 例15-11的运行结果

（1）利用Statement实例通过执行静态SELECT语句查询数
据的典型代码如下：

```
ResultSet rs = statement.executeQuery("select * from tb_record where sex='男'");
```

（2）利用PreparedStatement实例通过执行动态SELECT语句查询数据的典
型代码如下：

```
String sql = "select * from tb_record where sex=?";
PreparedStatement prpdStmt = connection.prepareStatement(sql);
prpdStmt.setString(1, "男");
ResultSet rs = prpdStmt.executeQuery();
```

查询数据

（3）利用CallableStatement实例通过执行存储过程查询数据的典型代码
如下：

```
String call = "{call pro_record_select_by_sex(?)}";
CallableStatement cablStmt = connection.prepareCall(call);
cablStmt.setString(1, "男");
ResultSet rs = cablStmt.executeQuery();
```

无论利用哪个实例查询数据，都需要执行executeQuery()方法，这时才真正执行SELECT语句，从数据
库中查询符合条件的记录。该方法将返回一个ResultSet型的结果集，在该结果集中不仅包含所有满足查询
条件的记录，还包含相应数据表的相关信息，如每一列的名称、类型和列的数量等。

【例15-12】通过Statement实例执行静态SELECT语句查询记录。

```
public class JDBC {
    …// 此处省略了定义静态常量URL、USERNAME和PASSWORD，以及加载数据库驱动的代码
    public static void main(String[] args) {
        try {
            Connection conn = DriverManager.getConnection(URL, USERNAME, PASSWORD);
            Statement stmt = conn.createStatement();
            String sql = "select * from tb_select";          // 定义静态SELECT语句
            ResultSet rs = stmt.executeQuery(sql);           // 执行静态SELECT语句
            while (rs.next()) { // 遍历结果集，next()方法可以判断是否还存在符合条件的记录
                int id = rs.getInt(1);                       // 通过列索引获得指定列的值
                String name = rs.getString(2);               // 通过列索引获得指定列的值
                String sex = rs.getString(3);                // 通过列索引获得指定列的值
                Date birthday = rs.getDate(4);               // 通过列索引获得指定列的值
                System.out.println(id + " " + name + " " + sex + " " + birthday);
            }
```

```
            stmt.close();
            conn.close();
        .} catch (SQLException e) {
            e.printStackTrace();
        }
    }
}
```

图15-4　例15-12的运行结果

运行上面的代码，在控制台将输出如图15-4所示的数据。

【例15-13】通过PreparedStatement实例执行动态SELECT语句查询记录，并输出列名。

```
public class JDBC {
    …// 此处省略了定义静态常量URL、USERNAME和PASSWORD，以及加载数据库驱动的代码
    public static void main(String[] args) {
        try {
            Connection conn = DriverManager.getConnection(URL, USERNAME, PASSWORD);
            String sql = "select * from tb_select where sex=?";
            PreparedStatement prpdStmt = conn.prepareStatement(sql);
            prpdStmt.setString(1, "男");
            ResultSet rs = prpdStmt.executeQuery(); // 执行动态INSERT语句
            // 获得ResultSetMetaData类的实例，然后通过列索引获得指定列的名称并输出
            ResultSetMetaData metaData = rs.getMetaData();
            System.out.print(metaData.getColumnName(1) + "        ");
            System.out.print(metaData.getColumnName(2) + "  ");
            System.out.print(metaData.getColumnName(3) + " ");
            System.out.println(metaData.getColumnName(4));
            while (rs.next()) {
                int id = rs.getInt(1);
                String name = rs.getString(2);
                String sex = rs.getString(3);
                Date birthday = rs.getDate(4);
                System.out.println(id + "    " + name + "  " + sex + "  " + birthday);
            }
            rs.close();
            prpdStmt.close();
            conn.close();
        } catch (SQLException e) {
            e.printStackTrace();
        }
    }
}
```

运行上面的代码，在控制台将输出如图15-5所示的数据，输出的第一行为列的名称。

【例15-14】根据客户地址查询信息。

```
public List selectWareByName(String name) {
    conn = connection.getCon();
    List list = new ArrayList<Ware>();
    try {
        Statement statement = conn.createStatement();
        String sql = "select * from tb_ware where wareName = '" + name +"'";
        ResultSet rest = statement.executeQuery(sql);
        while (rest.next()) {
            Ware ware = new Ware();
            ware.setId(rest.getInt(1));
            ware.setWareName(rest.getString(2));
            ware.setWarBewrite(rest.getString(3));
            ware.setSpec(rest.getString(4));
            ware.setStockPrice(rest.getFloat(5));
            ware.setRetailPrice(rest.getFloat(6));
            ware.setAssociatorPrice(rest.getFloat(7));
            list.add(ware);
        }
    } catch (SQLException e) {
        e.printStackTrace();
    }
    return list;
}
```

图15-5 例15-13的运行结果

程序运行结果如图15-6所示。

图15-6 例15-14的运行结果

15.4.3 修改数据

在修改数据时，既可以利用Statement实例通过执行静态UPDATE语句完成，也可以利用PreparedStatement实例通过执行动态UPDATE语句完成，还可以利用CallableStatement实例通过执行存储过程完成。

（1）利用Statement实例通过执行静态UPDATE语句修改数据的典型代码如下：

修改数据

```
String sql = "update tb_record set salary=3000 where duty='部门经理'";
statement.executeUpdate(sql);
```

（2）利用PreparedStatement实例通过执行动态UPDATE语句修改数据的典型代码如下：

```
String sql = "update tb_record set salary=? where duty=?";
PreparedStatement prpdStmt = connection.prepareStatement(sql);
prpdStmt.setInt(1, 3000);
```

```
prpdStmt.setString(2, "部门经理");

prpdStmt.executeUpdate();
```

（3）利用CallableStatement实例通过执行存储过程修改数据的典型代码如下：

```
String call = "{call pro_record_update_salary_by_duty(?, ?)}";

CallableStatement cablStmt = connection.prepareCall(call);

cablStmt.setInt(1, 3000);

cablStmt.setString(2, "部门经理");

cablStmt.executeUpdate();
```

无论利用哪个实例修改数据，都需要执行executeUpdate()方法，这时才真正执行UPDATE语句，修改数据库中符合条件的记录，该方法将返回一个int型数，为被修改记录的条数。

【例15-15】通过Statement实例每次执行一条UPDATE语句。

```java
public class JDBC {
    …// 此处省略了定义静态常量URL、USERNAME和PASSWORD，以及加载数据库驱动的代码
    public static void main(String[] args) {
        try {
            Connection conn = DriverManager.getConnection(URL, USERNAME, PASSWORD);
            String sql = "update tb_update set salary=salary+100
                where duty='部门经理'";
            statement.executeUpdate(sql);
            statement.close();
            conn.close();
        } catch (SQLException e) {
            e.printStackTrace();
        }
    }
}
```

上述代码将所有部门经理的薪水在原来的基础上加100，图15-7所示为修改前的数据表，图15-8所示为修改后的数据表。

表 - dbo.tb_update			
id	name	duty	salary
1	A	经理	8000
2	B	部门经理	5100
3	C	职员	3000
4	D	部门经理	5100
5	E	职员	3000
6	F	职员	3000
*	NULL	NULL	NULL

表 - dbo.tb_update			
id	name	duty	salary
1	A	经理	8000
2	B	部门经理	5000
3	C	职员	3000
4	D	部门经理	5000
5	E	职员	3000
6	F	职员	3000
*	NULL	NULL	NULL

图15-7　修改前的数据表　　　　图15-8　修改后的数据表

【例15-16】通过PreparedStatement实例一次执行多条UPDATE语句。

```java
public class JDBC {
    …// 此处省略了定义静态常量URL、USERNAME和PASSWORD，以及加载数据库驱动的代码
```

```
public static void main(String[] args) {
    try {
        Connection conn = DriverManager.getConnection(URL, USERNAME, PASSWORD);
        String[][] infos = { { "A", "200" }, { "E", "100" } };
        String sql = "update tb_update set salary=salary+? where name=?";
        PreparedStatement prpdStmt = connection.prepareStatement(sql);
        prpdStmt.clearBatch();
        for (int i = 0; i < infos.length; i++) {
            prpdStmt.setInt(1, Integer.valueOf(infos[i][1]));
            prpdStmt.setString(2, infos[i][0]);
            prpdStmt.addBatch();
        }
        prpdStmt.executeBatch();
        prpdStmt.close();
        conn.close();
    } catch (SQLException e) {
        e.printStackTrace();
    }
}
```

上述代码将名称为"A"的薪水在原来的基础上加200，将名称为"B"的薪水在原来的基础上加100，图15-9所示为修改前的数据表，图15-10所示为修改后的数据表。

表 - dbo.tb_update			
id	name	duty	salary
1	A	经理	8000
2	B	部门经理	5000
3	C	职员	3000
4	D	部门经理	5000
5	E	职员	3000
6	F	职员	3000
NULL	NULL	NULL	NULL

图15-9　修改前的数据表

表 - dbo.tb_update			
id	name	duty	salary
1	A	经理	8200
2	B	部门经理	5200
3	C	职员	3000
4	D	部门经理	5200
5	E	职员	3100
6	F	职员	3000
NULL	NULL	NULL	NULL

图15-10　修改后的数据表

【例15-17】 在仓库出库窗体中实现对信息的修改。

```
public void updateOutDepot(OutDepot depot) {
    conn = connection.getCon();
    try {
        String sql = "update tb_outDepot set dId=?, wName=?, outDate=?, wight=?, remark=? where id = ?";
        PreparedStatement statement = conn.prepareStatement(sql);
        statement.setInt(1, depot.getDid());
        statement.setString(2, depot.getwName());
```

```
                statement.setString(3, depot.getOutDate());
                statement.setFloat(4, depot.getWight());
                statement.setString(5, depot.getRemark());
                statement.setInt(6, depot.getId());
                statement.executeUpdate();
            } catch (SQLException e) {
                e.printStackTrace();
            }
        }
```

程序运行结果如图15-11所示。

图15-11　例15-17的运行结果

15.4.4　删除数据

在删除数据时，既可以利用Statement实例通过执行静态DELETE语句完成，也可以利用PreparedStatement实例通过执行动态DELETE语句完成，还可以利用CallableStatement实例通过执行存储过程完成。

（1）利用Statement实例通过执行静态DELETE语句删除数据的典型代码如下：

删除数据

```
String sql = "delete from tb_merchandise where date<'2008-2-14'";
statement.executeUpdate(sql);
```

（2）利用PreparedStatement实例通过执行动态DELETE语句删除数据的典型代码如下：

```
String sql = "delete from tb_merchandise where date<?";
PreparedStatement prpdStmt = connection.prepareStatement(sql);
prpdStmt.setString(1, "2008-2-14");            // 为日期型参数赋值
prpdStmt.executeUpdate();
```

> 当需要为日期型参数赋值时，如果已经存在java.sql.Date型对象，可以通过setDate(int parameterIndex, java.sql.Date date)方法为日期型参数赋值；如果不存在java, sql, Date型对象，也可以通过setString(int parameterIndex, String x)方法为日期型参数赋值。

（3）利用CallableStatement实例通过执行存储过程删除数据的典型代码如下：

```
String call = "{call pro_merchandise_delete_by_date(?)}";
CallableStatement cablStmt = connection.prepareCall(call);
cablStmt.setString(1, "2008-2-14");            // 为日期型参数赋值
cablStmt.executeUpdate();
```

无论利用哪个实例删除数据，都需要执行executeUpdate()方法，这时才真正执行DELETE语句，删除数据库中符合条件的记录，该方法将返回一个int型数，为被删除记录的条数。

【例15-18】通过Statement实例每次执行一条DELETE语句。

```
public class JDBC {
    …// 此处省略了定义静态常量URL、USERNAME和PASSWORD，以及加载数据库驱动的代码
    public static void main(String[] args) {
```

```
        try {
            Connection conn = DriverManager.getConnection(URL, USERNAME, PASSWORD);
            String sql = "delete from tb_delete where date<(getdate()-1)";
            statement.executeUpdate(sql);
            statement.close();
            conn.close();
        } catch (SQLException e) {
            e.printStackTrace();
        }
    }
}
```

 SQL中的函数getdate()用来获取系统日期和时间，返回值形如"2008-02-14 10：08：27.168"，则"getdate()-1"的返回值为"2008-02-13 10：08：27.168"，即在返回值的日期中减去1天。

上述代码将所有日期小于系统日期的商品删除，图15-12所示为删除前的数据表，图15-13所示为删除后的数据表。

表 - dbo.tb_delete		
id	name	date
130	可乐	2008-2-13 0:00:00
133	可乐	2008-2-14 0:00:00
134	面包	2008-2-14 0:00:00
135	牛奶	2008-2-14 0:00:00
136	可乐	2008-2-15 0:00:00
137	面包	2008-2-15 0:00:00
138	牛奶	2008-2-15 0:00:00
139	可乐	2008-2-16 0:00:00

图15-12　修改前的数据表

表 - dbo.tb_delete		
id	name	date
133	可乐	2008-2-14 0:00:00
134	面包	2008-2-14 0:00:00
135	牛奶	2008-2-14 0:00:00
136	可乐	2008-2-15 0:00:00
137	面包	2008-2-15 0:00:00
138	牛奶	2008-2-15 0:00:00
139	可乐	2008-2-16 0:00:00
140	面包	2008-2-16 0:00:00

图15-13　修改后的数据表

【例15-19】通过PreparedStatement实例一次执行多条DELETE语句。

```
public class JDBC {
    …// 此处省略了定义静态常量URL、USERNAME和PASSWORD，以及加载数据库驱动的代码
    public static void main(String[] args) {
        try {
            Connection conn = DriverManager.getConnection(URL, USERNAME, PASSWORD);
            String[] names = { "面包", "牛奶" };
            String sql = "delete from tb_delete where date={fn curdate()} and name=?";
            PreparedStatement prpdStmt = connection.prepareStatement(sql);
            prpdStmt.clearBatch();
            for (int i = 0; i < names.length; i++) {
                prpdStmt.setString(1, names[i]);
```

```
            prpdStmt.addBatch();
        }
        prpdStmt.executeBatch();
        prpdStmt.close();
        conn.close();
    } catch (SQLException e) {
        e.printStackTrace();
    }
  }
}
```

> **注意** SQL中的函数 "{fn curdate()}" 用来获取系统日期，返回值形如 "2008-02-14"。

上述代码将日期为系统日期，并且名称为 "面包" 或 "牛奶" 的商品删除，图15-14所示为删除前的数据表，图15-15所示为删除后的数据表。

表 - dbo.tb_delete		
id	name	date
133	可乐	2008-2-14 0:00:00
134	面包	2008-2-14 0:00:00
135	牛奶	2008-2-14 0:00:00
136	可乐	2008-2-15 0:00:00
137	面包	2008-2-15 0:00:00
138	牛奶	2008-2-15 0:00:00
139	可乐	2008-2-16 0:00:00
140	面包	2008-2-16 0:00:00

图15-14　删除前的数据表

表 - dbo.tb_delete		
id	name	date
133	可乐	2008-2-14 0:00:00
136	可乐	2008-2-15 0:00:00
137	面包	2008-2-15 0:00:00
138	牛奶	2008-2-15 0:00:00
139	可乐	2008-2-16 0:00:00
140	面包	2008-2-16 0:00:00
141	牛奶	2008-2-16 0:00:00
142	可乐	2008-2-17 0:00:00

图15-15　删除后的数据表

【例15-20】在仓库出库窗体中实现对信息的删除。

```
public void deleteOutDepot(int id){
    conn = connection.getCon();
    String sql = "delete from tb_outDepot where id ="+id;
    try {
        Statement statement = conn.createStatement();
        statement.executeUpdate(sql);
    } catch (SQLException e) {
        e.printStackTrace();
    }
}
```

15.5　应用JDBC事务

所谓事务，是指一组相互依赖的操作单元的集合，用来保证对数据库的正确修改，保持数据的完整性，如果一个事务的某个单元操作失败，将取消本次事务的

应用JDBC事务

全部操作。例如，银行交易、股票交易和网上购物等，都需要利用事务来控制数据的完整性，比如将A账户的资金转入B账户，在A中扣除成功，在B中添加失败，导致数据失去平衡，事务将回滚到原始状态，即A中没少，B中没多。数据库事务必须具备以下特征（简称ACID）。

（1）原子性（Atomic）：每个事务是一个不可分割的整体，只有所有的操作单元执行成功，整个事务才成功；否则此次事务就失败，所有执行成功的操作单元必须撤销，数据库回到此次事务之前的状态。

（2）一致性（Consistency）：在执行一次事务后，关系数据的完整性和业务逻辑的一致性不能被破坏。例如A与B转账结束后，其资金总额是不能改变的。

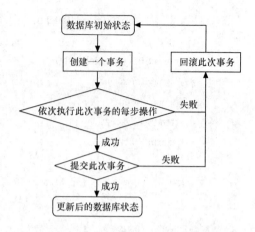

图15-16　数据库事务执行流程图

（3）隔离性（Isolation）：在并发环境中，一个事务所进行的修改必须与其他事务所进行的修改相隔离。例如，一个事务查看的数据必须是其他并发事务修改之前或修改完毕的数据，不能是修改中的数据。

（4）持久性（Durability）：事务结束后，对数据的修改是永久保存的，即使系统故障导致重启数据库系统，数据依然是修改后的状态。

图15-16演示了一个事务的执行流程。

数据库管理系统采用锁的机制来管理事务。当多个事务同时修改同一数据时，只允许持有锁的事务修改该数据，其他事务只能"排队等待"，直到前一个事务释放其拥有的锁。

【例15-21】应用JDBC事务。

这是一个通过数据库事务保证数据完整性的例子，该例子模拟的是银行转账系统，模拟要求用户账户上的总金额必须大于0。

分别创建一个用户账户表和操作记录表，表结构依次如图15-17和图15-18所示。

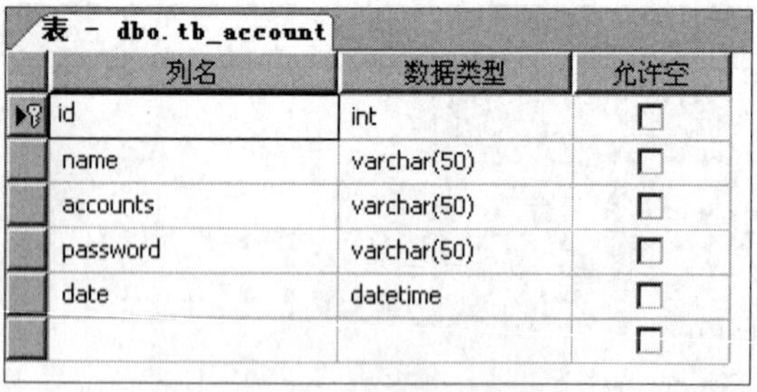

表 - dbo.tb_account

	列名	数据类型	允许空
	id	int	☐
	name	varchar(50)	☐
	accounts	varchar(50)	☐
	password	varchar(50)	☐
	date	datetime	☐
			☐

图15-17　用户账户表结构

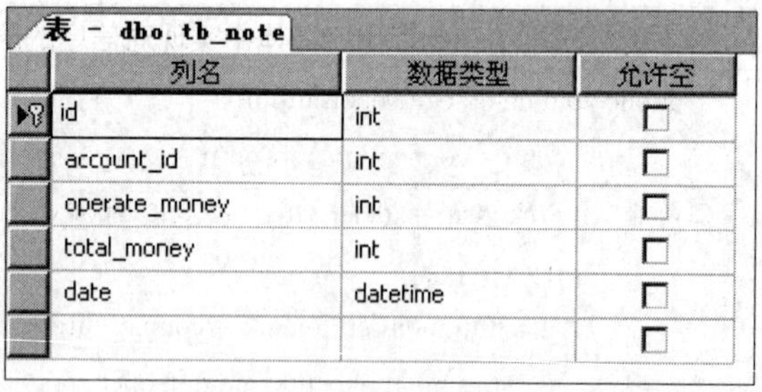

表 - dbo.tb_note

	列名	数据类型	允许空
	id	int	☐
	account_id	int	☐
	operate_money	int	☐
	total_money	int	☐
	date	datetime	☐
			☐

图15-18　操作记录表结构

图15-18所示表中的total_money列用来储存用户账户的现有金额，要求必须大于0。在表中为total_money列建立的约束如图15-19所示。

用户在转账时，需要填写如图15-20所示的转账界面。

填写完毕后单击"确定"按钮，按钮监听器首先获得用户输入的账户信息，然后调用相应的方法完成转账业务，该方法将返回相应的提示信息，最后将返回的提示信息显示到转账界面。按钮监听器的完整代码如下：

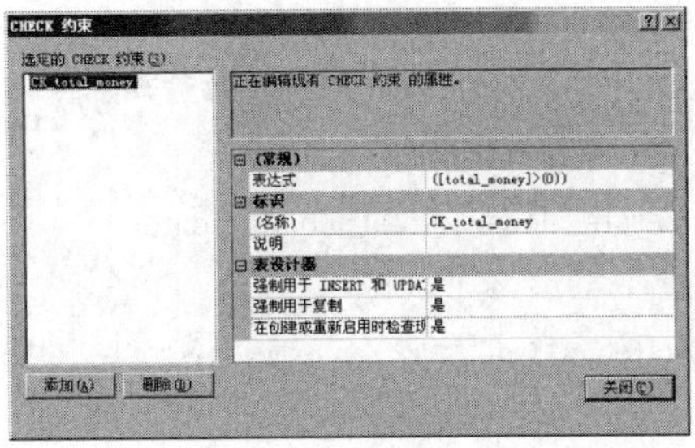

图15-19　为total_money列建立约束

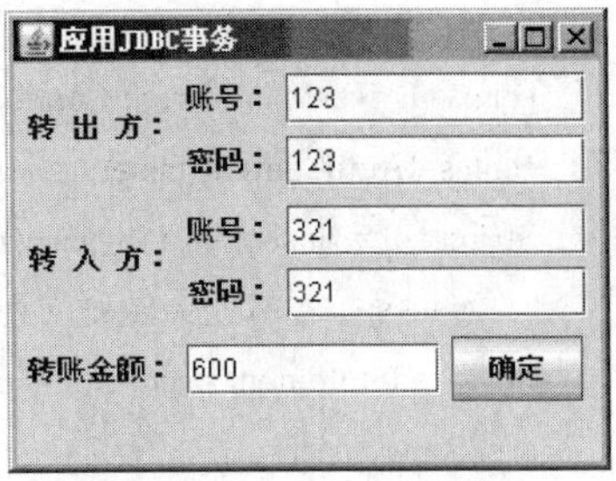

图15-20　转账界面

```
button.addActionListener(new ActionListener() {
    public void actionPerformed(ActionEvent e) {
        String outNum = outNumTextField.getText();
        String outPassword = outPasswordTextField.getText();
        String inNum = inNumTextField.getText();
        String inPassword = inPasswordTextField.getText();
        int money = Integer.valueOf(moneyTextField.getText());
        String info = new Business().turn(outNum, outPassword, inNum,
                inPassword, money);
        clueOnLabel.setText("友情提示: " + info);
    }
});
```

在按钮监听器中调用了负责转账业务的turn()方法,在该方法中首先查询转账用户,然后判断用户是否存在,最后在用户存在的情况下调用操作数据库的方法完成转账。turn()方法的完整代码如下:

```
public String turn(String outNum, String outPassword, String inNum,
        String inPassword, int money) {
    JDBC jdbc = new JDBC();
    int outAccount = jdbc.validateAccount(outNum, outPassword);
    int inAccount = jdbc.validateAccount(inNum, inPassword);
    if (outAccount == 0)
        return "转出账户信息错误! ";
    if (inAccount == 0)
        return "转入账户信息错误! ";
    return jdbc.turnMoney(outAccount, inAccount, money);
}
```

在进行转账之前,首先要将JDBC事务的提交模式设置为不自动提交,即采用手动提交模式;然后通过PreparedStatement实例批量插入两条转账记录;最后再手动提交此次事务,当事务提交失败时将抛出异常,这时则要回滚此次事务,完成转账的具体代码如下:

```
public String turnMoney(int outAccount, int inAccount, int money) {
    String info = "转账成功! ";
    Connection conn = null;
```

```
        try {
            conn = DriverManager.getConnection(URL, USERNAME, PASSWORD);
            conn.setAutoCommit(false);                    // 设置为不自动提交
            String sql = "insert into tb_note(account_id, operate_money, total_money, date)
                values(?, ?, ?, getdate())";
            PreparedStatement prpdStmt = conn.prepareStatement(sql);
            prpdStmt.clearBatch();
            prpdStmt.setInt(1, inAccount);
            prpdStmt.setInt(2, money);
            prpdStmt.setInt(3, getTotalMoney(inAccount) + money);
            prpdStmt.addBatch();                          // 插入转入账户记录
            prpdStmt.setInt(1, outAccount);
            prpdStmt.setInt(2, -money);
            prpdStmt.setInt(3, getTotalMoney(outAccount) - money);
            prpdStmt.addBatch();                          // 插入转出账户记录
            prpdStmt.executeBatch();
            prpdStmt.close();
            conn.commit();                                // 提交此次事务
        } catch (SQLException e) {
            try {
                info = "转账失败，您的账户余额不足！";
                conn.rollback();                          // 回滚此次事务
            } catch (SQLException e1) {
                e1.printStackTrace();
            }
            e.printStackTrace();
        } finally {
            try {
                conn.close();
            } catch (SQLException e) {
                e.printStackTrace();
            }
        }
    }
    return info;
}
```

因为为总额（total_money）列建立了大于0的约束，所以，当转出账户的总额小于要转账的金额时，在插入转账记录时将抛出异常，具体的异常信息如下：

INSERT 语句与 CHECK 约束"CK_total_money"冲突。

该冲突发生于数据库"db_database11"，表"dbo.tb_note", column 'total_money'。

账户123和账户321的初始总额均为1000元，第一次从账户123向账户321转账600元时，转账成功，如图15-21所示；当继续从账户123向账户321转账600元时，则转账失败，如图15-22所示。

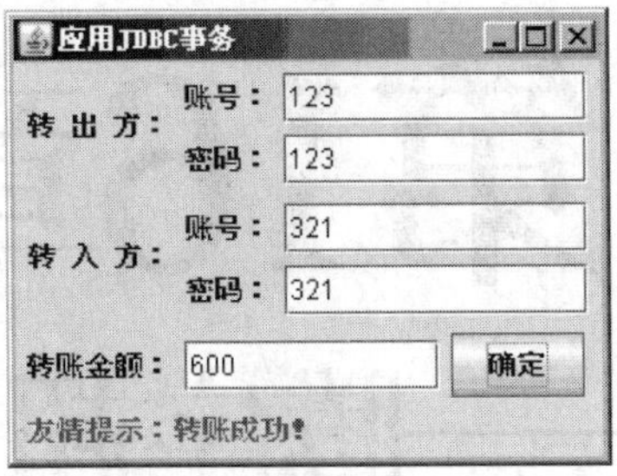

图15-21 转账成功效果

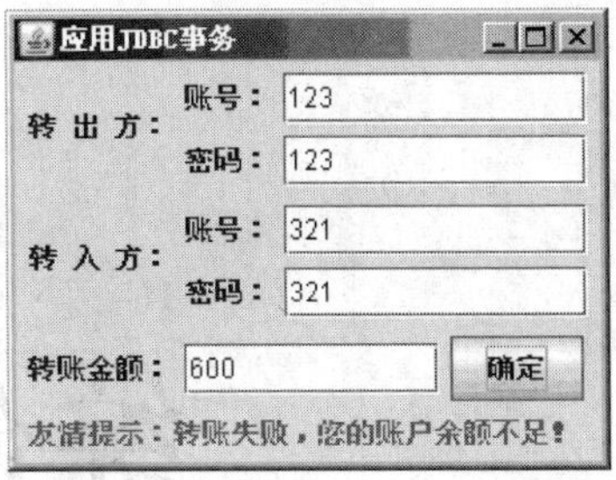

图15-22 转账失败效果

小 结

　　本章主要介绍了以下内容：一是JDBC技术的常用接口，其中主要介绍了Statement、PreparedStatement、CallableStatement和ResultSet接口；二是利用JDBC技术访问数据库的主要步骤；三是操作数据库的方法，即添加、修改、删除和查询记录，并分别介绍了如何利用Statement、PreparedStatement和CallableStatement接口实现；最后介绍了如何应用JDBC事务。本章针对每个知识点给出了典型的实例，供读者学习和参考。

习 题

15-1　JDBC驱动有哪些类型？

15-2　PreparedStatement接口与Statement接口相比，有哪些优势？

15-3　连接数据库分为哪几步？

第16章

综合案例——腾宇超市管理系统

本章要点

掌握数据库设计 ■
掌握公共类设计 ■
掌握各模块设计 ■
掌握主窗体设计 ■
掌握在Eclipse中程序打包 ■

■ 进入21世纪，随着经济的高速发展，各行各业的竞争进入了前所未有的激烈状态，竞争已不再是规模的竞争，还包括技术的竞争、管理的竞争、人才的竞争。超市的竞争也随之进入了一个全新的阶段，仓储店、便利店、特许加盟店、专卖店等都对超市产生了很大的冲击。为了提高物资管理的水平和工作效率，尽可能避免商品流通中各环节出现的问题，为超市开发一套管理系统是十分必要的。本章为大家介绍的超市管理系统，主要包括基本档案管理、采购管理等。

16.1 项目设计思路

16.1.1 功能阐述

超市管理系统是一个辅助超市管理员管理超市的实用性工具。根据超市的日常管理需要，超市管理系统应包括基本档案管理、采购订货管理、仓库入库管理、仓库出库管理、人员管理、部门管理等6大功能。其中基本档案管理又分为供货商管理、销售商管理、货品档案管理、仓库管理，为管理员提供日常基本信息的功能；采购订货管理模块，用来对日常的采购订货信息进行管理；仓库入库管理，用来管理各种商品入库的信息；仓库出库管理，用来管理商品出库记录；人员管理，用来实现对超市内员工的管理；部门管理，实现对超市的各个独立部门进行管理。

项目设计思路

16.1.2 系统预览

超市管理系统由多个窗体组成，其中包括系统不可缺少的登录窗体、项目的主窗体、功能模块的子窗体等。下面列出几个典型的窗体，其他窗体请参见本书配套资源。

系统登录窗体效果如图16-1所示。

当用户输入合法的用户名和密码后，单击"登录"按钮，即可进入系统主窗体，运行结果如图16-2所示。

本程序的主窗体中提供了进入各功能模块的按钮，通过单击这些按钮，可进入各子模块中。各个子功能模块还提供了查询、修改和添加相关信息的操作，例如修改仓库入库窗体运行结果如图16-3所示。

图16-1 超市管理系统登录窗体

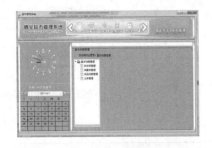

图16-2 超市管理系统主窗体

图16-3 修改仓库入库信息

16.1.3 功能结构

超市管理系统是为辅助超市管理员实现对超市的日常管理而设计，本系统的功能结果如图16-4所示。

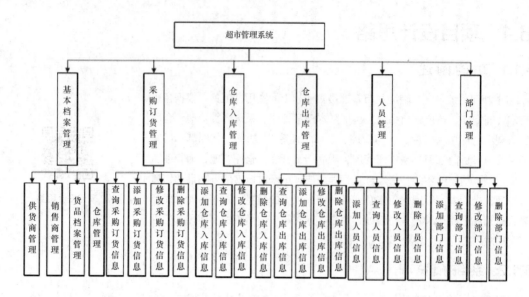

图16-4 系统功能结构图

16.1.4 文件组织结构

超市管理系统中使用的根目录文件夹是"16"，其中包括的文件架构如图16-5所示。

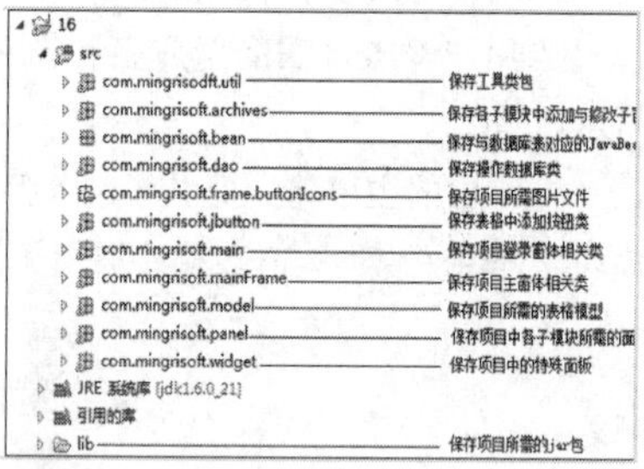

16.2 数据库设计

16.2.1 数据库设计

创建超市管理系统，采用的是SQL Server2005数据库，数据库被命名为db_supermarket，包括的数据表有tb_basicMessage、tb_contact、tb_dept等，各数据表描述如图16-6所示。

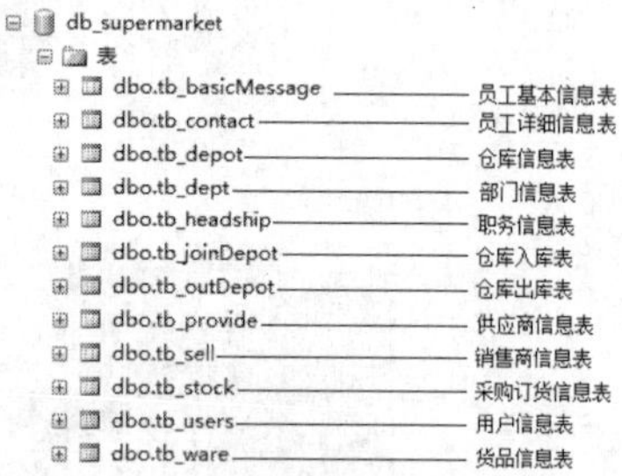

图16-5 超市管理系统的文件架构图

16.2.2 数据表设计

数据表设计是一个非常关键的环节，下面对系统中的数据表结构进行分析。由于篇幅有限，本章只给出了主要的数据库。其他数据表结构图可参考配套资源中的源程序。

1. 员工基本信息表（tb_basicMessage）

员工基本信息表包括了员工所在部门、员工姓名、性别、年龄等信息，数据表字段设计如表16-1所示。

图16-6 数据库结构

表16-1 员工基本信息表设计（tb_basicMessage）

字　　段	类　　型	额　　外	说　　明
id	int	自动编号	主键
name	varchar(10)		员工姓名
age	int		员工年龄

续表

字　段	类　型	额　外	说　明
sex	varchar(50)		员工性别
dept	int		员工部门，与部门表主键对应
headship	int		员工职务，与职务表主键对应

2．员工详细信息表（tb_contact）

员工详细信息表中保存了员工联系电话、办公电话、传真、邮箱地址等详细信息，数据表字段设计如表16-2所示。

表16-2　员工详细信息表设计（tb_ contact）

字　段	类　型	额　外	说　明
id	int	自动编号	主键
hid	int	外键	与员工基本信息表主键对应
contact	varchar(20)		联系电话
officePhone	varchar(30)		办公电话
fax	varchar(20)		传真
email	varchar(50)		邮箱地址
faddress	varchar(50)		家庭地址

3．仓库入库表（tb_joinDepot）

仓库入库表保存了仓库入库信息，其中包括订单编号、仓库编号、货品名称等，数据表字段设计如表16-3所示。

表16-3　仓库入库表设计（tb_ joinDepot）

字　段	类　型	额　外	说　明
id	int	自动编号	主键
oid	varchar(50)		订货编号
dId	int		仓库编号
wareName	varchar(40)		货品名称
joinTime	varchar(50)		入库时间
weight	float		货品重量
remark	varchar(200)		备注信息

4．用户信息表（tb_users）

用户信息表主要用于存储登录系统用户的用户名与密码信息，数据表字段设计如表16-4所示。

表16-4　用户信息表设计（tb_ users）

字　段	类　型	额　外	说　明
id	int	自动编号	主键
userName	varchar(20)		登录系统的用户名
passWord	varchar(20)		登录系统的密码

5. 供应商信息表（tb_provide）

供应商信息表，用于保存供应商相关信息，数据表字段设计如表16-5所示。

表16-5 供应商信息表设计（tb_ provide）

字 段	类 型	额 外	说 明
id	int	自动编号	主键
cName	varchar(20)		供应商姓名
address	varchar(40)		供应商地址
linkman	varchar(50)		联系人
linkPhone	varchar(20)		联系电话
faxes	varchar(20)		传真
postNum	varchar(10)		邮箱地址
bankNum	varchar(30)		银行账号
netAddress	varchar(30)		主页
emaillAddress	varchar(50)		邮箱地址
remark	varchar(200)		备注信息

16.3 公共类设计

16.3.1 连接数据库

任何系统的设计都离不开数据库，每一步数据库操作都需要与数据库建立连接。为了增加代码的重用性，可以将连接数据库的相关代码保存在一个类中，以便随时调用。创建类GetConnection，在该类的构造方法中加载数据库驱动，代码如下：

```
private Connection con;                                          //定义数据库连接类对象
private PreparedStatement pstm;
private String user="sa";                                        //连接数据库用户名
private String password="";                                      //连接数据库密码
private String className="com.microsoft.sqlserver.jdbc.SQLServerDriver";    //数据库驱动
private String url="jdbc：sqlserver：//localhost:1433;DatabaseName=db_supermarket";
                                                                 //连接数据库的URL
public GetConnection(){
    try{
        Class.forName(className);
    }catch(ClassNotFoundException e){
        System.out.println("加载数据库驱动失败！");
        e.printStackTrace();
    }
}
```

在该类中定义获取数据库连接方法getCon()，该方法返回值为Connection对象，具体代码如下：

```java
public Connection getCon(){
    try {
        con=DriverManager.getConnection(url, user, password);          //获取数据库连接
    } catch (SQLException e) {
        System.out.println("创建数据库连接失败！");
        con=null;
        e.printStackTrace();
    }
    return con;                                                         //返回数据库连接对象
}
```

16.3.2 获取当前系统时间类

本系统中多处使用到了应用系统时间的模块，因此，可以将获取当前系统时间类作为公共类设计。创建类GetDate，在该类中定义获取时间方法getDateTime()，具体代码如下：

```java
public static String getDateTime(){          //该方法返回值为String类型
    SimpleDateFormat format;
    //simpleDateFormat类可以选择任何用户定义的日期-时间格式的模式
    Date date = null;
    Calendar myDate = Calendar.getInstance();
                                    //Calendar的方法getInstance()，以获得此类型的一个通用的对象
    myDate.setTime(new java.util.Date());
            //使用给定的Date设置此Calendar的时间
    date = myDate.getTime();
     //返回一个表示此Calendar时间值(从历元至现在的毫秒偏移量)的Date对象
    format = new SimpleDateFormat("yyyy-MM-dd HH：mm：ss");
//编写格式化时间为"年-月-日 时：分：秒"
    String strRtn = format.format(date);
//将给定的Date格式化为日期/时间字符串，并将结果赋值给给定的String
    return strRtn;                        //返回保存返回值变量
}
```

16.4 登录模块设计

16.4.1 登录模块概述

运行程序，首先进入系统登录窗体。为了使窗体中的各个组件摆放得更加随意美观，笔者采用了绝对布局方式，并在窗体中添加了时钟面板来显示时间。运行结果请读者参照图16-1。

16.4.2 实现带背景的窗体

在创建窗体时，需要向窗体中添加面板，之后在面板中添加各种组件。Swing中代表面板组件的类为JPanel，该类是以灰色为背景，并且没有任何图片，这样就不能达到很好的美观效果。要实现在窗体中添加背景，可以通过重写JPanel面板来实现。

本项目中通过自定义JPanel组件来实现，并重写了面板绘制方法，面板绘制方法的声明如下：

```
protected void paintComponent(Graphics graphics)
```

参数说明：

graphics：控件中的绘图对象。

例如，本系统中创建的自定义面板BackgroundPanel，该类继承JPanel类，在该类中定义表示背景图片的Image对象，重写paintComponent方法，实现绘制背景，具体代码如下：

```java
public class BackgroundPanel extends JPanel {
    private Image image;                                    // 背景图片
    public BackgroundPanel() {
        setOpaque(false);
        setLayout(null);                                    // 使用绝对定位布局控件
    }
    /**
     * 设置背景图片对象的方法
     *
     * @param image
     */
    public void setImage(Image image) {
        this.image = image;
    }
    /**
     * 画出背景
     */
    protected void paintComponent(Graphics g) {
        if (image != null) {                                // 如果图片已经初始化
            g.drawImage(image, 0, 0, this);                 // 画出图片
        }
        super.paintComponent(g);
    }
}
```

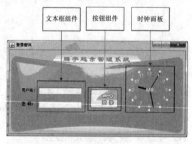

16.4.3 登录模块实现过程

登录窗体设计十分简单，由一个用户名文本框和一个密码文本框组成。为了窗体的美观，笔者还添加了一个显示时钟的面板，该窗体设计如图16-7所示。

图16-7 登录面板设计效果

 本系统中显示时钟的面板也是笔者自定义的面板，读者可在配套资源中查看时钟面板的源代码，路径为"源代码\mr\16\src\com\mingrisoft\panel\ClockPanel.java"。

下面为大家详细地介绍登录模块的实现过程：

（1）实现用户登录操作的数据表是tb_users，首先创建与数据表对应的JavaBean类User，该类中的属

性与数据表中的字段一一对应，并包含了属性的set×××()与get×××()方法，具体代码如下：

```
public class User {
    private int id;                                    //定义映射主键的属性
    private String userName;                           //定义映射用户名的属性
    private String passWord;                           //定义映射密码的属性
    public int getId() {                               //id属性的get×××()方法
        return id;
    }
    public void setId(int id) {                         //id属性的set×××()方法
        this.id = id;
    }
    public String getUserName() {
        return userName;
    }
    public void setUserName(String userName) {
        this.userName = userName;
    }
    public String getPassWord() {
        return passWord;
    }
    public void setPassWord(String passWord) {
        this.passWord = passWord;
    }
}
```

（2）由于本系统的主窗体中显示了当前登录系统的用户名，而当前登录的用户对象是在登录窗体中查询出来的，为了实现两个窗体间的通信，可以创建保存用户会话的Session类，该类中包含有User对象的属性，并含有该属性的set×××()与get×××()方法。代码如下：

```
public class Session {
    private static User user;                          //User对象属性
    public static User getUser() {                     //属性的get×××()方法
            return user;
    }
    public static void setUser( User user) {           //属性的set×××()方法
        Session.user = user;
    }
}
```

（3）定义类UserDao，在该类中实现按用户名与密码查询用户方法getUser()，该方法的返回值为User对象，具体代码如下：

```
GetConnection connection = new GetConnection();
Connection conn = null;
//编写按用户名密码查询用户的方法
```

```
public User getUser(String userName，String passWord){
    User user = new User();                                    //创建JavaBean对象
    conn = connection.getCon();                                //获取数据库连接
    try {
        String sql = "select * from tb_users where userName = ? and passWord = ?";
                                                               //定义查询预处理语句
        PreparedStatement statement = conn.prepareStatement(sql);
                                                               //实例化PreparedStatement对象
        statement.setString(1, userName);                      //设置预处理语句参数
        statement.setString(2, passWord);
        ResultSet rest = statement.executeQuery();             //执行预处理语句
        while(rest.next()){
        user.setId(rest.getInt(1));                            //应用查询结果设置对象属性
            user.setUserName(rest.getString(2));
            user.setPassWord(rest.getString(3));
        }
    } catch (SQLException e) {
        e.printStackTrace();
    }
    return user;                                               //返回查询结果
}
```

（4）在登录按钮的单击事件中，调用判断用户是否合法的方法getUser()，如果用户输入的用户名与密码合法，将转发至系统主窗体；如果用户输入了错误的用户名与密码，则给出相应的提示。具体代码如下：

```
enterButton.addActionListener(new ActionListener() {//按钮的单击事件
    public void actionPerformed(ActionEvent e) {
        UserDao userDao = new UserDao();                       //创建保存有操作数据库类对象
                                                               //以用户添加的用户名与密码为参数调用查询用
户方法
        User user
        = userDao.getUser(userNameTextField.getText(), passwordField.getText());
        if(user.getId()>0){                                    //判断用户编号是否大于0
            Session.setUser(user);                             //设置Session对象的User属性值
            RemoveButtomFrame frame = new RemoveButtomFrame(); //创建主窗体对象
            frame.setVisible(true);                            //显示主窗体
            Enter.this.dispose();                              //销毁登录窗体
        }
        else{                                                  //如果用户输入的用户名与密码错误
            JOptionPane.showMessageDialog(getContentPane(), "用户名或密码错误");
                                                               //给出提示信息
            userNameTextField.setText("");                     //用户名文本框设置为空
```

```
                passwordField.setText("");          //密码文本框设置为空
            }
        }
    });
```

16.5　主窗体设计

16.5.1　主窗体概述

成功登录系统后，即可进入程序的主窗体。系统的主窗体中以移动面板的形式显示了各功能按钮，并在初始化状态中显示基本档案管理模块的相关功能，并为用户提供了时钟和日历面板。主窗体运行结果如图16-8所示。

16.5.2　平移面板控件

在主窗体中笔者添加了移动面板控件，移动面板在水平方向添加了多个控件，通过左右平移两个按钮可以调整显示内容。在窗体中添加平移面板不仅可以增加窗体的灵活性，还能够提升窗体的美观效果。实现平移面板的关键在于控制滚动面板中滚动条的当前值，这需要获取滚动面板的滚动条与设置滚动条当前值的相关知识，下面分别进行介绍。

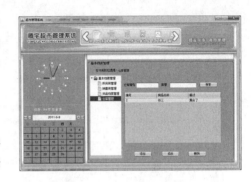

图16-8　程序主窗体运行结果

（1）获取滚动面板的水平滚动条

滚动面板包含水平和垂直两个方向的滚动条，通过适当的方法可以获取它们，下面的方法可以获取控制视口的水平视图位置的水平滚动条。方法声明如下：

```
public JScrollBar getHorizontalScrollBar()
```

（2）获取滚动条当前值

滚动条的控制对象就是当前值，这个值控制滚动条滑块的位置和滚动面板视图的位置。可以通过getValue()方法来获取这个值，方法声明如下：

```
public int getValue()
```

（3）设置滚动条当前值

```
public void setValue(int value)
```

参数说明：

value：滚动条新的当前值。

创建成功滚动面板后，将按钮添加到滚动面板即可。本系统实现滚动面板的类为SmallScrollPanel，该类是一个面板类，在该类的构造方法中初始化面板滚动事件处理器，代码如下：

```
public SmallScrollPanel() {
    scrollMouseAdapter = new ScrollMouseAdapter();                    // 初始化处理器
                                                                      // 初始化程序用图

    icon1 = new ImageIcon(getClass().getResource("top01.png"));
    icon2 = new ImageIcon(getClass().getResource("top02.png"));
    setIcon(icon1);                                                   // 设置用图
    setIconFill(BOTH_FILL);                                           // 将图标拉伸适应界面大小
```

```
        initialize();                              // 调用初始化方法
    }
```

在SmallScrollPanel类的初始化方法中设置面板布局，并在窗体中添加左侧和右侧的微调按钮，具体代码如下：

```
    private void initialize() {
        BorderLayout borderLayout = new BorderLayout();
        borderLayout.setHgap(0);
        this.setLayout(borderLayout);              // 设置布局管理器
        this.setSize(new Dimension(300, 84));
        this.setOpaque(false);                     // 使控件透明
                                                   // 添加滚动面板到界面居中位置
        this.add(getAlphaScrollPanel(), BorderLayout.CENTER);
                                                   // 添加左侧微调按钮
        this.add(getLeftScrollButton(), BorderLayout.WEST);
                                                   // 添加右侧微调按钮
        this.add(getRightScrollButton(), BorderLayout.EAST);
    }
```

在平移面板中左右侧的两个箭头形状平移按钮，其实为两个添加背景的按钮，将该按钮的边框去掉，就可显示为大家看到的效果。下面以左侧微调按钮为例，为大家介绍微调按钮的实现代码：

```
    private JButton getLeftScrollButton() {
        if (leftScrollButton == null) {
            leftScrollButton = new JButton();
            // 创建按钮图标
            ImageIcon icon1 = new ImageIcon(getClass().getResource(
                    "/com/mingrisoft/frame/buttonIcons/zuoyidongoff.png"));
            // 创建按钮图标2
            ImageIcon icon2 = new ImageIcon(getClass().getResource(
                    "/com/mingrisoft/frame/buttonIcons/zuoyidongon.png"));
            leftScrollButton.setOpaque(false); // 按钮透明
            // 设置边框
            leftScrollButton.setBorder(createEmptyBorder(0, 10, 0, 0));
            // 设置按钮图标
            leftScrollButton.setIcon(icon1);
            leftScrollButton.setPressedIcon(icon2);
            leftScrollButton.setRolloverIcon(icon2);
            // 取消按钮内容填充
            leftScrollButton.setContentAreaFilled(false);
            // 设置初始大小
            leftScrollButton.setPreferredSize(new Dimension(38, 0));
            // 取消按钮焦点功能
            leftScrollButton.setFocusable(false);
```

```
        // 添加滚动事件监听器
        leftScrollButton.addMouseListener(scrollMouseAdapter);
    }

        return leftScrollButton;

    }
```

创建左右微调按钮的事件监听器，实现当用户单击左右微调按钮时，移动面板，具体代码如下：

```
private final class ScrollMouseAdapter extends MouseAdapter implements
        Serializable {
    private static final long serialVersionUID = 5589204752770150732L;
    JScrollBar scrollBar = getAlphaScrollPanel().getHorizontalScrollBar();
                                            // 获取滚动面板的水平滚动条
    private boolean isPressed = true;       // 定义线程控制变量
    public void mousePressed(MouseEvent e) {
        Object source = e.getSource();      // 获取事件源
        isPressed = true;
        if (source == getLeftScrollButton()) {  // 判断事件源是左侧按钮还是右侧按钮，并执行相应操作
            scrollMoved(-1);
        } else {
            scrollMoved(1);
        }
    }
    /**
     * 移动滚动条的方法
     * @param orientation
     *      移动方向 -1是左或上移动，1是右或下移动
     */
    private void scrollMoved(final int orientation) {
        new Thread() {                      // 开辟新的线程
            private int oldValue = scrollBar.getValue();  // 保存原有滚动条的值
            public void run() {
                while (isPressed) {         // 循环移动面板
                    try {
                        Thread.sleep(10);
                    } catch (InterruptedException e1) {
                        e1.printStackTrace();
                    }
                    oldValue = scrollBar.getValue();  // 获取滚动条当前值
                    EventQueue.invokeLater(new Runnable() {
                        public void run() {
                            scrollBar.setValue(oldValue + 3 * orientation);
                                            // 设置滚动条移动3个像素
```

```
            }
        });
    }
}
}.start();
}
public void mouseExited(java.awt.event.MouseEvent e) {
    isPressed = false;
}
@Override
public void mouseReleased(MouseEvent e) {
    isPressed = false;
}
}
```

平移面板SmallScrollPanel类的设计效果如图16-9所示。

16.5.3 主窗体实现过程

主窗体由多个面板组成，除了前面为大家介绍过的功能按钮
面板、时钟面板、日历面板外，还包括功能显示区面板。与主窗体
中的其他面板不同，功能显示区面板是随时更换的，当用户单击不
同的功能按钮，系统通过显示不同的面板来实现窗体内容的随时更
换，设计效果如图16-10所示。

下面为大家介绍在主窗体的实现过程中的几个重要实现过程。

说明 主窗体中的日历面板为自定义面板，读者可参考配套资源
中的源程序，路径为"源程序\mr\16\src\com\mingrisoft\
widget\CalendarPanel.java"。

（1）通过如图16-10所示的设计效果可以看到，主窗体中显示
了当前登录的用户名，实现显示当前登录用户名代码如下：

```
User user =  Session.getUser();                //获取登录用户对象
String info = "<html><body>" + "<font color=#FFFFFF>你 好：</font>"
        + "<font color=yellow><b>" + user.getUserName() + "</b></font>"
        + "<font color=#FFFFFF>              欢 迎 登 录</font>" + "</body></html>";
                                                //定义窗体显示内容
clockpanel.add(getPanel());
JLabel label = new JLabel(info);               //定义显示指定内容的标签对象
```

（2）创建完成如图16-9所示的平移面
板后，需要创建按钮组面板，再将按钮组面
板添加到平移面板，才实现了主窗体中显示
的效果。按钮组面板采用网格布局，设计效
果如图16-11所示。

图16-9　平移面板设计效果

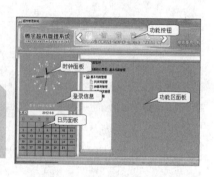

图16-10　主窗体设计效果

图16-11　按钮组面板设计效果

按钮组面板的实现代码如下所示：

```java
public BGPanel getJPanel() {
    if (jPanel == null) {
        GridLayout gridLayout = new GridLayout();            //定义网格布局管理器
        gridLayout.setRows(1);                               //设置网格布局管理器的行数
        gridLayout.setHgap(0);                               //设置组件间水平间距
        gridLayout.setVgap(0);                               //设置组件间垂直间距
        jPanel = new BGPanel();
        jPanel.setLayout(gridLayout);                        // 设置布局管理器
        jPanel.setPreferredSize(new Dimension(400, 50));     // 设置初始大小
        jPanel.setOpaque(false);
        jPanel.add(getWorkSpaceButton(), null);              // 添加按钮
        jPanel.add(getProgressButton(), null);
        jPanel.add(getrukuButton(), null);
        jPanel.add(getchukuButton(), null);
        jPanel.add(getPersonnelManagerButton(), null);
        jPanel.add(getDeptManagerButton(), null);
        if (buttonGroup == null) {
            buttonGroup = new ButtonGroup();
        }
        // 把所有按钮添加到一个组控件中
        buttonGroup.add(getProgressButton());
        buttonGroup.add(getWorkSpaceButton());
        buttonGroup.add(getrukuButton());
        buttonGroup.add(getchukuButton());
        buttonGroup.add(getPersonnelManagerButton());
        buttonGroup.add(getDeptManagerButton());
    }
    return jPanel;
}
```

 该方法中返回的是BGPanel对象，该对象也是一个自定义的面板，读者可参考本书配套资源来看该类的源代码，路径为"源代码\mr\16\src\com\mingrisoft\widget\BGPanel.java"。

（3）本系统中将平移面板中的各个按钮都封装在单独的方法中，下面以"基本档案"按钮为例，为大家介绍平移面板中各按钮的实现代码：

```java
private GlassButton getWorkSpaceButton() {
    if (workSpaceButton == null) {
        workSpaceButton = new GlassButton();
        workSpaceButton.setActionCommand("基本档案");              //设置按钮的动作命令
        workSpaceButton.setIcon(new ImageIcon(getClass().getResource(
```

```
                                "/com/mingrisoft/frame/buttonIcons/myWorkSpace.png")));
                                                //定义按钮的初始化背景
                ImageIcon icon = new ImageIcon(getClass().getResource(
                    "/com/mingrisoft/frame/buttonIcons/myWorkSpace2.png"));
                                                //创建图片对象
                workSpaceButton.setRolloverIcon(icon);              //设置按钮的翻转图片
                workSpaceButton.setSelectedIcon(icon);              //设置按钮被选中时显示图片
                workSpaceButton.setSelected(true);
                workSpaceButton.addActionListener(new toolsButtonActionAdapter());
                                                //按钮的监听器
            }
            return workSpaceButton;
        }
```

16.6　采购订货模块设计

16.6.1　采购订货模块概述

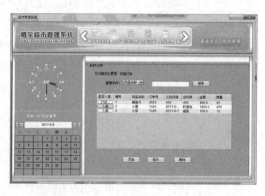

图16-12　采购订货模块运行效果

在超市的日常管理活动中，对于商品的采购和订货是不可缺少的。当用户单击平移面板中的"采购订货"按钮，即可进入采购订货模块，该模块中以表格的形式显示采购订货信息。在采购订货模块中还包括添加采购订货信息、修改采购订货信息、删除采购订货信息功能，运行效果如图16-12所示。

16.6.2　在表格中添加按钮

表格用于显示复合数据，其中可以指定表格的表头和表文。默认的表格控件完全是以文本方式显示目标数据，要实现在表格中添加按钮或其他组件就要设置自定义的渲染器。表格的渲染器通过TableCellRenderer接口实现，该接口中定义了getTableCellRendererComponent()方法，这个方法将被表格控件回调来渲染指定的单元格控件。重写这个方法并在方法体中控制单元格的渲染，就可以把按钮作为表格的单元格控件。该方法的声明如下：

```
Component getTableCellRendererComponent(JTable table, Object value, boolean isSelected, boolean
hasFocus, int row, int column)
```

方法中的参数说明如表16-6所示。

表16-6　getTableCellRendererComponent方法的参数说明

字　段	类　型
table	要求渲染器绘制的JTable；可以为 null
value	要呈现的单元格的值，由具体的渲染器解释和绘制该值。例如，如果 value 是字符串 "true"，则它可呈现为字符串，或者也可呈现为已选中的复选框。null 是有效值
isSelected	如果使用选中样式的高亮显示来呈现该单元格，则为 true；否则为 false

续表

字　段	类　型
hasFocus	如果为 true，则适当地呈现单元格。例如，在单元格上放入特殊的边框，如果可以编辑该单元格，则以彩色呈现它，用于指示正在进行编辑
row	要绘制的单元格的行索引。绘制头时，row 值是 −1
column	要绘制的单元格的列索引

例如，本模块中，设置"是否入库"列的渲染器，代码如下：

```
table.getColumn("是否入库").setCellRenderer(new ButtonRenderer());        //设置指定列的渲染器
```

16.6.3　添加采购订货信息实现过程

当用户单击采购订货窗体中的"添加"按钮，即可弹出添加采购订货信息窗体，该窗体运行结果如图16-13所示。

图16-13　添加采购订货信息窗体运行结果

下面为大家详细地介绍添加采购订货窗体的实现过程：

（1）创建与采购订货表tb_stock对应的JavaBean对象Stock，该类中的属性与tb_stock表中的字段一一对应，并包括了各属性的set×××()与get×××()方法，具体代码如下：

```
public class Stock {

    private int id;

    private String sName;

    private String orderId;

    private String consignmentDate;

    private String baleName;

    private String count;

    private float money;

    private String lairage;

    public int getId() {

        return id;

    }

    public void setId(int id) {

        this.id = id;

    }

    …//省略了其他属性的set×××()与get×××()方法

}
```

（2）定义对采购订货表tb_stock中数据进行操作类StockDao，其中添加采购订货信息方法insertStock()，该方法以Stock为对象，具体代码如下：

```
public void insertStock(Stock stock) {

    conn = connection.getCon();                                        //获取数据库连接
```

```
        try {
            PreparedStatement statement = conn
                .prepareStatement("insert into tb_stock values(?, ?, ?, ?, ?, ?)");
                                                    //定义查询数据的SQL语句
            statement.setString(1, stock.getsName());          //设置预处理语句参数
            statement.setString(2, stock.getOrderId());
            statement.setString(3, stock.getConsignmentDate());
            statement.setString(4, stock.getBaleName());
            statement.setString(5, stock.getCount());
            statement.setFloat(6, stock.getMoney());
            statement.executeUpdate();                         //执行插入操作
        } catch (SQLException e) {
            e.printStackTrace();
        }
    }
```

（3）在添加采购订货信息窗体的"添加"按钮的单击事件中，实现判断用户填写的信息是否合法，再将这些信息保存到数据库中，具体代码如下：

```
JButton insertButton = new JButton("添加");
insertButton.addActionListener(new ActionListener() {
    public void actionPerformed(ActionEvent e) {
        StockDao dao = new StockDao();                 //定义操作数据表方法
        String oId = orderIdTextField.getText();       //获取用户添加的订单号
        String wname = nameTextField.getText();        //获取用户添加的客户名称
        String wDate = dateTextField.getText();        //获取用户添加的交货日期
        String count = countTextField.getText();       //获取用户添加的商品数量
        String bName = wNameTextField.getText();       //获取用户添加的货品名称
        String money = moneyTextField.getText();       //获取用户添加的货品金额
        int countIn = 0;
        float fmoney = 0;
        if((oId.equals(""))||(wname.equals("")) ||(wDate.equals("")) ||
            (count.equals("")) || (money.equals(""))){ //判断用户添加的信息是否完整
        JOptionPane.showMessageDialog(getContentPane(), "请将带星号的内容填写完整！",
                "信息提示框", JOptionPane.INFORMATION_MESSAGE);
                                                       //给出提示信息
            return;                                    //退出程序
        }
        try{
            countIn   = Integer.parseInt(count);       //将用户添加的数量转换为整型
            fmoney = Float.parseFloat(money);
        }catch (Exception ee) {
            JOptionPane.showMessageDialog(getContentPane(), "要输入数字！",
```

```
                    "信息提示框", JOptionPane.INFORMATION_MESSAGE);
            return;
        }
        Stock stock = new Stock();                      //定义与数据表对应的JavaBean对象
        stock.setsName(wname);                          //设置对象属性
        stock.setBaleName(bName);
        stock.setConsignmentDate(wDate);
        stock.setCount(count);
        stock.setMoney(fmoney);
        stock.setOrderId(oId);
        dao.insertStock(stock);                         //调用数据库添加方法
        JOptionPane.showMessageDialog(getContentPane(), "数据添加成功！",
                "信息提示框", JOptionPane.INFORMATION_MESSAGE);//提示信息
    }
});
```

16.6.4　搜索采购订货信息实现过程

在采购订货模块中，添加了按指定条件搜索采购订货信息功能，用户可按照自己的需求指定查询条件，搜索采购订货信息窗体运行结果如图16-14所示。

下面为大家介绍搜索采购订货信息的具体实现过程：

（1）在搜索采购订货信息窗体中，为用户提供按"货品名称""订单号""交货时间"搜索指定采购订货信息。下面以按货品名称查询采购订货信息为例，为大家介绍查询数据库方法，代码如下：

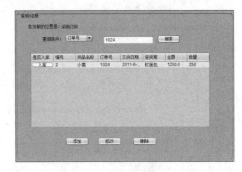

图16-14　搜索采购订货窗体

```
public List selectStockBySName(String sName) {
    List list = new ArrayList<Stock>();
                                                    //定义保存查询结果的List对象
    conn = connection.getCon();                     //获取数据库连接
    int id = 0;
    try {
        Statement statement = conn.createStatement();   //实例化Statement对象
                                                        //定义查询语句，获取查询结果集
        ResultSet rest = statement.executeQuery("select * from tb_stock where sName ='"+sName+
"'");
        while (rest.next()) {                           //循环遍历查询结果集
            Stock stock = new Stock();                  //定义与数据表对象的JavaBean对象
            stock.setId(rest.getInt(1));                //应用查询结果设置JavaBean属性
            stock.setsName(rest.getString(2));
            stock.setOrderId(rest.getString(3));
            stock.setConsignmentDate(rest.getString(4));
```

```
            stock.setBaleName(rest.getString(5));
            stock.setCount(rest.getString(6));
            stock.setMoney(rest.getFloat(7));
            list.add(stock);                              //将JavaBean对象添加到集合
        }
    } catch (SQLException e) {
        e.printStackTrace();
    }
    return list;                                          //返回查询集合
}
```

（2）当用户单击"搜索"按钮时，首先将表格中的数据全部删除，再将满足条件的数据填写到表格中，关键代码如下：

```
JButton findButton = new JButton("搜索");
findButton.addActionListener(new ActionListener() {
    public void actionPerformed(ActionEvent e) {
        dm.setRowCount(0);                            //将表格内容清空
        String condition = comboBox.getSelectedItem().toString();
                                                      //获取用户选择的查询条件
        String conditionText = conditionTextField.getText();//获取用户添加的查询条件
        if(conditionText.equals("")){                 //如果用户没有添加查询条件
            JOptionPane.showMessageDialog(getParent(), "请输入查询条件！",
                "信息提示框", JOptionPane.INFORMATION_MESSAGE);   //给出提示信息
                    return;                                      //退出程序
        }
        if(condition.equals("货品名称")){               //如果用户选择按货品名称进行搜索
            List list = dao.selectStockBySName(conditionText);
                                                      //调用按货品名称查询数据方法
            for(int i= 0;i<list.size();i++){          //循环遍历查询结果
                Stock stock = (Stock)list.get(i);
                String oid = stock.getOrderId();      //获取订单号信息
                int id = dao.selectJoinStockByOid(oid); //根据订单号查询入库信息
                if(id <=0){                           //如果该订单的货品在入库表中不存在
                    dm.addRow(newObject[]{"入库", stock.getId(), stock.getsName(), stock.getOrderId
(), stock.getConsignmentDate(), stock.getBaleName(),
                        stock.getMoney(), stock.getCount()});    //向表格中添加数据
                }
                else{                                 //如果指定订单号的货品名称在入库表中存在
                    dm.addRow(new Object[]{"已经入库", stock.getId(), stock.getsName(), stock.getOrderId(), stock.
getConsignmentDate(), stock.getBaleName(),
                        stock.getMoney(), stock.getCount()});
                }
```

```
        }
    }
```

16.6.5 修改采购订货信息实现过程

采购订货模块中提供了修改采购订货信息功能，当用户在显示采购订货信息的表格中选择要修改的信息后，单击窗体中的"修改"按钮，即可打开修改采购订货信息窗体，运行结果如图16-15所示。

下面为大家详细地介绍修改采购订货信息窗体的实现过程：

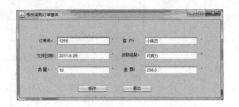

图16-15　修改采购订货信息窗体

（1）创建修改采购订货信息方法updateStock()，该方法以Stock对象作为参数，具体代码如下：

```
public void updateStock(Stock stock) {
    conn = connection.getCon();                                //获取数据库连接
    try {
        String sql = "update tb_stock set sName=?, orderId=?, consignmentDate=?, " +
                "baleName=?, count=?, money=? where id =?";    //定义修改数据表方法
        PreparedStatement statement = conn.prepareStatement(sql);
                                                               //获取PreparedStatement对象
        statement.setString(1, stock.getsName());              //设置预处理语句参数值
        statement.setString(2, stock.getOrderId());
        statement.setString(3, stock.getConsignmentDate());
        statement.setString(4, stock.getBaleName());
        statement.setString(5, stock.getCount());
        statement.setFloat(6, stock.getMoney());
        statement.setInt(7, stock.getId());
        statement.executeUpdate();                             //执行更新语句
    } catch (SQLException e) {
        e.printStackTrace();
    }
}
```

（2）要实现修改采购订货信息，首先应将要修改的内容查询出来，并显示在窗体中，这样才能实现修改操作。首先编写按编号查询采购订货信息的方法selectStockByid()，具体代码如下：

```
public Stock selectStockByid(int id) {
    Stock stock = new Stock();                          //定义对与数据库对应的JavaBean对象
    conn = connection.getCon();                         //获取数据库连接
    try {
        Statement statement = conn.createStatement();
        String sql = "select * from tb_stock where id = " + id;   //定义查询SQL语句
        ResultSet rest = statement.executeQuery(sql);    //执行查询语句获取查询结果集
        while (rest.next()) {                            //循环遍历查询结果集
```

```
            stock.setId(id);                          //应用查询结果设置对象属性
            stock.setsName(rest.getString(2));
            stock.setOrderId(rest.getString(3));
            stock.setConsignmentDate(rest.getString(4));
            stock.setBaleName(rest.getString(5));
            stock.setCount(rest.getString(6));
            stock.setMoney(rest.getFloat(7));
        }
    } catch (SQLException e) {
        e.printStackTrace();
    }
    return stock;                                     //返回Stock对象
}
```

（3）由于显示采购订货信息窗体与修改采购订货信息窗体是两个独立的窗体，用户需要在显示采购订货信息窗体中选择要修改的信息，系统会将指定采购订货信息的编号写入到文本文件中，之后在修改采购订货信息窗体中读取出来，这样就可实现在修改采购订货信息窗体中显示要修改的订货信息。在显示采购订货信息窗体中，将用户选择的采购订货信息保存在文本文件中的代码如下：

```
JButton updateButton = new JButton("修改");
updateButton.addActionListener(new ActionListener() {
    public void actionPerformed(ActionEvent e) {
        int row = table.getSelectedRow();               //获取用户选中表格的行数
        if (row < 0) {
            JOptionPane.showMessageDialog(getParent(), "没有选择要修改的数据! ",
                    "信息提示框", JOptionPane.INFORMATION_MESSAGE);
            return;
        } else {
            File file = new File("filedd.txt");          //创建文件对象
            try {
                String column = dm.getValueAt(row, 1).toString();
                                                         //获取表格中的数据
                file.createNewFile();                    //新建文件
                FileOutputStream out = new FileOutputStream(file);
                out.write((Integer.parseInt(column)));//将数据写入文件中
                UpdateStockFrame frame = new UpdateStockFrame();
                                                         //创建修改信息窗体
                frame.setVisible(true);
                out.close();                             //将流关闭
                repaint();
            } catch (Exception ee) {
                ee.printStackTrace();
            }
```

```
                }
            }
    });
```

（4）在修改采购订货信息窗体UpdateStockFrame中，读取用户写在文本文件中保存的要修改的采购订货信息编号，再按照这个编号查询要修改的采购订货信息对象，将该对象的信息显示在窗体中，关键代码如下：

```
try {
        File file = new File("filedd.txt");                    //创建文件对象
    FileInputStream fin = new FileInputStream(file);           //创建文件输入流对象
    int count = fin.read();                                    //读取文件中数据
    stock = dao.selectStockByid(count);                        //调用按编号查询数据方法
    file.delete();                                             //删除文件
    } catch (Exception e) {
        e.printStackTrace();
}
JLabel orderIdLabel = new JLabel("订单号：");
orderIdLabel.setBounds(59, 55, 60, 15);
contentPane.add(orderIdLabel);
orderIdTextField = new JTextField();                           //创建文本框对象
orderIdTextField.setText(stock.getOrderId());                 //设置文本框对象内容
orderIdTextField.setBounds(114, 50, 164, 25);
contentPane.add(orderIdTextField);                            //将文本框对象添加到面板中
orderIdTextField.setColumns(10);
...//省略了设置窗体其他内容的代码
```

（5）在修改采购订货信息窗体的"修改"按钮中，调用修改采购订货信息方法，将用户修改的信息保存到数据库中。

```
JButton insertButton = new JButton("修改");
insertButton.addActionListener(new ActionListener() {
    public void actionPerformed(ActionEvent e) {
        StockDao dao = new StockDao();                        //创建保存有修改方法的类对象
        String oId = orderIdTextField.getText();              //获取用户填写订单数据
        String wname = nameTextField.getText();               //获取用户填写的客户名信息
        String wDate = dateTextField.getText();               //获取用户填写的交货日期信息
        String count = countTextField.getText();
        String bName = wNameTextField.getText();
        String money = moneyTextField.getText();
        int countIn = 0;
        float fmoney = 0;
        if((oId.equals(""))||(wname.equals("")) ||(wDate.equals("")) ||
            (count.equals("")) || (money.equals(""))){         //判断用户是否将信息添加完整
            JOptionPane.showMessageDialog(getContentPane(), "请将带星号的内容填写完整!
```

```
                  ","信息提示框", JOptionPane.INFORMATION_MESSAGE);//给出提示信息
                  return;
              }
              try{
                  countIn    = Integer.parseInt(count);              //将用户填写的数量转换为整数
                  fmoney = Float.parseFloat(money);
              }catch (Exception ee) {
                  JOptionPane.showMessageDialog(getContentPane(),"要输入数字！",
                      "信息提示框", JOptionPane.INFORMATION_MESSAGE);
                                                              //如果有异常给出提示信息
                  return;
              }
              stock.setsName(wname);                          //将设置采购订货信息属性
              stock.setBaleName(bName);
              stock.setConsignmentDate(wDate);
              stock.setCount(count);
              stock.setMoney(fmoney);
              stock.setOrderId(oId);
              dao.updateStock(stock);                         //调用修改信息方法
              JOptionPane.showMessageDialog(getContentPane(),"数据添加成功！",
                  "信息提示框", JOptionPane.INFORMATION_MESSAGE);
          }
      });
```

16.6.6 删除采购订货信息实现过程

如果要删除某采购订货信息，可以在采购订货信息表格中选中要删除的内容，再单击页面中的"删除"按钮，即可实现删除操作。实现删除功能的具体实现步骤如下。

（1）定义删除数据deleteStock()方法，该方法有一个int类型参数，用于指定要删除采购订货信息的编号，具体代码如下：

```
public void deleteStock(int id){
    conn = connection.getCon();                         //获取数据库连接
    String sql = "delete from tb_stock where id ="+id;  //定义删除数据SQL语句
    try {
        Statement statement = conn.createStatement();    //实例化Statement对象
        statement.executeUpdate(sql);                    //执行SQL语句
    } catch (SQLException e) {
        e.printStackTrace();
    }
}
```

（2）在"删除"按钮的单击事件中，获取用户选择的要删除的采购订货信息编号，再调用删除采购订货信息的方法，具体代码如下：

```
JButton deleteButton = new JButton("删除");
deleteButton.addActionListener(new ActionListener() {
    public void actionPerformed(ActionEvent e) {
        int row = table.getSelectedRow();                    //获取用户选择的表格的行号
        if (row < 0) {                                       //判断用户选择的行号是否大于0
            JOptionPane.showMessageDialog(getParent(), "没有选择要删除的数据！",
                    "信息提示框", JOptionPane.INFORMATION_MESSAGE);
            return;                                          //退出程序
        }
        String column = dm.getValueAt(row, 1).toString();    //获取用户选择的行的第一列数据
        dao.deleteStock(Integer.parseInt(column));           //调用删除数据方法
        JOptionPane.showMessageDialog(getParent(), "数据删除成功！",
                "信息提示框", JOptionPane.INFORMATION_MESSAGE);           //给出提示信息
    }
});
```

16.7 人员管理模块设计

16.7.1 人员管理模块概述

人员管理模块为超市管理员提供了管理超市内部员工的功能。人员管理模块涉及了4张表，分别为部门表、职务信息表、员工基本信息表、员工详细信息表。人员管理窗体运行效果如图16-16所示。

16.7.2 使用触发器级联删除数据

本模块在保存员工信息时，使用了两张表，分别为员工基本信息表与员工详细信息表。这两个表中的数据是一一对应的，如果在员工基本信息表中删除数据后，对应的员工详细信息表中的数据也应该删除，因此，可以通过创建DELETE触发器来实现。创建触发器要在数据库中实现，具体语法如下：

图16-16 人员管理窗体运行效果

```
CREATE TRIGGER trigger_name
ON { table | view }
[ WITH ENCRYPTION ]
{
  { { FOR | AFTER | INSTEAD OF } { [ INSERT ] [ , ] [ UPDATE ] }
    [ WITH APPEND ]
    [ NOT FOR REPLICATION ]
    AS
    [ { IF UPDATE ( column )
      [ { AND | OR } UPDATE ( column ) ]
```

```
        [ ...n]
    | IF ( COLUMNS_UPDATED ( ) { bitwise_operator } updated_bitmask )
        { comparison_operator } column_bitmask [ ...n]
    } ]
    sql_statement [ ...n]
    }
}
```

参数说明如表16-7所示。

表16-7　CREATE TRIGGER函数的参数说明

参　　数	说　　明
trigger_name	所要创建的触发器的名称
table | view	指创建触发器所在的表或视图，也可以称为触发器表或触发器视图
AFTER	指定触发器只有在完成规定的所有SQL语句之后才会被触发
AS	触发器要执行的操作
sql_statement	触发器的条件或操作。触发器条件指定其他准则，以确定DELETE、INSERT或UPDATE语句是否导致执行触发器

例如，在本系统中的员工基本信息表上创建触发器，实现删除指定的员工信息时，对应员工详细信息表中的数据也将删除。代码如下：

```
create trigger triGradeDelete on tb_basicMessage
for delete
as
declare @id varchar(10)
select @id = id from deleted
delete from tb_contact where tb_contact.id = @id
```

16.7.3　显示查询条件实现过程

本系统中将查询员工信息的条件以列表的形式给出，其中部门列表中的数据是从部门信息表中查询并显示在窗体中的。当用户选择了要查询员工的部门，系统会将该部门中的所有员工名称都显示在姓名列表中。人员管理模块的查询条件设计效果如图16-17所示。

图16-17　显示查询条件的设计效果

下面为大家详细地介绍显示查询条件的实现过程：

（1）定义查询部门表中所有数据的方法selectDept()，该方法将查询结果以List形式返回，具体代码如下：

```
public List selectDept() {
    List list = new ArrayList<Dept>();                          //定义List集合对象
    conn = connection.getCon();                                 //获取数据库连接
    try {
```

```
        Statement statement = conn.createStatement();              //获取Statement方法
        ResultSet rest = statement.executeQuery("select * from tb_dept");
                                                                   //执行查询语句获取查询结果集

        while (rest.next()) {                                       //循环遍历查询结果集
            Dept dept = new Dept();
            dept.setId(rest.getInt(1));                            //应用查询结果设置对象属性
            dept.setdName(rest.getString(2));
            dept.setPrincipal(rest.getString(3));
            dept.setBewrite(rest.getString(4));
            list.add(dept);                                        //将对象添加到集合中
        }
    } catch (SQLException e) {
        e.printStackTrace();
    }
    return list;
}
```

（2）在人员管理窗体中，调用查询所有部门信息的方法，并将查询出的结果显示在窗体中。具体代码如下：

```
List list = dao.selectDept();                                      //调用查询所有部门信息的方法
String dName[] = new String[list.size() + 1];                      //根据查询结果创建字符串数组对象
dName[0] = "";
for (int i = 0; i < list.size(); i++) {                            //循环遍历查询结果集
    Dept dept = (Dept) list.get(i);
    dName[i + 1] = dept.getdName();                                //获取查询结果中的部门名称
}
final JComboBox dNamecomboBox = new JComboBox(dName);              //实例化下拉列表对象
```

（3）定义查询指定部门中所有员工信息的方法selectBasicMessageByDept()，该方法将查询结果以List形式返回，具体代码如下：

```
public List selectBasicMessageByDept(int dept) {
    conn = connection.getCon();                                    //获取数据库连接
    List list = new ArrayList<String>();                           //定义保存查询结果的集合对象
    try {
        Statement statement = conn.createStatement();              //实例化Statement对象
        String sql = "select name from tb_basicMessage where dept = " + dept +"'";
                                                                   //定义按照部门名称查询员工信息的方法
        ResultSet rest = statement.executeQuery(sql);              //执行查询语句获取查询结果集
        while (rest.next()) {                                       //循环遍历查询结果集
            list.add(rest.getString(1));                           //将查询信息保存到集合中
        }
    } catch (SQLException e) {
        e.printStackTrace();
```

```
        }
        return list;                          //返回查询集合
    }
```

（4）在部门下拉列表中添加监听事件，实现当用户在部门下拉列表中更改部门名称时，姓名下拉列表中的内容也随之更新，具体代码如下：

```
final JComboBox dNamecomboBox = new JComboBox(dName);        //实例化下拉列表对象
dNamecomboBox.addActionListener((new ActionListener() {      //添加下拉列表监听事件
    @Override
    public void actionPerformed(ActionEvent e) {
        String dName = dNamecomboBox.getSelectedItem().toString();
                                                             //获取用户选择的部门名称
        DeptDao deptDao = new DeptDao();                     //定义保存有操作数据库类对象
        int id = deptDao.selectDeptIdByName(dName);          //调用获取部门编号的方法
        List<String> listName = perdao.selectBasicMessageByDept(id);
                                                             //调用按部门编号查询所有员工信息的方法
        for (int i = 0; i < listName.size(); i++) {          //循环遍历查询结果集
            pNameComboBox.addItem(listName.get(i));
                                                             //向姓名下拉列表中添加元素
        }
        repaint();
    }
}));
```

16.7.4 显示员工基本信息实现过程

当用户选择了要查询的员工后，单击"员工信息"列表中的"基本信息"列表项后，系统会将该用户的基本信息显示在窗体中，运行结果如图16-18所示。

下面为大家介绍具体的实现过程。

（1）本模块的员工基本信息是通过员工部门信息与员工姓名查询出来的，首先编写按照部门名称和员工信息查询员工基本信息的方法，代码如下：

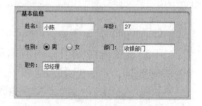

图16-18　员工基本信息

```
public BasicMessage selectBNameById(String dept，String name) {

    conn = connection.getCon();                          //获取数据库连接
    BasicMessage message = new BasicMessage();           //创建与数据表对应的JavaBean对象
    try {
        Statement statement = conn.createStatement();
        String sql = "select * from tb_basicMessage where name = ' "+name+" ' and dept = (select id from tb_
dept" +" where dName = ' "+dept+" ')";                   //定义查询数据的SQL语句
        ResultSet rest = statement.executeQuery(sql);    //执行查询语句
        while (rest.next()) {                            //循环遍历查询结果集
```

```
                message.setId(rest.getInt(1));        //应用查询结果设置对象属性
                message.setName(rest.getString(2));
                message.setAge(rest.getInt(3));
                message.setSex(rest.getString(4));
                message.setDept(rest.getInt(5));
                message.setHeadship(rest.getInt(6));
            }
        } catch (SQLException e) {
            e.printStackTrace();
        }
        return message;
    }
```

（2）在显示用户基本信息的系统窗体中，首先判断用户是否选择了合法的查询条件，再将用户选择要查询的员工的基本信息显示在窗体中，具体代码如下：

```
jlist.addListSelectionListener(new ListSelectionListener() {
    public void valueChanged(ListSelectionEvent e) {
        if (!e.getValueIsAdjusting()) {
            String deptName = dNamecomboBox.getSelectedItem().toString();
                                                    //判断用户选择的查询条件
            if(deptName.equals("")){
                JOptionPane.showMessageDialog(getParent(), "没有选择查询的员工！",
                        "信息提示框", JOptionPane.INFORMATION_MESSAGE);//提示信息
                return;
            }
            JList list = (JList) e.getSource();              // 获取事件源
            String value = (String) list.getSelectedValue();
                                                    // 获取列表选项并转换为字符串
            if(value.equals("基本信息")){                    //判断用户是否选择了"基本信息"
                String name = pNameComboBox.getSelectedItem().toString();
                                                    //获取用户选择的员工姓名
                panel_1.remove(particular);                //移除显示员工详细信息的面板
                panel_1.add(bpanel);
                bpanel.setBounds(140, 53, 409, 208);
                message = perdao.selectBNameById(deptName, name);
                                                    //调用查询数据方法
                pId = message.getId();
                nameTextField.setText(message.getName());
                    //设置员工基本信息系统中的组件内容
                ageTextField.setText(message.getAge()+"");
                String sex = message.getSex();
                if(sex.equals("男")){
```

```
                manRadioButton.setSelected(true);
                                                        //设置窗体中性别单选按钮的显示内容
            }
            else{
                wradioButton.setSelected(true);
            }
        int dept = message.getDept();
        Dept depts = dao.selectDepotById(dept);
        //按照部门编号查询员工所在部门信息
        deptField.setText(depts.getdName());                //设置员工部门内容
        String hName =perdao.selectHeadshipById(message.getHeadship());
        headshipField.setText(hName);
        repaint();
        }
    }
});
```

16.7.5　添加员工信息实现过程

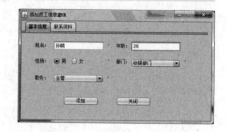

当用户单击图16-16所示的员工信息窗体的"添加"按钮后，将弹出添加员工信息窗体。添加员工信息窗体由两部分组成，分别为添加员工基本信息与添加员工联系信息，添加员工信息的窗体使用了选项卡面板，添加员工信息窗体的运行效果如图16-19所示。

下面为大家介绍具体的实现过程。

图16-19　添加员工信息窗体

（1）定义向员工基本信息表中添加数据的方法insertBasicMessage()，该方法将与员工基本信息表对应的JavaBean对象BasicMessage作为参数，具体代码如下：

```
public void insertBasicMessage(BasicMessage message) {
    conn = connection.getCon();                         //获取数据库连接
    try {
        PreparedStatement statement = conn
                .prepareStatement("insert into tb_basicMessage values(?, ?, ?, ?, ?)");
        //定义添加数据SQL语句
        statement.setString(1, message.getName());      //设置预处理语句参数值
        statement.setInt(2, message.getAge());
        statement.setString(3, message.getSex());
        statement.setInt(4, message.getDept());
        statement.setInt(5, message.getHeadship());
        statement.executeUpdate();                      //执行插入语句
    } catch (SQLException e) {
        e.printStackTrace();
    }
}
```

（2）定义向员工联系人表中添加数据的方法insertContact()，具体代码如下：

```java
public void insertContact(Contact contact) {
    conn = connection.getCon();                              //获取数据库连接
    try {
        PreparedStatement statement = conn
                .prepareStatement("insert into tb_contact values(?, ?, ?, ?, ?, ?)");
                                                             //定义插入数据的SQL语句
        statement.setInt(1, contact.getHid());               //设置插入语句参数
        statement.setString(2, contact.getContact());
        statement.setString(3, contact.getOfficePhone());
        statement.setString(4, contact.getFax());
        statement.setString(5, contact.getEmail());
        statement.setString(6, contact.getFaddress());
        statement.executeUpdate();                           //执行插入语句
    } catch (SQLException e) {
        e.printStackTrace();
    }
}
```

（3）由于在添加员工信息窗体中，部门名称以文字的形式显示给用户，而员工基本信息表中的部门字段存储的是部门表中的部门编号，因此，要定义按部门名称查询部门编号的方法selectDeptByName()，具体代码如下：

```java
public Dept selectDeptByName(String name) {
    conn = connection.getCon();                              //获取数据库连接
    Dept dept = null;
    try {
        Statement statement = conn.createStatement();        //实例化Statement对象
        String sql = "select * from tb_dept where dName = ' " + name +" ' ";
                                                             //定义按部门名称查询部门信息的SQL语句
        ResultSet rest = statement.executeQuery(sql);        //执行查询语句获取查询结果集
        while (rest.next()) {                                //循环遍历查询结果集
            dept = new Dept();                               //定义与部门表对应的JavaBean对象
            dept.setId(rest.getInt(1));                      //应用查询结果设置对象属性
            dept.setdName(rest.getString(2));
            dept.setPrincipal(rest.getString(3));
            dept.setBewrite(rest.getString(4));
        }
    } catch (SQLException e) {
        e.printStackTrace();
    }
    return dept;                                             //返回JavaBean对象
}
```

（4）定义按照职位名称查询职务编号的方法selectIdByHeadship()，该方法以String对象为参数，将查询结果以int形式返回，具体代码如下：

```
public int selectIdByHeadship(String hName) {
    int id = 0;                                           //定义保存查询结果的int对象
    conn = connection.getCon();                           //获取数据库连接
    try {
        Statement statement = conn.createStatement();     //定义Statement对象
        String sql = "select id from tb_headship where headshipName = ' " + hName+" ' ";
                                                          //定义执行查询的SQL语句
        ResultSet rest = statement.executeQuery(sql);     //执行查询语句获取查询结果集
        while (rest.next()) {                             //循环遍历查询结果集
            id = rest.getInt(1);
        }
    } catch (SQLException e) {
        e.printStackTrace();
    }
    return id;
}
```

（5）在添加员工信息窗体中，要用户输入年龄信息的文本框只允许用户输入数字，可通过在"年龄"文本框中添加键盘监听事件，实现当用户输入字母时不显示在文本框中，具体代码如下：

```
ageTextField = new JTextField();
ageTextField.addKeyListener(new KeyAdapter() {
    public void keyTyped(KeyEvent event) {                //某键按下时调用的方法
        char ch = event.getKeyChar();                     //获取用户键入的字符
        if((ch<'0'||ch>'9')){                             //如果用户输入的信息不为数字
            event.consume();                              //不允许用户键入
        }
    }
});
```

（6）在"添加"按钮的监听事件中，首先判断用户是否输入合法的信息，如果输入合法，实现将用户添加的信息保存到数据库中，具体代码如下：

```
JButton inserttutton = new JButton("添加");
inserttutton.addActionListener(new ActionListener() {
    public void actionPerformed(ActionEvent e) {
        String name = nameTextField.getText();            //获取用户添加的姓名信息
        String age = ageTextField.getText();              //获取用户添加的年龄信息
        String dept = deptComboBox.getSelectedItem().toString();
                                                          //获取用户添加的部门信息
        String headship = headshipComboBox.getSelectedItem().toString();
                                                          //获取用户添加的职务信息
        int id = dao.selectIdByHeadship(headship);        //调用根据职务名称查询职务编号方法
```

```
        if((name.equals(""))||(age.equals(""))){              //判断用户添加的信息是否为空
            JOptionPane.showMessageDialog(getContentPane(), "将带星号的信息填写完整！", "
        信息提示框", JOptionPane.INFORMATION_MESSAGE);          //给出提示信息
            return;                                            //退出程序
        }
        int ageid = Integer.parseInt(age);                     //将用户添加的年龄信息转换为整型数据
        DeptDao deptDao = new DeptDao();                       //创建保存操作部门表数据方法
        Dept dpt = deptDao.selectDeptByName(dept);             //调用根据部门名称查询部门编号方法
        message.setName(name);                                 //设置JavaBean对象名称属性
        message.setAge(ageid);
        message.setDept(dpt.getId());
        message.setHeadship(id);
        dao.insertBasicMessage(message);                       //调用向员工信息表中添加数据方法
        JOptionPane.showMessageDialog(getContentPane(), "将信息添加成功！",
                "信息提示框", JOptionPane.INFORMATION_MESSAGE);
    }
});
```

16.7.6 删除员工信息实现过程

当用户单击图16-16所示的显示员工信息窗体中的"删除"按钮后，系统会将用户选择的员工删除。由于笔者在数据库中创建了触发器，因此，当用户将员工信息表中的数据删除时，员工联系人信息表中对应的数据也会被删除。

删除员工信息的具体实现过程如下：

（1）定义删除员工信息的方法deleteBasicMessage()，该方法以员工编号作为参数，具体代码如下：

```
public void deleteBasicMessage(int id){
    conn = connection.getCon();                            //调用获取数据库连接方法
    String sql = "delete from tb_basicMessage where id ="+id;  //定义删除数据的SQL语句
    try {
        Statement statement = conn.createStatement();      //定义Statement方法
        statement.executeUpdate(sql);                      //执行删除数据SQL语句
    } catch (SQLException e) {
        e.printStackTrace();
    }
}
```

（2）在"删除"按钮的单击事件中，实现删除员工基本信息，此时触发器trigger_name会自动执行，将对应的员工详细信息也删除，具体代码如下：

```
JButton deleteButton = new JButton("删除");
deleteButton.addActionListener(new ActionListener() {
    public void actionPerformed(ActionEvent e) {
        int n = JOptionPane.showConfirmDialog(getParent(),
```

```
        "确认正确吗？ ", "确认对话框",        JOptionPane.YES_NO_CANCEL_OPTION);
    if(n == JOptionPane.YES_OPTION){                    //如果用户确认信息
        perdao.deleteBasicMessage(pId);                 //调用删除数据方法
        }
    }
});
```

16.8　在Eclipse中实现程序打包

完成了简易腾宇超市管理系统的开发，接下来的工作就是对该系统进行打包并交付用户使用。下面就以在Eclipse中将应用程序打包成JAR文件为例，来讲解应用程序的打包过程。

将简易超市管理系统打包成JAR文件的步骤如下。

（1）首先编写JAR的清单文件，在清单文件中完成JAR文件的配置，例如闪屏界面、主类名称、类路径等。在Eclipse的"包资源管理器"视图中的超市管理系统节点上单击鼠标右键，从弹出的快捷菜单中选择"新建"/"文件"命令，打开"新建文件"对话框，如图16-20所示。在"文件名"文本框中输入"MANIFEST.MF"，单击"完成"按钮，完成MANIFEST.MF文件的建立。

（2）双击项目节点中的"MANIFEST.MF"文件，在打开"MANIFEST.MF"文件的编辑器中输入如下代码：

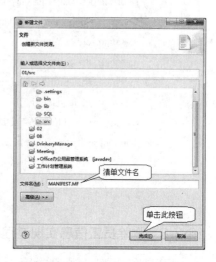

图16-20　"新建文件"对话框

```
Manifest-Version: 1.0
SplashScreen-Image: res/sys_splash.jpg
Main-Class: com.mingrisoft.main.Enter
Class-Path: . lib/sqljdbc.jar
```

上面代码第一行的Manifest-Version用于指定清单文件的版本。第二行的SplashScreen-Image用于指定闪屏界面所使用的图片资源，这里设置为"res/sys_splash.jpg"，表示使用的是res包中的sys_splash.jpg文件。第三行Main-Class用于定义JAR文件中的主类，这里设置为"zzk.zhuoyue.main.Main"。第四行Class-Path用于设置程序执行时的类路径，即运行程序所需的第三方类库，本应用程序使用的是MySQL数据库，所以，需要把MySQL数据库的驱动类添加到该类路径中。

 代码中的"："必须要有一个空格字符作为分隔符。Class-Path中的不同类库要使用空格分割，并且在清单文件的最后一行要有一个空行。

（3）保存"MANIFEST.MF"文件，在"包资源管理器"视图的"进销存管理系统"节点上单击鼠标右键，从弹出的菜单中选择"导出"命令，将打开"导出"向导对话框，如图16-21所示。选择"Java"/"JAR文件"节点，然后单击"下一步"按钮。

（4）在打开的"JAR导出"对话框中的"JAR文件"文本框中输入要生成的jar文件的存放路径和文件名，这里输入"D：\超市管理系统\滕宇超市管理系统.jar"，如图16-22所示。单击"下一步"按钮。

图16-21 "导出"向导对话框

图16-22 "JAR导出"向导

（5）在弹出的"JAR导出"对话框中，选择"导出带有编译错误的类文件"和"带有编译警告的类文件"复选框，如图16-23所示。因为类文件的编译警告信息不一定会导致程序无法运行，甚至有的警告信息并不影响项目要实现的业务逻辑。单击"下一步"按钮。

（6）在"JAR导出"向导对话框的"JAR清单规范"页中选中"从工作空间中使用现有清单"单选按钮，单击"清单文件"文本框右侧的"浏览"按钮，从打开的"选择清单"对话框中选择"简易通企业进销存管理系统"节点中的"MANIFEST.MF"清单文件，单击"确定"按钮。再单击"完成"按钮完成清单文件的选择，如图16-24所示。

图16-23 "JAR打包选项"窗体

图16-24 "JAR清单规范"窗体

（7）打开"我的电脑"，双击D盘里的"进销存"文件夹。在该文件夹中创建"lib"文件夹和"lib"文件夹的子文件夹"sqljdbc.jar"，如图16-25所示。把MySQL数据库的JDBC驱动类的JAR文件拷贝到"lib"文件夹中，如果客户端的Java环境安装正确的话，双击"超市管理系统.jar"文件就可以运行程序了。

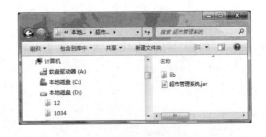

图16-25 jar文件的存放地址

小 结

　　在设计和开发超市管理系统过程中会应用到很多关键技术与开发项目技巧，下面将简略地介绍这些关键技术在实际中的用处，希望对读者的二次开发能有一个提示。

　　（1）合理安排项目的包资源结构。例如，本项目中将所有操作数据库的类，都放在以dao命名的文件夹下，这样方便查找与后期的维护。

　　（2）合理地设计窗体的布局。开发的项目是要给用户使用的，因此，设计良好的布局是十分关键的，这样可以给用户提供好的服务。

　　（3）面板的灵活使用。本系统主窗体的内容是随着用户选择的内容不断地更换的，这可以通过在窗体中更换不同的面板来实现。

　　（4）在表格中添加特殊内容。表格的默认内容是纯本文形式的，如果要添加特殊的内容，要通过渲染器来实现，例如本系统中在表格中添加按钮。

　　（5）合理地使用数据对象。数据对象在开发中是非常重要的，例如触发器、视图、存储过程等，本系统中在删除员工基本系统时使用了触发器。

附录A
上机实验

实验1 Java基础

实验目的

（1）熟悉编写Java程序的开发工具——Eclipse。

（2）掌握Java基础语法。

实验内容

1. 使用Eclipse开发Java程序

（1）启动Eclipse开发工具。如果是第一次启动，请关闭欢迎界面。

（2）在Eclipse中新建Java项目"example1"。

（3）在项目中新建包"com.hello"。

（4）在新建的包中创建类"HelloWorld"。

（5）在"com.hello"包上单击鼠标右键创建"HelloWorld"类后，Eclipse开发工具已经自动填写了包和类的定义代码，关键代码如下：

```
package com.hello;                              // 包定义
public class HelloWorld {                       // 类定义
                                                // 类体部分

}
```

（6）利用Eclipse的代码辅助功能实现程序代码快速录入。在类体部分输入"main"，然后按"Alt+/"组合键，在弹出的代码辅助菜单中选择"main方法"，将自动补全main()方法的定义。关键代码如下：

```
public static void main(String[] args) {    // 方法定义
                                            // 方法体
}
```

（7）main()方法准备使用System.out.println()方法输出问候信息，使用代码辅助功能可以快速输入该方法。在main()方法的方法体输入"syso"，然后按下"Alt+/"组合键，代码辅助功能将自动补全方法内容，然后在System.out.println()方法的参数中输入"你好，Java"。程序的完整代码如下：

```
package com.hello;
public class HelloWorld {
    public static void main(String[] args) {
        System.out.println("你好，Java");
    }
}
```

（8）在编辑器的任意位置或者在"包资源管理器"中的HelloWorld类文件上单击鼠标右键，选择"运行方式"/"Java应用程序"菜单项运行本实例。另外，还可以使用"Alt+Shift+X"组合键调出运行方式菜单，然后按"J"键执行"Java应用程序"。

2. 输出字符变量

创建CharPrint类，输入以下代码，分析运行结果，然后对比程序运行结果。

```
package com.charprint;
public class CharPrint {
```

```java
public static void main(String[] args) {
    char c1, c2;
    char c3;
    char c4;
    c1='A';
    c2=' ';
    c3=66;
    c4='#';
    System.out.println(c1);
    System.out.println(c2);
    System.out.println(c3);
    System.out.println(c4);
    }
}
```

如果没有创建"com.charprint"包，Eclipse编辑器会在包名下面显示红线，提示"声明的包与期望的包不匹配"。这时按"Ctrl+1"组合键启用代码修正功能，在弹出的菜单中选择"将CharPrint类移至com.charprint包中"。

3. 截取字符串

创建SubStr类，在该类中输入以下代码，分析运算结果，然后对比程序运行结果。

```java
package com.string;
public class SubStr {
    public static void main(String[] args) {
        String str="abc123def";
        System.out.println(str.substring(3, 7));
        System.out.println(str.substring(7));
        System.out.println(str.charAt(0));
        System.out.println(str.charAt(9));
    }
}
```

该程序包含一个错误，请在运行程序之前分析并指出该错误。

4. 数组排序

编程：创建一个整数类型的数组并初始化为任意内容，然后输出数组的长度和每个数组元素的值并指出数组的最大下标。

要求：数组长度不小于5。

实验2　程序流程控制

实验目的

（1）掌握条件执行语句。

（2）掌握循环语句。

实验内容

1. 条件执行

创建Else类，在main()方法中输入以下程序代码，判断运行结果并与实际程序运行结果对比。

```java
public class Else {
    public static void main(String[] args) {
        int a=0;
        if(a++==1)
            System.out.println("a==1");
        else
            System.out.println("a!=1");
        if(++a==2)
            System.out.println("a==2");
        else if(a*a>5)
            System.out.println("a>5");
        else
            System.out.println("a<5");
        if(a<5){
            if(++a>=3){
                System.out.println("a>=3");
            }
            if(++a-3==0){
                System.out.println("a==0");
            }
        }
    }
}
```

2. 循环执行

创建ForDemo类，输入以下程序代码，判断循环的执行结果。

```java
public class ForDemo {
    public static void main(String[] args) {
        int len=10;
        String str="";
        for(int i=len;i>=0;i-=2){
            str=str+" ";
            for(int j=0;j<=i;j++){
                System.out.print('*');
            }
            System.out.println();
            System.out.print(str);
        }
    }
```

```
        }
    }
```

实验3 类的继承

实验目的

（1）熟悉类的创建。

（2）熟悉成员变量与成员方法。

（3）熟悉类的继承。

实验内容

1. 创建Student类

定义满足以下条件的Student类，并创建对象对其进行测试。

Student类的属性：姓名、年龄、班级、学校、期末考试总分数、考试科目数量。

Student类的方法：自我介绍、输出考试平均分。

2. 继承父类

现在有一个Father类，程序代码如下：

```java
public class Father {
    String xing="张";              // 姓氏
    String name="某";              // 名字
    String minzu="汉";             // 民族
    int age=40;                    // 年龄
    String sex="男";               // 性别
    public void intr(){
        System.out.println("名字："+xing+name);
        System.out.println("民族："+minzu);
        System.out.println("年龄："+age);
        System.out.println("性别："+sex);
    }
}
//子类Child继承了父类并重写了属于自己的属性
class Child extends Father{
    String name="三";
    int age=20;
    String sex="女";
    public void intr1(){
        super.intr();
    }
    public void intr2(){
        System.out.println("名字："+xing+name);
        System.out.println("民族："+minzu);
```

```
            System.out.println("年龄: "+age);
            System.out.println("性别: "+sex);
        }
        public static void main(String[] args) {
            Child child=new Child();
            child.intr1();
            child.intr2();
        }
    }
```

请分析程序运行结果，并核对上机运行结果。

实验4　使用集合类

实验目的

（1）掌握集合类的使用方法。

（2）掌握各个集合类的特点。

（3）掌握各个集合类之间的区别。

（4）掌握各个集合类适用的情况。

实验内容

1. 测试分别向由ArrayList和LinkedList实现的List集合插入记录的效率

首先根据所学的知识阅读下面的代码，并判断向由ArrayList和LinkedList实现的List集合插入记录的效率；然后在计算机上运行该类，查看具体的效率。

```
public class ListTest {
    public static void main(String[] args) {
        long start, end;
        List<String> arrayList = new ArrayList<String>();
        List<String> linkedList = new LinkedList<String>();
        start = System.currentTimeMillis();
        for (int i = 0; i < 9999; i++) {
            arrayList.add(1, "AI" + i);
        }
        end = System.currentTimeMillis();
        System.out.println("向ArrayList 集合插入999个对象用时: " + (end − start));
        start = System.currentTimeMillis();
        for (int i = 0; i < 9999; i++) {
            linkedList.add(1, "LI" + i);
        }
        end = System.currentTimeMillis();
        System.out.println("向LinkedList集合插入999个对象用时: " + (end − start));
    }
}
```

2. 遍历集合

编程：编写一段用来遍历List集合的代码。

要求：用两种方法实现。

实验5 数 据 流

实 验 目 的

（1）掌握字节输入输出流。

（2）掌握字符输入输出流。

实 验 内 容

1. 文件复制

创建FileCopy类，在类中输入如下代码实现文件复制。在程序运行之前，请将程序代码中的JDK安装路径修改为自己计算机上的安装路径，注意文件分隔符要使用"\\"。

```java
import java.io.File;
import java.io.FileInputStream;
import java.io.FileNotFoundException;
import java.io.FileOutputStream;
import java.io.IOException;
public class FileCopy {
    public static void main(String[] args) {
        File sFile=new File("D：\\Java\\jdk1.6.0_03\\bin\\javaws.exe");
        if(!sFile.exists()){
            System.out.println("源文件不存在，请确认文件路径。");
            return;
        }
        try {
            byte[] data=new byte[1024];
            int len=0;
            FileInputStream fis=new FileInputStream(sFile);
            FileOutputStream fout=new FileOutputStream("c：\\javaws.exe");
            while((len=fis.read(data))>0){
                fout.write(data，0，len);
            }
            fout.close();
            fis.close();
        } catch (FileNotFoundException e) {
            e.printStackTrace();
        } catch (IOException e) {
            e.printStackTrace();
        }
```

```
        }
    }
```

程序运行后，将在C盘创建相同的"javaws.exe"文件。可以根据自己的思路重新编写文件复制的程序，然后测试复制后的文件是否能运行，运行结果如图A-1所示。

2. 读取文本文件

在C盘编写一个文本文件"MyText.txt"。

编程：实现文本文件的读取，并输出到控制台中。

要求：

（1）使用字符输入流；

（2）必须保证读取文件中所有字符，并且没有多余内容。

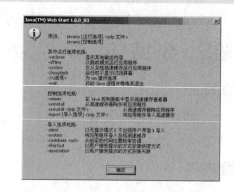

图A-1 运行结果

实验6 线 程 控 制

实验目的

（1）掌握线程的创建和启动。

（2）掌握线程的休眠和唤醒。

实验内容

1. 创建线程

编写MyThread线程类，在该类中实现九九乘法表的动态输出，每隔1s（即1 000ms）输出乘法表中的一个运算结果。

程序运行到4×7的时候，运行效果如图A-2所示。

2. 线程休眠与唤醒

创建SleepAndInterrupt类，输入如下代码，判断程序运行结果。

图A-2 My Thread类的运行结果

```java
class SleepAndInterrupt extends Thread {
    public void run() {
        try {
            System.out.println("正在运行的线程将休眠30s");
            Thread.sleep(30000);
            System.out.println("线程30s后自动唤醒");
        } catch (Exception e) {
            System.out.println("线程休眠被中断，并唤醒");
            return;
        }
        System.out.println("线程执行完毕");
    }
    public static void main(String s[]) {
        SleepAndInterrupt thread = new SleepAndInterrupt();
```

```
        thread.start();
        try {
            Thread.sleep(3000);
        } catch (Exception e) {
            e.printStackTrace();
        }
        System.out.println("在主方法内中断thread线程");
        thread.interrupt();
        System.out.println("程序执行完毕");
    }
}
```

实验7 异常处理

实验目的

（1）掌握异常分析。
（2）掌握异常处理。

实验内容

1. 分析异常

创建TestException类，输入如下代码，分析程序运行时将出现什么异常，并写出运行结果。

```
public class TestExeption extends Thread {
    public static void main(String[] args) {
        String names[] = new String[5];
        names[1] = "李1";
        names[2] = "李2";
        names[3] = "李3";
        names[4] = "李4";
        names[5] = "李5";
        System.out.println("names数组的长度是：" + names.length);
        System.out.println("数组内容：");
        for (int i = 0; i < names.length; i++) {
            System.out.println(names[i]);
        }
    }
}
```

2. 捕获异常

捕获TestException类可能出现的异常，使程序能够继续执行，执行结果如图A-3所示。

图A-3 TestException类的运行结果

实验8 Swing程序设计

实 验 目 的

（1）掌握Swing程序界面的绘制方法。

（2）掌握Swing程序事件的处理方法。

（3）掌握Swing程序的开发思路。

实 验 内 容

1. 控制"身份证号"文本框的输入内容

（1）创建ControlInputTest类，该类继承JFrame类，并分别编写一个main()方法和无参数的构造方法，具体代码如下：

```java
public class ControlInputTest extends JFrame {
    public static void main(String args[]) {
        try {
            ControlInputTest frame = new ControlInputTest();
            frame.setVisible(true);
        } catch (Exception e) {
            e.printStackTrace();
        }
    }
    public ControlInputTest() {
        super();
        setTitle("验证数据合法性");
        setBounds(100, 100, 500, 375);
        setDefaultCloseOperation(JFrame.EXIT_ON_CLOSE);
    }
}
```

（2）在ControlInputTest类的无参构造方法中添加如下代码，即依次向窗体中添加一个标签、文本框和按钮，并将文本框对象声明为类属性，以及为文本框添加提示文本、焦点事件监听器和键盘事件监听器。

```java
final JPanel panel = new JPanel();                                    // 添加一个面板
getContentPane().add(panel, BorderLayout.CENTER);

final JLabel label = new JLabel();                                    // 添加一个标签
label.setText("身份证号：");
panel.add(label);
textField = new JTextField();                                         // 添加一个文本框
textField.setColumns(20);
textField.setText("请输入身份证号！");
textField.setToolTipText("身份证号只能是15位或18位的数字！");              // 设置提示文本
textField.addFocusListener(new MyFocus());                            // 添加焦点事件监听器
textField.addKeyListener(new MyKey());                                // 添加键盘事件监听器
```

```
        panel.add(textField);
        final JButton button = new JButton();                          // 添加一个按钮
        button.setText("确定");
        panel.add(button);
```

（3）MyFocus类是ControlInputTest类的内部类，负责处理文本框的焦点事件。当文本框获得焦点时，设置文本框为空；当文本框失去焦点时，如果文本框的内容为空则为文本框设置显示的文本，MyFocus类的具体代码如下：

```
    private class MyFocus implements FocusListener {
        public void focusGained(FocusEvent e) {                        // 获得焦点时被触发
            textField.setText("");                                     // 设置文本框为空
        }
        public void focusLost(FocusEvent e) {                          // 失去焦点时被触发
            String idCard = textField.getText().trim();                // 获得文本框的内容
            if (idCard.length() == 0)                                  // 当文本框的内容为空时
                textField.setText("请输入身份证号！ ");                 // 设置文本的显示文本
        }
    }
```

（4）MyKey类也是ControlInputTest类的内部类，负责处理文本框的键盘事件，当用户输入的是从0～9的数字时，则响应用户的输入，前提条件是输入内容的长度不能大于18，MyKey类的具体代码如下：

```
    private class MyKey implements KeyListener {
        int length = 0;
        int keyCode = 0;
        private final int VK_0 = KeyEvent.VK_0;                        // 常量值为48
        private final int VK_9 = KeyEvent.VK_9;                        // 常量值为57
        private final int VK_NUMPAD0 = KeyEvent.VK_NUMPAD0;            // 常量值为96
        private final int VK_NUMPAD9 = KeyEvent.VK_NUMPAD9;            // 常量值为105
        public void keyPressed(KeyEvent e) {
            keyCode = e.getKeyCode();
        }
        public void keyTyped(KeyEvent e) {
            if (length < 18) {
                if (keyCode < VK_0)
                    e.consume();
                if (keyCode > VK_9 && keyCode < VK_NUMPAD0)
                    e.consume();
                if (keyCode > VK_NUMPAD9)
                    e.consume();
            } else {
                e.consume();
            }
        }
```

```
    public void keyReleased(KeyEvent e) {
        length = textField.getText().trim().length();
    }
}
```

（5）运行该例，当文本框获得焦点时，文本框将不显示任何文本信息，当光标移动到文本框上方并停留一段时间时，将弹出提示文本，如图A-4所示；单击"确定"按钮后，文本框将失去焦点，如果此时在文本框中未输入任何内容，文本将显示一段默认文本，如图A-5所示。

图A-4　获得焦点并弹出提示文本

图A-5　失去焦点并显示默认文本

2．控制内容的对齐方式

编写一个如图A-6所示的窗体，实现通过单选按钮控制内容对齐方式的程序。

实验提示：可以通过为单选按钮添加事件监听器，捕获单选按钮被选中的事件，然后修改内容所在组件的水平对齐方式。

图A-6　控制内容的对齐方式

实验9　网络程序设计

实验目的

（1）掌握TCP网络Socket套接字。

（2）掌握UDP数据报通信。

实验内容

1．文件传送

编程：编写网络文件传送程序。

要求：实现可执行文件的网络传送，必须保证客户端接收到的可执行文件能够正常运行。

2．网络通信

编程：实现网络控制程序，在程序窗体中定义一个JLabel标签组件，组件文字默认为居中对齐。当接收到"left"信息时，使组件文字左对齐；接收到"right"信息时，使组件文字右对齐；接收到"center"信息时，恢复组件居中对齐效果。

要求：使用UDP数据报实现。

实验10　通过JDBC方式操作数据库

实验目的

（1）掌握通过JDBC方式操作数据库的基本步骤。

（2）掌握增、删、改记录的方法。

（3）掌握查询记录以及遍历查询结果的方法。

实 验 内 容

1. 编写一个通用的数据库连接类

在一个软件系统中，通常将不同类型的数据库操作封装到不同的类中，但是不能每个类都负责加载数据库驱动和创建数据库连接，这就要求编写一个专门负责这项工作的类，具体代码如下：

```java
public class JDBC {
    private static final String DRIVER =
        "com.microsoft.sqlserver.jdbc.SQLServerDriver";
    private static final String URL =
        "jdbc: sqlserver: //mrwxk\\mrwxk: 1433;DatabaseName=db_database11";
    private static final String USERNAME = "sa";
    private static final String PASSWORD = "";
    private static Connection conn = null;
    private static ThreadLocal<Connection> threadLocal =
        new ThreadLocal<Connection>();              // 负责保存已经创建的数据库连接
    static {                                        // 负责加载数据库驱动
        try {
        System.out.println("加载数据库驱动程序! ");
        Class.forName(DRIVER);
        } catch (ClassNotFoundException e) {
        System.out.println("在加载数据库驱动程序时抛出异常，内容如下: ");
        e.printStackTrace();
        }
    }
    public static Connection getConn() {            // 负责创建并返回数据库连接
        conn = threadLocal.get();                   // 获得可能保存的数据库连接
        if (conn == null) {                         // 数据库连接不存在
            try {
                System.out.println("创建数据库连接! ");
                conn = DriverManager.getConnection(URL, USERNAME, PASSWORD);
            } catch (SQLException e) {
                System.out.println("在创建数据库连接时抛出异常，内容如下: ");
                e.printStackTrace();
            }
            threadLocal.set(conn);                  // 保存已经创建的数据库连接
        }
        return conn;
    }
    public static void closeConn() {                // 负责关闭数据库连接
        conn = threadLocal.get();                   // 获得可能保存的数据库连接
```

```
        threadLocal.remove();                              // 移除保存的数据库连接
        if (conn != null) {                                // 数据库连接存在
            try {
                System.out.println("关闭数据库连接！ ");
                conn.close();
            } catch (SQLException e) {
                System.out.println("在关闭数据库连接时抛出异常，内容如下： ");
                e.printStackTrace();
            }
        }
    }
}
```

2. 测试上面编写的数据库连接类

编写一段测试上面数据库连接类的代码，共访问数据库3次，其中第2次未关闭数据库连接。首先仔细阅读代码，想象可能在控制台输出的信息；然后运行该测试代码，查看具体的输出信息。

```
public static void main(String[] args) {
    Connection conn = JDBC.getConn();                  // 第一次
    try {
        Statement stat = conn.createStatement();
        ResultSet rs = stat.executeQuery("select * from tb_experiment where id<2");
        while (rs.next()) {
            System.out.println(rs.getInt(1) + rs.getString(2));
        }
    } catch (SQLException e) {
        e.printStackTrace();
    }
    JDBC.closeConn();                                  // 关闭数据库连接
    Connection conn2 = JDBC.getConn();                 // 第二次
    try {
        Statement stat = conn2.createStatement();
        ResultSet rs = stat.executeQuery("select * from tb_experiment where id=2");
        while (rs.next()) {
            System.out.println(rs.getInt(1) + rs.getString(2));
        }
    } catch (SQLException e) {
        e.printStackTrace();
    }                                                  // 注意：此次未关闭数据库连接
    Connection conn3 = JDBC.getConn();                 // 第三次
    try {
        Statement stat = conn3.createStatement();
        ResultSet rs = stat.executeQuery("select * from tb_experiment where id>2");
```

```
            while (rs.next()) {
                System.out.println(rs.getInt(1) + rs.getString(2));
            }
        } catch (SQLException e) {
            e.printStackTrace();
        }
        JDBC.closeConn();                        // 关闭数据库连接
    }
```

实验11 计 算 器

实 验 目 的

（1）掌握组件的使用方法。
（2）掌握面板的使用方法。
（3）掌握布局管理器的使用方法。
（4）掌握事件的处理方法。

实 验 内 容

本次实验的内容为通过Swing实现一个如图A-7所示的计算器，具体的实现步骤
如下。

1. 绘制界面

图A-7所示的计算器界面主要分为3个部分，从上到下依次为显示器（由一个不
可编辑的文本框实现）、清除按钮区（由3个按钮组成）和输入按钮区（由16个按钮
组成）。这3个部分分别放在3个面板中，其中清除按钮区面板采用的是默认的流布局
管理器，输入按钮区面板采用的是网格布局管理器，计算器窗体采用的是默认的边界
布局管理器，3个面板依次放在布局管理器的顶部、中间和底部。

图A-7 计算器

用来绘制计算器界面的Calculator类的具体代码如下：

```java
import java.awt.*;
import java.awt.event.*;
import javax.swing.*;
public class Calculator extends JFrame {
private final JTextField textField;
    public static void main(String args[]) {
        Calculator frame = new Calculator();
        frame.setVisible(true);                        // 设置窗体可见，默认为不可见
    }
    public Calculator() {
        super();
        setTitle("计算器");
        setResizable(false);                           // 设置窗体大小不可改变
        setBounds(100, 100, 208, 242);
```

```
        setDefaultCloseOperation(JFrame.EXIT_ON_CLOSE);
        final JPanel viewPanel = new JPanel();    // 创建"显示器"面板，采用默认的流布局
        getContentPane().add(viewPanel, BorderLayout.NORTH);// 添加到窗体顶部
        textField = new JTextField();                    // 创建"显示器"
        textField.setText(num);                          // 设置"显示器"的默认文本
        textField.setColumns(18);                        // 设置"显示器"的宽度
        textField.setEditable(false);                    // 设置"显示器"不可编辑
        textField.setHorizontalAlignment(SwingConstants.RIGHT);         // 靠右侧对齐
        viewPanel.add(textField);                        // 将"显示器"添加到"显示器"面板中
        getContentPane().add(viewPanel, BorderLayout.NORTH);         // 添加到窗体顶部
        final JPanel clearButtonPanel = new JPanel();// 创建清除按钮面板，默认采用流布局
        getContentPane().add(clearButtonPanel, BorderLayout.CENTER);
        String[] clearButtonNames = { " <— ", " CE ", "  C  " };
        for (int i = 0; i < clearButtonNames.length; i++) {
            final JButton button = new JButton(clearButtonNames[i]);    // 创建清除按钮
            button.addActionListener(new ClearButtonActionListener()); // 添加监听器
            clearButtonPanel.add(button);  // 将清除按钮添加到清除按钮面板中
        }
        final JPanel inuptButtonPanel = new JPanel();                    // 创建输入按钮面板
        final GridLayout gridLayout = new GridLayout(4, 0);
        gridLayout.setVgap(10);
        gridLayout.setHgap(10);
        inuptButtonPanel.setLayout(gridLayout);// 输入按钮面板采用网格布局
        getContentPane().add(inuptButtonPanel, BorderLayout.SOUTH);
        String[][] inputButtonNames = { { "1", "2", "3", "+" },
            { "4", "5", "6", "-" }, { "7", "8", "9", "*" },
            { ".", "0", "=", "/" } };                    // 定义输入按钮名称数组
        for (int row = 0; row < inputButtonNames.length; row++) {
            for (int col = 0; col < inputButtonNames.length; col++) {
                final JButton button = new JButton(inputButtonNames[row][col]);
                button.setName(row + "" + col);// 输入按钮的名称由其所在行和列的索引组成
                button.addActionListener(new InputButtonActionListener());
                inuptButtonPanel.add(button); // 将按钮添加到按钮面板中
            }
        }
    }
}
```

2. 定义常用对象

在编写计算器的业务逻辑之前，需要先在Calculator类中定义如下3个属性，分别用来保存被操作数、运算符和操作数。

```
private String num = "0";                              // 操作数
```

```
    private String operator = "+";                          // 运算符
    private String result = "0";                            // 被操作数
```

其中被操作数也可以是上一次的运算结果，例如在计算"（8-6）*3"时，各个属性值的变化情况如表A-1所示：

表A-1　在计算"（8-6）*3"时3个属性值的变化情况

输　入	num	operator	result
8	8	+（默认）	0（默认）
-	0（默认）	-	8（0+8）
6	6	-	8
*	0（默认）	*	2（8-6）
3	3	*	2
=	0（默认）	+（默认）	6（2*3）

3. 编写输入按钮事件的处理方法

在处理输入按钮事件时分为3种情况，首先判断输入的是否为操作符，即单击的是否为输入按钮区的第3列；然后判断输入的是否为"."、"0"或"="，即单击的是否为输入按钮区的第3行；如果以上两种情况均不是，则输入的为1～9的数字。输入按钮事件监听器类InputButtonActionListener为Calculator类的内部类，具体代码如下：

```java
class InputButtonActionListener implements ActionListener {     // 输入按钮事件监听器
    public void actionPerformed(ActionEvent e) {
        JButton button = (JButton) e.getSource();              // 获得触发此次事件的按钮对象
        String name = button.getName();                        // 获得按钮的名称
        int row = Integer.valueOf(name.substring(0, 1));       // 解析其所在的行
        int col = Integer.valueOf(name.substring(1, 2));       // 解析其所在的列
        if (col == 3) {                                        // 此次输入的为运算符
            count();                                           // 计算结果
            textField.setText(result);                         // 修改"显示器"文本
            operator = button.getText();                       // 获得输入的运算符
        } else if (row == 3) {                                 // 此次输入的为"." "0"或"="
            if (col == 0) {                                    // 此次输入的为"."
                if (num.indexOf(".") < 0) {                    // 查看是否已经输入了小数点
                    num = num + button.getText();
                    textField.setText(num);
                }
            } else if (col == 1) {                             // 此次输入的为"0"
                if (num.indexOf(".") > 0) {                    // 查看是否为小数
                    num = num + button.getText();
                    textField.setText(num);
                } else {
                    if (!num.substring(0, 1).equals("0")) {    // 查看第一位是否为0
```

```
                    num = num + button.getText();
                    textField.setText(num);
                }
            }
        } else {                                    // 此次输入的为"="
            count();                                 // 计算结果
            textField.setText(result);               // 修改"显示器"文本
            operator = "+";                          // 获得输入的运算符
        }
    } else {                                        // 此次输入的为数字
        if (num.equals("0"))
            num = button.getText();
        else
            num = num + button.getText();
        textField.setText(num);
    }
}

private void count() {                               // 计算结果
    float n = Float.valueOf(num);
    float r = Float.valueOf(result);
    if (r == 0) {
        result = num;
        num = "0";
    } else {
        if (operator.equals("+")) {
            r = r + n;
        } else if (operator.equals("-")) {
            r = r - n;
        } else if (operator.equals("*")) {
            r = r * n;
        } else {
            r = r / n;
        }
        num = "0";
        result = r + "";
    }
}
}
```

4. 编写清除按钮事件的处理方法

在处理清除按钮事件时分为3种情况，首先判断单击的是否为回退按钮，该按钮用来取消输入数值的最后一位；然后判断单击的是否为清除按钮，该按钮用来清除当前输入的数值；如果以上两种情况均不是，则是要进行新的计算。清除按钮事件监听器类ClearButtonActionListener为Calculator类的内部类，具体代码如下：

```
class ClearButtonActionListener implements ActionListener {     // 清除按钮事件监听器
    public void actionPerformed(ActionEvent e) {
        JButton button = (JButton) e.getSource();              // 获得触发此次事件的按钮对象
        String text = button.getText().trim();                 // 获得按钮的文本
        if (text.equals("<—")) {                               // 回退最后输入数字按钮
            int length = num.length();
            if (length == 1)                                   // 当输入数值为1位数字时
                num = "0";                                     // 回退为默认值0
            else
                num = num.substring(0, length - 1);            // 否则，去掉输入数值的最后一位数字
        } else if (text.equals("CE")) {                        // 清除当前输入数值按钮
            num = "0";
        } else {                                               // 执行新的计算按钮
            num = "0";
            operator = "+";
            result = "0";
        }
        textField.setText(num);                                // 修改"显示器"文本
    }
}
```

至此，一个适用的计算器程序就开发完成了！

实验12　日志簿

实验目的

（1）掌握组件的使用方法。

（2）掌握面板的使用方法。

（3）掌握布局管理器的使用方法。

（4）掌握事件的处理方法。

实验内容

本次实验的内容为通过Swing实现一个如图A-8所示的日志簿，日志包括标题、日期和内容，最终将日志内容保存为一个名称格式为"标题（2008-08-08）"的文本文件。单击图A-8中的"查看日志"按钮，将打开如图A-9所示的日志列表。单击图A-9中的"删除"按钮可以删除对应的日志文件。单击图A-9中的"查看"按钮可以将对应日志文件的信息显示到图A-8所示的的窗体中，此时也可以对日志内容进行修改。

因为本实验是将日志以文本文件的形式保存，所有在实现本实验时还需要使用输入和输出流，这里使用的是字符输入和输出流。

图A-8　日志簿　　　　　　　　　　　　　　　　图A-9　日志列表

实现日志簿的具体步骤如下。

（1）绘制图A-8所示的日志簿界面，由TipWizardFrame类实现，具体代码如下：

```java
import java.awt.*;
import java.awt.event.*;
import java.io.*;
import java.util.Date;
import javax.swing.*;
public class TipWizardFrame extends JFrame {
    private JTextField titleTextField;              // 标题文本框
    private JTextField dateTextField;               // 日期文本框
    private JTextArea textArea;                     // 内容文本域
    private final static String urlStr = "C：/text/";  // 文本文件存放路径
    private final static String todayDate =
        String.format("%tF", new Date());          // 将当前日期格式化为"2008-08-08"格式
    static {                                        // 在静态代码块中初始化文本文件存放路径
        File file = new File(urlStr);
        if (!file.exists())
            file.mkdirs();
    }
    public static void main(String args[]) {
        try {
            TipWizardFrame frame = new TipWizardFrame();
            frame.setVisible(true);
        } catch (Exception e) {
            e.printStackTrace();
        }
    }
    public TipWizardFrame() {
        super();
```

```java
setTitle("日志簿");
setBounds(100, 100, 500, 375);
setDefaultCloseOperation(JFrame.EXIT_ON_CLOSE);
final JLabel softLabel = new JLabel();
softLabel.setForeground(new Color(255, 0, 0));
softLabel.setFont(new Font("", Font.BOLD, 22));
softLabel.setHorizontalAlignment(SwingConstants.CENTER);
softLabel.setText("日 志 簿");
getContentPane().add(softLabel, BorderLayout.NORTH);
final JPanel contentPanel = new JPanel();
contentPanel.setLayout(new BorderLayout());
getContentPane().add(contentPanel, BorderLayout.CENTER);
final JPanel infoPanel = new JPanel();
contentPanel.add(infoPanel, BorderLayout.CENTER);
final JLabel titleLabel = new JLabel();
titleLabel.setText("标 题: ");
infoPanel.add(titleLabel);
titleTextField = new JTextField();
titleTextField.setColumns(30);
titleTextField.setText("请输入标题");
titleTextField.addFocusListener(new FocusListener() {
    public void focusGained(FocusEvent e) {
        titleTextField.setText("");
    }
    public void focusLost(FocusEvent e) {
        String date = titleTextField.getText().trim();
        if (date.length() == 0)
            titleTextField.setText("请输入标题");
    }
});
infoPanel.add(titleTextField);
final JLabel dateLabel = new JLabel();
dateLabel.setText("日 期: ");
infoPanel.add(dateLabel);
dateTextField = new JTextField();
dateTextField.setColumns(30);
dateTextField.setText(todayDate);
dateTextField.addFocusListener(new FocusListener() {
    public void focusGained(FocusEvent e) {
        dateTextField.setText("");
    }
```

```java
            public void focusLost(FocusEvent e) {
                String date = dateTextField.getText().trim();
                if (date.length() != 10)
                    dateTextField.setText(todayDate);
            }
        });
        infoPanel.add(dateTextField);
        final JButton seeButton = new JButton();
        seeButton.setText("查看日志");
        seeButton.addActionListener(new SeeButtonActionListener());
        contentPanel.add(seeButton, BorderLayout.EAST);
        final JScrollPane scrollPane = new JScrollPane();
        contentPanel.add(scrollPane, BorderLayout.SOUTH);
        textArea = new JTextArea();
        textArea.setLineWrap(true);
        textArea.setRows(12);
        scrollPane.setViewportView(textArea);
        final JPanel buttonPanel = new JPanel();
        final FlowLayout flowLayout = new FlowLayout();
        flowLayout.setHgap(20);
        buttonPanel.setLayout(flowLayout);
        getContentPane().add(buttonPanel, BorderLayout.SOUTH);
        final JButton saveButton = new JButton();
        saveButton.setText("保存");
        saveButton.addActionListener(new SaveButtonActionListener());
        buttonPanel.add(saveButton);
        final JButton clearButton = new JButton();
        clearButton.setText("清空");
        clearButton.addActionListener(new ActionListener() {
            public void actionPerformed(ActionEvent e) {
                titleTextField.setText("请输入标题");
                dateTextField.setText(todayDate);
                textArea.setText("");
            }
        });
        buttonPanel.add(clearButton);
        final JButton exitButton = new JButton();
        exitButton.setText("退出");
        exitButton.addActionListener(new ActionListener() {
            public void actionPerformed(ActionEvent e) {
                System.exit(0);
```

```
            }
        });
        buttonPanel.add(exitButton);
    }
}
```

（2）实现"保存"按钮的事件监听器类SaveButtonActionListener，该类为TipWizardFrame类的内部类，具体代码如下：

```
private class SaveButtonActionListener implements ActionListener {
    public void actionPerformed(ActionEvent e) {
        String title = titleTextField.getText();              // 获得日志标题
        String date = dateTextField.getText();                // 获得日志日期
        String name = title + "(" + date + ").txt";           // 组织文本文件名称
        File file = new File(urlStr + name);                  // 创建文本文件对象
        if (!file.exists()) {                                 // 判断文件是否存在
            try {
                file.createNewFile();                         // 如果不存在则创建文件
            } catch (IOException e1) {
                e1.printStackTrace();
            }
        }
        try {
            FileWriter fileWriter = new FileWriter(file);     // 创建字符输出流
            fileWriter.write(textArea.getText());             // 将内容写入文本文件
            fileWriter.close();                               // 关闭字符输出流
        } catch (IOException e1) {
            e1.printStackTrace();
        }
    }
}
```

（3）实现"查看日志"按钮的事件监听器类SeeButtonActionListener，该类为TipWizardFrame类的内部类，具体代码如下：

```
private class SeeButtonActionListener implements ActionListener {
    public void actionPerformed(ActionEvent e) {
        ListDialog listFrame = new ListDialog();
        listFrame.setVisible(true);                           // 显示日志列表窗体
        File text = listFrame.getText();                      // 日志对象
        listFrame.dispose();                                  // 销毁日志列表窗体
        if (text != null) {                                   // 查看日志对象是否为空
            String[] infos = text.getName().split("(|)");     // 分割日志文件的名称
            titleTextField.setText(infos[0]);                 // 设置日志标题
            dateTextField.setText(infos[1]);                  // 设置日志日期
```

```
            try {
                FileReader fileReader = new FileReader(text);          // 创建字符输入流
                char[] cbuf = new char[(int) text.length()];           // 创建字符型数组
                fileReader.read(cbuf);                                  // 读入文件内容到字符型数组
                fileReader.close();                                     // 关闭字符输入流
                textArea.setText(String.valueOf(cbuf));                 // 设置日志内容
            } catch (FileNotFoundException e1) {
                e1.printStackTrace();
            } catch (IOException e2) {
                e2.printStackTrace();
            }
        }
    }
}
```

（4）绘制图A-9所示的日志列表界面，由ListDialog类实现，具体代码如下：

```
import java.awt.*;
import java.awt.event.*;
import java.io.File;
import javax.swing.*;
import javax.swing.border.LineBorder;
public class ListDialog extends JDialog {
    private static File file = null;          // 文本文件存放文件夹对象
    private File[] files = null;              // 文本文件对象数组
    private File text = null;                 // 查看的文本文件对象
    private JPanel allPanel;
    static {                                  // 在静态代码块中初始化文本文件存放文件夹对象
        file = new File("C：/text");
    }
    public ListDialog() {
        super();
        setModal(true);
        setTitle("日志列表");
        setBounds(100, 100, 500, 375);
        final JScrollPane scrollPane = new JScrollPane();
        getContentPane().add(scrollPane);
        files = file.listFiles();
        allPanel = new JPanel();
        allPanel.setPreferredSize(new Dimension(450, files.length * 36));
        scrollPane.setViewportView(allPanel);
        for (int i = 0; i < files.length; i++) {
            String name = "    " + files[i].getName();
```

```
            name = name.substring(0, name.length() - 4);
            final JPanel onePanel = new JPanel();
            allPanel.add(onePanel);
            onePanel.setBorder(new LineBorder(Color.black, 1, false));
            onePanel.setLayout(new BorderLayout());
            final JLabel label = new JLabel();
            label.setPreferredSize(new Dimension(330, 0));
            label.setText(name);
            onePanel.add(label, BorderLayout.WEST);
            final JButton delButton = new JButton();
            delButton.setText("删 除");
            delButton.setName("" + i);
            delButton.addActionListener(new DelButtonActionListener());
            onePanel.add(delButton, BorderLayout.CENTER);
            final JButton seeButton = new JButton();
            seeButton.setText("查 看");
            seeButton.setName("" + i);
            seeButton.addActionListener(new SeeButtonActionListener());
            onePanel.add(seeButton, BorderLayout.EAST);
        }
        final JButton returnButton = new JButton();
        returnButton.setText("返 回");
        returnButton.addActionListener(new ActionListener() {
            public void actionPerformed(ActionEvent e) {
                setVisible(false);
            }
        });
        getContentPane().add(returnButton, BorderLayout.SOUTH);
    }
    public File getText() {
    return text;
    }
}
```

（5）实现"查看"按钮的事件监听器类SeeButtonActionListener，该类为ListDialog类的内部类，具体代码如下：

```
private class SeeButtonActionListener implements ActionListener {
    public void actionPerformed(ActionEvent e) {
        JButton button = (JButton) e.getSource();
        String name = button.getName();
        text = files[Integer.valueOf(name)];              // 设置查看日志文件对象
        setVisible(false);
```

```
        }
    }
```

（6）实现"删除"按钮的事件监听器类DelButtonActionListener，该类为ListDialog类的内部类，具
体代码如下：

```
private class DelButtonActionListener implements ActionListener {
    public void actionPerformed(ActionEvent e) {
        JButton button = (JButton) e.getSource();
        int index = Integer.valueOf(button.getName());
        files[index].delete();                          // 删除日志文件
        allPanel.remove(index);                         // 从日志列表中删除日志
        SwingUtilities.updateComponentTreeUI(allPanel); // 刷新窗体
    }
}
```

至此，一个适用的日志簿程序就开发完成了！